普通高等教育“十一五”国家级规划教材

清华大学名优教材立项资助

清华大学计算机系列教材

王生原 董渊 张素琴 吕映芝 蒋维杜 编著

编译原理（第3版）

清华大学出版社
北京

内 容 提 要

本书介绍程序设计语言编译程序构造的一般原理、基本设计方法和主要实现技术，主要内容包括文法、自动机和语言的基础知识，词法分析，语法分析，语法制导的语义计算，语义分析，中间代码生成，运行时存储组织，代码优化和目标代码生成。

除了基本设计原理外，书中还包含两个小型编译程序的设计实例，可选作课程设计的素材。一个是PL/0语言编译程序，其设计和实现框架贯穿于本书相关章节中；另一个是简单面向对象语言Decaf的编译程序。本书最后还介绍了业界广泛使用的开源编译器GCC及和它紧密相关的Binutils工具链，通过一系列程序实例说明这些工具的作用和基本用法。

本书可作为高等院校计算机科学与技术相关专业的本科生教材，也可作为相关教师、研究生或工程技术人员的参考书。

图书在版编目（CIP）数据

编译原理/王生原等编著. --3版. —北京：清华大学出版社，2015（2025.1重印）

清华大学计算机系列教材

ISBN 978-7-302-38141-9

Ⅰ. ①编… Ⅱ. ①王… Ⅲ. ①编译程序－程序设计－高等学校－教材 Ⅳ. ①TP314

中国版本图书馆CIP数据核字(2014)第227991号

责任编辑：白立军 战晓雷

封面设计：常雪影

责任校对：白 蕾

责任印制：曹婉颖

出版发行：清华大学出版社

网 址：https://www.tup.com.cn，https://www.wqxuetang.com

地 址：北京清华大学学研大厦A座 **邮 编：**100084

社 总 机：010-83470000 **邮 购：**010-62786544

投稿与读者服务：010-62776969，c-service@tup.tsinghua.edu.cn

质量反馈：010-62772015，zhiliang@tup.tsinghua.edu.cn

课件下载：https://www.tup.com.cn，010-83470236

印 装 者：河北鹏润印刷有限公司

经 销：全国新华书店

开 本：185mm×260mm **印 张：**25.75 **字 数：**626千字

版 次：1998年1月第1版 2015年6月第3版 **印 次：**2025年1月第24次印刷

定 价：69.00元

产品编号：026315-03

前　言

编译程序(或编译器、编译系统)在计算机科学与技术的发展历史中发挥了巨大作用,是计算机系统的核心支撑软件。“编译原理”一直以来是国内外大学计算机相关专业的重要课程,其知识结构贯穿程序设计语言、系统环境以及体系结构,能以相对独立的视角体现从软件到硬件以及软硬件协同的整机概念;同时,其理论基础又涉及形式语言与自动机、数据结构与算法等计算机学科的许多重要方面,不愧为联系计算机科学理论和计算机系统的典范。这一知识体系所涉及的原理和技术不仅用于编写编译程序,也适用于很多软件的设计。著名的计算机科学家 A. V. Aho 和 J. D. Ullman 在他们的著作中说:“在每一个计算机科学家的研究生涯中,这些原理和技术都会反复用到。”

本书介绍程序设计语言编译程序构造的一般原理、基本设计方法和主要实现技术,主要面向计算机科学与技术相关专业本科生的专业学习和素质培养,也可供从事系统软件和软件工具研究及开发的人员参考。

全书共 12 章。前面几章中有关词法分析和语法分析的部分,基本上延续了本书前两个版本的风格和内容,有利于之前阅读和使用过这套教材的教师和学生衔接。新版本重新组织了语法制导的方法、语义分析、中间代码生成、运行时存储组织、代码优化和目标代码生成等相关内容,进行了适当的充实与删减,力求在各主要知识点之间达到某种较合理的均衡,使学生在本科层次的学习中尽可能对编译程序的构造原理和实现技术从整体知识层面上有较好的掌握。

对于结合实例的讲解,本书沿用了前两个版本使用的 PL/0 编译程序。PL/0 编译程序比较简单,但不失代表性,在编译原理教学中具有广泛的使用基础。通常情况下,学生能够在很短的时间内掌握 PL/0 编译程序的实现脉络,对于快速了解一个具体编译程序的作用和设计思想有很好的帮助。和前面的版本不同,第 3 版中是将 PL/0 编译程序的介绍分散于不同章节中,不同学校或专业的课程可根据自身的情况选择集中学习和分阶段学习。

“编译原理”是一门对实践性要求较高的课程,通常应该设置专门的课程设计。书中涉及两个小型编译程序的设计实例,可选作课程设计的素材。一个是 PL/0 语言编译程序,其设计和实现框架贯穿于全书相关章节;另一个是简单面向对象语言 Decaf 的编译程序,参见第 11 章。不同学校或专业的课程可根据自身的情况制订适当的课程设计方案。

近年来,在许多专业应用场合,熟练使用与编译程序/系统相关的系统级软件工具已成为必须掌握的基本技能之一。为此,本书安排了有关开源的 GCC 编译器和相关工具链 Binutils 的章节(第 12 章),为学生将来有可能从事相关领域的工作进行基本和必要的准备。对于这部分内容,不同学校或专业的课程可根据自身情况引导或建议学生进行适当的训练。

本书的第 1～3 章由张素琴和王生原共同编写,第 4 章和第 6 章由吕映芝、张素琴和王生原共同编写,第 5 章由吕映芝编写,第 7 章和第 11 章由王生原编写,第 8、9 章由王生原和蒋维杜共同编写,第 10 章由董渊和王生原共同编写,第 12 章由董渊编写。

附录中包含PL/0源程序的Pascal版本和C版本的代码，Java版本的代码可从清华大学出版社网站上获取。另外，若相关课程需要用到Decaf编译实验框架的代码，任课教师可与清华大学出版社或编者联系（仅限于用作教学资源的共享与交流）。

适合在“编译原理”课程中讲授的内容非常广泛，从国际上的著名教材来看，在侧重点、内容和风格上都有相当大的差异。由于编者水平所限，书中必然存在不当和疏漏之处，诚请广大读者批评指正。

编　者

2015年5月

目　　录

第1章　引　　论

1.1　什么是编译程序

编译程序是现代计算机系统的基本组成部分之一，而且多数计算机系统都配有不止一种高级语言的编译程序，对有些高级语言甚至配置了几个不同性能的编译程序。从功能上看，一个编译程序就是一个语言翻译程序。语言翻译程序把一种语言(称作源语言)书写的程序翻译成另一种语言(称作目标语言)的等价程序。比如，汇编程序是一个翻译程序，它把汇编语言程序翻译成机器语言程序。如果源语言是像FORTRAN、Pascal或C那样的高级语言，目标语言是像汇编语言或机器语言那样的低级语言，则这种翻译程序称作编译程序。把编译程序看成一个"黑盒子"，它所执行的转换工作可用图1.1来说明。

一个编译程序的重要性体现在它使得多数计算机用户不必考虑与机器有关的烦琐细节，使程序员和程序设计专家独立于机器，这对于当今机器的数量和种类持续不断地增长的年代尤为重要。

使用过计算机的人都知道，除了编译程序外，还需要一些其他程序才能生成一个可在计算机上执行的目标程序。下面分析一个程序设计语言程序的典型的处理过程(见图1.2)，可以从中进一步了解编译程序的作用。

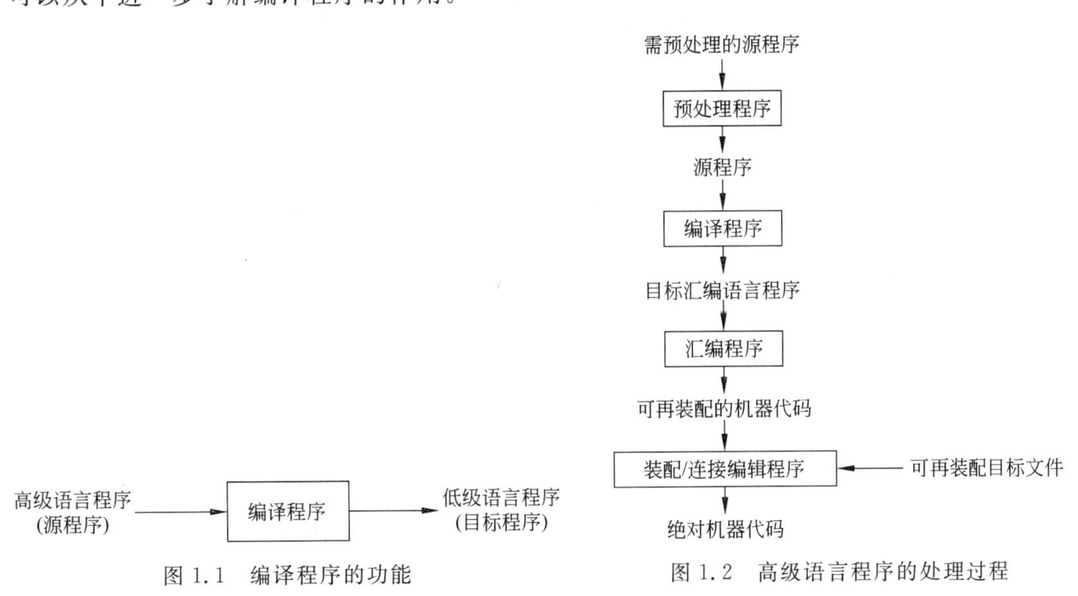

图1.1　编译程序的功能

图1.2　高级语言程序的处理过程

一个源程序有时可能分成几个模块存放在不同的文件里，将这些源程序汇集在一起的任务，由一个叫作预处理程序的程序来完成，有些预处理程序也负责宏展开，像C语言的预处理程序要完成文件合并、宏展开等任务。图1.2中的编译程序生成的目标程序是汇编代码形式，需要经由汇编程序翻译成可再装配（或可重定位）的机器代码，再经由装配/连接编辑程序与某些库程序连接成真正能在机器上运行的代码。也就是说，一个编译程序的输入可能要由一个或多个预处理程序来产生；另外，为得到能运行的机器代码，编译程序的输出可能仍需要进一步地处理。

编译程序的基本任务是将源语言程序翻译成等价的目标语言程序。源语言的种类成千上万，从常用的诸如FORTRAN、Pascal、C、Java和C++等语言，到各种各样的计算机应用领域的专用语言；而目标语言也是种类繁多的，加上编译程序由于构造不同，所执行的具体功能有差异，又分成了各种类型，如一趟编译、多趟编译、具有调试或优化功能的编译等。尽管存在这些明显的复杂因素，但是任何编译程序所必须执行的主要任务基本是一样的，通过理解这些任务，使用同样的基本技术，可以为各种各样的源语言和目标语言设计和构造编译程序。

据说第一个编译程序出现在20世纪50年代早期，很难讲出确切的时间，因为当初大量的实验和实现工作是由不同的小组独立完成的，多数早期的编译工作是将算术公式翻译成机器代码。用现在的标准来衡量，当时的编译程序能完成的工作十分初步，如只允许简单的单目运算，数据元素的命名方式有很多限制，然而它们奠定了对高级语言编译程序的研究和开发的基础。20世纪50年代中期出现了FORTRAN等一批高级语言，相应的一批编译系统开发成功。随着编译技术的发展和社会对编译程序需求的不断增长，20世纪50年代末有人开始研究编译程序的自动生成工具，提出并研制编译程序的编译程序。它的功能是以任一语言的词法规则、语法规则和语义解释出发，自动产生该语言的编译程序。目前很多自动生成工具已广泛使用，如词法分析程序的生成系统LEX，语法分析程序的生成系统YACC等。

1.2 编译过程和编译程序的结构

1.2.1 编译过程概述

编译程序完成从源程序到目标程序的翻译工作，是一个复杂的整体的过程。从概念上来讲，一个编译程序的整个工作过程是划分成阶段进行的，每个阶段将源程序的一种表示形式转换成另一种表示形式，各个阶段进行的操作在逻辑上是紧密连接在一起的，图1.3给出了一个编译过程的各个阶段，这是一种典型的划分方法，将编译过程划分成词法分析、语法分析、语义分析、中间代码生成、代码优化和目标代码生成6个阶段。

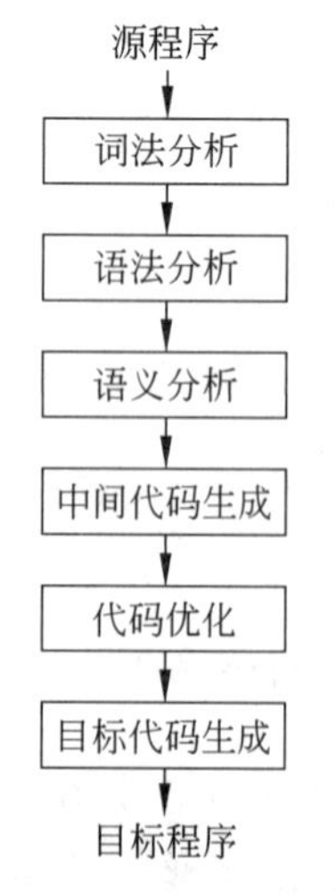

图1.3 编译的各个阶段

下面通过源程序在不同阶段所被转换成的表示形式来介绍各个阶段的任务。

1. 词法分析

词法分析是编译过程的第一个阶段。这个阶段的任务是从左到右一个字符一个字符地读入源程序，对构成源程序的字符流进行扫描和分解，从而识别出一个个单词（一些场合下也称单词符号或符号）。这里所谓的单词是指逻辑上紧密相连的一组字符，这些字符具有集体含义。例如，标识符是由字母字符开头，后跟字母、数字字符的字符序列组成的一种单词。保留字（关键字或基本字）是一种单词，此外还有算符、界符等。例如，某源程序片段如下：

```
begin var sum,first,count:real;sum :=first+count * 10 end.
```

词法分析阶段将构成这段程序的字符组成了如下单词序列：

(1) 保留字 begin	(2) 保留字 var	(3) 标识符 sum
(4) 逗号,	(5) 标识符 first	(6) 逗号,
(7) 标识符 count	(8) 冒号:	(9) 保留字 real
(10) 分号;	(11) 标识符 sum	(12) 赋值号 :=
(13) 标识符 first	(14) 加号+	(15) 标识符 count
(16) 乘号 *	(17) 整数 10	(18) 保留字 end
(19) 界符 .		

可以看出，5 个字符 b、e、g、i 和 n 构成了一个称为保留字的单词 begin，两个字符:和=构成了表示赋值运算的符号:=。这些单词间的空格在词法分析阶段都被滤掉了。

用 id1、id2 和 id3 分别表示 sum、first 和 count 这 3 个标识符的内部形式，那么经过词法分析后上述程序片段中的赋值语句 sum :=first+count * 10 则表示为 id1 :=id2+id3 * 10。

2. 语法分析

语法分析是编译过程的第二个阶段。语法分析的任务是在词法分析的基础上将单词序列分解成各类语法短语，如“程序”“语句”“表达式”等。这种语法短语也称为语法单位，可表示成语法树，比如上述程序段中的单词序列

```
id1 :=id2+id3 * 10
```

经语法分析得知其是 Pascal 语言的赋值语句，表示成如图 1.4 所示的语法树或者如图 1.5 所示的简捷形式的语法树。

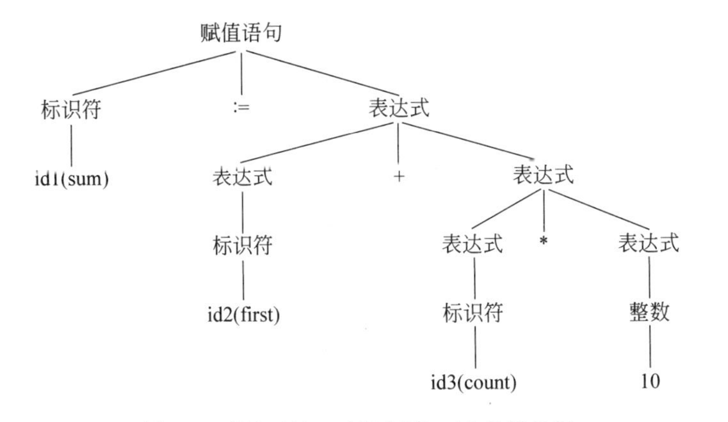

图 1.4 语句 id1 :=id2+id3 * 10 的语法树

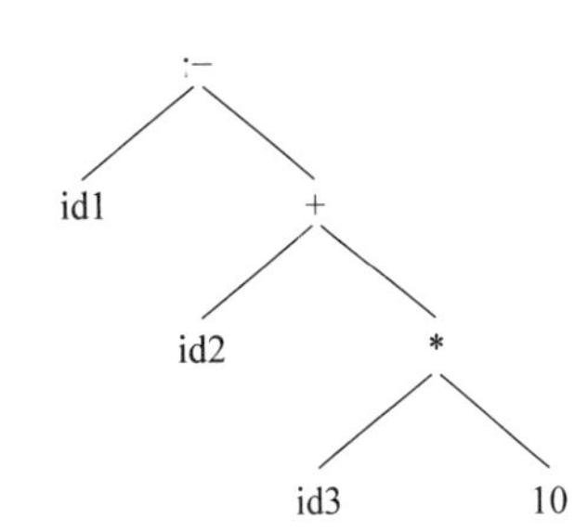

图 1.5 语句 id1 :=id2+id3 * 10 的语法树的简捷形式

语法分析所依据的是语言的语法规则，即描述程序结构的规则。通过语法分析确定整个输入串是否构成一个语法上正确的程序。

程序的结构通常是由递归规则表示的，例如，可以用下面的规则来定义表达式：

(1) 任何标识符是表达式。

(2) 任何常数(整常数、实常数)是表达式。

(3) 若表达式 1 和表达式 2 都是表达式，那么：

表达式 1＋表达式 2

表达式 1 * 表达式 2

(表达式 1)

都是表达式。

类似地，语句也可以递归地定义，如

(1) 标识符 :=表达式 是语句。

(2) while(表达式) do 语句

和

If (表达式) then 语句 else 语句

都是语句。

上述赋值语句 id1 :=id2＋id3 * 10 之所以能表示成图 1.4 所示的语法树，依据的是赋值语句和表达式的定义规则。

词法分析和语法分析本质上都是对源程序的结构进行分析。但词法分析的任务仅对源程序进行线性扫描即可完成，比如识别标识符，因为标识符的结构是字母打头的字母和数字串，这只要顺序扫描输入流，遇到既不是字母又不是数字的字符时，将前面所发现的所有字母和数字组合在一起构成标识符单词即可。但这种线性扫描不能用于识别递归定义的语法成分，比如不能用此办法去匹配表达式中的括号。

3. 语义分析

语义分析是审查源程序有无语义错误，为代码生成阶段收集类型信息。例如，语义分析的一个工作是进行类型审查，审查每个算符是否具有语言规范允许的运算对象，当不符合语言规范时，编译程序应报告错误。有的编译程序要对实数用作数组下标的情况报告错误。某些语言规定运算对象可被强制转换数据类型，那么当二目运算施于一个整型对象和一个实型对象时，编译程序应将整型对象转换成实型对象进行处理而不能认为是源程序的错误，假如在语句 sum :=first＋count * 10 中，count 是实型，10 是整型，则语义分析阶段进行类型审查之后，在语法分析所得到的分析树上增加一个语义处理结点 inttoreal，表示整型 10 变成实型 10.0 的一目算符，则图 1.5 的树变成图 1.6 所示的树。

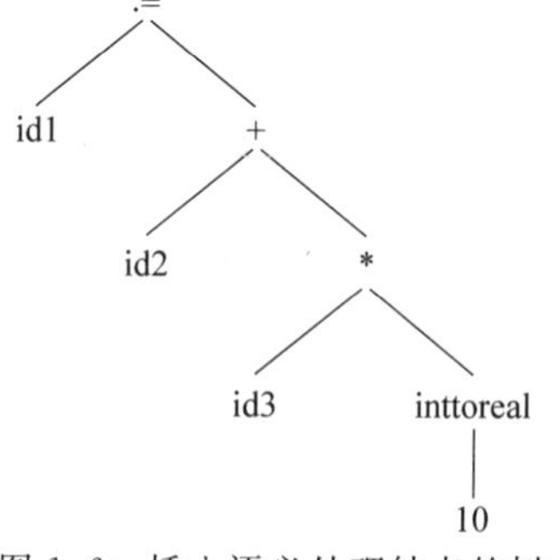

图 1.6　插入语义处理结点的树

4. 中间代码生成

在进行了上述的语法分析和语义分析阶段的工作之后，有的编译程序将源程序变成一种内部表示形式，这种内部表示形式叫做中间语言或中间代码。所谓“中间代码”是一种结构简单、含义明确的记号系统，这种记号系统可以设计为多种多样的形式，重要的设计原则为两点：一是容易生成；二是容易将它翻译成目标代码。很多编译程序采用了

一种近似“三地址指令”的“四元式”中间代码，这种四元式的形式为

（运算符，运算对象 1，运算对象 2，结果）

例如，源程序 sum :=first+count*10 可生成如图 1.7 所示的四元式序列，其中 t_i（$i=1,2,3$）是编译程序生成的临时名字，用于存放运算的中间结果。

5. 代码优化

这一阶段的任务是对前一阶段产生的中间代码进行变换或进行改造，目的是使生成的目标代码更为高效，即省时间和省空间。例如，图 1.7 的代码可变换为图 1.8 的代码，仅剩两个四元式而执行同样的计算。也就是说，在编译程序的这个阶段已经把将 10 转换成实型数的代码化简了，同时因为 t_3 仅仅用来将其值传递给 id1，也可以被化简，这只是优化工作的两个方面；此外，诸如公共子表达式的删除、强度削弱、循环优化等优化工作将在第 10 章详细介绍。

(1)	(inttoreal	10	—	t_1)
(2)	(*	id3	t_1	t_2)
(3)	(+	id2	t_2	t_3)
(4)	(:=	t_3	—	id1)

图 1.7 中间代码

(*	id3	10.0	t_1)
(+	id2	t_1	id1)

图 1.8 优化后的中间代码

(1)	MOV	id3,	R2
(2)	MUL	#10.0,	R2
(3)	MOV	id2	R1
(4)	ADD	R2,	R1
(5)	MOV	R1,	id1

图 1.9 目标代码

6. 目标代码生成

这一阶段的任务是把中间代码变换成特定机器上的绝对指令代码或可重定位的指令代码或汇编指令代码。这是编译的最后阶段，它的工作与硬件系统结构和指令含义有关，这个阶段的工作很复杂，涉及硬件系统功能部件的运用、机器指令的选择、各种数据类型变量的存储空间分配以及寄存器和后缓寄存器的调度等。

例如，使用两个寄存器（R1 和 R2），可能将图 1.8 所示的中间代码生成如图 1.9 所示的某种汇编代码。第 1 条指令将 id3 的内容送至寄存器 R2，第 2 条指令将其与实常数 10.0 相乘，这里用 # 表明 10.0 处理为常数，第 3 条指令将 id2 移至寄存器 R1，第 4 条指令将 R1 和 R2 中的值相加，第 5 条指令将寄存器 R1 的值移到 id1 的地址中。

上述编译过程的阶段划分是一个典型处理模式，事实上并非所有的编译程序都分成这样几个阶段，有些编译程序并不需要生成中间代码，有些编译程序不进行优化，即优化阶段可省去，有些最简单的编译程序在语法分析的同时产生目标指令代码，如 1.4 节介绍的 PL/0 语言编译程序。不过多数实用的编译程序都包含上述几个阶段的工作过程。

1.2.2 编译程序的结构

上述编译过程的 6 个阶段的任务可以分别由 6 个模块完成，分别称作词法分析程序、语法分析程序、语义分析程序、中间代码生成程序、代码优化程序和目标代码生成程序。此外，一个完整的编译程序还必须包括表格管理程序和出错处理程序。图 1.10 给出了一个典型的编译程序结构框图。

表格管理和出错处理与上述 6 个阶段都有联系。编译过程中源程序的各种信息被保留在种种不同的表格里，编译各阶段的工作都涉及构造、查找或更新有关的表格，因此需要有

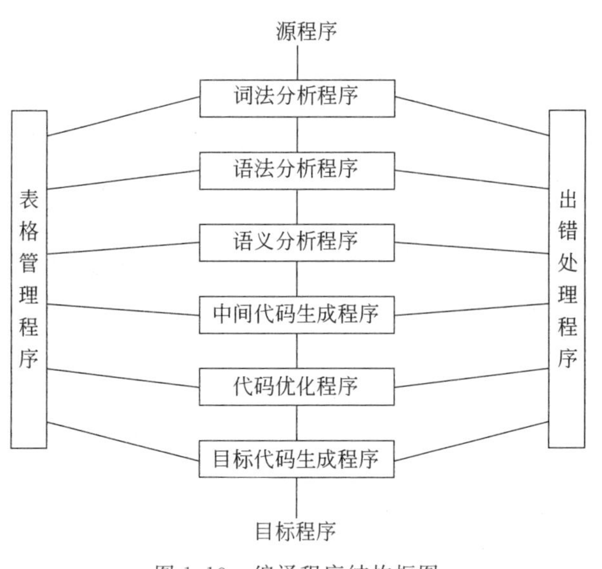

图 1.10　编译程序结构框图

表格管理的工作。如果编译过程中发现源程序有错误,编译程序应报告错误的性质和错误发生的地点,并且将错误所造成的影响限制在尽可能小的范围内,使得源程序的其余部分能继续被编译下去,有些编译程序还能自动校正错误,这些工作由出错处理程序完成。

1.2.3　编译阶段的组合

1.2.1 节所讨论的编译阶段的划分是编译程序的逻辑组织。有时把编译的过程分为前端(front end)和后端(back end),前端的工作主要依赖于源语言而与目标机无关。前端通常包括词法分析、语法分析、语义分析和中间代码生成这些阶段,某些优化工作也可在前端做,还包括与前端每个阶段相关的出错处理工作和符号表管理工作。后端指的是那些依赖于目标机而一般不依赖于源语言,只与中间代码有关的那些阶段的工作,即目标代码生成,以及相关出错处理和符号表操作。

若按照这种组合方式实现编译程序,可以设想,某一编译程序的前端加上相应的后端则可以为不同的机器构成同一个源语言的编译程序。也可以设想,不同语言编译的前端生成同一种中间语言,再使用一个共同的后端,则可为同一机器生成几个语言的编译程序。

一个编译过程可由一遍、两遍或多遍完成。所谓“遍”,也称作“趟”,是对源程序或其等价的中间语言程序从头到尾扫描并完成规定任务的过程。每一遍扫描可完成上述一个阶段或多个阶段的工作。例如,一遍可以只完成词法分析工作,一遍完成词法分析和语法分析工作,甚至一遍完成整个编译工作。对于多遍的编译程序,第一遍的输入是用户书写的源程序,最后一遍的输出是目标程序,其余是上一遍的输出为下一遍的输入。在实际的编译系统的设计中,编译的几个阶段的工作究竟应该怎样组合,即编译程序究竟分成几遍,参考的因素主要是源语言和机器(目标机)的特征。例如,源语言的结构直接影响编译的遍的划分;像PL/1 或 ALGOL 68 那样的语言,允许名字的说明出现在名字的使用之后,那么在看到名字之前是不便为包含该名字的表达式生成代码的,这种语言的编译程序至少分成两遍才容易生成代码。另外,机器的情况,即编译程序工作的环境也影响编译程序的遍数的划分。一个多遍的编译程序可以比一遍的编译程序少占内存，遍数多一点，整个编译程序的逻辑结构可能更清晰，但遍数多也意味着增加读写中间文件的次数，势必消耗较多时间，显然会比一遍的编译程序要慢。

1.3　解释程序和一些软件工具

1.3.1　解释程序

编译程序是一个语言处理程序，它把一个高级语言程序翻译成某个机器的汇编语言程序或二进制代码程序，这个二进制代码程序在机器上运行以生成结果。因此通过编译程序使得程序员可以先准备好一个在该机器上运行的程序，然后这个程序便会以机器的速度运行。但是在不把整个程序全部翻译完成之后，这个程序是不能开始运行，也不能产生任何结果的。编译和运行是两个独立分开的阶段。但在一个交互环境中，并不需要将这两个阶段分隔开。这里介绍另一种语言处理程序，叫解释程序，它不需要在运行前先把源程序翻译成目标代码，也可以实现在某台机器上运行程序并生成结果。

解释程序接受某个语言的程序并立即运行这个源程序。它的工作模式是一个个的获取、分析并执行源程序语句，一旦第一个语句分析结束，源程序便开始运行并且生成结果，它特别适合程序员以交互方式工作的情况，即希望在获取下一个语句之前了解每个语句的执行结果，允许执行时修改程序。

著名的解释程序有 BASIC 语言解释程序、LISP 语言解释程序、UNIX 命令语言(shell)解释程序、数据库查询语言 SQL 解释程序以及 Java 语言环境中(见图 1.15)的 BYTECODE 解释程序。

图 1.11 表示了解释程序的功能，图 1.12 表示了编译程序和解释程序的不同工作模式。

图 1.11　解释程序的功能

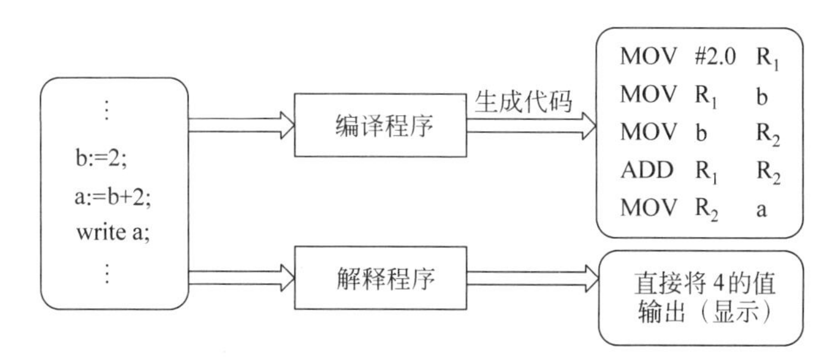

图 1.12　编译程序和解释程序的不同工作模式

解释程序的输入包括源程序和源程序的初始数据(输入数据)，它不生成目标代码，直接输出结果。编译程序和解释程序的存储组织也有很大不同。经由编译程序处理时，在源程序被编译的阶段，存储区中要为源程序(中间形式)和目标代码开辟空间，要存放编译用的各种表格，如符号表。在目标代码运行阶段，存储区中主要是目标代码和数据，编译所用的任何信息都不再需要了。

解释程序一般是把源程序一个语句一个语句地进行语法分析，转换为一种内部表示形式，存放在源程序区。例如，BASIC 解释程序将 LET 和 GOTO 这样的关键字表示为一个字节的操作码，标识符用其在符号表的入口位置表示。因为解释程序允许在执行用户程序时修改用户程序，这就要求在解释程序工作的整个过程中，源程序、符号表等内容始终存放在存储区中，并且存放格式要设计得易于使用和修改。

图 1.13 和图 1.14 分别表示了编译程序的编译阶段、运行阶段以及解释程序的存储区内容。

目标代码区
数据区

运行时

图 1.13　编译程序的编译阶段和运行阶段的存储区内容

解释系统
源程序
工作单元及名字表
标号表
缓冲区(输入输出)
栈区

图 1.14　解释程序的存储区内容

程序的解释是非常慢的，有时一个高级语言源程序的解释会比运行等价的机器代码程序慢 100 倍。因此当程序的运行速度非常重要时，是不能采用解释方式的。另外，解释程序的空间开销也是比较大的。

编译程序和解释程序是两类重要的高级语言处理程序。有些语言，如 BASIC、LISP 和 Pascal 等，既有编译程序，也有解释程序。Java 语言的处理环境既有编译程序，也有解释程序。图 1.15 展示了 Java 语言处理环境。

1.3.2　处理源程序的软件工具

人们已经认识到，为了提高软件的开发效率和质量，需要有一套软件开发过程所遵循的规范或标准，应使用先进的软件开发方法，并有相应的软件工具的支持。而这些软件工具的开发，其中很多要用到编译的原理和技术。实际上，编译程序本身也是一种软件开发工具，有了它们才能使用编程效率高的高级语言来编写程序。为了进一步提高编程效率，缩短调试时间，软件工作人员研制了许多针对源程序处理的软件工具，这些工具首先要像编译程序那样对源程序进行分析。下面是这些工具的一些例子。

1. 语言的结构化编辑器

用户可使用这种编辑器在语言的语法制导下编制出所需的源程序。结构化编辑器不仅具有通常的正文编辑器的正文编辑和修改功能，而且还能像编译程序那样对源程序正文进行分析。因此，结构化编辑器能够执行一些对正确编制程序有帮助的附加的任务。例如，它

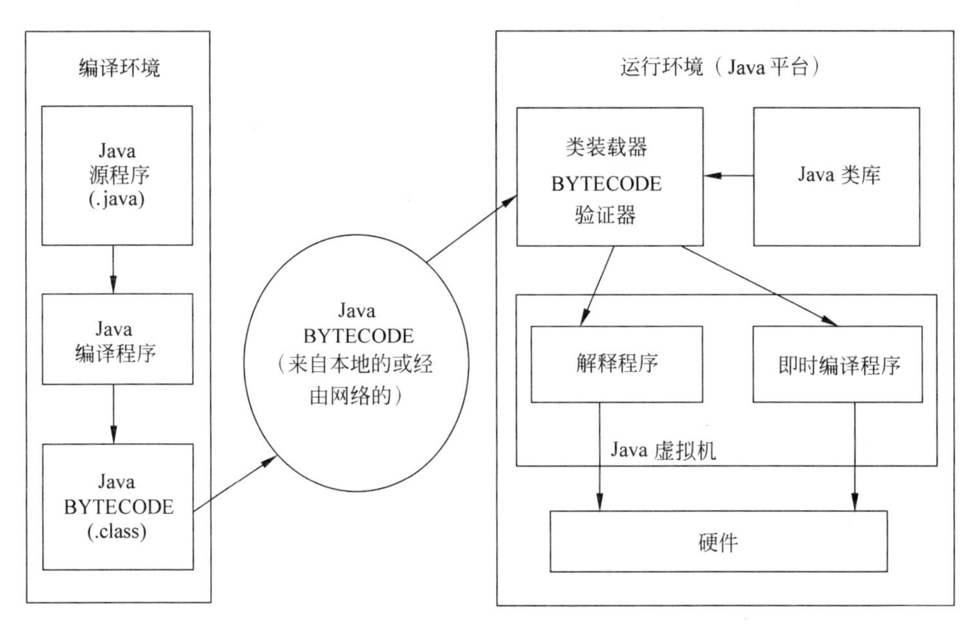

图 1.15　Java 语言环境

能够检查用户的输入是否正确，能够自动地提供关键字，当用户输入 if 后，编辑器立即显示 then 并将这两个关键字之间必须出现的条件留给用户输入，还能够检查 begin 或左括号与 end 或右括号是否相匹配等。由于结构化编辑器具有上述功能，既可保证编写出的源程序无语法错误，并有统一的、可读性好的程序格式，这无疑将会提高程序的开发效率和质量。这类商用产品很多，如 Turbo-Edit、Editplus 和 Ultraedit 等。很多集成开发环境中里也都包含这种类似的工具，如 JBuilder 中就有 Java 程序的结构化编辑器。

2. 语言程序的调试工具

调试是软件开发过程中的一个重要环节，结构化编辑器只能解决语法错误的问题，而对一个已通过编译的程序来说，需进一步了解的是程序执行的结果与编程人员的意图是否一致，程序的执行是否实现预计的算法和功能。这种算法的错误或者程序没能反映算法的功能等问题就要用调试器来协助解决。有一种调试器允许用户使用源程序正文和它的符号来调试，即一行一行地跟踪程序，查看变量和数据结构的变化以进行调试工作。当然，这些符号的信息必须由编译程序提供。调试器的实现可以有很多途径。其中一种是写一个解释器，以交互的方式翻译和执行每一行，它必须维护其所有的运行时的资源以保证在程序执行期间可以很容易地查询不同变量的当前值。如果不通过解释手段调试，而是在编译之后的代码上进行调试，编译程序必须在目标代码（汇编）生成时同时生成特定的调试信息，例如，关联标识符和它表示的地址的信息，用于无歧义地引用一个声明了多次的标识符的信息等。调试功能越强，实现越复杂，它涉及源程序的语法分析和语义处理技术。

3. 程序格式化工具

程序格式化工具分析源程序并以使程序结构变得清晰可读的形式打印出来。例如，注释可以以一种专门的字形出现，且语句的嵌套层次结构可以用缩排方式（齿形结构）表示出来。

4. 语言程序测试工具

语言程序的测试工具有两种：静态分析器和动态测试器。

静态分析器是在不运行程序的情况下对源程序进行静态分析，以发现程序中潜在的错误或异常。它对源程序进行语法分析并制定相应表格，检查变量定值与引用的关系，如某变量未被赋值就被引用，或定值后未被引用，或多余的源代码等一些编译程序的语法分析发现不了的错误。

动态测试工具也是首先对源程序进行分析，在分析基础上将用于记录和显示程序执行轨迹的语句或函数插入到源程序的适当位置，并用测试用例记录和显示程序运行时的实际路径，将运行结果与期望的结果进行比较分析，帮助编程人员查找问题。

5. 程序理解工具

程序理解工具对程序进行分析，确定模块间的调用关系，记录程序数据的静态属性和结构属性，并画出控制流程图，帮助用户理解程序。

6. 高级语言之间的转换工具

由于计算机硬件的不断更新换代，更新更好的程序设计语言的推出为提高计算机的使用效率提供了良好条件，然而一些已有的非常成熟的软件如何在新机器新语言情况下使用呢？为了减少重新编制程序所耗费的人力和时间，就要解决如何把一种高级语言转换成另一种高级语言，乃至汇编语言转换成高级语言的问题。这种转换工作要对被转换的语言进行词法和语法分析，只不过生成的目标语言是另一种高级语言而已。这与实现一个完整的编译程序相比工作量要少些。

1.4 PL/0 语言编译系统

PL/0 语言编译系统是世界著名计算机科学家 N. Wirth 编写的，它由编译程序和解释程序两部分组成。对 PL/0 编译程序进行实例分析，有助于对一般编译过程和编译程序结构的理解。PL/0 编译程序的源语言为 PL/0，目标语言是一个类 P-code 的代码。本书在介绍有关编译技术和方法时，会以 PL/0 编译程序的相关内容为例来说明这些方法是如何在实践中得以应用的。

N. Wirth 原本使用的编写语言是 Pascal(参见附录 A. 1)，考虑到普遍性和通用性，本书给出了 PL/0 编译系统的 C 语言版本(参见附录 A. 2)。C 语言版本完整保持与 Pascal 版本的结构一致，函数(过程)、变量等也使用同样的名字。附录 A 中代码的电子版可从清华大学出版社网站中的本书相关电子资源中下载。此外，本书相关电子资源中还包括 Java 版本的 PL/0 编译系统，也是原先 Pascal 版本的翻版。如不特别指明，本书后续部分在涉及 PL/0 编译程序的例子中均指 C 语言的版本。

本节首先介绍 PL/0 语言编译系统的构成，其次给出 PL/0 编译程序的源语言和目标语言，最后简单介绍 PL/0 编译程序的基本组成。PL/0 编译程序的实现细节将在后续章节中穿插讨论。

1.4.1 PL/0 语言编译系统构成

PL/0 语言编译系统由编译程序和解释程序两部分组成，分别称为 PL/0 编译程序和类 P-code 解释程序。PL/0 语言程序被 PL/0 编译程序转换为等价的类 P-code 程序。当编译程序正常结束时，PL/0 语言编译系统会调用解释程序（也称类 P-code 虚拟机），解释执行所生成的目标程序，如图 1.16 所示。

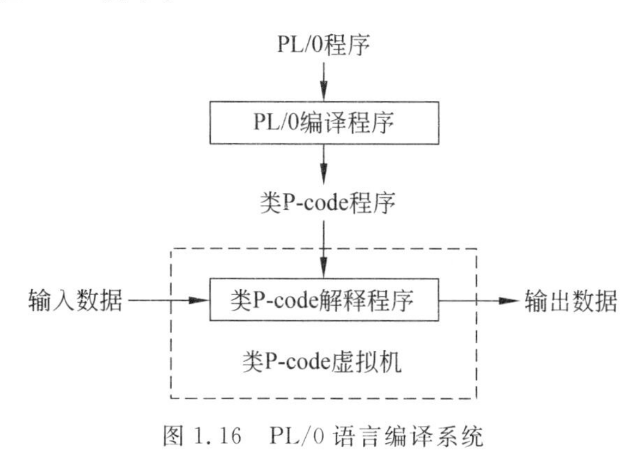

图 1.16 PL/0 语言编译系统

为了描述方便，通常用 T 形图来表示一个编译程序涉及的三个方面的语言，即源语言、目标语言和编译程序的书写语言（实现语言）。T 形图的左上角表示源语言，右上角表示目标语言，底部表示书写语言，PL/0 编译程序的 T 形图如图 1.17 所示。

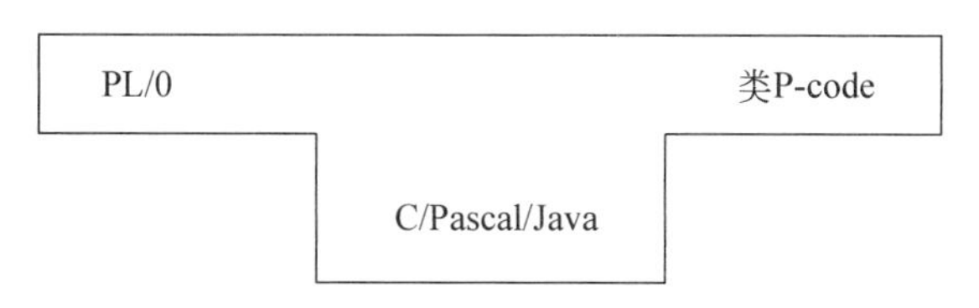

图 1.17 PL/0 编译程序 T 形图

PL/0 编译程序将 PL/0 源程序翻译成类 P-code 目标程序，源语言为 PL/0，目标语言为类 P-code。PL/0 编译程序可用 C、Pascal 或 Java 等各种语言书写。

在本书的 PL/0 语言编译系统所有版本中，类 P-code 虚拟机都是采用与编写 PL/0 编译程序相同的语言（即 C、Pascal 或 Java）来仿真或解释实现的。读者可通过阅读附录 A 源代码中名为 interpret 的函数（或过程）理解类 P-code 虚拟机的解释实现过程。

对 PL/0 编译程序和类 P-code 虚拟机进行联编，就可以生成目标平台上可执行的 PL/0 语言编译系统。用高级语言实现的类 P-code 虚拟机是平台无关的，因此 PL/0 语言编译系统可方便地移植到任何目标平台。

1.4.2 PL/0 语言

PL/0 语言的程序结构很简单，是 Pascal 的一个子集。图 1.18 和图 1.19 分别给出了两个小的 PL/0 程序例子。

```
const          a=10;           /* 常量说明部分 */
var            b,c;            /* 变量说明部分 */
procedure      p;              /* 过程说明部分 */
    begin
      c:=b+a
    end;
begin                          /* 主程序 */
    read(b);
    while b#0 do
      begin
        call p; write(2*c); read(b)
      end
end.
```

图 1.18　PL/0 源程序例 1

```
var m,n,r,q;
{计算 m 和 n 的最大公约数 }
procedure gcd;
    begin
        while r#0 do
            begin
                q :=m / n;
                r :=m - q * n;
                m :=n;
                n :=r;
            end
    end;
begin
    read(m);
    read(n);
    {为了方便,规定 m>=n }
    if m<n then
        begin
            r :=m;
            m :=n;
            n :=r;
        end;
    begin
        r:=1;
        call gcd;
        write(m);
    end;
end.
```

图 1.19　PL/0 源程序例 2

在实践中,程序语言的语法描述常采用一种称为扩展巴克斯范式(EBNF)的形式来描述。采用这种形式的好处是简洁和易读,比较适合于编译程序的手工构造。在后面的章节里介绍的 PL/0 编译程序手工构造过程都将基于这种 EBNF 形式的描述。

表 1.1 是 PL/0 语言语法的一个 EBNF 描述。

表 1.1　PL/0 语言语法的 EBNF 描述

<table>
<tr><th>PL/0 语法单位</th><th>EBNF 描述</th></tr>
<tr><td><程序></td><td>::=<分程序>.</td></tr>
<tr><td><分程序></td><td>::=[<常量说明部分>][<变量说明部分>][<过程说明部分>]<语句></td></tr>
<tr><td><常量说明部分></td><td>::=const<常量定义>{,<常量定义>};</td></tr>
<tr><td><常量定义></td><td>::=<id>=<integer></td></tr>
<tr><td><变量说明部分></td><td>::=var<id>{,<id>};</td></tr>
<tr><td><过程说明部分></td><td>::=<过程首部><分程序>{;<过程说明部分>};</td></tr>
<tr><td><过程首部></td><td>::=procedure <id>;</td></tr>
<tr><td><语句></td><td>::=<赋值语句>|<条件语句>|<当型循环语句>|<过程调用语句>|<读语句>|<写语句>|<复合语句>|<空语句></td></tr>
<tr><td><赋值语句></td><td>::=<id>:=<表达式></td></tr>
<tr><td><复合语句></td><td>::=begin<语句>{;<语句>} end</td></tr>
<tr><td><空语句></td><td>::=ε</td></tr>
<tr><td><条件></td><td>::=<表达式><关系运算符><表达式>|odd <表达式></td></tr>
<tr><td><表达式></td><td>::=[+|-] <项>{<加减运算符><项>}</td></tr>
<tr><td><项></td><td>::=<因子>{<乘除运算符><因子>}</td></tr>
<tr><td><因子></td><td>::=<id>|<integer>|'('<表达式>')'</td></tr>
<tr><td><加减运算符></td><td>::=+|-</td></tr>
<tr><td><乘除运算符></td><td>::=*|/</td></tr>
<tr><td><关系运算符></td><td>::==|#|<|<=|>|>=</td></tr>
<tr><td><条件语句></td><td>::=if<条件>then <语句></td></tr>
<tr><td><过程调用语句></td><td>::=call<id></td></tr>
<tr><td><当型循环语句></td><td>::=while <条件>do <语句></td></tr>
<tr><td><读语句></td><td>::=read '('<id>{,<id>} ')'</td></tr>
<tr><td><写语句></td><td>::=write '('<表达式>{,<表达式>}')'</td></tr>
</table>

其中用到的 EBNF 元符号含义如下：

- < >：用尖括号括起来的中文字表示语法构造成分，或称语法单元；而用尖括号括起来的英文字表示一类词法单元。
- ::=：表示左部的语法单位由右部定义，可读作"定义为"。
- |：表示"或"，即多选项。
- {}：用花括号括起来的成分可以重复 0 次到任意多次。
- []：用方括号括起来的成分为任选项，即出现一次或不出现。

由表 1.1 的 EBNF 描述可以观察到：PL/0 程序由分程序组成，分程序由说明部分和语句组成。说明部分包括常量说明、变量说明和过程说明，并分别由关键字 const、var、procedure 开头。过程说明中可以嵌套过程说明。PL/0 语法整体上与 Pascal 的语法类似。

PL/0 的语句有赋值语句、条件语句、循环语句、过程调用语句、读语句、写语句和复合语句。有两种控制转移语句：if 语句和 while 语句，if 语句无 else 部分。复合语句是由 begin 和 end 括起来的语句序列。I/O 语句由保留字 read 和 write 开始，read 语句一次可为多个变量读入数据，write 语句一次可输出多个算术表达式的值。

PL/0 的表达式有关系表达式和算术表达式两类：控制转移语句中的测试条件是关系表达式，其中使用了关系运算符；算术表达式使用整型运算符。关系表达式由两个算术表达式的比较组成，通过 6 个关系运算进行比较。算术表达式由整型常数、整型变量以及常见的算术运算符组成。算术表达式还可以出现在赋值、I/O 语句中。

PL/0 中的变量是简单整型变量，需在变量说明部分进行说明，但无须给出数据类型，因为只有整型变量。

最后，PL/0 的语句序列中由分号来分隔语句，最后一个语句之后可以没有分号。可以有空语句序列。

在表 1.1 中，仅出现在::=右边的符号均为词法单元，即单词或单词符号。PL/0 的单词可分为 5 个大类：保留字、运算符、标识符、无符号整数、界符。

保留字有 13 个：

const, var, procedur, begin, end, odd, if, then, call, while, do, read, write

运算符有 11 个，分别为：4 个整型算术运算符号＋、－、* 和/，6 个比较运算符号＜、＜＝、＞、＞＝、# 和＝，以及赋值运算符 :=。

界符包括(、)、,、;和.。

无符号整数＜integer＞是由一个或多个数字组成的序列。数字为 0,1,2,…,9。

标识符＜id＞是字母开头的字母数字序列。字母包括大小写英文字母：a,b,…,z,A,B,…,Z。

1.4.3 类 P-code 语言

类 P-code 语言是 PL/0 编译程序的目标语言，可以看作类 P-code 虚拟机的汇编语言。类 P-code 虚拟机是一种简单的纯栈式结构的机器，它有一个栈式存储器，有 4 个控制寄存器：指令寄存器 i、指令地址寄存器 p、栈顶寄存器 t 和基址寄存器 b。类 P-code 程序运行期间的数据存储和算术及逻辑运算都在栈顶进行。

类 P-code 虚拟机的指令格式形如

F L A

它由 3 个部分构成，其含义如下：

F： 指令的操作码。

L： 若起作用，则表示引用层与声明层之间的层次差；若不起作用，则置为 0。

A： 不同的指令含义不同。

类 P-code 虚拟机完整的指令集合见表 1.2。对过程调用相关指令更详细的解释参见 9.4.2 节。

表 1.2　类 P-code 虚拟机指令系统

指令分类	指令格式	指令功能
过程调用相关指令	INT 0 A	在栈顶开辟 A 个存储单元
	OPR 0 0	结束被调用过程，返回调用点并退栈
	CAL L A	调用地址为 A 的过程，调用过程与被调用过程的层差为 L
存取指令	INT 0 A	立即数 A 存入 t 所指单元，t 加 1
	LOD L A	将层差为 L、偏移量为 A 的存储单元的值取到栈顶，t 加 1
	STO L A	将栈顶的值存入层差为 L、偏移量为 A 的单元，t 减 1
一元运算和比较指令	OPR 0 1	求栈顶元素的相反数，结果值留在栈顶
	OPR 0 6	栈顶内容若为奇数则变为 1，若为偶数则变为 0
二元运算指令	OPR 0 2	次栈顶与栈顶的值相加，结果存入次栈顶，t 减 1
	OPR 0 3	次栈顶的值减去栈顶的值，结果存放次栈顶，t 减 1
	OPR 0 4	次栈顶的值乘以栈顶的值，结果存放次栈顶，t 减 1
	OPR 0 5	次栈顶的值乘以栈顶的值，结果存放次栈顶，t 减 1
二元比较指令	OPR 0 8	次栈顶与栈顶内容若相等，则将 0 存于次栈顶，t 减 1
	OPR 0 9	次栈顶与栈顶内容若不相等，则将 0 存于次栈顶，t 减 1
	OPR 0 10	次栈顶内容若小于栈顶，则将 0 存于次栈顶，t 减 1
	OPR 0 11	次栈顶内容若大小于等于栈顶，则将 0 存于次栈顶，t 减 1
	OPR 0 12	次栈顶内容若大于栈顶，则将 0 存于次栈顶，t 减 1
	OPR 0 13	次栈顶内容若小于等于栈顶，则将 0 存于次栈顶，t 减 1
转移指令	JMP 0 A	无条件转移至地址 A
	JPC 0 A	若栈顶为 0，则转移至地址 A，t 减 1
输入输出指令	OPR 0 14	栈顶的值输出至控制台屏幕，t 减 1
	OPR 0 15	控制台屏幕输出一个换行
	OPR 0 16	从控制台读入一行输入，置入栈顶，t 加 1

1.4.4　PL/0 编译程序

PL/0 编译程序采用单遍扫描方式的编译过程，由词法分析程序、语法语义分析程序以及代码生成程序 3 个独立的过程组成。PL/0 编译程序以语法语义分析程序为核心，当语法分析需要读单词时就调用词法分析程序，而当语法语义分析正确需生成相应语言成分的目标代码时，就调用代码生成程序。PL/0 编译程序的组织结构如图 1.20 所示。

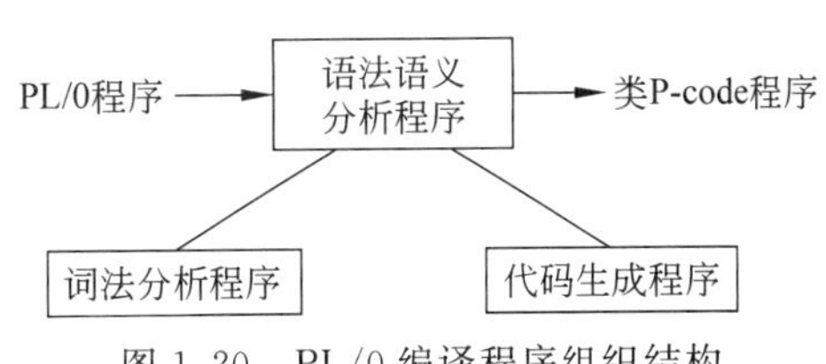

图 1.20　PL/0 编译程序组织结构

当源程序编译有错时，PL/0 编译程序用出错处理程序对词法和语法语义分析遇到的错误给出在源程序中出错的位置和错误性质。当源程序编译正确时，编译程序正常结束，可输出相应的类 P-code 目标程序。

图 1.21 是 PL/0 编译程序对图 1.18 的源程序编译后的类 P-code 目标程序。

(0) jmp 0 8	转向主程序入口
(1) jmp 0 2	转向过程p入口
(2) int 0 3	过程p入口，为过程p开辟空间
(3) lod 1 3	取变量b的值到栈顶
(4) lit 0 10	取常数10到栈顶
(5) opr 0 2	次栈顶与栈顶相加
(6) sto 1 4	栈顶值送变量c中
(7) opr 0 0	退栈并返回调用点的下一条指令(16)
(8) int 0 5	主程序入口开辟5个栈空间
(9) opr 0 16	从命令行读入值置于栈顶
(10) sto 0 3	将栈顶值存入变量b中
(11) lod 0 3	将变量b的值取至栈顶
(12) lit 0 0	将常数值0进栈
(13) opr 0 9	次栈顶与栈顶是否不等
(14) jpc 0 24	相等时转(24)(条件不满足转)
(15) cal 0 2	调用过程p
(16) lit 0 2	常数值2进栈
(17) lod 0 4	将变量c的值取至栈顶
(18) opr 0 4	次栈顶与栈顶相乘(2*c)
(19) opr 0 14	栈顶值输出至屏幕
(20) opr 0 15	换行
(21) opr 0 16	从命令行读取值到栈顶
(22) sto 0 3	栈顶值送变量b中
(23) jmp 0 11	无条件转到循环入口(11)
(24) opr 0 0	结束退栈

图 1.21　类 P-code 目标代码

1.4.5　PL/0 语言编译系统的驱动代码

如图 1.16 所示，PL/0 语言编译系统包括 PL/0 编译程序和类 P-code 解释程序，其驱动代码为附录 A 中代码的主函数 main()。main()函数的主体框架如下所示：

```
int main()
{
    ......
    /* 打开源程序文件 */
    if 打开源程序文件成功{
        ......                          /* 初始化输出文件信息 */
        init();                         /* 初始化各类名字和符号信息 */
        err=0;                          /* 初始化错误数 */
        ......                          /* 初始化其他信息 */
        if(-1 ! =getsym())              /* 成功读取第一个单词 */
        {
            ......
            if(-1==block(...))          /* 编译整个程序体对应的<分程序> */
            {
                ......                  /* 编译过程未成功结束,关闭所有已打开的文件,返回 */
            }
```

```
            ......                      /* 编译过程结束,关闭已打开的输出文件 */
            if (sym != period)          /* 当前符号不是程序结束符'.'*/
            {
                error(9);               /* 提示 9 号出错信息:缺少程序结束符'.'*/
            }
            if (err==0)                 /* 未发现程序中的错误 */
            {
                ......
                interpret();            /* 调用解释程序,执行所产生的类 P-code 代码 */
                ......
            }
            else
            {
                printf("Errors in PL/0 program");
            }
        }
        ......
    }
    else
    {
        printf("Can't open file! \n");    /* 打开源程序文件不成功 */
    }
    ......                                /* 关闭已打开的文件,成功返回 */
}
```

PL/0 编译程序以语法语义分析程序为核心,在分析过程中,它不断地调用词法分析程序 getsym()获取下一个单词,调用代码生成程序生成类 P-code 代码,在需要报错时调用 error()函数。语法语义分析程序执行一种自上而下的分析过程,采用递归下降分析/翻译子程序的构造方法,每个语法单元对应一个子程序。语法单元＜分程序＞对应的子程序为 block()。上面代码中的 block()是最顶层的＜分程序＞处理函数,用于处理整个程序体所对应的＜分程序＞。关于 block()函数以及其他递归子程序的构造,将在第 4 章进一步讨论。

getsym()实现基本的词法分析功能,用于获取下一个单词。第 3 章将会涉及 getsym()实现的一些细节。

interpret()用于解释执行类 P-code 程序,相当于实现了类 P-code 虚拟机。它采用了如下数据结构,从中可以了解类 P-code 虚拟机的基本结构:

```
运行栈          int s[stacksize]      /* stacksize:对应数据区存储单元数的上界 */
指令寄存器      struct instruction {
                    enum fct f;       /* 操作码 */
                    int l;            /* 引用层与声明层的层差 */
                    int a;            /* 因不同的 f 各异 */
                } i;
指令地址寄存器  int p;
```

```
基址寄存器          int b;
栈顶寄存器          int t;
虚拟机代码段        struct instruction code[cxmax];          /* cxmax：代码区指令数的上界 */
```

interpret()顺序读取 code 中的类 P-code 指令逐条解释执行。不同指令的执行结果会以不同方式修改运行栈 s、指令地址寄存器 p、基址寄存器 b 以及栈顶寄存器 t 的状态。对照图 1.21 中执行类 P-code 目标代码的例子，有助于对 interpret()代码的理解。

对于一些与运行时存储组织相关的类 P-code 指令(表 1.2 中的存取指令和过程调用相关指令)，其执行语义略微复杂一些，将在第 9 章作进一步的解释。然而，对照图 1.21 中的例子，读者也不难理解它们的基本含义。

练　　习

1. 解释下列术语：

编译程序，源程序，目标程序，编译程序的前端、后端和遍

2. 编译程序有哪些主要构成成分？各自的主要功能是什么？

3. 什么是解释程序？它与编译程序的主要不同是什么？

4. 对下列错误信息，请指出可能是编译的哪个阶段(词法分析、语法分析、语义分析、代码生成)报告的。

(1) else 没有匹配的 if。

(2) 数组下标越界。

(3) 使用的函数没有定义。

(4) 在数中出现非数字字符。

5. 通过 1.4 节的介绍以及对附录 A 中源码的初步阅读，要求读者：

(1) 熟悉 PL/0 编译程序的源语言和目标语言；

(2) 了解 PL/0 编译程序的基本结构；

(3) 了解 PL/0 语言编译系统驱动程序的基本结构。

第2章　文法和语言

一个程序设计语言是一个记号系统，如同自然语言一样，它的完整定义应包括语法和语义两个方面。所谓一个语言的语法是指一组规则，用它可以形成和产生一个合适的程序。目前广泛使用的手段是上下文无关文法，即用上下文无关文法作为程序设计语言语法的描述工具。语法只是定义什么样的符号序列是合法的，与这些符号的含义毫无关系，比如对于一个 Pascal 程序来说，一个上下文无关文法可以定义符号串 A:=B+C 是一个合乎语法的赋值语句，而 A:=B+就不是。但是，如果 B 是实型的，而 C 是布尔型的，或者 B、C 中任何一个变量没有事先说明，则 A:=B+C 仍不是正确的程序，也就是说程序结构上的这种特点——类型匹配、变量作用域等是无法用上下文无关手段检查的，这些工作属于语义分析工作。程序设计语言的语义常常分为两类：静态语义和动态语义。静态语义是一系列限定规则，并确定哪些合乎语法的程序是合适的；动态语义也称作运行语义或执行语义，表明程序要做些什么，要计算什么。

阐明语法的一个工具是文法，这是形式语言理论的基本概念之一。本章将介绍文法和语言的概念，重点讨论上下文无关文法及其句型分析中的有关问题。

阐明语义要比阐明语法困难得多，尽管形式语义学的研究已取得重大进展，但是仍没有哪一种公认的形式系统可用来自动构造出正确的编译系统。本书不对形式语义学进行介绍。

2.1　文法的直观概念

在给出文法和语言的形式定义之前，先直观地认识一下文法的概念。

当我们表述一种语言时，无非是说明这种语言的句子，如果语言只含有有穷多个句子，则只需列出句子的有穷集就行了，但对于含有无穷多个句子的语言来讲，存在着如何给出它的有穷表示的问题。

以自然语言为例，人们无法列出全部句子，但是人们可以给出一些规则，用这些规则来说明(或者定义)句子的组成结构，如"我是大学生"是汉语的一个句子。汉语句子可以由主语后随谓语而成，构成谓语的是动词和直接宾语，采用第1章使用过的 EBNF 来表示这种句子的构成规则：

〈句子〉::=〈主语〉〈谓语〉
〈主语〉::=〈代词〉|〈名词〉
〈代词〉::=我|你|他
〈名词〉::=王明|大学生|工人|英语
〈谓语〉::=〈动词〉〈直接宾语〉
〈动词〉::=是|学习
〈直接宾语〉::=〈代词〉|〈名词〉

"我是大学生"的构成符合上述规则，而"我大学生是"不符合上述规则，即它不是句子。这些规则成为判别句子结构合法与否的依据，换句话说，将这些规则看成是一种元语言，用它描述汉语。这里仅仅涉及汉语句子的结构描述。这样的语言描述称为文法。

一旦有了一组规则以后，可以按照如下方式用它们去推导或产生句子。开始去找∷=左端的带有〈句子〉的规则并把它表示成∷=右端的符号串，这个动作表示成：〈句子〉⇒〈主语〉〈谓语〉，然后在得到的串〈主语〉〈谓语〉中，选取〈主语〉或〈谓语〉，再用相应的规则∷=右端代替之。例如，选取了〈主语〉，并采用规则〈主语〉∷=〈代词〉，那么得到：〈主语〉〈谓语〉⇒〈代词〉〈谓语〉，重复做下去，得到句子"我是大学生"的全部动作过程如下：

〈句子〉⇒〈主语〉〈谓语〉
　　⇒〈代词〉〈谓语〉
　　⇒我〈谓语〉
　　⇒我〈动词〉〈直接宾语〉
　　⇒我是〈直接宾语〉
　　⇒我是〈名词〉
　　⇒我是大学生

符号⇒的含义是，使用一条规则，代替其左端的某个符号，产生其右端的符号串。

显然，按照上述办法，不仅生成"我是大学生"这样的句子，还可以生成"王明是大学生"，"王明学习英语"，"我学习英语"，"他学习英语"，"你是工人"，"你学习王明"等许多其他句子。事实上，使用文法作为工具，不仅是为了严格地定义句子的结构，也是为了用适当条数的规则把语言的全部句子描述出来，可以说文法是以有穷的集合刻画无穷的集合的一个工具。

2.2 符号和符号串

正如英语是由句子组成的集合，而句子又是由单词和标点符号组成的序列那样，程序设计语言 Pascal 或 C 语言是由一切 Pascal 程序或 C 程序所组成的集合，而程序是由类似 if、begin、end 的符号以及字母和数字这样一些基本符号所组成，从字面上看，每个程序都是一个"基本符号"串，假设有一个基本符号集，那么 Pascal 或 C 语言可看成是在这个基本符号集上定义的、按一定规则构成的一切基本符号串组成的集合。为了给出语言的形式定义，首先讨论符号和符号串的有关概念。

1. 字母表

字母表是元素的非空有穷集合，字母表中的元素称为符号，因此字母表也称为符号集。不同的语言可以有不同的字母表，例如汉语的字母表中包括汉字、数字及标点符号等。C 语言的字母表由字母、数字、若干专用符号及 char、struct、if、do 之类的保留字组成。

2. 符号串

由字母表中的符号组成的任何有穷序列称为符号串，例如 001110 是字母表 $\Sigma=\{0,1\}$ 上的符号串，又如字母表 $A=\{a,b,c\}$ 上的一些符号串有 a，b，c，ab，aaca。在符号串中，符号的顺序是很重要的，例如，符号串 ab 就不同于 ba，abca 和 aabc 也不同。可以使用字母表示符号串，如 $x=\text{STR}$ 表示"x 是由符号 S、T 和 R，并按此顺序组成的符号串"。

如果某符号串 x 中有 m 个符号，则称其长度为 m，表示为 $|x|=m$，如 001110 的长度

是6。

允许空符号串，即不包含任何符号的符号串，用ε表示，其长度为0，即$|\varepsilon|=0$。

下面介绍有关符号串的一些运算。

1）符号串的头尾，固有头和固有尾

如果$z=xy$是一符号串，那么x是z的头，y是z的尾，如果x是非空的，那么y是固有尾；同样，如果y非空，那么x是固有头。设$z=\mathrm{abc}$，那么z的头是ε，a，ab和abc；除abc外，其他都是固有头；z的尾是ε，c，bc和abc；z的固有尾是ε，c和bc。

当我们对符号$z=xy$的头感兴趣而对其余部分不感兴趣时，可以采用省略写法：$z=x\cdots$；如果只是为了强调x在符号串z中的某处出现，则可表示为：$z=\cdots x\cdots$；符号t是符号串z的第一个符号，则表示为$z=t\cdots$。

2）符号串的连接

设x和y是符号串，它们的连接xy是把y的符号写在x的符号之后得到的符号串。例如，设$x=\mathrm{ST}$，$y=\mathrm{abu}$，则它们的连接$xy=\mathrm{STabu}$，看出$|x|=2$，$|y|=3$，$|xy|=5$。由于ε的含义，显然有$\varepsilon x=x\varepsilon=x$。

3）符号串的方幂

设x是符号串，把x自身连接n次得到符号串z，即$z=xx\cdots xx$，称为符号串x的方幂，写作$z=x^n$，即把符号串x相继地重复写n次。$x^0=\varepsilon$，$x^1=x$，$x^2=xx$，$x^3=xxx$分别对应于$n=0,1,2$和3，例如，设$x=\mathrm{AB}$，则$x^0=\varepsilon$，$x^1=\mathrm{AB}$，$x^2=\mathrm{ABAB}$，$x^3=\mathrm{ABABAB}$。对于$n>0$，有$x^n=xx^{n-1}=x^{n-1}x$。

4）符号串集合

若集合A中的一切元素都是某字母表上的符号串，则称A为该字母表上的符号串集合。两个符号串集合A和B的乘积定义如下：$AB=\{xy|x\in A$且$y\in B\}$，即AB是满足x属于A，y属于B的所有符号串xy所组成的集合。例如，若$A=\{\mathrm{a,b}\}$，$B=\{\mathrm{c,d}\}$，则集合$AB=\{\mathrm{ac,ad,bc,bd}\}$。因为对任意符号串$x$有$\varepsilon x=x\varepsilon=x$，所以有$\{\varepsilon\}A=A\{\varepsilon\}=A$。

指定字母表Σ之后，可用Σ^*表示Σ上的所有有穷长的串的集合。例如，如$\Sigma=\{0,1\}$，则$\Sigma^*=\{\varepsilon,0,1,00,01,10,11,000,001,010,\cdots\}$，也可表示为字母表的方幂形式：

$$\Sigma^*=\Sigma^0\cup\Sigma^1\cup\Sigma^2\cdots\cup\Sigma^n\cdots$$

Σ^*称为集合Σ的**闭包**。而$\Sigma^+=\Sigma^1\cup\Sigma^2\cdots\Sigma^n\cdots$称为Σ的**正闭包**。显然有

$$\Sigma^*-\Sigma^0\cup\Sigma^+$$

$$\Sigma^+=\Sigma\Sigma^*=\Sigma^*\Sigma$$

Σ^*具有可数的无穷数量的元素。使用一般集合论的表示符号：若x是Σ^*中的元素，则表示为$x\in\Sigma^*$，否则$x\notin\Sigma^*$。对于所有的Σ，有$\varepsilon\in\Sigma^*$。

2.3 文法和语言的形式定义

这里使用2.2节所引用的术语，将2.1节中描述汉语句子的规则加以形式化，然后给出文法和语言的形式定义。

规则，也称**重写规则**、**产生式**或**生成式**，是形如$\alpha\rightarrow\beta$或$\alpha::=\beta$的(α,β)有序对，其中α称为规则的左部，β称作规则的右部。这里使用的符号→（::=）读作“定义为”。例如$A\rightarrow\mathrm{a}$读

作“A 定义为 a”。也把它说成是一条关于 A 的规则(产生式)。

定义 2.1 文法 G 定义为四元组(V_N,V_T,P,S)。

其中 V_N 为非终结符(或语法实体,或变量)集;V_T 为终结符集;P 为规则($\alpha\rightarrow\beta$)的集合,$\alpha\in(V_N\cup V_T)^*$ 且至少包含一个非终结符,$\beta\in(V_N\cup V_T)^*$;V_N,V_T 和 P 是非空有穷集。S 称作识别符或开始符,它是一个非终结符,至少要在一条规则中作为左部出现。

V_N 和 V_T 不含公共的元素,即 $V_N\cap V_T=\varnothing$。

通常用 V 表示 $V_N\cup V_T$,V 称为文法 G 的字母表或字汇表。

例 2.1 有文法 $G=(V_N,V_T,P,S)$,其中,$V_N=\{S\}$,$V_T=\{0,1\}$,$P=\{S\rightarrow 0S1,S\rightarrow 01\}$。这里,非终结符集中只含一个元素 S;终结符集由两个元素 0 和 1 组成;有两条产生式;开始符是 S。

例 2.2 有文法 $G=(V_N,V_T,P,S)$。

其中,V_N={标识符,字母,数字},V_T={a,b,c,…,x,y,z,0,1,…,9}

P={ 〈标识符〉→〈字母〉
〈标识符〉→〈标识符〉〈字母〉
〈标识符〉→〈标识符〉〈数字〉
〈字母〉→a
〈字母〉→b
⋮
〈字母〉→z
〈数字〉→0
〈数字〉→1
⋮
〈数字〉→9}

S=〈标识符〉

这里,使用尖括号括起非终结符。

很多时候,不用将文法 G 的四元组显式地表示出来,而只将产生式写出。一般约定,第一条产生式的左部是识别符;用尖括号括起来的是非终结符,不用尖括号括起来的是终结符,或者用大写字母表示非终结符,小写字母表示终结符。另外,也有一种习惯写法,将 G 写成 $G[S]$,其中 S 是识别符,例 2.1 还可以写成

G:$S\rightarrow 0S1$
$S\rightarrow 01$

或

$G[S]$:$S\rightarrow 0S1$
$S\rightarrow 01$

为定义文法所产生的语言,还需要引入**推导**的概念,即定义 V^* 中的符号之间的关系:直接推导$\Rightarrow$、长度为 $n(n\geqslant 1)$的推导$\overset{+}{\Rightarrow}$和长度为 $n(n\geqslant 0)$的推导$\overset{*}{\Rightarrow}$。

定义 2.2 设 $\alpha\rightarrow\beta$ 是文法 $G=(V_N,V_T,P,S)$的规则(或说是 P 中的一个产生式),γ 和 δ 是 V^* 中的任意符号,若有符号串 v、w 满足

$$v=\gamma\alpha\delta,\quad w=\gamma\beta\delta$$

则说 v(应用规则 $\alpha \rightarrow \beta$)直接产生 w,或说 w 是 v 的**直接推导**,或说 w 直接**归约**到 v,记作 $v \Rightarrow w$。

例如,对于例 2.1 的文法 G,可以给出直接推导的一些例子。

(1) $v=0S1$,$w=0011$,直接推导:$0S1 \Rightarrow 0011$,使用的规则:$S \rightarrow 01$,这里 $\gamma=0$,$\delta=1$。

(2) $v=S$,$w=0S1$,直接推导:$S \Rightarrow 0S1$,使用的规则:$S \rightarrow 0S1$,这里 $\gamma=\varepsilon$,$\delta=\varepsilon$。

(3) $v=0S1$,$w=00S11$,直接推导:$0S1 \Rightarrow 00S11$,使用的规则:$S \rightarrow 0S1$,这里 $\gamma=0$,$\delta=1$。

对于例 2.2 的文法 G,直接推导的例子如下:

(1) v=〈标识符〉,w=〈标识符〉〈字母〉,直接推导:〈标识符〉⇒〈标识符〉〈字母〉,使用的规则:〈标识符〉→〈标识符〉〈字母〉,这里 $\gamma=\delta=\varepsilon$。

(2) v=〈标识符〉〈字母〉〈数字〉,w=〈字母〉〈字母〉〈数字〉,直接推导:〈标识符〉〈字母〉〈数字〉⇒〈字母〉〈字母〉〈数字〉,使用的规则:〈标识符〉→〈字母〉,这里 $\gamma=\varepsilon$,δ=〈字母〉〈数字〉。

(3) v=abc〈数字〉,w=abc5,直接推导:abc〈数字〉⇒abc5,使用的规则:〈数字〉→5,这里 γ=abc,$\delta=\varepsilon$。

定义 2.3 如果存在直接推导的序列:

$$v = w_0 \Rightarrow w_1 \Rightarrow w_2 \Rightarrow \cdots \Rightarrow w_n = w(n > 0)$$

则称 v 推导出(产生)w(推导长度为 n),或称 w 归约到 v,记作 $v \overset{+}{\Rightarrow} w$。

定义 2.4 若有 $v \overset{+}{\Rightarrow} w$,或 $v=w$,则记作 $v \overset{*}{\Rightarrow} w$。

例如,对例 2.1 的文法,存在直接推导序列 $v=0S1 \Rightarrow 00S11 \Rightarrow 000S111 \Rightarrow 00001111=w$,即 $0S1 \overset{+}{\Rightarrow} 00001111$,也可记作 $0S1 \overset{*}{\Rightarrow} 00001111$。

对例 2.2 的文法,存在直接推导序列 v=〈标识符〉⇒〈标识符〉〈数字〉⇒〈字母〉〈数字〉⇒x〈数字〉⇒$x1=w$,即〈标识符〉$\overset{+}{\Rightarrow} x1$,也可记作〈标识符〉$\overset{*}{\Rightarrow} x1$。

定义 2.5 设 $G[S]$是一个文法,如果符号串 x 是从识别符号推导出来的,即有 $S \overset{*}{\Rightarrow} x$,则称 x 是文法 $G[S]$的**句型**。若 x 仅由终结符号组成,即 $S \overset{*}{\Rightarrow} x, x \in V_T^*$,则称 x 为 $G[S]$的**句子**。

例如,S、$0S1$、000111 都是例 2.1 的文法 G 的句型,其中 000111 是 G 的句子。〈标识符〉〈字母〉、〈字母〉〈数字〉、$a1$ 等都是例 2.2 文法 G 的句型,其中 $a1$ 是 G 的句子。

定义 2.6 文法 G 所产生的语言定义为集合$\{x \mid S \overset{*}{\Rightarrow} x$,其中 S 为文法识别符号,且 $x \in V_T^*\}$。可用 $L(G)$表示该集合。

从定义 2.6 看出两点:第一,符号串 x 可从识别符号推出,即 x 是句型。第二,x 仅由终结符号组成,即 x 是文法 G 的句子。也就是说,**文法描述的语言是该文法一切句子的集合**。考虑例 2.1 的文法 G,有两条产生式(规则):(1)$S \rightarrow 0S1$ 和(2)$S \rightarrow 01$,通过对第一个产生式使用 $n-1$ 次,然后使用第二个产生式一次,得到

$$S \Rightarrow 0S1 \Rightarrow 00S11 \Rightarrow \cdots \Rightarrow 0^{n-1}S\,1^{n-1} \Rightarrow 0^n1^n$$

是不是 $L(G)$中的元素仅是这样的串(0^n1^n)?是的,这可以由下面的讨论证得。在使用了第二个产生式后,发现句型中 S 的个数减少了一个。每次使用第一个产生式之后,S 的左端多一个 0,右端多一个 1,S 的个数不变。因此,使用了 $S \rightarrow 01$ 之后,就再也没有 S 留在结

果串中了。由于两个产生式都是以 S 为左端，所以为了生成句子，仅能按下列次序使用产生式：使用第一个产生式若干次，然后使用第二个产生式。因此 $L(G)=\{0^n1^n \mid n\geqslant 1\}$。

例 2.2 的文法 G 的句子是字母字符打头的、字母字符和数字字符构成的串。这就是程序设计语言中用于表示名字的标识符。

例 2.3 设 $G=(V_N, V_T, P, S)$，$V_N=\{S,B,E\}$，$V_T=\{a,b,e\}$，P 由下列产生式组成：

(1) $S\rightarrow aSBE$

(2) $S\rightarrow aBE$

(3) $EB\rightarrow BE$

(4) $aB\rightarrow ab$

(5) $bB\rightarrow bb$

(6) $bE\rightarrow be$

(7) $eE\rightarrow ee$

例 2.1 和例 2.2 都是较简单的文法的例子，比较容易确定哪些符号串可以推导出来，哪些不能。一般说来，确定文法将产生什么集合可能是很困难的，不过描述程序设计语言的文法还是较容易确定其句子的形式的。现在分析例 2.3 产生的句子。

首先证明，对每一个 $n\geqslant 1$，$L(G)$ 含有句子 $a^nb^ne^n$，因为能使用产生式(1) $n-1$ 次，得到推导序列：$S\overset{*}{\Rightarrow}a^{n-1}S(BE)^{n-1}$，然后使用产生式(2)一次，得到：$S\overset{*}{\Rightarrow}a^n(BE)^n$。然后从 $a^n(BE)^n$ 继续推导，总是对 EB 使用产生式(3)的右部进行替换，而最终在得到的串中，所有的 B 都先于所有的 E。例如，若 $n=3$，$aaaBEBEBE\Rightarrow aaaBBEEBE\Rightarrow aaaBBEBEE\Rightarrow aaaBBBEEE$。即有：$S\overset{*}{\Rightarrow}a^nB^nE^n$。

接着，使用产生式(4)一次，得到 $S\overset{*}{\Rightarrow}a^nbB^{n-1}E^n$，然后使用产生式(5) $n-1$ 次得到：$S\overset{*}{\Rightarrow}a^nb^nE^n$，最后使用产生式(6)一次，使用产生式(7) $n-1$ 次，得到：$S\overset{*}{\Rightarrow}a^nb^ne^n$。

也能证明，对于 $n\geqslant 1$，串 $a^nb^ne^n$ 是唯一形式的终结符号串。在从 S 开始的任何推导中，在未使用产生式(2)之前，是不能使用产生式(4)、(5)、(6)或(7)的，因为从(4)到(7)的每一个产生式的左端都要求 B 或者 E 的左边直接有一个终结符。使用产生式(2)之前，所有的句型都是由多个 a 跟以一个 S，然后跟以与 a 同样多个 B 和 E 组成。使用产生式(2)之后，对于 $n\geqslant 1$，句型就由 n 个 a，后面跟某种次序的 n 个 B 和 n 个 E 组成，因为没有 S 出现在句型中了，所以以后的推导中不可再使用产生式(1)和(2)了。从 S 推导出的串的特点是，前面部分全部是终结符而后面部分全部是非终结符。在使用产生式(3)到(7)中任何一个之后，推导出的串仍具有这种特点。而产生式(4)到(7)只能在终结符和非终结符的边界上使用，它们的作用是把一个 B 变为 b 或把一个 E 变为 e。产生式(3)的使用可把 B 移到左边，把 E 移到右边。为得到终结符号串，在任何 E 被转换成 e 之前，所有的 B 都必须在终结符和非终结符接口处被转换为 b。否则假设在所有的 B 转换到 b 之前，把一个 E 转换到 e。这时推导出的串可表示为 $a^nb^ie\alpha$，其中 $i<n$，α 是由 B 和 E 组成的串，接着进行推导时，只有产生式(3)和(7)可以使用。(3)用在非终结符中，(3)只能重新安排 α 中的 B 和 E，但不能删除任何 B。产生式(7)用于终结符和非终结符间的交换处，能把 E 转换为 e，但最后一个 B 是最左非终结符。没有产生式能改变这个 B。即永远无法推导出终结符号串，因此所做的假设是不成立的，结论只能是：在任何 E 被转换为 e 之前，所有的 B 都必须在终结符和非终结

符之间的接口处转换成 b，后面的推导都是在形为 $a^n \underbrace{B\cdots B}_{n}\underbrace{E\cdots E}_{n}$ 的串上继续，即 $a^nb^ne^n$ 是仅可能推导出的串。

因此 $L(G)=\{a^nb^ne^n \mid n\geqslant 1\}$。

定义 2.7 若 $L(G1)=L(G2)$，则称**文法 G1 和 G2 是等价的**。

例如文法 $G[A]$：

$A\rightarrow 0R$

$A\rightarrow 01$

$R\rightarrow A1$

和例 2.1 的文法等价。

2.4 文法的类型

自从乔姆斯基(Chomsky)于 1956 年建立形式语言的描述以来，形式语言的理论发展很快。这种理论对计算机科学有着深刻的影响，特别是对程序设计语言的设计、编译方法和计算复杂性等方面更有重大的作用。

乔姆斯基把文法分成 4 种类型，即 0 型、1 型、2 型和 3 型。这几类文法的差别在于对产生式施加不同的限制。

设 $G=(V_N,V_T,P,S)$，如果它的每个产生式 $\alpha\rightarrow\beta$ 是这样一种结构：$\alpha\in(V_N\cup V_T)^*$ 且至少含有一个非终结符，而 $\beta\in(V_N\cup V_T)^*$，则 G 是一个 **0 型文法**。

0 型文法也称短语文法。一个非常重要的理论结果是，0 型文法的能力相当于图灵机(Turing machine)。或者说，任何 0 型语言都是递归可枚举的；反之，递归可枚举集必定是一个 0 型语言。

对 0 型文法产生式的形式作某些限制，以给出 1 型、2 型和 3 型文法的定义。

设 $G=(V_N,V_T,P,S)$ 为一个文法，若 P 中的每一个产生式 $\alpha\rightarrow\beta$ 均满足 $|\beta|\geqslant|\alpha|$，仅仅 $S\rightarrow\varepsilon$ 除外，则文法 G 是 **1 型**或**上下文有关的**(context-sensitive)。

例 2.3 的文法是上下文有关的。同样，例 2.1 和例 2.2 的文法也是上下文有关的。

在有些定义中，将上下文有关文法的产生式的形式描述为 $\alpha_1A\alpha_2\rightarrow\alpha_1\beta\alpha_2$，其中 α_1、α_2 和 β 都在 $(V_N\cup V_T)^*$ 中(即在 V^* 中)，$\beta\neq\varepsilon$，A 在 V_N 中。这种定义与前面的定义等价。但它更能体现“上下文有关”这一术语，因为只有 A 出现在 α_1 和 α_2 的上下文中，才允许用 β 取代 A。

设 $G=(V_N,V_T,P,S)$，若 P 中的每一个产生式 $\alpha\rightarrow\beta$ 满足：α 是一个非终结符，$\beta\in(V_N\cup V_T)^*$，则此文法称为 **2 型的**或**上下文无关的**(context-free)。有时将 2 型文法的产生式表示为 $A\rightarrow\beta$ 的形式，其中 $A\in V_N$，也就是说用 β 取代非终结符 A 时，与 A 所在的上下文无关，因此取名为上下文无关。

例 2.1 和例 2.2 中的文法都是上下文无关的。下面再给出一个例子(例 2.4)，例子中的文法 G 是上下文无关文法，G 的语言是由相同个数的 a 和 b 所组成的 $\{a,b\}^*$ 上的串。

例 2.4 $G=(\{S,A,B\},\{a,b\},P,S)$，其中 P 由下列产生式组成：

$$S\rightarrow aB$$

$$A\rightarrow bAA$$

$$S\rightarrow bA$$

$$B \rightarrow b$$
$$A \rightarrow a$$
$$B \rightarrow bS$$
$$A \rightarrow aS$$
$$B \rightarrow aBB$$

有时，为书写简洁，常把相同左部的产生式，形如

$$A \rightarrow \alpha_1$$
$$A \rightarrow \alpha_2$$
$$\vdots$$
$$A \rightarrow \alpha_n$$

缩写为

$$A \rightarrow \alpha_1 \mid \alpha_2 \mid \cdots \mid \alpha_n$$

这里的元符号|读做“或”。

例 2.4 的 P 可写为

$$S \rightarrow aB \mid bA$$
$$A \rightarrow a \mid aS \mid bAA$$
$$B \rightarrow b \mid bS \mid aBB$$

设 $G=(V_N,V_T,P,S)$，若 P 中的每一个产生式的形式都是 $A \rightarrow aB$ 或 $A \rightarrow a$，其中 A 和 B 都是非终结符，$a \in V_T^*$，则 G 是**3 型文法**或**正规文法**。

例 2.5 文法 $G=(\{S,A,B\},\{0,1\},P,S)$，其中 P 由下列产生式组成：

$$S \rightarrow 0A$$
$$S \rightarrow 1B$$
$$S \rightarrow 0$$
$$A \rightarrow 0A$$
$$A \rightarrow 0S$$
$$A \rightarrow 1B$$
$$B \rightarrow 1B$$
$$B \rightarrow 1$$
$$B \rightarrow 0$$

显然 G 是正规文法。

4 种文法类型的定义是逐渐增加限制的，因此每一种正规文法都是上下文无关的，每一种上下文无关文法都是上下文有关的，而每一种上下文有关文法都是 0 型文法。称 0 型文法产生的语言为**0 型语言**。上下文有关文法、上下文无关文法和正规文法产生的语言分别称为**上下文有关语言**、**上下文无关语言**和**正规语言**。

2.5 上下文无关文法及其语法树

上下文无关文法有足够的能力描述现今程序设计语言的语法结构，如描述算术表达式、描述各种语句等。

例 2.6 文法 $G=(\{E\},\{+,*,i,(,)\},P,E)$，其中 P 为：

$E \to i$

$E \to E+E$

$E \to E*E$

$E \to (E)$

这里的非终结符 E 表示一类算术表达式，i 表示程序设计语言中的变量。该文法定义了（描述了）由变量、+、*、（和）组成的算术表达式的语法结构，即：

（1）变量是算术表达式；

（2）若 E_1 和 E_2 是算术表达式，则 E_1+E_2、E_1*E_2 和 (E_1) 也是算术表达式。

描述一种简单赋值语句的产生式为

〈赋值语句〉→i：=E

描述条件语句的文法片段为

〈条件语句〉→if〈条件〉then〈语句〉|
　　　　　　if〈条件〉then〈语句〉else〈语句〉

因此我们关心上下文无关文法的句子分析和分析方法的研究。本书的后面章节中，对“文法”一词若无特别说明，则均指上下文无关文法。

在前面提到了句型、推导等概念，现在介绍一种描述上下文无关文法的句型推导的直观工具，即**语法树**，也称**推导树**。

给定文法 $G=(V_N,V_T,P,S)$，对于 G 的任何句型都能构造与之关联的语法树（推导树）。这棵树满足下列 4 个条件：

（1）每个结点都有一个标记，此标记是 V 的一个符号。

（2）根的标记是 S。

（3）若一个结点 n 至少有一个它自己除外的子孙，并且有标记 A，则 A 肯定在 V_N 中。

（4）如果结点 n 的直接子孙从左到右的次序是结点 $n_1,n_2,\cdots,n_k$，其标记分别为 A_1，$A_2,\cdots,A_k$，那么 $A\to A_1 A_2\cdots A_k$ 一定是 P 中的一个产生式。

下面用一个例子来说明语法树（推导树）的构造。

例 2.7 $G=(\{S,A\},\{a,b\},P,S)$，其中 P 为

（1）$S\to aAS$

（2）$A\to SbA$

（3）$A\to SS$

（4）$S\to a$

（5）$A\to ba$

图 2.1 是 G 的一棵推导树。

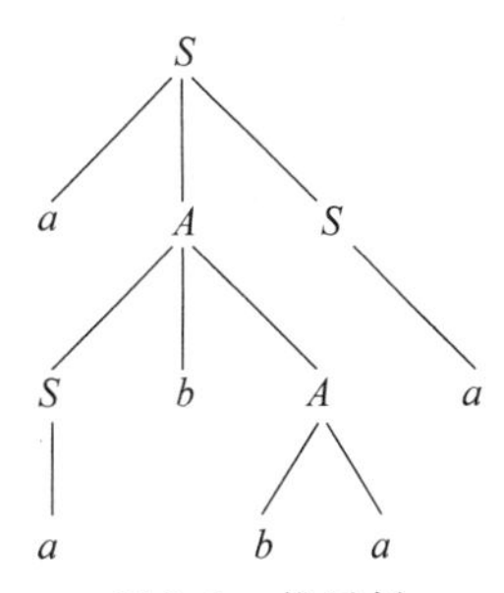

图 2.1 推导树

标记 S 的顶端结点是树根，它的直接子孙为 a、A 和 S 三个结点，a 在 A 和 S 的左边，A 在 S 的左边，$S\to aAS$ 是一个产生式。同样，A 结点至少有一个除它自己以外的子孙（A 的直接子孙为 S，b 和 A），A 肯定是非终结符。

图 2.1 的推导树是例 2.7 的文法 G 的句型 $aabbaa$ 的推导过程

非常直观自然的描述，从左至右读出图 2.1 的推导树的叶子标记，得到的就是句型 $aabbaa$。常常把 $aabbaa$ 叫做推导树的结果，也把推导树叫做句型 $aabbaa$ 的语法树，而且在以后的章节中，只使用语法树这个术语。

语法树表示了在推导过程中施用了哪个产生式和施用在哪个非终结符上，它并没有表明施用产生式的顺序。比如例 2.7 文法 G 的句型 $aabbaa$ 的推导过程可以列举以下 3 个：

推导过程 1：$S \Rightarrow aAS \Rightarrow aAa \Rightarrow aSbAa \Rightarrow aSbbaa \Rightarrow aabbaa$

推导过程 2：$S \Rightarrow aAS \Rightarrow aSbAS \Rightarrow aabAS \Rightarrow aabbaS \Rightarrow aabbaa$

推导过程 3：$S \Rightarrow aAS \Rightarrow aSbAS \Rightarrow aSbAa \Rightarrow aabAa \Rightarrow aabbaa$

其中第 1 个推导过程的特点是在推导中总是对当前串中的最右非终结符施用产生式进行替换，施用产生式的顺序为(1)、(4)、(2)、(5)和(4)。第 2 个推导过程恰恰相反，在推导中总是对当前串中的最左非终结符施用产生式进行替换，施用产生式的顺序为(1)、(2)、(4)、(5)和(4)。除上述 3 个推导过程外，显然还可以给出一些不同的推导过程，这里不再列举。

如果在推导的任何一步 $\alpha \Rightarrow \beta$，其中 α、β 是句型，都是对 α 中的最左(最右)非终结符进行替换，则称这种推导为**最左(最右)推导**。上述第 1 个推导是最右推导，第 2 个是最左推导。在形式语言中，最右推导常被称为**规范推导**。由规范推导所得的句型称为右句型或**规范句型**。

不管是上述第 1 个还是第 2 个、第 3 个推导过程，它们相联的语法树都是图 2.1 的语法树。这就是说，一棵语法树表示了一个句型的种种可能的(但未必是所有的)不同推导过程，包括最左(最右)推导。但是，一个句型是否只对应唯一的一棵语法树呢？一个句型是否只有唯一的一个最左(最右)推导呢？不是的。

例如，对于例 2.6 的文法 G，句型 $i*i+i$ 就有两个不同的最左推导 1 和 2，它们所对应的语法树分别如图 2.2 和图 2.3 所示。

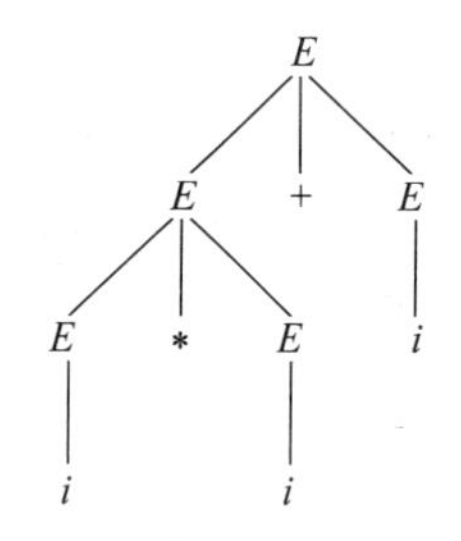

图 2.2　推导 1 的语法树

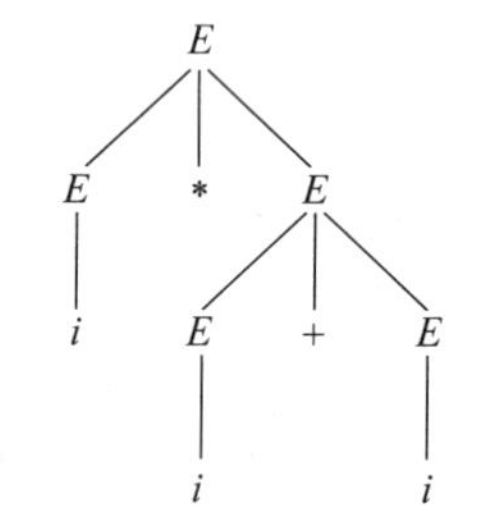

图 2.3　推导 2 的语法树

推导 1：$E \Rightarrow E+E \Rightarrow E*E+E \Rightarrow i*E+E \Rightarrow i*i+E \Rightarrow i*i+i$

推导 2：$E \Rightarrow E*E \Rightarrow i*E \Rightarrow i*E+E \Rightarrow i*i+E \Rightarrow i*i+i$

$i*i+i$ 是例 2.6 文法 G 的一个句子，这个句子可以用完全不同的两种办法生成，在生成过程的第 1 步，一种办法使用产生式 $E \rightarrow E+E$ 进行推导，另一种办法是使用产生式 $E \rightarrow E*E$。因而 $i*i+i$ 对应了两棵不同的语法树(见图 2.2 和图 2.3)。

如果一个文法存在某个句子对应两棵不同的语法树，则说这个文法是**二义**的。或者说，若一个文法中存在某个句子，它有两个不同的最左(最右)推导，则这个文法是二义的。例 2.6 的文法 G 是二义的。

注意，文法的二义性和语言的二义性是两个不同的概念。因为可能有两个不同的文法

G 和 G'，其中可能 G 是二义的而 G' 不是二义的，但是却有 $L(G)=L(G')$，也就是说，这两个文法所产生的语言是相同的。如果产生上下文无关语言的每一个文法都是二义的，则说此语言是先天二义的。对于一个程序设计语言来说，常常希望它的文法是无二义的，因为希望对它的每个语句的分析是唯一的。

形式语言理论已经证明，要判定任给的一个上下文无关文法是否为二义的，或它是否产生一个先天二义的上下文无关语言，这两个问题是递归不可解的[20]。即，不存在一个算法，它能在有限步骤内确切判定任给的一个文法是否为二义的。我们所能做的事是为无二义性寻找一组充分条件(当然它们未必都是必要的)。例如，在例 2.6 的文法中，假若规定了运算符＋与 * 的优先顺序和结合规则，即按惯例，让 * 的优先性高于＋，且它们都服从左结合，那么就可以构造出一个无二义文法，如例 2.8 的文法。

例 2.8 定义表达式的无二义文法 $G[E]$：

$E \rightarrow T \mid E+T$

$T \rightarrow F \mid T * F$

$F \rightarrow (E) \mid i$

它和例 2.6 的文法产生的语言是相同的，即它们是等价的。

2.6 句型的分析

对于上下文无关文法，语法树是句型推导过程的几何表示。从 2.5 节所给的例子看出，语法树确实将所给句型的结构很直观地显示出来了。语法树是句型结构分析的极好工具。而这里所说的句型分析问题，是说如何知道所给定的符号串是文法的句型。句型的分析就是识别一个符号串是否为某文法的句型，是某个推导的构造过程。进一步说，当给定一个符号串时，试图按照某文法的规则为该符号串构造推导或语法树，以此识别出它是该文法的一个句型；当符号串全部由终结符号组成时，就是识别它是不是某文法的句子。因此也有人把语法树称为**语法分析树**或**分析树**。对于程序设计语言来说，要识别的是程序设计语言的程序，程序是定义程序设计语言的文法的句子。句型分析是一个识别输入符号串是否为语法上正确的程序的过程。在语言的编译实现中，把完成句型分析的程序称为**分析程序**或**识别程序**，分析算法又称识别算法。

本书介绍的分析算法都称为从左到右的分析算法，即总是从左到右地识别输入符号串，首先识别符号串中的最左符号，进而识别右边的一个符号。当然，也可以定义从右向左的分析算法，但从左到右的分析更为自然，因为程序是从左到右地书写与阅读的。

这种分析算法又可分成两大类，即自顶向下的和自底向上的。所谓自顶向下分析法，是从文法的开始符号出发，反复使用各种产生式，寻找"匹配"于输入符号串的推导。自底向上的方法则是从输入符号串开始，逐步进行"归约"，直至归约到文法的开始符号。从语法树建立的方式可以很好理解这两类方法的区别。自顶向下方法是从文法符号开始，将它作为语法树的根，向下逐步建立语法树，使语法树的末端结点符号串正好是输入符号串；自底向上方法则是从输入符号串开始，以它作为语法树的末端结点符号串，自底向上地构造语法树。

2.6.1 自顶向下的分析方法

下面以一个简单的例子说明自顶向下分析方法的基本思想。

例 2.9 考虑文法 $G[S]$：

(1) $S \to cAd$

(2) $A \to ab$

(3) $A \to a$

识别输入串 $w=cabd$ 是否为该文法的句子。即从根符号 S 开始，如图 2.4(a)所示，试着为 $cabd$ 构造一棵语法树。在构造的第 1 步，唯一的一个产生式可施用，则构造了直接推导 $S \Rightarrow cAd$，从 S 向下画语法树，如图 2.4(b)所示。这棵树的最左叶子标记为 c，已和 w 的第 1 个符号匹配。考虑下一个叶子标记 A，可用 A 的第 1 个候选(产生式(2))去扩展 A，则会得到如图 2.4(c)所示的语法树，构造的直接推导为 $cAd \Rightarrow cabd$。这时输入符号串 w 的第 2 个符号 a 得到了匹配。第 3 个输入符号为 b，将它与下一个叶子标记 b 相比较，得以匹配，叶子 d 匹配了第 4 个输入符号，这时可以宣布识别过程胜利结束。所构造的推导过程为 $S \Rightarrow cAd \Rightarrow cabd$。

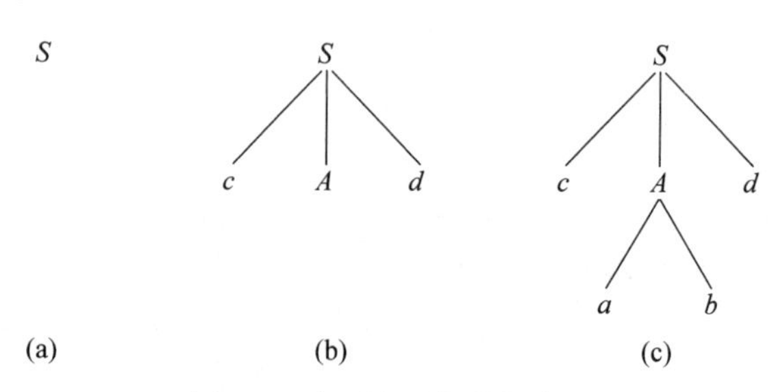

图 2.4 自顶向下的分析步骤

2.6.2 自底向上的分析方法

仍使用例 2.9 中的文法来为输入符号串 $cabd$ 构造语法树，所采用的是自底向上的方法。

首先从输入符号串开始。扫描 $cabd$，从中寻找一个子串，该子串与某一产生式的右端相匹配。子串 a 和子串 ab 都是合格的，假若选用了 ab，用产生式(2)的左端 A 去替代它，即把 ab 归约到 A，得到了串 cAd。构造了一个直接推导 $cAd \Rightarrow cabd$，即从 $cabd$ 叶子开始向上构造语法树，如图 2.5(b)所示。接下去，在得到的串 cAd 中又找到了子串 cAd 与产生式(1)的右端相匹配，则用 S 替代 cAd，或称将 cAd 归约到 S，得到了又一直接推导 $S \Rightarrow cAd$，形成了图 2.5(c)所示的语法树，符号串 $cabd$ 的推导序列为 $S \Rightarrow cAd \Rightarrow cabd$。

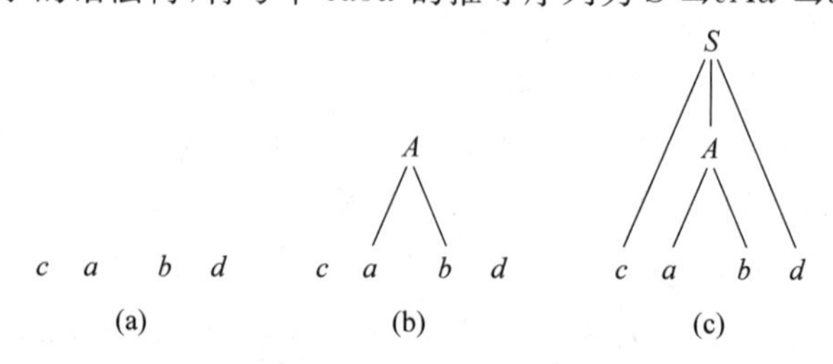

图 2.5 自底向上的分析步骤

2.6.3 句型分析的有关问题

在自顶向下的分析方法中，对于例 2.9 的文法，构造了第一个直接推导 $S\Rightarrow cAd$ 后，接下来要扩展非终结符 A 了，在 A 的两个选择中采用了产生式(2)，很顺利地完成了识别过程。假若当时是另一种选择，采用产生式(3)的右部扩展 A，那将会出现什么情况呢？即构造的推导序列是 $S\Rightarrow cAd\Rightarrow cad$，语法树如图 2.6 所示。看到输入符号串 $w=cabd$ 的第 2 个符号与叶子结点 a 得以匹配，但第 3 个符号不能与下一叶子结点 d 匹配，这时如果宣告分析失败，则意味着识别程序不能为串 $cabd$ 构造语法树，即 $cabd$ 不是句子，这显然是错误的结论，导致失败的原因是在分析中对 A 的选择不是正确的。因此在自顶向下分析方法中的主要问题是：假定要被代换的最左非终结符是 V，且有 n 条规则：$V\rightarrow\alpha_1|\alpha_2|\cdots|\alpha_n$，那么如何确定用哪个右部去替代 V 呢？有一种办法是从各种可能的选择中随机挑选一种，并希望它是正确的。如果以后发现它是错误的，必须退回去，再试另外的选择，这种方式称为**回溯**。显然这样做代价极高，效率很低。在第 4 章将专门介绍自顶向下分析方法中回溯问题的解决。

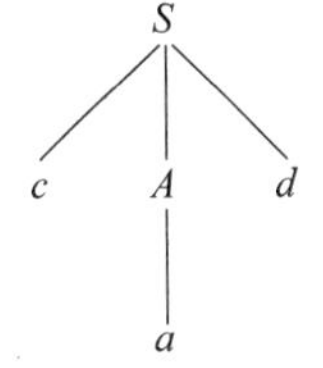

图 2.6　cad 的语法树

在自底向上的分析方法中，在分析程序工作的每一步，都是从当前串中选择一个子串，将它归约到某个非终结符，暂且把这个子串称为“可归约串”。问题是，每一步如何确定这个“可归约串”。在例 2.9 的文法对串 $cabd$ 的分析中，如果不是选择子串 ab 用产生式(2)，而是选择子串 a 用产生式(3)将 a 归约到 A，那么最终就达不到归约到 S 的结果，因而也无从知道 $cabd$ 是一个句子。为什么在 $cabd$ 中，ab 是“可归约串”，而 a 不是“可归约串”？如何知道这一点，这是自底向上分析的关键问题。因此需要精确定义“可归约串”。事实上，存在种种不同的方法刻画“可归约串”。对这个概念的不同定义形成了不同的自底向上分析方法。在一种称作“规范归约”的分析中，这种“可归约串”称作句柄。现在给出句柄的定义。

定义 2.8　令 G 是一个文法，S 是文法的开始符号，$\alpha\beta\delta$ 是文法 G 的一个句型。如果有 $S\overset{*}{\Rightarrow}\alpha A\delta$ 且 $A\overset{+}{\Rightarrow}\beta$，则称 β 是句型 $\alpha\beta\delta$ 相对于非终结符 A 的**短语**。特别地，如果有 $A\Rightarrow\beta$，则称 β 是句型 $\alpha\beta\delta$ 相对于规则 $A\rightarrow\beta$ 的**直接短语**（也称**简单短语**）。一个右句型的直接短语称为该句型的**句柄**。句柄的概念只适合于右句型。

如果所考虑的文法是无二义的，那么每个右句型有唯一的最右推导，因而其句柄是唯一的；对于二义文法，右句型就可能有多个句柄。对于无二义文法，一个右句型的唯一句柄是其所有直接短语中最左边的那一个，对于这种情形，该句型的最左直接短语即是它的句柄。

下面举一些例子来理解短语、直接短语和句柄的概念。

考虑例 2.8 中的无二义文法 $G[E]$的一个句型 $i*i+i$。为了叙述方便，将句型写作 $i_1*i_2+i_3$。因为有 $E\overset{*}{\Rightarrow}F*i_2+i_3$，且 $F\Rightarrow i_1$，则称 i_1 是句型 $i_1*i_2+i_3$ 的相对于非终结符 F 的短语，也是相对于规则 $F\rightarrow i$ 的直接短语。

又有 $E\overset{*}{\Rightarrow}i_1*F+i_3$，且 $F\Rightarrow i_2$，则 i_2 是句型 $i_1*i_2+i_3$ 的相对于 F 的短语，也是相对于规则 $F\rightarrow i$ 的直接短语。

还有 $E\overset{*}{\Rightarrow}i_1*i_2+F$，且 $F\Rightarrow i_3$，则 i_3 也是句型 $i_1*i_2+i_3$ 的相对于 F 的短语，也是相

对于规则 $F\to i$ 的直接短语。

还有 $E \overset{*}{\Rightarrow} T* i_2+ i_3$，且 $T \overset{+}{\Rightarrow} i_1$，则 i_1 是句型 $i_1 * i_2+i_3$ 的相对于 T 的短语。

还有 $E \overset{*}{\Rightarrow} i_1 * i_2+T$，且 $T \overset{+}{\Rightarrow} i_3$，则 i_3 是句型 $i_1 * i_2+i_3$ 的相对于 T 的短语。

还有 $E \overset{*}{\Rightarrow} T+ i_3$，且 $T \overset{+}{\Rightarrow} i_1 * i_2$，则 $i_1 * i_2$ 是句型 $i_1 * i_2+i_3$ 的相对于 T 的短语。

还有 $E \overset{*}{\Rightarrow} E+ i_3$，且 $E \overset{+}{\Rightarrow} i_1 * i_2$，则 $i_1 * i_2$ 是句型 $i_1 * i_2+i_3$ 的相对于 E 的短语。

还有 $E \overset{*}{\Rightarrow} E$，且 $E \Rightarrow i_1 * i_2+i_3$，则 $i_1 * i_2+i_3$ 是句型 $i_1 * i_2+i_3$ 相对于 E 的短语。

即 i_1、i_2、i_3、$i_1 * i_2$ 和 $i_1 * i_2+i_3$ 都是句型 $i_1 * i_2+i_3$ 的短语，而且 i_1、i_2、i_3 均为直接短语，其中 i_1 是最左直接短语，即句柄。注意，$i_1 * i_2+ i_3$ 是一个右句型。

虽然 $i_2+ i_3$ 是句型 $i_1 * i_2+i_3$ 的一部分，但并不是它的短语，因为尽管有 $E \overset{+}{\Rightarrow} i_2+ i_3$，但不存在从文法开始符号 E 到 $i_1 * E$ 的推导。

再讨论例 2.7 的文法的句型 $aabbaa$，为区别其中的 a 和 b，把它写作 $a_1a_2b_1b_2a_3a_4$。它的直接短语有 a_2、b_2a_3 和 a_4，a_2 是句柄；它的短语有 a_2、b_2a_3、a_4、$a_2b_1b_2a_3$ 和 $a_1a_2b_1b_2a_3a_4$。

从句型的推导树上很容易找出句型的短语和直接短语。设 A 是句型 $\alpha\beta\delta$ 的某一子树的根，其中 β 是形成此子树的末端结点的符号串，则 β 是句型 $\alpha\beta\delta$ 的相对于 A 的短语。若这个子树只有一层分支，则 β 是句型 $\alpha\beta\delta$ 的直接短语。

2.7 有关文法实际应用的一些说明

引进文法的目的在于描述程序设计语言。在实际应用中，一方面，需要对文法提出一些限制条件，但这些限制并不真正限制由文法所能描述的语言；另一方面，有时还需要对文法进行扩充，例如，在上下文无关语言的许多说明和分析中允许有称作 ε 规则的产生式(即，对于任何非终结符 A，允许 $A\to\varepsilon$ 的产生式)。本节就这两个方面的问题进行一些讨论。

2.7.1 有关文法的实用限制

在实际使用中，应限制文法中不得含有**有害规则**和**多余规则**。所谓有害规则，是指形为 $U\to U$ 的产生式。它对描述语言显然是没有必要的。说它有害，是说它只会引起文法的二义性。所谓多余规则，是指文法中那些连一个句子的推导都用不到的规则，这类规则在文法中以两种形式出现。一种是文法中某些非终结符不在任何规则的右部出现，所以任何句子的推导中都不可能用到它。如例 2.10 的文法 $G[S]$中，非终结符 D 不在任何规则的右部出现，那么规则(7)是多余规则，这种非终结符也称为**不可到达的**。另一种情况则是在文法中有这样的非终结符：不能够从它推导出终结符号串来。这种非终结符也称为**不可终止的**。例 2.10 中的文法 $G[S]$的非终结符 C 属这种情况，那么规则(6)也是在任何句子的推导中都不能使用的，是多余的。因而规则(2)也是多余的。

例 2.10 有文法 $G[S]$：

(1) $S\to Be$

(2) $B \to Ce$

(3) $B \to Af$

(4) $A \to Ae$

(5) $A \to e$

(6) $C \to Cf$

(7) $D \to f$

对文法 $G=(V_N,V_T,S,P)$来说，为了保证其非终结符 A 在句子推导中出现，必须满足如下两个条件：

(1) A 必须在某句型中出现。即有 $S \overset{*}{\Rightarrow} \alpha A\beta$，其中 α、β 属于$(V_N \cup V_T)^*$。

(2) 必须能够从 A 推出终结符号串 t 来。即 $A \overset{+}{\Rightarrow} t$，其中 $t \in V_T^*$。

若程序设计语言的文法包含多余规则时，其中必定有错误存在，因此检查文法是否包含多余规则是很有必要的。

2.7.2 上下文无关文法中的 ε 规则

在本书介绍的定义里，上下文无关文法中某些规则可具有形式 $A \to \varepsilon$，其中 $A \in V_N$，这种规则称为 ε 规则。但在很多著作和讲义中限制这种规则的出现，是因为 ε 规则会使得有关文法的一些讨论和证明变得复杂。

其实，两种定义的唯一差别是 ε 句子在不在语言中。这不是什么本质问题，前面说过，使用文法作为工具，不仅是为了严格地定义句子的结构，也是为了用适当条数的规则把语言的全部句子描述出来，即找出语言的有穷描述，而如果语言 L 有一个有穷的描述，则 $L1=L \cup \{\varepsilon\}$ 也同样有一个有穷的描述，并且可以证明，若 L 是上下文有关语言、上下文无关语言或正规语言，则 $L \cup \{\varepsilon\}$ 和 $L-\{\varepsilon\}$ 也分别是上下文有关语言、上下文无关语言和正规语言。

下面的几个定理有助于进一步理解上下文无关文法的两种定义的关系。本书不给予任何证明，有兴趣的读者可参考有关书中内容。

定理 2.1 若 L 是由文法 $G=(V_N,V_T,P,S)$产生的语言，P 中的每一个产生式的形式均为 $A \to \alpha$，其中 $A \in V_N$，$\alpha \in (V_N \cup V_T)^*$（即 α 可能为 ε），则 L 能由这样的一种文法产生，即每一个产生式或者为 $A \to \beta$ 形式，其中 A 为一个非终结符，即 $A \subset V_N$，$\beta \in (V_N \cup V_T)^+$；或者为 $S \to \varepsilon$ 形式，且 S 不出现在任何产生式的右边。

定理 2.2 如果 $G=(V_N,V_T,P,S)$是一个上下文有关文法，则存在另一个上下文有关文法 $G1$，它所产生的语言与 G 产生的相同，其中 $G1$ 的开始符号不出现在 $G1$ 的任何产生式的右边。又如果 G 是一个上下文无关文法，也能找到这样一个上下文无关文法 $G1$；如果 G 是一个正规文法，则也能找到这样一个正规文法 $G1$。

练　　习

1. 文法 $G=(\{A,B,S\},\{a,b,c\}P,S)$

其中 P 为

$S \to Ac \mid aB$

$A \to ab$

$B \to bc$

写出 $L(G[S])$ 的全部元素。

2. 文法 $G[N]$ 为

$N \to D \mid ND$

$D \to 0 \mid 1 \mid 2 \mid 3 \mid 4 \mid 5 \mid 6 \mid 7 \mid 8 \mid 9 \mid$

$G[N]$ 的语言是什么？

3. 为只包含数字、加号和减号的表达式，例如 9－2＋5、3－1、7 等构造一个文法。

4. 证明文法 $G=(\{E,O\},\{(,),+,*,v,d\},P,E)$ 是二义的，其中 P 为

$E \to EOE \mid (E) \mid v \mid d$

$O \to + \mid *$

5. 已知文法 $G[Z]$：

$Z ::= a\ Z\ b$

$Z ::= a\ b$

写出 $L(G[Z])$ 的全部元素。

6. 已知文法 G：

〈表达式〉∷＝〈项〉|〈表达式〉＋〈项〉

〈项〉∷＝〈因子〉|〈项〉＊〈因子〉

〈因子〉∷＝(〈表达式〉)|i

试给出下述表达式的推导及语法树。

(1) i　　　(2) (i)　　　(3) $i*i$

(4) $i*i+i$　　　(5) $i+(i+i)$　　　(6) $i+i*i$

7. 习题 1 中的文法 $G[S]$ 是二义的吗？为什么？

8. 考虑下面的上下文无关文法：

$$S \to SS* \mid SS+ \mid a$$

(1) 表明通过此文法如何生成串 $aa+a*$，并为该串构造语法树。

(2) 该文法生成的语言是什么？

9. 已知文法 $S \to S(S)S \mid \varepsilon$。

(1) 该文法生成的语言是什么？

(2) 该文法是二义的吗？说明理由。

10. 令文法 $G[E]$ 为

$E \to T \mid E+T \mid E-T$

$T \to F \mid T*F \mid T/F$

$F \to (E) \mid i$

证明 $E+T*F$ 是它的一个右句型，指出这个句型的所有短语、直接短语和句柄。

11. 一个上下文无关文法生成句子 $abbaa$ 的唯一语法树如下：

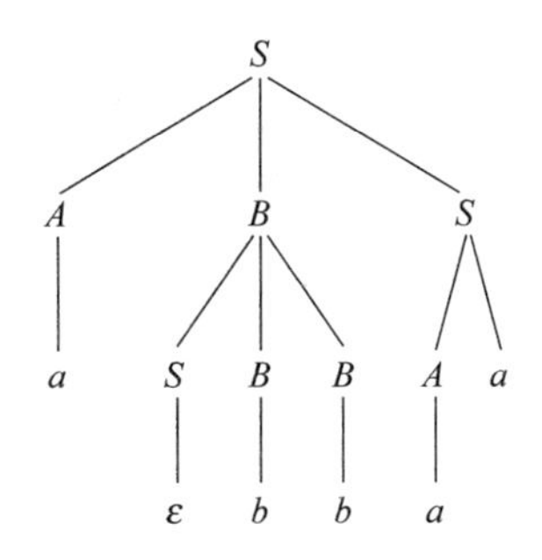

(1) 给出该句子相应的最左推导和最右推导。

(2) 该文法的产生式集合 P 可能有哪些元素?

(3) 找出该句子的所有短语、简单短语、句柄。

12. 构造产生如下语言的上下文无关文法各一个:

(1) $\{a^n b^n \mid n \geqslant 0\}$

(2) $\{a^m b^n \mid m \geqslant n \geqslant 0\}$

(3) $\{uawb \mid u,w \in \{a,b\}^* \wedge |u| = |w|\}$

(4) $\{a^n b^m \mid n \geqslant 2m \geqslant 0\}$

(5) $\{a^n b^m \mid n \geqslant 0, m \geqslant 0$,且 $3n \geqslant m \geqslant 2n\}$

(6) $\{ww^R \mid w \in \{a,b\}^*\}$,其中,$w^R$ 表示 w 的**反向串**,其含义是将 w 中的字母依次反转,首尾字母交换位置,下同。

(7) $\{uvwv^R \mid u,v,w \in \{a,b\}^+ \wedge |u| = |w| = 1\}$

(8) $\{w \mid w \in \{a,b\} \wedge w = w^R\}$

13. 构造产生如下语言的上下文无关文法各一个:

(1) $\{a^n b^m c^{2m} \mid n,m \geqslant 0\}$

(2) $\{wcw^R \mid w \in \{a,b\}^*\}$

(3) $\{a^m b^n c^k \mid m = n$ 或 $n = k\}$

(4) $\{a^m b^n c^k \mid m = k$ 或 $n = k\}$

(5) $\{a^n b^m c^k \mid n \leqslant m + k, k \leqslant n$,且 $m,n,k \geqslant 1\}$

(6) $\{a^n b^k c^m \mid n,k,m \geqslant 0$,且 $n \geqslant m\}$

(7) $\{a^n b^n c^m d^m \mid n \geqslant 1, m \geqslant 1\} \cup \{a^n b^m c^m d^n \mid n \geqslant 1, m \geqslant 1\}$

(8) $\{w_1 c w_2 c \cdots c w_k c c w_j{}^R \mid k \geqslant 1 \wedge 1 \leqslant j \leqslant k$ 且对任何 $1 \leqslant i \leqslant k$,有 $w_i \in \{a,b\}^+\}$

14. 考虑 C 语言中的表达式,圆括号表示函数的参数,方括号表示数组的下标。如果把 C 语言中的表达式里除了括号以外的字符都去掉,例如,$f(a[i]*(b[i][j],c[g(x)]),d[i])$去掉除括号以外的字符后就变成了一个括号匹配的串([]([][][()])[])。试设计一个文法来定义所有的圆括号和方括号都匹配的串。

15. 分以下两种情形,各写一个文法,使其语言是十进制非负偶数的集合:

(1) 允许 0 打头。

(2) 不允许 0 打头。

16. 构造产生语言$\{w \mid w \in \{a,b\}^*$,其中 a、b 的数目不相同$\}$的一个上下文无关文法。

17. 语言$\{a^n b^m c^n d^m \mid a^n b^m c^n d^m \mid n,m \geqslant 0\}$是上下文无关的吗?能看出它们反映程序设计语言的什么特性吗?

18. 给出生成下述语言的一个3型文法：

(1) $\{a^n \mid n \geqslant 0\}$

(2) $\{a^n b^m \mid n,m \geqslant 1\}$

(3) $\{a^n b^m c^k \mid n,m,k \geqslant 0\}$

19. 以下是一个条件表达式文法：

<stmt>→<if-stmt>|other

<if-stmt>→if (<exp>)<stmt>|if (<exp>)<stmt>else <stmt>

<exp>→false |true

其中，<stmt>、<if-stmt>和<exp>为非终结符，<stmt>为开始符号，带下划线的单词为终结符。

(1) 说明该文法是二义的。

(2) 试给出一个无二义的条件表达式文法，使其等价于该文法。

20. 试构造一个程序，使其根据C语言语法定义是合法的，但不能被C语言的编译程序所接受。

21. 参考1.4.2节表1.1中PL/0语言语法的EBNF描述，试给出PL/0语言语法的一种上下文无关文法描述。

第3章 词法分析

词法分析是编译的第一个阶段,它的主要任务是从左至右逐个字符地对源程序进行扫描,产生一个个单词序列,用于语法分析。执行词法分析的程序称为词法分析程序或扫描程序。本章讨论词法分析程序的设计原则、单词的描述技术、识别机制及词法分析程序的自动构造原理。

3.1 词法分析程序的设计

3.1.1 词法分析程序和语法分析程序的接口方式

词法分析程序完成的是编译第一阶段的工作。词法分析工作可以是独立的一遍,把字符流的源程序变为单词序列,输出到一个中间文件,这个文件作为语法分析程序的输入而继续编译过程。然而,更一般的情况是将词法分析程序设计成一个子程序,每当语法分析程序需要一个单词时,则调用该子程序。词法分析程序每得到一次调用,便从源程序文件中读入一些字符,直到识别出一个单词,或说直到下一个单词的第一个字符为止。这种设计方案中,词法分析程序和语法分析程序放在同一遍里,而省掉了中间文件或存储区,本书介绍的PL/0编译程序就是这样一种方案。如不特别指明,后续章节中的词法分析程序均指可供语法分析程序调用的子程序,如图3.1所示。

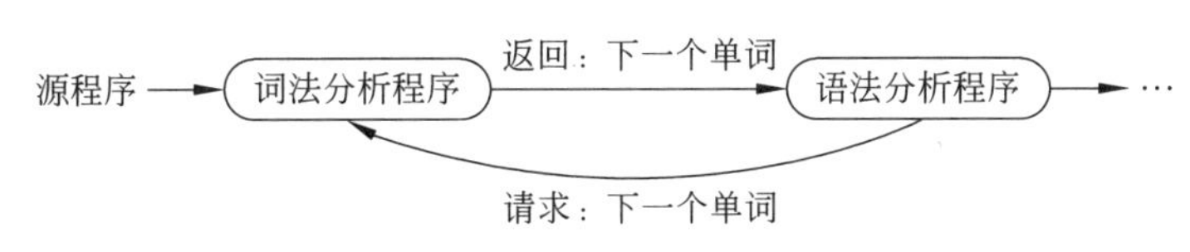

图3.1 语法分析程序调用词法分析程序

3.1.2 词法分析程序的输出

当从语法分析程序接到下一个单词的请求时,词法分析程序从左到右读入源程序的字符流,以识别下一个单词。在识别出下一个单词同时验证其词法正确性之后,词法分析程序将结果以**单词符号**的形式发送至语法分析程序以回应其请求。若在单词识别过程中发现词法错误,则返回出错信息。

单词符号一般可分成下列5类:

(1) 关键字,也称保留字,如Pascal语言中的begin、end、if、while和var等。

(2) 标识符,用来表示各种名字,如常量名、变量名和过程名等。

(3) 常数,各种类型的常数,如25、3.1415、TRUE和"ABC"等。

(4) 运算符,如+、*、<=等。

(5) 界符,如逗号、分号、括号等。

词法分析程序所输出的单词符号可以采用以下二元式表示：

（单词种别，单词自身的值）

单词的种别是语法分析需要的信息，而单词自身的值则是编译其他阶段需要的信息。比如在PL/0的语句“const i=25,yes=1;”中的单词25和1的种别都是常数，常数的值25和1对于代码生成来说是必不可少的。有时，对某些单词来说，不仅仅需要它的值，还需要其他一些信息以便编译的进行。比如，对于标识符来说，还需要记载它的类别、层次以及其他属性，如果这些属性全部收集在符号表中，那么可以将单词的二元式表示设计成如下形式：

（标识符，指向该标识符所在符号表中位置的指针）

如上述语句中的单词i和yes的表示为

（标识符，指向i的表项的指针）

（标识符，指向yes的表项的指针）

单词的种别可以用整数编码表示，假如标识符编码为1，常数为2，关键字为3，运算符为4，界符为5，程序段“if i=5 then x=y;”在经词法分析器扫描后输出的单词符号和它们的表示如下：

关键字 if	(3,'if')
标识符 I	(1,指向i的符号表入口)
等号=	(4,'=')
常数 5	(2,'5')
关键字 then	(3,'then')
标识符 x	(1,指向x的符号表入口)
赋值号=	(4,'=')
标识符 y	(1,指向y的符号表入口)
分号;	(5,';')

3.1.3 将词法分析工作分离的考虑

词法也是语法的一部分，词法描述完全可以归并到语法描述中去，只不过词法规则更简单些，这在后面的章节中可以看到。既然这样，为什么将词法分析作为一个独立的阶段？为什么把编译过程的分析工作划分成词法分析和语法分析两个阶段？主要的考虑因素有以下几点：

(1) 使整个编译程序的结构更简洁、清晰和条理化。词法分析比语法分析简单得多，但是由于源程序结构上的一些细节，常使得识别单词的工作极为曲折和费时。例如，空白和注释的处理；再比如对于FORTRAN那种受书写格式限制的语言，需在识别单词时进行特殊处理等。如果统统合在语法分析时一并考虑，显然会使得分析程序的结构复杂得多。

(2) 编译程序的效率会改进。大部分编译时间花费在扫描字符以把单词符号分离出来。把词法分析独立出来，采用专门的读字符和分离单词的技术可大大加快编译速度。另外，单词的结构可用有效的方法和工具进行描述和识别，进而可建立词法分析程序的自动构造工具。

(3) 增强编译程序的可移植性。在同一个语言的不同实现中，或多或少地会涉及与设备有关的特征，比如采用 ASCII 还是 EBCDIC 字符编码。另外，语言的字符集的特殊性的处理，一些专用符号，如 Pascal 中的 ↑ 的表示等，都可置于词法分析程序中解决而不影响编译程序其他成分的设计。

词法分析程序的主要功能是从字符流的源程序中识别单词，它要从左至右逐个字符地扫描源程序，因此它还可完成其他一些任务。比如，滤掉源程序中的注释和空白(由空格、制表符或回车换行字符引起的空白)；又如，为了使编译程序能将发现的错误信息与源程序的出错位置联系起来，词法分析程序负责记录新读入的字符行的行号，以便行号与出错信息相关联；再如，在支持宏处理功能的源语言中，可以由词法分析程序完成其预处理等。很多工作与源语言的具体要求以及编译程序的整个设计有关，在此不一一列举。

3.1.4 词法分析程序中如何识别单词

词法分析中识别下一个单词的过程，简单来看就是逐个读取字符，然后将它们拼在一起的过程。词法分析程序的作用就是在这个拼单词的过程中如何获得下一个有意义的单词符号，即识别出单词种别以及单词自身的值。

要识别出有意义的单词符号，主要是依据程序设计语言的词法规则描述。描述一个语言的词法规则，通常需要借助形式化或半形式化的描述工具，以保证没有歧义性。常见的可用于词法规则描述的工具有状态转换图、扩展巴克斯范式(EBNF)、有限状态自动机、正规表达式以及正规文法等。在词法规则的基础上，进一步设计单词符号的结构。

在 3.2 节将会给出用状态转换图和 EBNF 描述的 PL/0 语言词法规则以及 PL/0 编译器中单词符号的设计。

在识别出有一个意义的单词后，词法分析程序将单词种别连同单词自身的值一起构成一个单词符号，返回给调用它的语法分析程序。

有限状态自动机、正规表达式以及正规文法是适合于正规语言的描述及处理的形式模型。在现实程序设计语言中，几乎任何一种有意义的单词种别对应的单词集合都是正规语言，这些模型的表达能力足以描述任何程序设计语言的词法规则。另外，基于这些语言模型处理正规语言的方法已经非常成熟。因此，以这些模型为基础来设计词法分析程序的自动构造工具是人们目前普遍采取的途径。

本章从 3.3 节至 3.6 节将介绍有关这些形式模型的基础理论和方法，在此基础上读者可以理解词法分析程序自动构造工具的一般原理和方法。

另外，在 3.7 节将结合实例对流行的自动构造工具 lex 的使用进行简介。

3.2 PL/0 编译程序中词法分析程序的设计和实现

本节以 PL/0 编译程序为背景，介绍一个词法分析程序的设计实例，借此使读者进一步了解词法分析程序构造的一些细节。

由 1.4.2 节可知，可将 PL/0 语言的单词分为保留字、运算符、标识符、无符号整数和界符 5 个大类，以下是针对这 5 类单词的一种 EBNF 描述：

＜无符号整数＞ ::= ＜数字＞{＜数字＞}
＜标识符＞ ::= ＜字母＞{＜字母＞|＜数字＞}

```
<字母>        ::= a|b |…|X|Y|Z
<数字>        ::= 0|1|2|…|8|9
<保留字>      ::= const|var|procedure|begin|end|odd|if|then|call|while|do|read|write
<运算符>      ::= +|-|*|/|=|#|<|<=|>|>=|:=
<界符>        ::= (|)|,|;|.
```

保留字、运算符和界符这几类各自仅包含有限个单词符号，在实践中更方便将每个单词符号设计为独立的词法单元，即每个单词符号拥有独立的种别。这样，PL/0 编译程序所设计的单词符号对应有 31 个单词种别：标识符 1 个，无符号整数 1 个，保留字 13 个，运算符 11 个，以及界符 5 个。在 PL/0 词法分析程序中，这 31 个单词种别采用下列枚举类型表示：

```
enum symbol {
    nul,        ident,      number,     plus,       minus,
    times,      slash,      oddsym,     eql,        neq,
    lss,        leq,        gtr,        geq,        lparen,
    rparen,     comma,      semicolon,  period,     becomes,
    beginsym,   endsym,     ifsym,      thensym,    whilesym,
    writesym,   readsym,    dosym,      callsym,    constsym,
    varsym,     procsym,
};
```

其中，nul 不对应单词符号，只是出于实现技术的考虑，代表“不能识别的符号”。

例如，在 PL/0 词法分析程序扫描下列语句

```
position :=initial+rate * 60;
```

之后，所生成单词符号序列的单词种别对应为

ident becomes ident plus ident times number semicolon

PL/0 词法分析程序定义为：

```
int getsym()
```

PL/0 语法分析程序在需要读取下一个单词时，就调用 getsym()，getsym() 返回下一个单词符号。除标识符和无符号整数外，其他单词符号只包含单词种别的信息。标识符和无符号整数的单词符号包含单词种别和单词自身的值两个部分。由于标识符是在语法分析阶段登录在符号表里的，所以对于标识符来说，PL/0 词法分析程序所返回的单词自身的值不是符号表位置的指针，而是标识符的名字串。

PL/0 编译程序定义 3 个全程变量来传递单词种别和单词自身的值。

(1) 通过全局变量 sym 传递单词种别：

```
enum symbol sym;
```

(2) 通过全局变量 id 传递标识符单词自身的值，即标识符的名字：

```
char id [al+1];                /* al 为预设的标识符最大长度 */
```

(3) 通过全局变量 num 传递无符号整数单词自身的值，即它的整数数值：

```
int num;
```

比如，在识别出标识符 position 之后，全局变量 sym 的值被置为 ident，id 的值被置为 "position"；在识别出无符号整数 60 之后，全局变量 sym 的值被置为 number，num 的值被置为整数值 60。

getsym()逐个读取下面的字符，然后将它们拼成下一个有意义的单词，返回相应的单词符号。图 3.2 描述了 PL/0 语言的词法规则，可用于指导单词识别的过程。

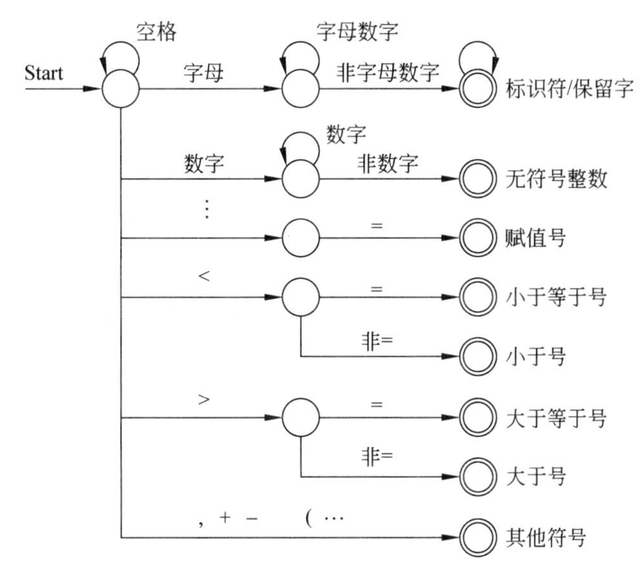

图 3.2 PL/0 词法规则状态转换图

值得注意的是，在识别字母数字串的单词后如何区分是标识符还是保留字。常采取的方法是预设一个保留字表，通过查表来确定是否保留字。比如，在 PL/0 编译程序中定义如下保留字表：

```
/* 设置保留字名字，按照字母顺序排列，便于折半查找 */
strcpy(&(word[0][0]),"begin");
strcpy(&(word[1][0]),"call");
⋮
strcpy(&(word[12][0]),"write");
/* 设置保留字的单词种别 */
wsym[0]=beginsym;
wsym[1]=callsym;
⋮
wsym[12]=writesym;
```

另外，在识别双符号运算符之类的单词时，要注意到可能需要进行字符退还。例如，在读取字符＜后，如果下一字符是＝，则所识别的单词是小于等于号＜＝；否则，识别的单词是小于号＜，但此时要注意退还已经读到的一个非＜字符，即需要保证下一次读到的字符仍然是那个非＜字符。

下面是词法分析函数 getsym( )的一个代码片段：

```
int getsym()                        /* 词法分析,获取一个符号 */
{
    ⋮
    while (ch==''||ch==10||ch==13||ch==9)         /* 忽略空格、换行、回车和 Tab */
    {
        getchdo;                    /* 取下一字符到 ch */
    }
    if (ch>='a' && ch<='z')         /* 标识符或保留字以 a~z 开头 */
    {
        ⋮                           /* 标识符或保留字的字母数字串置于字符数组 a */
        strcpy(id,a);               /* 设置标识符或保留字名字串 id */
        ⋮                           /* 在保留字表 wsym 中搜索当前符号是否为保留字 */
        if (...)                    /* 是保留字 */
        {
            sym=wsym[k];            /* 置保留字的单词种别至 sym */
        }
        else                        /* 搜索失败,不是保留字 */
        {
            sym=ident;              /* 置单词种别全局量 sym 为 ident,即标识符 */
        }
    }
    else
    {
        if (ch>='0' && ch<='9')     /* 检测是否为数字:以 0~9 开头 */
        {
            ⋮
            sym=number;             /* 置单词种别全局量 sym 为 number,即无符号整数 */
            ⋮                       /* 获取数字并转换为十进制整数值,置于 num */
            if (...)                /* 数字的位数超出允许的范围,报错 */
            {
                error(30);
            }
        }
        else                        /* 不是数字 */
        {
            if (ch==':')            /* 检测赋值符号 */
            {
                getchdo;
                if (ch=='=')
                {
                    sym=becomes;    /* 置单词种别为 number,即赋值符号 */
                    getchdo;
                }
                else
                {
```

```
                sym=nul;          /* 不能识别的符号 */
            }
        }
        else
        {
            if (ch=='<')          /* 检测小于或小于等于符号 */
            {
                getchdo;
                if (ch=='=')
                {
                    sym=leq;      /* 置单词种别为 leq,即小于或等于符号 */
                    getchdo;
                }
                else
                {
                    sym=lss;      /* 置单词种别为 lss,即小于符号 */
                }
            }
            else
            {
                if (ch=='>')      /* 检测大于或大于等于符号 */
                {
                    ⋮             /* 类似于检测小于或等于符号的情形 */
                                  /* 置单词种别为 geq 或 gtr */
                }
                else
                {                 /* 当符号不满足上述条件时,全部按照单字符符号处理 */
                    sym=ssym[ch];
                    ⋮
                }
            }
        }
    }
}
return 0;
}
```

这一代码片段可以体现函数 getsym()的基本流程,其控制过程的几个重要方面如下:

(1) 识别空格。空格在词法分析时是一种不可缺少的界符,而在语法分析时则是无用的,所以需要滤掉。

(2) 识别保留字和标识符。如前所述,PL/0 编译程序中定义了一个保留字表 word。对每个字母开头的字母数字字符串要查这个表。保留字表按字母顺序存放,词法分析程序使用折半查找。若可以查到,则识别为保留字,将对应的单词种别(存于 wsym 表中)放在 sym 中(如 if 的对应值为 ifsym,then 的对应值为 thensym);若查不到,则认为是用户定义的标识符,将 sym 置为 ident,而将代表标识符名字的串存放于 id 中。

(3) 拼数。当扫描到数字串时，将字符串形式的十进制数转换成机内表示的二进制数，然后把单词种别 number 放在 sym 中，数值本身的值存放在 num 中。

(4) 其他单字符或双字符的界符、运算符识别后将相应的单词种别送至 sym 中。

函数 getsym( )在需要取下一字符时调用 getchdo，它是对函数 getch( )的包装。getch( )的基本功能是：略过空格，读取一个字符；每次读入源文件的一行，存入 line 缓冲区，line 被 getsym 取空后再读一行。这里不必对 getch( )的源码作进一步解释。

3.3 单词的形式化描述工具

如 3.1.4 节所述，描述一个程序设计语言的词法规则，通常需要借助形式化或半形式化的描述工具。本节主要介绍有限状态自动机、正规表达式以及正规文法等形式化描述工具的基础理论和方法，在此基础上读者可以理解词法分析程序自动构造工具的一般原理和方法。

3.3.1 正规文法

正规文法也称为 3 型文法 $G=(V_N,V_T,S,P)$，其 P 中的每一条规则都有下述形式：$A\to aB$ 或 $A\to a$，其中 $A,B\in V_N,a\in V_T^*$。正规文法所描述的是 V_T 上的正规集。

程序设计语言中的几类单词可用下述规则描述：

〈标识符〉→l|l〈字母数字〉

〈字母数字〉→l|d|l〈字母数字〉|d〈字母数字〉

〈无符号整数〉→d|d〈无符号整数〉

〈运算符〉→+|-|*|/|=|=〈等号〉…

〈等号〉→=

〈界符〉→,|;|(|)|…

其中 l 表示 a～z 中的任一英文字母，d 表示 0～9 中的任一数字。

关键字也是一种单词，一般关键字都是由字母构成的，它的描述也极容易，实际上，关键字集合是标识符集合的子集。

比较复杂的单词，如无符号实数 25.55e+5 和 2.1 等，它们可以由例 3.1 的规则描述。

例 3.1

〈无符号数〉→d〈余留无符号数〉|.〈十进小数〉|e〈指数部分〉

〈余留无符号数〉→d〈余留无符号数〉|.〈十进小数〉|e〈指数部分〉|ε

〈十进小数〉→d〈余留十进小数〉

〈余留十进小数〉→e〈指数部分〉|d〈余留十进小数〉|ε

〈指数部分〉→d〈余留整指数〉|+〈整指数〉|-〈整指数〉|

〈整指数〉→d〈余留整指数〉

〈余留整指数〉→d〈余留整指数〉|ε

3.3.2 正规式

正规式也称正则表达式，也是表示正规集的工具。它是用以描述单词符号的又一方便工具。

下面是正规式和它所表示的正规集的递归定义。设字母表为 Σ，辅助字母表 $\Sigma'=\{\varnothing, \varepsilon, |, ., *, (,)\}$。

(1) ε 和 ∅ 都是 Σ 上的正规式，它们所表示的正规集分别为 {ε} 和 ∅。

(2) 任何 $a\in\Sigma$，a 是 Σ 上的一个正规式，它所表示的正规集为 $\{a\}$。

(3) 假定 e_1 和 e_2 都是 Σ 上的正规式，它们所表示的正规集分别为 $L(e_1)$ 和 $L(e_2)$，那么，(e_1)、$e_1|e_2$、$e_1\cdot e_2$ 和 e_1^* 也都是正规式，它们所表示的正规集分别为 $L(e_1)$、$L(e_1)\cup L(e_1)$、$L(e_1)L(e_2)$ 和 $(L(e_1))^*$。

(4) 仅由有限次使用上述 3 个步骤而定义的表达式才是 Σ 上的正规式，仅由这些正规式所表示的符号串的集合才是 Σ 上的正规集。

其中的“|”读为“或”(也有使用“+”代替“|”的)；“.”读为“连接”；“*”读为“闭包”(即任意有限次的自重复连接)。在不致混淆时，括号可省去，但规定算符的优先顺序为先“*”，再“.”，最后“|”。连接符“.”一般可省略不写。“*”、“.”和“|”都是左结合的。

例 3.2 令 $\Sigma=\{a,b\}$，Σ 上的正规式和相应的正规集的例子如下：

正 规 式	正 规 集
a	$\{a\}$
$a\|b$	$\{a,b\}$
ab	$\{ab\}$
$(a\|b)(a\|b)$	$\{aa,ab,ba,bb\}$
a^*	$\{\varepsilon,a,aa,\cdots\}$，即任意个 a 的串
$(a\|b)^*$	$\{\varepsilon,a,b,aa,ab\cdots\}$，即所有 a，b 组成的串
$(a\|b)^*(aa\|bb)(a\|b)^*$	Σ^* 上所有含有两个相继的 a 或两个相继的 b 组成的串

例 3.3 令 $\Sigma=\{d, ., e, +, -\}$，则 Σ 上的正规式 $d^*(.dd^*|\varepsilon)(e(+|-|\varepsilon)dd^*|\varepsilon)$ 表示的是无符号数。其中 d 为 0～9 中的数字。例如，2、12.59、3.6e2 和 471.88e−1 等都是该正规式所表示的集合中的元素。

若两个正规式 e_1 和 e_2 所表示的正规集相同，则说 e_1 和 e_2 等价，写作 $e_1=e_2$。例如，若 $e_1=a|b$，$e_2=b|a$，则有 $e_1=e_2$，即 $a|b=b|a$。又如，$b(ab)^*=(ba)^*b$，$(a|b)^*=(a^*b^*)^*$。

设 r、s、t 为正规式，正规式服从的代数规律如下：

(1) $r|s=s|r$　　“或”的交换律

(2) $r|(s|t)=(r|s)|t$　　“或”的可结合律

(3) $(rs)t=r(st)$　　“连接”的可结合律

(4) $r(s|t)=rs|rt$，$(s|t)r=sr|tr$　　分配律

(5) $\varepsilon r=r$，$r\varepsilon=r$　　ε 是“连接”的恒等元素

(6) $r|r=r$　　“或”的抽取律

程序设计语言中的单词都能用正规式来定义。在例 3.3 中给出了定义无符号数的正规

式。又如，Σ=\{字母，数字\}上的正规式 e_1=字母(字母|数字)* 表示的是所有标识符的集合，或者用 l 代表字母，d 代表数字，$\Sigma=\{l,d\}$，即 $e_1=l(l|d)^*$。正规式 $e_2=dd^*$ 定义了无符号整数。

3.3.3 正规文法和正规式的等价性

一个正规语言可以由正规文法定义，也可以由正规式定义，对任意一个正规文法，存在一个定义同一个语言的正规式；反之，对每个正规式，存在一个生成同一个语言的正规文法，有些正规语言很容易用文法定义，有些正规语言更容易用正规式定义，本节介绍两者间的转换，从结构上建立它们的等价性。

1. 将正规式转换成正规文法

将 Σ 上的一个正规式 r 转换成文法 $G=(V_N,V_T,S,P)$。令 $V_T=\Sigma$，确定产生式和 V_N 的元素用如下办法：

选择一个非终结符 S 生成类似产生式的形式：$S\rightarrow r$，并将 S 定为 G 的识别符号。为表述方便，将 $S\rightarrow r$ 称作正规式产生式，因为在→的右部中含有"."、"*"或"|"等正规式符号，不是 V 中的符号。

若 x 和 y 都是正规式，对形如 $A\rightarrow xy$ 的正规式产生式，重写成 $A\rightarrow xB$，$B\rightarrow y$ 两个产生式，其中 B 是新选择的非终结符，即 $B\in V_N$。

对形如 $A\rightarrow x^*y$ 的正规式产生式，重写为

$A\rightarrow xB$

$A\rightarrow y$

$B\rightarrow xB$

$B\rightarrow y$

其中 B 为一个新的非终结符。

对形如 $A\rightarrow x|y$ 的正规式产生式，重写为

$A\rightarrow x$

$A\rightarrow y$

不断利用上述规则做变换，直到每个产生式都符合正规文法的形式。

例 3.4 将 $r=a(a|d)^*$ 转换成相应的正规文法。

令 S 是文法的开始符号，首先形成 $S\rightarrow a(a|d)^*$，然后形成 $S\rightarrow aA$ 和 $A\rightarrow(a|d)^*$，再变换形成

$S\rightarrow aA$　$A\rightarrow(a|d)B$

$A\rightarrow\varepsilon$　$B\rightarrow(a|d)B$

$B\rightarrow\varepsilon$

进而变换为全部符合正规文法产生式的形式：

$S\rightarrow aA$　$B\rightarrow aB$

$A\rightarrow aB$　$B\rightarrow dB$

$A\rightarrow dB$　$B\rightarrow\varepsilon$

$A\rightarrow\varepsilon$

2. 将正规文法转换成正规式

这一转换过程基本上是上述过程的逆过程，最后只剩下一个开始符号定义的正规式。其转换规则列于表3.1。

表3.1　正规文法到正规式的转换规则

	文法产生式	正　规　式
规则1	$A\to xB\quad B\to y$	$A=xy$
规则2	$A\to xA\mid y$	$A=x^{*}y$
规则3	$A\to x\quad A\to y$	$A=x\mid y$

例3.5　文法$G[S]$如下：

$S\to aA$

$S\to a$

$A\to aA$

$A\to dA$

$A\to a$

$A\to d$

首先有

$S=aA\mid a$

$A=(aA\mid dA)\mid(a\mid d)$

再将A的正规式变换为$A=(a\mid d)A\mid(a\mid d)$，又变换为$A=(a\mid d)^{*}(a\mid d)$，再将$A$右端代入$S$的正规式得

$S=a(a\mid d)^{*}(a\mid d)\mid a$

再利用正规式的代数变换可依次得到

$S=a(a\mid d)^{*}(a\mid d)\mid\varepsilon$

$S=a(a\mid d)^{*}$

即$a(a\mid d)^{*}$为所求。

3.4　有穷自动机

有穷自动机（也称有限自动机）作为一种识别装置，能准确地识别正规集，即识别正规文法所定义的语言和正规式所表示的集合。引入有穷自动机理论，正是为词法分析程序的自动构造寻找特殊的方法和工具。

有穷自动机分为两类：确定的有穷自动机（Deterministic Finite Automata，DFA）和不确定的有穷自动机（Nondeterministic Finite Automata，NFA）。下面分别给出确定的有穷自动机和不确定的有穷自动机的定义、与其有关的概念、不确定的有穷自动机的确定化以及确定的有穷自动机的化简等算法。

3.4.1　确定的有穷自动机（DFA）

一个确定的有穷自动机M是一个五元组：

$$M = (K, \Sigma, f, S, Z)$$

其中：

（1）K 是一个有穷集，它的每个元素称为一个状态。

（2）Σ 是一个有穷字母表，它的每个元素称为一个输入符号，所以也称 Σ 为输入符号表。

（3）f 是转换函数，是 $K \times \Sigma \to K$ 上的映像。例如，$f(k_i, a) = k_j (k_i \in K, k_j \in K)$，就意味着，当前状态为 k_i、输入字符为 a 时，将转换到下一状态 k_j，把 k_j 称作 k_i 的一个后继状态。

（4）$S \in K$，是唯一的一个初态。

（5）$Z \subseteq K$，是一个终态集，终态也称可接受状态或结束状态。

例 3.6　DFA $M = (\{S, U, V, Q\}, \{a, b\}, f, S, \{Q\})$，其中 f 定义为

$$f(S,a) = U \quad f(U,a) = Q \quad f(V,a) = U \quad f(Q,a) = Q$$

$$f(S,b) = V \quad f(U,b) = V \quad f(V,b) = Q \quad f(Q,b) = Q$$

一个 DFA 可以表示成一个状态图（或称状态转换图）。假定 DFA M 含有 m 个状态，n 个输入符号，那么这个状态图含有 m 个结点，每个结点最多有 n 个弧射出，整个图含有唯一一个初态结点和若干个终态结点，初态结点冠以"⇒"或标以"－"，终态结点用双圈表示或标以"＋"，若 $f(k_i, a) = k_j$，则从状态结点 k_i 到状态结点 k_j 画标记为 a 的弧。

例 3.6 中的 DFA 的状态图表示如图 3.3 所示。

一个 DFA 还可以用一个矩阵表示，该矩阵的行表示状态，列表示输入符号，矩阵元素表示相应状态和输入符号将转换成的新状态，即 k 行 a 列为 $f(k, a)$ 的值。可以用"⇒"标明初态；否则第一行即是初态，相应终态行在表的右端标以 1，非终态标以 0。例 3.5 中的 DFA 的矩阵表示如图 3.4 所示。

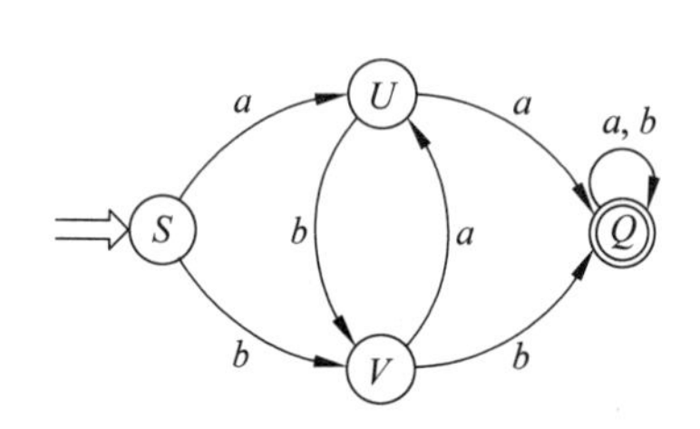

图 3.3　状态图表示

状态＼符号	a	b	
S	U	V	0
U	Q	V	0
V	U	Q	0
Q	Q	Q	1

图 3.4　矩阵表示

对于 Σ^* 中的任何符号串 t，若存在一条从初态结点到某一终态结点的道路，且这条路上所有弧的标记符连接成的符号串等于 t，则称 t 可为 DFA M 所接受，若 M 的初态结点同时又是终态结点，则空字可为 M 所识别（接受）。

可换一种方式叙述如下：

若 $t \in \Sigma^*$，$f(S, t) = P$，其中 S 为 DFA M 的开始状态，$P \in Z$，Z 为终态集。则称 t 可为 DFA M **所接受（识别）**。

为了描述一个符号串 t 可为 DFA M 所接受，需要将转换函数扩充；设 $Q \in K$，函数 $f(Q, \varepsilon) = Q$，即，如果输入符号是空串，则仍停留在原来的状态上；还需要借助下述定义：一个输入符号串 t（将它表示成 $t_1 t_x$ 的形式，其中 $t_1 \in \Sigma$，$t_x \in \Sigma^*$），在 DFA M 上**运行**的定

义为

$$f(Q,t_1t_x)=f(f(Q,t_1),t_x)$$

例如,试证 $baab$ 可为例 3.6 的 DFA 所接受。

因为 $f(S,baab)=f(f(S,b),aab)=f(V,aab)=f(f(V,a),ab)=f(U,ab)=f(f(U,a),b)=f(Q,b)=Q$,$Q$ 属于终态,得证。

DFA M 所能接受的符号串的全体(字的全体)记为 $L(M)$。

结论 Σ 上的一个符号串集 $V\subseteq\Sigma^*$ 是正规的,当且仅当存在一个 Σ 上的确定有穷自动机 M,使得 $V=L(M)$。

DFA 的确定性表现在转换函数 $f: K\times\Sigma\rightarrow K$ 是一个单值函数,也就是说,对任何状态 $k\in K$ 和输入符号 $a\in\Sigma$,$f(k,a)$ 唯一地确定了下一个状态。从状态转换图来看,若字母表 Σ 含有 n 个输入符号,那么任何一个状态结点最多有 n 条弧射出,而且每条弧以一个不同的输入符号标记。

3.4.2 不确定的有穷自动机(NFA)

一个不确定的有穷自动机 M 是一个五元组:

$$M=(K,\Sigma,f,S,Z)$$

其中:

(1) K 是一个有穷集,它的每个元素称为一个状态。

(2) Σ 是一个有穷字母表,它的每个元素称为一个输入符号。

(3) f 是一个从 $K\times\Sigma^*$ 到 K 的全体子集的映像,即 $K\times\Sigma^*\rightarrow 2^K$,其中 2^K 表示 K 的幂集。

(4) $S\subseteq K$,是一个非空初态集。

(5) $Z\subseteq K$,是一个终态集。

一个含有 m 个状态和 n 个输入符号的 NFA 可表示成一张状态转换图,这张图含有 m 个状态结点,每个结点可射出若干条箭弧与别的结点相连接,每条弧用 Σ^* 中的一个串作标记,整个图至少含有一个初态结点以及若干个终态结点。

例 3.7 一个 NFA $M=(\{0,1,2,3,4\},\{a,b\},f,\{0\},\{2,4\})$,其中:

$f(0,a)=\{0,3\}$

$f(0,b)=\{0,1\}$

$f(1,b)=\{2\}$

$f(2,a)=\{2\}$

$f(2,b)=\{2\}$

$f(3,a)=\{4\}$

$f(4,a)=\{4\}$

$f(4,b)=\{4\}$

它的状态图表示如图 3.5 所示。

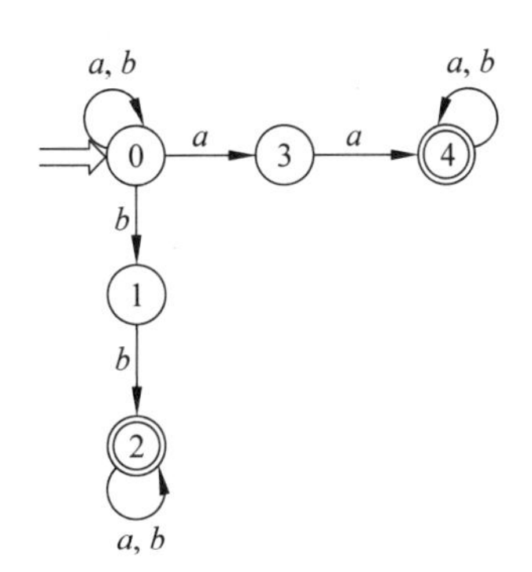

图 3.5 NFA M 的状态图

一个 NFA 也可以用一个矩阵表示。另外一个输入符号串在 NFA 上“运行”的定义也类似于对 DFA 给出的形式。

留给读者自己练习。

对于 Σ^* 中的任何一个串 t，若存在一条从某一初态结点到某一终态结点的道路，且这条道路上所有弧的标记字依序连接成的串（不理睬那些标记为 ε 的弧）等于 t，则称 t 可为 NFA M 所**识别**（**读出**或**接受**）。若 M 的某些结点既是初态结点又是终态结点，或者存在一条从某个初态结点到某个终态结点的 ε 道路，那么空字可为 M 所接受。

例 3.7 中的 NFA M 所能识别的是那些含有相继两个 a 或相继两个 b 的串。

显然 DFA 是 NFA 的特例。**对于每个 NFA M，存在一个 DFA M'，使得 $L(M)=L(M')$**。对于任何两个有穷自动机 M 和 M'，如果 $L(M)=L(M')$，则称 M 与 M' 是**等价**的。

3.4.3 节介绍一种算法，对于给定的 NFA M，构造其等价的 DFA M'。

3.4.3 NFA 转换为等价的 DFA

在有穷自动机的理论里，有这样的定理：**设 L 为一个由不确定的有穷自动机接受的集合，则存在一个接受 L 的确定的有穷自动机**。这里不对定理进行证明，只介绍一种算法，将 NFA 转换成接受同样语言的 *DFA*。这种算法称为**子集法**。

为一个 NFA 构造相应的 DFA 的基本想法是让 DFA 的每一个状态对应 NFA 的一组状态。也就是让 DFA 使用它的状态去记录在 NFA 读入一个输入符号后可能达到的所有状态，在读入输入符号串 $a_1a_2\cdots a_n$ 之后，DFA 处在那样一个状态，该状态表示这个 NFA 的状态的一个子集 T，T 是从 NFA 的开始状态沿着某个标记为 $a_1a_2\cdots a_n$ 的路径可以到达的那些状态构成的。

介绍子集法之前先定义状态集合 I 的两个运算：

(1) 状态集合 I 的 ε-闭包，表示为 ε-closure(I)，定义为一个状态集，是状态集 I 中的任何状态 S 经任意条 ε 弧而能到达的状态的集合。

回顾在前面章节对转换函数的扩充：如输入符号是空串，则自动机仍停留在原来的状态上，显然，状态集合 I 的任何状态 S 都属于 ε-closure(I)。

(2) 状态集合 I 的 a 弧转换，表示为 move(I,a)，定义为状态集合 J，其中 J 是所有那些可从 I 中的某一状态经过一条 a 弧而到达的状态的全体。

下面用图 3.6 的 NFA N 的状态集合来理解上述两个运算。

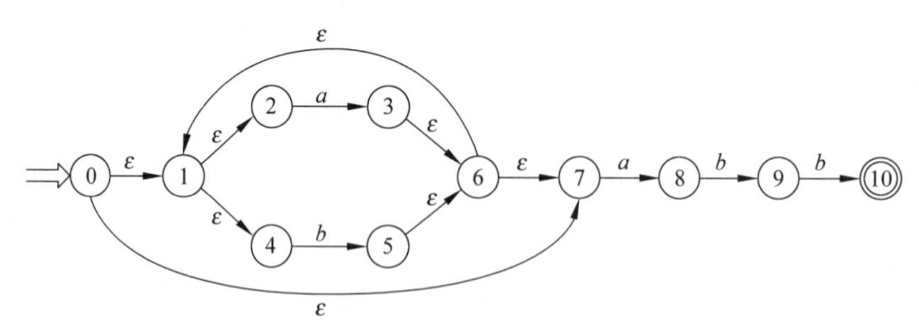

图 3.6 NFA N 的状态图

ε-closure(0)={0,1,2,4,7}

即{0,1,2,4,7}中的任一状态都是从状态 0 经任意条 ε 弧可到达的状态，令{0,1,2,4,7}=A，则 move(A,a)={3,8}，因为在状态 0,1,2,4 和 7 中，只有状态 2 和 7 有 a 弧射出，分别

到达状态 3 和 8。

而 ε-closure({3,8})={1,2,3,4,6,7,8}。

对于一个 NFA $N=(K,\Sigma,f,K_0,K_t)$来说,若 I 是 K 的一个子集,不妨设 $I=\{S_1,S_2,\cdots,S_j\}$,a 是 Σ 中的一个元素,则 $\text{move}(I,a)=f(S_1,a)\cup f(S_2,a)\cup\cdots\cup f(S_j,a)$。

假设 NFA $N=(K,\Sigma,f,K_0,K_t)$按如下办法构造一个 DFA $M=(S,\Sigma,D,S_0,S_t)$使得 $L(M)=L(N)$:

(1) M 的状态集 S 由 K 的一些子集组成(构造 K 的子集的算法见图 3.7)。用$[S_1,S_2,\cdots,S_j]$表示 S 的元素,其中 $S_1,S_2,\cdots,S_j$ 是 K 的状态。并且约定,状态 $S_1,S_2,\cdots,S_j$ 是按某种规则排列的,即对于子集 $S=\{S_2,S_1\}$来说,S 的状态就是$[S_1S_2]$。

```
① 开始,令 ε-closure(K0)为 C 中唯一成员,并且它是未被标
   记的。
② While(C 中存在尚未被标记的子集 T) do
{标记 T;
    for 每个输入字母 a do
        {U :=ε-closure (Move(T,a));
          if U 不在 C 中 then
            将 U 作为未被标记的子集加在 C 中
        }
}
```

图 3.7 子集构造算法

(2) M 和 N 的输入字母表是相同的,即是 Σ。

(3) 转换函数 D 是这样定义的。

$$D([S_1,S_2,\cdots,S_j],a)=[R_1,R_2,\cdots,R_i]$$

其中 $\varepsilon\text{-closure}(\text{move}([S_1,S_2,\cdots,S_j],a))=[R_1,R_2,\cdots,R_i]$。

(4) $S_0=\varepsilon\text{-closure}(K_0)$为 M 的开始状态。

(5) $S_t=\{[S_j,S_k,\cdots,S_e]$,其中$[S_j,S_k,\cdots,S_e]\in S$ 且$\{S_j,S_k,\cdots,S_e\}\cap K_t\neq\varnothing\}$。

图 3.7 是构造 NFA N 的状态 K 的子集的算法。假定所构造的子集族为 C,即 $C=(T_1,T_2,\cdots,T_i)$,其中 $T_1,T_2,\cdots,T_i$ 为状态 K 的子集。

例 3.8 应用图 3.7 的算法对图 3.6 的 NFA N 构造子集,步骤如下:

(1) 首先计算 ε-closure(0),令 $T_0=\varepsilon\text{-closure}(0)=\{0,1,2,4,7\}$,$T_0$ 未被标记,它现在是子集族 C 的唯一成员。

(2) 标记 T_0;令 $T_1=\varepsilon\text{-closure}(\text{move}(T_0,a))=\{1,2,3,4,6,7,8\}$,将 T_1 加入 C 中,T_1 未被标记。

令 $T_2=\varepsilon\text{-closure}(\text{move}(T_0,b))=\{1,2,4,5,6,7\}$,将 T_2 加入 C 中,它未被标记。

(3) 标记 T_1;计算 $\varepsilon\text{-closure}(\text{move}(T_1,a))$,结果为{1,2,3,4,6,7,8},即 T_1,T_1 已在 C 中。

计算 $\varepsilon\text{-closure}(\text{move}(T_1,b))$,结果为{1,2,4,5,6,7,9},令其为 T_3,加至 C 中,它未被标记。

(4) 标记 T_2，计算 ε-closure(move(T_2,a))，结果为{1,2,3,4,6,7,8}，即 T_1，T_1 已在 C 中。

计算 ε-closure(move(T_2,b))，结果为{1,2,4,5,6,7}，即 T_2，T_2 已在 C 中。

(5) 标记 T_3，计算 ε-closure(move(T_3,a))，结果为{1,2,3,4,6,7,8}，即 T_1。

计算 ε-closure(move(T_3,b))，结果为{1,2,4,5,6,7,10}，令其为 T_4，加入 C 中，T_4 未被标记。

(6) 标记 T_4，计算 ε-closure(move(T_4,a))，结果为{1,2,3,4,6,7,8}，即 T_1。

计算 ε-closure(move(T_4,b))，结果为{1,2,4,5,6,7}，即 T_2。

至此，算法终止，共构造了 5 个子集：

$T_0=\{0,1,2,4,7\}$

$T_1=\{1,2,3,4,6,7,8\}$

$T_2=\{1,2,4,5,6,7\}$

$T_3=\{1,2,4,5,6,7,9\}$

$T_4=\{1,2,4,5,6,7,10\}$

那么图 3.6 的 NFA N 构造的 DFA M 如下：

(1) $S=\{[T_0],[T_1],[T_2],[T_3],[T_4]\}$

(2) $\Sigma=\{a,b\}$

(3) $D([T_0],a)=[T_1]$

$D([T_0],b)=[T_2]$

$D([T_1],a)=[T_1]$

$D([T_1],b)=[T_3]$

$D([T_2],a)=[T_1]$

$D([T_2],b)=[T_2]$

$D([T_3],a)=[T_1]$

$D([T_3],b)=[T_4]$

$D([T_4],a)=[T_1]$

$D([T_4],b)=[T_2]$

(4) $S_0=[T_0]$

(5) $S_t=[T_4]$

为便于书写，不妨将$[T_0]$、$[T_1]$、$[T_2]$、$[T_3]$、$[T_4]$重新命名，用 0、1、2、3、4 分别表示，该 DFA M 的状态转换图如图 3.8 所示。

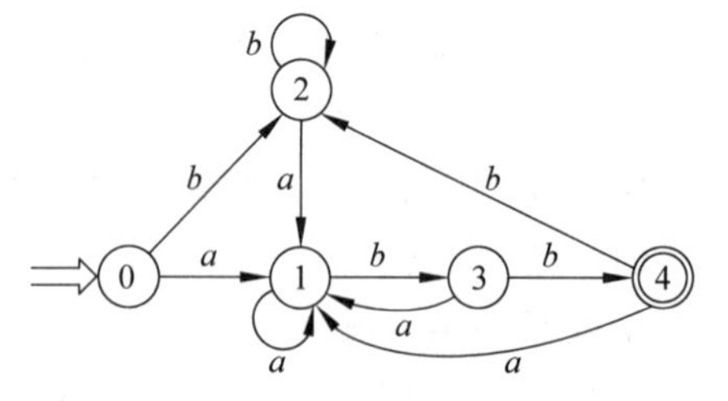

图 3.8 DFA M 的状态图

3.4.4 确定有穷自动机的化简

所谓一个有穷自动机是化简了的，就是说它没有多余状态并且它的状态中没有两个是互相等价的。一个有穷自动机可以通过消除无用状态和合并等价状态而转换成一个与之等价的最小状态的有穷自动机。

所谓有穷自动机的无用状态，是指这样的状态：从该自动机的开始状态出发，任何输入串也不能到达的那个状态，或者从这个状态没有通路到达终态。例如，图 3.9(a)的有穷自动机 M 中的状态 s_4 便是无用状态。

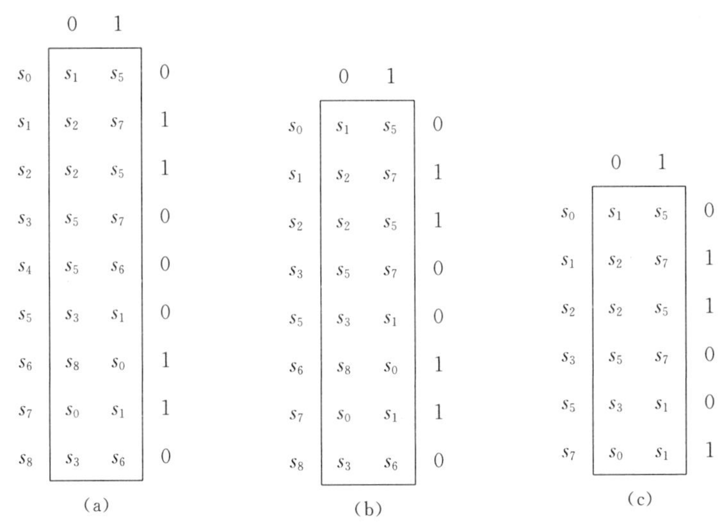

(a)

	0	1	
s_0	s_1	s_5	0
s_1	s_2	s_7	1
s_2	s_2	s_5	1
s_3	s_5	s_7	0
s_4	s_5	s_6	0
s_5	s_3	s_1	0
s_6	s_8	s_0	1
s_7	s_0	s_1	1
s_8	s_3	s_6	0

(b)

	0	1	
s_0	s_1	s_5	0
s_1	s_2	s_7	1
s_2	s_2	s_5	1
s_3	s_5	s_7	0
s_5	s_3	s_1	0
s_6	s_8	s_0	1
s_7	s_0	s_1	1
s_8	s_3	s_6	0

(c)

	0	1	
s_0	s_1	s_5	0
s_1	s_2	s_7	1
s_2	s_2	s_5	1
s_3	s_5	s_7	0
s_5	s_3	s_1	0
s_7	s_0	s_1	1

图 3.9 消除多余状态

对于给定的有穷自动机，如果它含有无用状态，可以非常简单地将无用状态消除，而得到与它等价的有穷自动机。例如，图 3.9(a)的状态 s_4 连同状态 s_4 射出的两个弧消掉，得到如图 3.9(b)的有穷自动机。而在图 3.9(b)中，状态 s_6 和 s_8 也是不能从开始状态经由任何输入串而到达的，也将它们连同由它们射出的弧消除而得到如图 3.9(c)的有穷自动机。

在有穷自动机中，两个状态 s 和 t 等价的条件是以下两个：

(1) 一致性条件——状态 s 和 t 必须同时为可接受状态或不可接受状态。

(2) 蔓延性条件——对于所有输入符号，状态 s 和状态 t 必须转换到等价的状态里。

如果有穷自动机的状态 s 和 t 不等价，则称这两个状态是可区别的。显然在图 3.8 的 DFA M 中，状态 0 和 4 是可区别的，因为状态 4 是可接受态(终态)，而 0 是不可接受态。又如状态 2 和 3 是可区别的，因为状态 2 读出 b 后到达 2，状态 3 读出 b 后到达 4，而 2 和 4 是不等价的。

下面介绍一个方法，叫做“分割法”，来把一个 DFA(不含多余状态)的状态分成一些不相交的子集，使得任何不同的两个子集的状态都是可区别的，而同一子集中的任何两个状态都是等价的。通过将此方法施于图 3.10 的 DFA M 上来做一介绍。

例 3.9 将图 3.10 中的 DFA M 最小化。

首先将 M 的状态分成两个子集：一个由终态(可接受态)组成，另一个由非终态组成，这个初始划分为 $P_0=(\{1,2,3,4\},\{5,6,7\})$，显然第 1 个子集中的任何状态都不与第 2 个子集中的状态等价。

现在观察第一个子集$\{1,2,3,4\}$，在读入输入符号 a 后，状态 3 和 4 分别转换为第 1 个子集中所含的状态 1 和 4，而 1 和 2 分别转换为第 2 个子集中所含的状态 6 和 7，这就意味着$\{1,2\}$中的任何状态和$\{3,4\}$中的任何状态在读入 a 后到达了不等价的状态，因此$\{1,2\}$中的任何状态与$\{3,4\}$中的任何状态都是可区别的，因此得到了新的划分如下：

$$P_1=(\{1,2\}\{3,4\}\{5,6,7\})$$

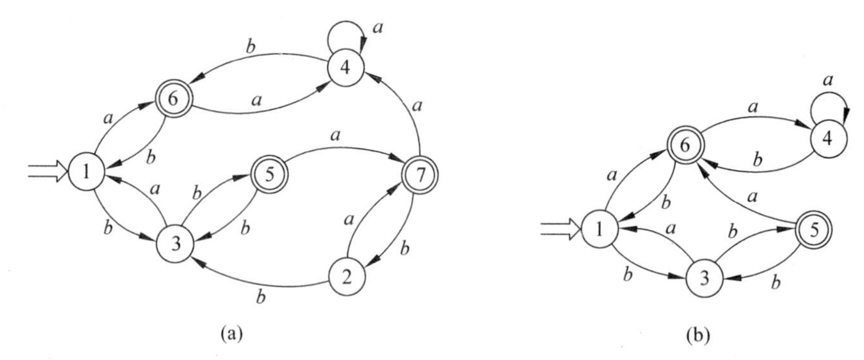

图 3.10　DFA M 和 DFA M'

接着试图在 P_1 中寻找一个子集和一个输入符号使得这个子集中的状态可区别，P_1 中的子集{3,4}对应输入符号 a 将再分割，而得到划分 $P_2=(\{1,2\},\{3\},\{4\},\{5,6,7\})$。

P_2 中的{5,6,7}可由输入符号 a 或 b 而分割，得到划分 $P_3=(\{1,2\},\{3\},\{4\},\{5\},\{6,7\})$。

经过考察，P_3 不能再划分了。令 1 代表{1,2}，消去 2，令 6 代表{6,7}，消去 7，便得到了图 3.10(b)的 DFA M'，它是图 3.8(a)的 DFA M 的最小化。

比起原来的有穷自动机，化简了的有穷自动机具有较少的状态，因而在计算机上实现起来要简洁些。

3.5　正规式和有穷自动机的等价性

正规式和有穷自动机的等价性由以下两点说明：

(1) 对于 Σ 上的 NFA M，可以构造一个 Σ 上的正规式 r，使得 $L(r)=L(M)$。

(2) 对于 Σ 上的每个正规式 r，可以构造一个 Σ 上的 NFA M，使得 $L(M)=L(r)$。

首先介绍如何为 Σ 上的 NFA M 构造相应的正规式 r。

把状态转换图的概念拓广，令每条弧可用一个正规式作标记。

第 1 步，在 M 的状态转换图上加进两个结点，一个为 x 结点，一个为 y 结点。从 x 结点用 ε 弧连接到 M 的所有初态结点，从 M 的所有终态结点用 ε 弧连接到 y 结点。形成一个与 M 等价的 M'，M' 只有一个初态 x 和一个终态 y。

第 2 步，逐步消去 M' 中的所有结点，直至只剩下 x 和 y 结点。在消去过程中，逐步用正规式来标记弧。其消去的规则如下：

(1) 对于 ① $\xrightarrow{r_1}$ ② $\xrightarrow{r_2}$ ③ 代之以 ① $\xrightarrow{r_1 r_2}$ ③。

(2) 对于 ① 经 r_1 弧和 r_2 弧分别到 ② 代之以 ① $\xrightarrow{r_1|r_2}$ ②。

(3) 对于 ① $\xrightarrow{r_1}$ ②（② 上有 r_2 自环）$\xrightarrow{r_3}$ ③ 代之以 ① $\xrightarrow{r_1 r_2^* r_3}$ ③。

最后 x 和 y 结点间的弧上的标记则为所求的正规式 r。

例 3.10　以例 3.7 的 NFA M 为例，M 的状态图见图 3.5，求正规式 r，使 $L(r)=L(M)$。

第 1 步，加 x 和 y 结点，形成如图 3.11(a)所示的 M'。

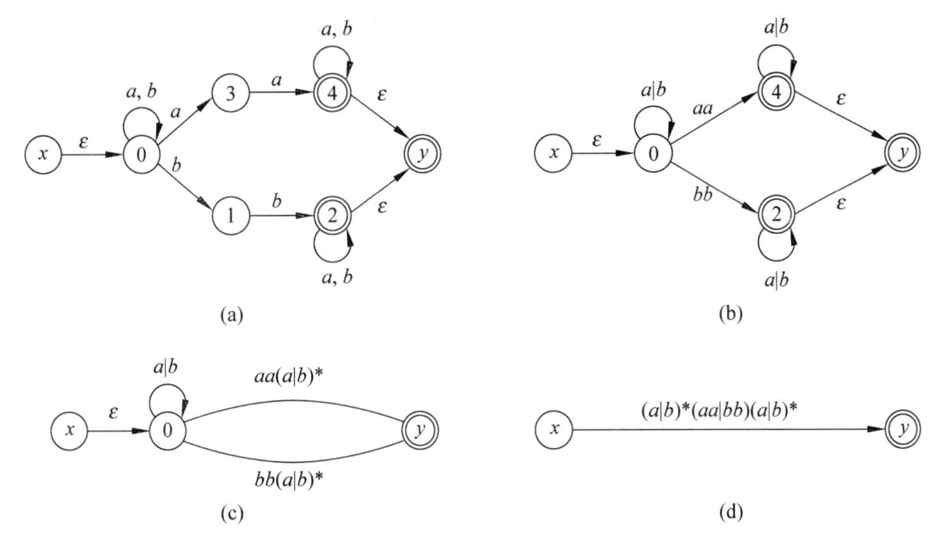

图 3.11　从 NFA M 构造正规式 r

第 2 步,逐步消去 M'的结点,消去 1 和 3 之后如图 3.11(b)所示;再消去 2 和 4 后如图 3.11(c)所示;再消去 0 结点,最后只剩下 x 和 y 结点,如图 3.11(d)所示。

$r=(a|b)^*(aa|bb)(a|b)^*$ 即为所求。

下面介绍从 Σ 上的一个正规式 r 构造 Σ 上的一个 NFA M,使得 $L(M)=L(r)$的方法。这个方法称为"语法制导"的方法,即按正规式的语法结构指引构造过程,首先将正规式分解成一系列子表达式,然后使用如下规则为 r 构造 NFA,对 r 的各种语法结构的构造规则具体描述如下:

(1) 为$\varnothing$、ε 和 a 构造 NFA。

① 对于正规式$\varnothing$,所构造的 NFA 为

② 对于正规式 ε,所构造的 NFA 为

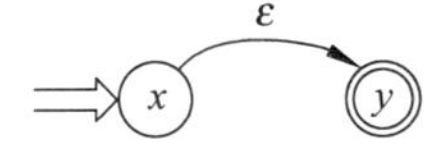

③ 对于正规式 a,$a\in\Sigma$,所构造的 NFA 为

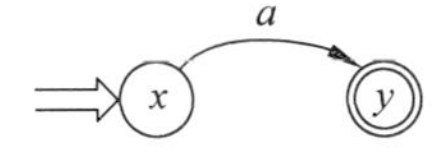

(2) 若 s,t 为 Σ 上的正规式,相应的 NFA 分别为 $N(s)$和 $N(t)$,分别为以下正规式构造 NFA。

① 对正规式 $r=s|t$,所构造的 NFA(r)为

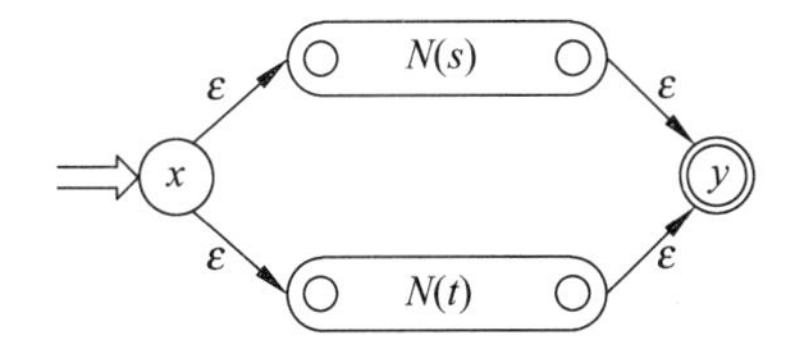

其中 x 是 NFA(r)的初态，y 是 NFA(r)的终态，x 到 $N(s)$ 和 $N(t)$ 的初态各有一个 ε 弧，从 $N(s)$ 和 $N(t)$ 的终态各有一个 ε 弧到 y，现在 $N(s)$ 和 $N(t)$ 的初态或终态已不作为 $N(r)$ 的初态和终态了。

② 对正规式 $r=st$，所构造的 NFA(r)为

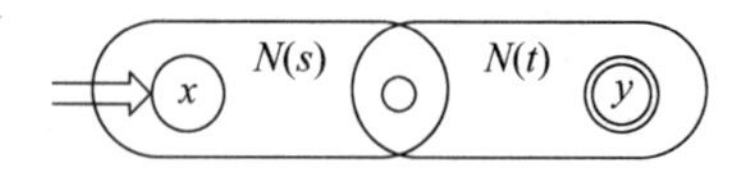

其中 $N(s)$ 的初态成了 $N(r)$ 的初态，$N(t)$ 的终态成了 $N(r)$ 的终态。$N(s)$ 的终态与 $N(t)$ 的初态合并为 $N(r)$ 的一个既不是初态也不是终态的状态。

③ 对于正规式 $r=s^*$，NFA(r)为

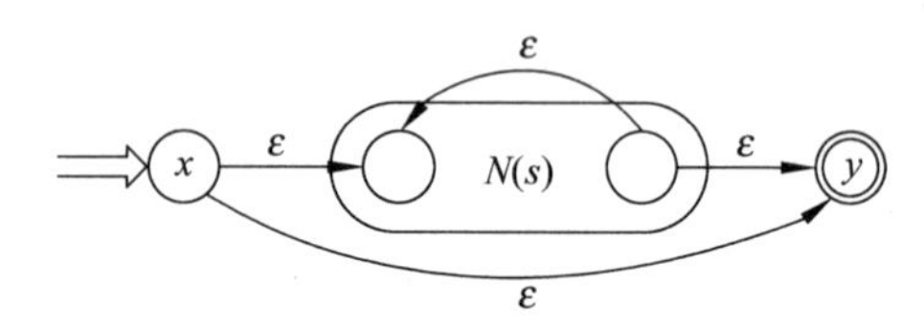

这里 x 和 y 分别是 NFA(r)的初态和终态，从 x 引 ε 弧到 $N(s)$ 的初态，从 $N(s)$ 的终态引 ε 弧到 y，从 x 到 y 引 ε 弧，同样 $N(s)$ 的终态可沿 ε 弧的边直接回到 $N(s)$ 的初态。$N(s)$ 的初态或终态不再是 $N(r)$ 的初态和终态。

④ 正规式(s)的 NFA 同 s 的 NFA 一样。

例 3.11　为 $r=(a|b)^*abb$ 构造 NFA N，使得 $L(N)=L(r)$。

从左到右分解 r，令 $r_1=a$，第 1 个 a，则有

令 $r_2=b$，则有

令 $r_3=r_1|r_2$，则有

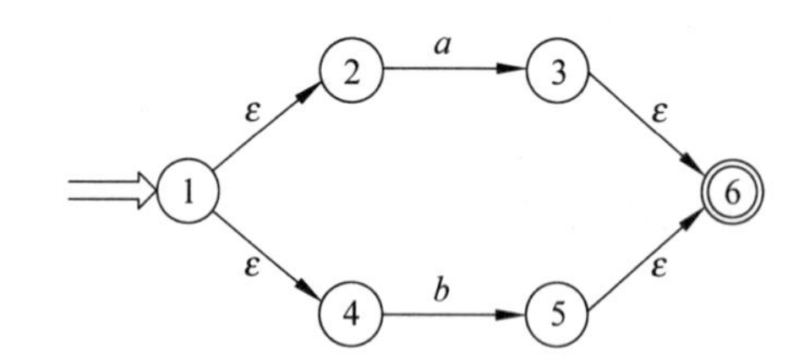

令 $r_4=r_3^*$，则有

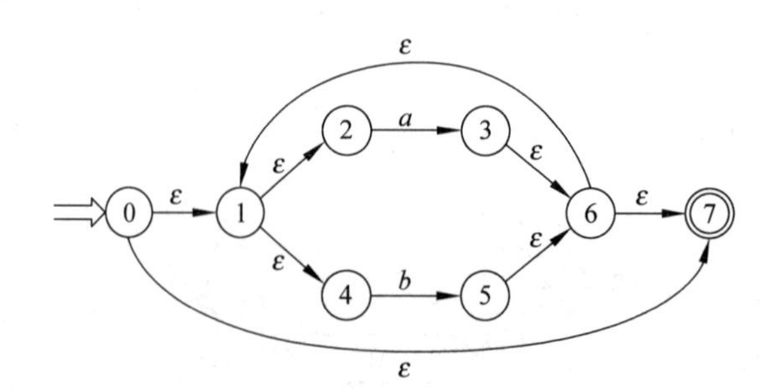

令 $r_5=a, r_6=b, r_7=b, r_8=r_5r_6, r_9=r_8r_7$,则有

令 $r_{10}=r_4r_9$,则最终得到图 3.6 的 NFA N 即为所求。

其实,分解 r 的方式很多,用图 3.12(a)~图 3.12(d)分别表明另一种分解方式和所构造的 NFA。

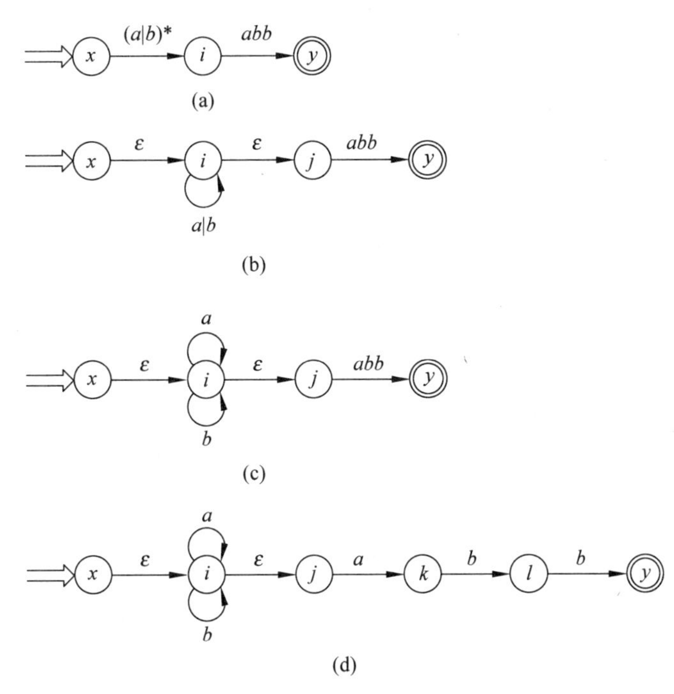

图 3.12 从正规式 r 构造 NFA

3.6 正规文法和有穷自动机的等价性

前面提到,正规集也常常使用正规文法描述,正规文法与有穷自动机有特殊关系,采用下面的规则可从正规文法 G 直接构造一个有穷自动机 NFA M;使得 $L(M)=L(G)$,说明如下:

(1) M 的字母表与 G 的终结符集相同。

(2) 为 G 中的每个非终结符生成 M 的一个状态(不妨取成相同的名字),G 的开始符 S 是 M 的开始状态 S。

(3) 增加一个新状态 Z,作为 M 的终态。

(4) 对 G 中的形如 $A \to tB$ 的规则(其中 t 为终结符或 ε,A 和 B 为非终结符的产生式),构造 M 的一个转换函数 $f(A,t)=B$。

(5) 对 G 中形如 $A \to t$ 的产生式,构造 M 的一个转换函数 $f(A,t)=Z$。

例 3.12 与文法 $G[S]$ 等价的 NFA M 如图 3.13 所示。

$G[S]$：$S \to aA$

$S \to bB$

$S \to \varepsilon$

$A \to aB$

$A \to bA$

$B \to aS$

$B \to bA$

$B \to \varepsilon$

尽管在编译程序的设计和构造中很少需要将有穷自动机转换成等价的正规文法，但本节仍对这个算法进行介绍，可以看到，转换规则非常简单。

对转换函数 $f(A,t)=B$，可写一个产生式：

$$A \to tB$$

对可接受状态 Z，增加一个产生式：

$$Z \to \varepsilon$$

此外，有穷自动机的初态对应文法开始符，有穷自动机的字母表为文法的终结符集。

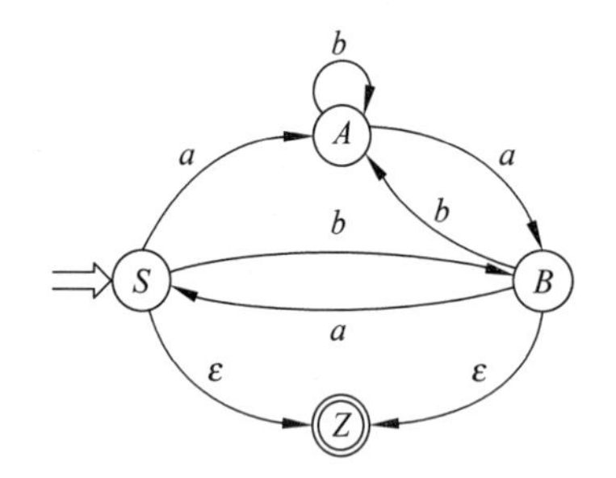

图 3.13　与 $G[S]$等价的 NFA M

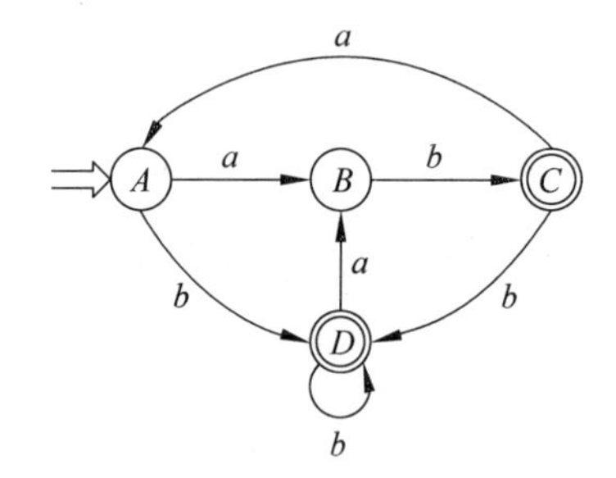

图 3.14　NFA

例 3.13　给出与图 3.14 的 NFA 等价的正规文法 G。

$G=(\{A,B,C,D\},\{a,b\},P,A)$，其中 P 为

$$\begin{array}{ll} A \to aB & C \to \varepsilon \\ A \to bD & D \to aB \\ B \to bC & D \to bD \\ C \to aA & D \to \varepsilon \\ C \to bD & \end{array}$$

3.7　词法分析程序的自动构造工具

在本章所介绍的形式模型——有限自动机、正规表达式以及正规文法基础上容易实现词法分析程序的自动构造。通常是用正规表达式或正规文法作为词法规则的形式描述，然后通过转化为等价的有限自动机来设计相应的单词识别过程。以正规表达式为例，典型的过程可能是：

(1) 每一种别的单词均对应一个正规表达式，所有正规表达式以文本方式作为自动构造工具的输入。

(2) 自动构造工具将每一个正规表达式转换成有限自动机的形式，比如使用 3.5 节中的方法将正规表达式转换成 NFA。

(3) 必要时，自动构造工具会将有限自动机确定化，比如使用 3.4.3 节中的方法得到等价的 DFA。

(4) 必要时，自动构造工具会将有限自动机最小化，比如使用 3.4.4 节中的方法得到等价的拥有状态数目最少的 DFA。

(5) 自动构造工具按照一定的控制策略生成词法分析程序中扫描程序的代码，该扫描程序可以选择对每一单词种别所对应的有限自动机进行模拟运行，并从当前输入符号序列中识别下一个单词，然后返回相应的单词符号。

通常，单词符号所采用的数据结构也需要由使用者来给定，连同每一单词种别对应的正规表达式一同作为自动构造工具的输入；单词符号中的单词种别一般会由使用者预先设定。另外，一些工具会按照描述的先后次序以及可识别单词的最大长度等来确定内部控制策略，这些约定通常也要明确告知使用者。

基于这种方法来构造词法分析程序的工具很多，本节主要介绍自动构造工具 lex[38]。一方面，使读者初步了解 lex 工具的使用；另一方面，有助于加深对词法分析程序自动构造的原理和过程的理解和认识。应用广泛的一个 lex 版本是 flex[39]。

lex 工具的功能是读入用户编写的一个 lex 描述文件，生成一个名为 lex. yy. c 的 C 源程序文件。lex. yy. c 中包含一个核心函数 yylex()，它是一个扫描子程序，读入源程序的字符流，识别并返回下一个单词符号，如图 3.15 所示。

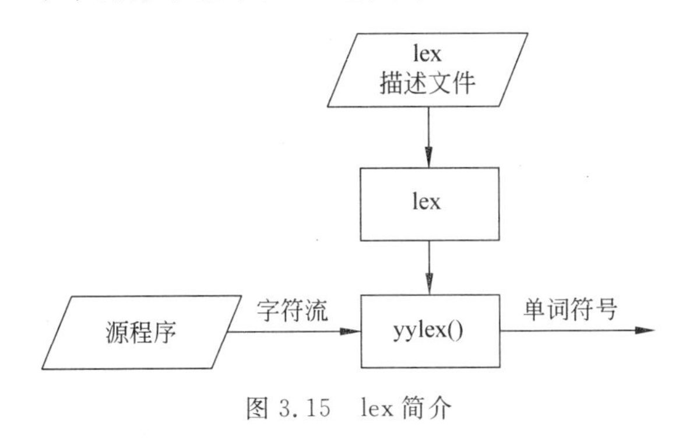

图 3.15 lex 简介

lex 描述文件中包含针对每一类词法单元的规则。规则由正规表达式和 C 语言代码两部分组成。

下面分几个小节简要介绍 lex 描述文件的格式和内容、lex 的使用、lex 和 yacc 的联用以及若干例子。

3.7.1 lex 描述文件中使用的正规表达式

lex 描述文件中，在书写词法单元的识别规则时，需要用到正规表达式。

在 3.3.2 节，介绍了基本的正规表达式。为方便使用，lex 中的正规表达式所允许的表达方式要丰富许多。以下列举了 lex 中主要的正规表达式表示形式：

- x,可以匹配字符 x。
- .,可以匹配除换行符"\n"之外的任何字符。
- 用方括号括起来的字符列表,可以匹配该字符列表中的所有字符。字符列表中除字符外还可以出现由间隔符'-'表示的字符范围。例如,[xyz]匹配字符 x,y 或 z。又如,[x-zA4-6O]匹配字符 x,y,z,A,4,5,6 或 O。除了\之外,其他元字符在方括号中没有特殊含义。若第一个字符是'-',则不被当作元字符。
- 用[^和]括起来的字符列表,可以匹配该字符列表之外的所有字符。例如,[^A-Z]匹配所有除大写字母之外的字符。特别地,[^]可匹配任何字符。
- 用双引号"括起来一个串,可以匹配这个串本身。这个串里面的所有元字符,除了\和"之外,都会失去元字符的作用。例如,可用"if"匹配序列 if,可用"["匹配单个左方括号,可用"/*"匹配序列/*。
- 用大括号括起来的正规表达式宏名字,相当于将这个宏名字展开为相应的正规表达式。正规表达式宏名字的定义见 3.7.2 节。
- 除了加双引号"外,匹配单个元字符的另一种方法是利用转义字符 \ 。例如,*,可匹配一个字符 * ;如果需要匹配序列*,就必须写作*。若\后面的字符是小写字母,则可能表示 C 语言转义字符,如\t 表示制表符。
- 反斜杠\后面跟八进制数值,而\x 后面跟十六进制数值,则匹配这个数值对应的 ASCII 字符。例如,\0 匹配 NUL 字符(ASCII 码为 0),\123 匹配八进制数 123 对应的 ASCII 字符,\x2a 匹配八进制数 2a 对应的 ASCII 字符。
- r*,匹配正规表达式 r 的星闭包。
- r+,匹配正规表达式 r 的正闭包。
- r?,匹配正规表达式 r 的任选。
- $r\{n\}$,匹配正规表达式 r 的 n 次幂。
- $r\{m,n\}$,匹配正规表达式 r 的 m 到 n 次幂。
- $r\{m,\}$,匹配正规表达式 r 的大于等于 m 次幂。
- (r),匹配正规表达式 r,括号用于重新规定优先级。
- rs,匹配正规表达式 r 与正规表达式 s 的连接。
- $r|s$,匹配正规表达式 r 与正规表达式 s 的并。
- r/s,匹配正规表达式 r,但仅限于随后的输入符号可以匹配正规表达式 s。要注意,在确定是否可以匹配 s 期间不管读入过多少个输入符号都将被退回。
- ^r,匹配正规表达式 r,但仅限于在一行的开始处。
- r\$,匹配正规表达式 r,但仅限于在一行的结尾处。
- <c>r,匹配正规表达式 r,但仅限于开始条件为 c。开始条件用来区分不同上下文,其定义见 3.7.2 节。c 也可以是一个开始条件的列表,或者是 * ,后者用来表示任意的开始条件。

关于 lex 中正规表达式的正确使用还有不少技术细节的问题,本书限于篇幅不可能涉及所有细节,所以在实际应用中手头最好准备一份较详细的技术手册。

3.7.2 lex 描述文件的格式

lex 描述文件由 3 个部分组成,各部分之间被只含%%的行分隔开:

```
辅助定义部分
%%
规则部分
%%
用户子程序部分
```

其中,辅助定义部分、规则部分和用户子程序部分都是可选的,可以不出现。在没有用户子程序部分时,第二个%%也可省略。

辅助定义部分包含正规表达式宏名字的声明以及开始条件的声明。它们可能出现在规则部分的正规表达式中,用法见3.7.1节。

声明正规表达式宏名字的格式为

```
宏名字  正规表达式
```

例如:

```
DIGIT        [0-9]
NUMBER       {DIGIT}+"."{DIGIT}*
```

这样,正规表达式中若出现{NUMBER},就相当于([0-9])+"."([0-9])* 。

开始条件的声明始于%Start(可缩写为%s或%S)的行,后跟一个名字列表,每个名字代表一个开始条件。开始条件可以在规则的活动部分使用BEGIN来激活。直到下一个BEGIN执行时,拥有给定开始条件的规则被激活,而不拥有开始条件的规则变为不被激活。

开始条件主要用来区分不同上下文。限于篇幅,这里不打算给出有关开始条件的声明和使用的例子。

规则部分是描述文件的核心,一条规则由两部分组成:

```
正规表达式  动作
```

正规表达式的形式参见3.7.1节。正规表达式必须从第一列写起,而结束于第一个非转义的空白字符。这一行的剩余部分即为动作。动作必须从正规式所在行写起。当某条规则的动作超过一条语句时,必须用花括号括起来。如果动作部分为空,则匹配该正规表达式的输入字符流就会被直接丢弃。

输入字符流中不与任何规则中的正规表达式匹配的串默认为将被照抄到输出文件。如果不希望照抄输出,就要为每一个可能出现的词法单元提供规则。

例如,以下描述对应的程序将从输入流中删掉"remove these characters":

```
%%
"remove these characters"
```

又如,以下描述对应的程序将多个空白或Tab字符缩减为一个空白字符,同时滤掉每行行尾的所有空白或Tab字符:

```
%%
[ \t]+        putchar(' ');
[ \t]+$       /* ignore this token */
```

动作可以是任意C语言代码,包括return语句,它在yylex()被调时返回某个值。每一次调用yylex()之后,将会从上一次离开的位置继续处理输入字符流,直到文件结束或执行了一个 return 语句。

动作中可以用到 yytext、yyleng 等变量。其中，yytext 指向当前正被某规则匹配的字符串；yyleng 存储 yytext 中字符串的长度，被匹配的串在 yytext[0]～yytext[yyleng－1]中。

此外，动作中还允许包含特定的指导语句或函数，如 ECHO、BEGIN、REJECT、yymore()、yyless(n)、unput(c)、input()等。技术细节可参考有关 lex 的技术文档。

在辅助定义部分和规则部分，任何未从第一列开始的文本内容，以及被%{和%}括起来的部分，将被复制到 lex.yy.c 文件中(不包括%{})。注意，这里的%{必须从所在行的第一列开始。

在规则部分，出现在第一条规则之前的从第一列开始的或被%{和%}括起来的部分里可以声明扫描子程序 yylex()的局部变量，以及每次进入 yylex()时执行的代码。

在辅助定义部分中，第一列开始的注释(即始于/*的行)也将被复制，直到遇到下一个*/。但规则部分中不可以这样。

最后，用户子程序部分中的调用扫描子程序或被扫描子程序调用的所有 C 语言函数将被原样照抄到 lex.yy.c 文件中。

值得提到的是，当遇到文件结尾时，词法分析程序将自动调用 yywrap()来确定下一步做什么。如果 yywrap()返回 0，那么就继续扫描；如果 yywrap()返回 1，那么就认为对输入串的处理已结束。lex 库中的 yywrap() 标准版本总是返回 1。用户可以根据需要在用户子程序部分写一个自己的 yywrap()，它将取代 lex 库中的版本。

例 3.14 分析由下列 lex 描述文件，说明由它产生的扫描子程序的功能。

```
%{
        int num_lines=0,num_chars=0;
%}
%%
\n      {++num_lines; ++num_chars;}
.       {++num_chars;}
%%
main(){
    yylex();
    printf("# of lines=%d,# of chars=%d\n",num_lines,num_chars );
}
```

解：首先，第 1 行到第 3 行都位于分隔符%{和%}之间，这些行将被直接插入到由 lex 产生的 C 语言代码中，它将位于任何过程的外部。第二行中定义了两个全局变量：行计数器 num_lines 和字符计数器 num_chars。

在第 4 行的%%之后，第 5、6 行描述了两个规则。在第一个规则中，正规表达式只包含一个换行符\n，对应的动作是行计数器 num_lines 加 1，以及字符计数器 num_chars 加 1。在第二个规则中，正规表达式是'.'，可以匹配除换行符\n 之外的任何字符，对应的动作是字符计数器 num_chars 加 1。

最后，在用户子程序部分中包括了一个 main 函数，它调用函数 yylex()，且输出行计数器 num_lines 和字符计数器 num_chars 的值。

由上述描述文件产生的扫描子程序的功能是统计并输出给定输入文本中的行数和字

符数。

3.7.3 lex 的使用

设例 3.14 中的 lex 描述文件的名字为 count.l。在 Linux 环境(假设安装了相应的开发包,并且设置了正确的环境变量)中,可以通过以下步骤编译和执行:

```
$ lex count.l
$ cc - o count lex.yy.c - ll
$ ./count < count.l
    ⋮
$
```

其中,$ 为系统提示符。

第一行命令执行后,将会产生文件 lex.yy.c。

第二行命令是用编译器 cc 对 lex.yy.c 进行编译。选项-o count 指定了可执行文件名为 count,不指定时默认为 a.out。-ll 是 lex 库文件的选项。

第三行是执行 count。输入参数是文件 count.l 中的文本。执行结果是输出文件 count.l 中文本的行数和字符数。

例 3.15 给定 lex 描述文件 toupper.l 如下:

```
%{
    #include <stdio.h>
}%
%%
[a-z]    Printf("%c",yytext[0]+'A'-'a')
%%
```

试指出正确执行如下命令序列后的输出结果:

```
$ lex toupper.l
$ cc -o toupper lex.yy.c -ll
$ ./toupper <toupper.l
```

解:输出结果为

```
%{
    #INCLUDE <STDIO.H>
}%
%%
[A-Z]    PRINTF("%C",YYTEXT[0]+'A'-'A')
%%
```

3.7.4 与 yacc 的接口约定

lex 的一个主要应用是与 yacc[34](一个语法分析程序的生成器,参见 7.3 节)的联用。yacc 产生的分析子程序在申请读入下一个单词时会调用 yylex()。yylex()返回一个单词符号，并将相关的属性值存入全局量 yylval。

为了联用 lex 和 yacc，需要在运行 yacc 程序时加选项-d，以产生文件 y.tab.h，其中会包含在 yacc 描述文件中（由%tokens 定义）的所有单词种别。文件 y.tab.h 将被包含在 lex 描述文件中。

例如，如果有一个单词种别是 INTEGER，那么 lex 描述文件的一部分可能是

```
%{
#include "y.tab.h"
extern int yylval;
}%
%%
0|[1-9][0-9]*          { yylval=atoi(yytext); return INTEGER; }
[+*()\n]               { return yytext[0];}
.                      {  /* do nothing */ }
%%
```

lex 与 yacc 联用的具体例子可参见 7.3.2 节，届时会用到这个 lex 描述文件。

注意：在这个 lex 描述文件中，每个正规表达式之后的语义动作中均含有返回相应单词种别的 return 语句，而单词自身的值则通过全局量 yylval 或 yylex 进行传递。这是生成可供语法分析程序调用的词法分析子程序所需要的，即每调用一次返回下一单词符号，如图 3.1 所示。

练　　习

1. 构造下列正规式相应的 DFA。

(1) $1(0|1)^*101$

(2) $1(1010^*|1(010)^*1)^*0$

(3) $a((a|b)^*|ab^*a)^*b$

(4) $b((ab)^*|bb)^*ab$

2. 已知 NFA=($\{x,y,z\},\{0,1\},M,\{x\},\{z\}$) 其中：

$M(x,0)=\{z\}$，$M(y,0)=\{x,y\}$，$M(z,0)=\{x,z\}$，$M(x,1)=\{x\}$，$M(y,1)=\varnothing$，$M(z,1)=\{y\}$，构造相应的 DFA。

3. 将图 3.16 中的 NFA 确定化。

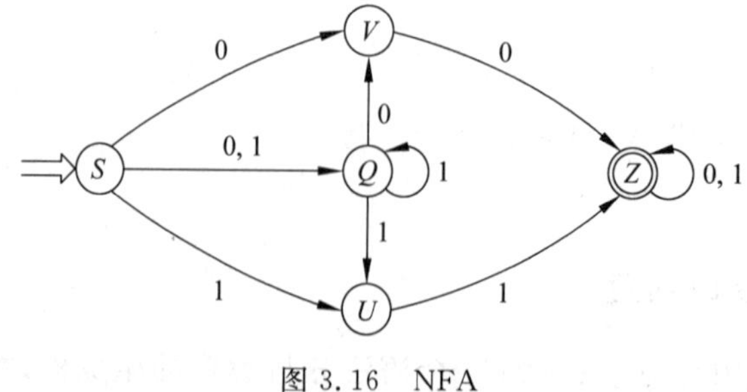

图 3.16　NFA

4. 把图 3.17(a)和(b)中的 NFA 分别确定化和最小化。

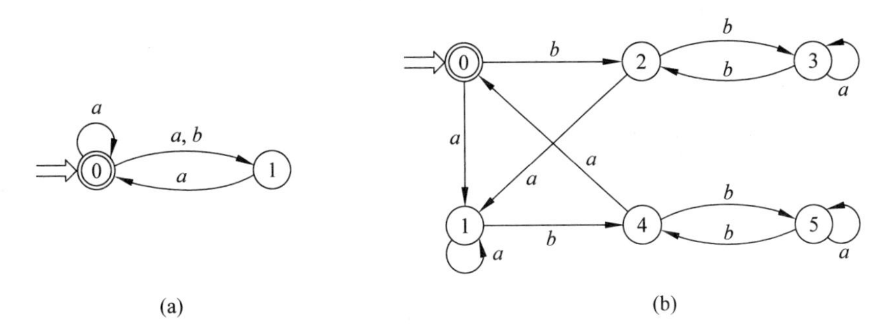

图 3.17　NFA

5. 构造一个 DFA，它接受 $\Sigma=\{0,1\}$ 上所有满足如下条件的字符串：每个 1 都有 0 直接跟在右边。然后构造该语言的正规文法。

6. 设无符号数的正规式为 θ：

$$\theta = dd^* \mid dd^*.dd^* \mid .dd^* \mid dd^*10(s \mid \varepsilon)dd^*$$
$$\mid 10(s \mid \varepsilon)dd^* \mid .dd^*10(s \mid \varepsilon)dd^*$$
$$\mid dd^*.dd^*10(s \mid \varepsilon)dd^*$$

化简 θ，画出 θ 的 DFA，其中 $d=\{0,1,2,\cdots,9\}$，$s=\{+,-\}$

7. 为正规文法 $G[S]$

$S \to aA \mid bQ$

$A \to aA \mid bB \mid b$

$B \to bD \mid aQ$

$Q \to aQ \mid bD \mid b$

$D \to bB \mid aA$

$E \to aB \mid bF$

$F \to bD \mid aE \mid b$

构造相应的最小的 DFA。

8. 给出下述正规文法所对应的正规式：

$S \to 0A \mid 1B$

$A \to 1S \mid 1$

$B \to 0S \mid 0$

9. 将图 3.18 的 DFA 最小化，并用正规式描述它所识别的语言。

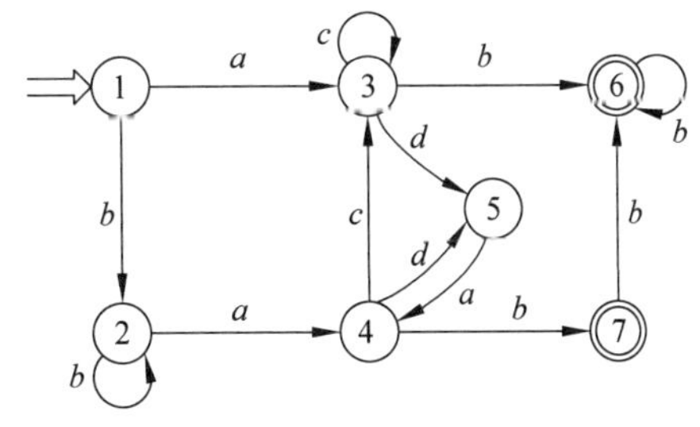

图 3.18　DFA

10. 构造下述文法 $G[S]$ 的自动机：

$S \to A0$

$A \to A0 \mid S1 \mid 0$

该自动机是确定的吗？若不确定，则对它确定化。该自动机相应的语言是什么？

说明：产生式形式为 $A \to a$ 或 $A \to Ba$，$B, A \in V_N$，$a \in V_T^*$ 的文法也是正规文法，并称为

左线性文法。为左线性文法$G[S]$构造 NFA M 的规则如下：

（1）字母表与 G 的终结符集相同。

（2）G 中的每个非终结符生成 M 的一个状态。

（3）G 的开始符对应 M 的终态。

（4）增加一个新的状态 F，作为 M 的初态。

（5）对 G 中的形如 $A \to Ba$ 的产生式，构造 M 的转换函数 $f(B,a)=A$；对 $A \to a$，构造 $f(F,a)=A$。

11. 有一种用以证明两个正规表达式等价的方法，那就是构造它们的最小 DFA，表明这两个 DFA 是一样的（除了状态名不同外）。使用此方法。证明下面的正规表达式是等价的。

（1）$(a|b)^*$

（2）$(a^*|b^*)^*$

（3）$((\varepsilon|a)b^*)^*$

12. 文法 G[〈单词〉]为

〈单词〉→〈标识符〉|〈整数〉

〈标识符〉→〈标识符〉〈字母〉|〈标识符〉〈数字〉|〈字母〉

〈整数〉→〈整数〉〈数字〉|〈数字〉

〈字母〉→$A|B|\cdots|Y|Z$

〈数字〉→$0|1|2|\cdots|8|9$

（1）改写 G 为 G'，使 G'为与 G 等价的正规文法。

（2）给出相应的有穷自动机。

13. 有如下 lex 描述文件的识别规则部分，请指出输入特定串后输出是什么。

```
%%
[0-9A-Fa-f]+H { printf ("Number "); }
[A-Za-z][A-Za-z0-9]* { printf ("Identifier "); }
"LET" { printf ("Keyword "); }
"=" { printf ("Operator "); }
. {}
%%
```

其中输入的串是“LET Something01=DeadBeefH”。

14. 考虑如下 lex 描述文件的识别规则部分：

```
%%
ab printf("1 %s\n",yytext);
b*a*c? printf("2 %s\n",yytext);
ba.a* printf("3 %s\n",yytext);
aa*c printf("4 %s\n",yytext);
ab*c? printf("5 %s\n",yytext);
%%
```

提示：yytext 是当前匹配的内容。

（1）下面的输入串对应的输出是什么？

abbacbababcab

（2）上面的规则有可以被删除且不改变词法分析器行为的吗？如果有，请找出可以被删除的规则；如果没有，请解释。

15. 参考3.2节，对附录A中PL/0编译器源码进行裁减，或者对getsym及其相关代码进行重新包装，实现一个PL/0语言的独立词法分析程序。该词法分析程序读入PL/0语言源程序，输出一个单词符号的序列。对于标识符和无符号整数，显示单词种别和单词自身的值两项内容；对于其他单词符号，仅显示其单词种别。

第4章 自顶向下语法分析方法

语法分析是编译程序的核心功能之一。语法分析的作用是识别由词法分析给出的单词符号串是否是给定文法的正确句子(程序)。语法分析常用的方法可分为自顶向下分析和自底向上分析两大类。虽然语法分析可以通过确定分析或者不确定分析来实现,但在实际的编译器构造中,几乎都是采用确定分析方式,不确定分析多数情况下仅具有理论价值。本章主要介绍自顶向下的确定分析。在第5、6章中,分别介绍两种确定的自底向上分析方法:算符优先分析[①]和LR分析。这些分析方法各有优缺点,但都是迄今编译程序构造的实用方法。

自顶向下分析方法也称面向目标的分析方法,也就是从文法的开始符号出发企图推导出与输入的单词符号串完全相匹配的句子,若输入串是给定文法的句子,则必能推出,反之必然出错。自顶向下的确定分析方法需对文法有一定的限制,然而其实现方法简单、直观,便于手工构造或自动生成语法分析器,是最常用的语法分析方法之一。自顶向下的不确定分析方法是带回溯的分析方法,实际上是一种穷举的试探方法,效率低,代价高,因而极少使用,仅在4.4节中粗略介绍。

4.1 确定的自顶向下分析思想

确定的自顶向下分析方法,是从文法的开始符号出发,考虑如何根据当前的输入符号(单词符号)唯一地确定选用哪个产生式替换相应非终结符以往下推导,或如何构造一棵相应的语法树。现举例说明。

例 4.1 有文法 $G1[S]$:

$S \rightarrow pA \mid qB$

$A \rightarrow cAd \mid a$

$B \rightarrow dB \mid b$

若输入串 $W=pccadd$。自顶向下的推导过程为 $S \Rightarrow pA \Rightarrow pcAd \Rightarrow pccAdd \Rightarrow pccadd$,相应的语法树为图4.1。

这个文法有以下两个特点:

(1) 每个产生式的右部都由终结符号开始。

(2) 如果两个产生式有相同的左部,那么它们的右部由不同的终结符开始。

对于这样的文法,显然在推导过程中完全可以根据当前的输入符号决定选择哪个产生式往下推导,因此分析过程是唯一确定的。再看一个例子。

例 4.2 若有文法 $G2[S]$:

$S \rightarrow Ap$

$S \rightarrow Bq$

---

① 算符优先分析方法适用范围较小,可以根据课时等实际情况进行取舍。

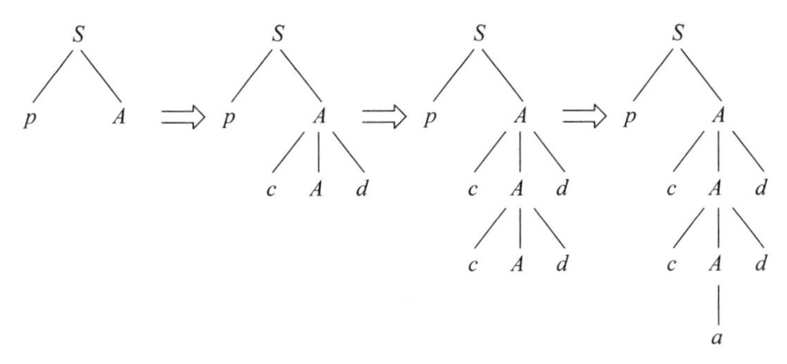

图 4.1　确定的自顶向下语法分析树(一)

$A \to a$

$A \to cA$

$B \to b$

$B \to dB$

当输入串 $W=ccap$,则推导过程为 $S \Rightarrow Ap \Rightarrow cAp \Rightarrow ccAp \Rightarrow ccap$,构造相应语法树如图 4.2 所示。

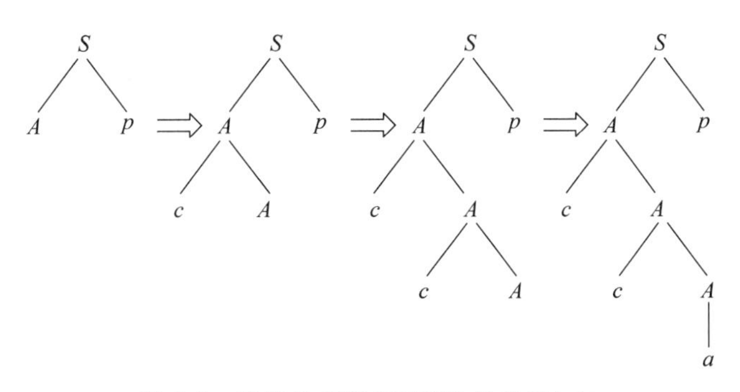

图 4.2　确定的自顶向下语法分析树(二)

这说明 $ccap$ 是例 4.2 文法的句子。

例 4.2 文法的特点如下:

(1) 产生式的右部不全是由终结符开始。

(2) 如果两个产生式有相同的左部,它们的右部是由不同的终结符或非终结符开始。

(3) 文法中无空产生式。

对于产生式中相同左部含有非终结符开始的产生式时,在推导过程中选用哪个产生式不像例 4.1 文法那样直观,对于 $W=ccap$ 为输入串时,其第一个符号是 c,这时从 S 出发选择 $S \to Ap$ 还是选择 $S \to Bq$,就需要知道是从 Ap 还是从 Bq 能推出 $c\alpha(\alpha \in V)$形式,若当且仅当从 Ap 能推出 $c\alpha$,则选 $S \to Ap$ 进行推导;若当且仅当 Bq 能推出 $c\alpha$,则选 $S \to Bq$ 进行推导。为方便考察,作如下定义。

定义 4.1　设 $G=(V_T, V_N, P, S)$是上下文无关文法。

$\mathrm{FIRST}(\alpha)=\{a \mid \alpha \stackrel{*}{\Rightarrow} a\beta,\quad a \in V_T, \alpha, \beta \in V^*\}$

若 $\alpha \stackrel{*}{\Rightarrow} \varepsilon$,则规定 $\varepsilon \in \mathrm{FIRST}(\alpha)$。称 $\mathrm{FIRST}(\alpha)$为 α 的**开始符号集**或**首符号集**。

不难求出在文法 $G2$ 中：

$\mathrm{FIRST}(Ap)=\{a,c\}$

$\mathrm{FIRST}(Bq)=\{b,d\}$

这样，在文法 $G2$ 中，关于 S 的两个产生式的右部虽然都以非终结符开始，但它们右部的符号串可以推导出的开始符号集不相交，因而可以根据当前的输入符号是属于哪个产生式右部的开始符号集而决定选择相应产生式进行推导。这样仍能构造确定的自顶向下分析。

在文法 $G1$、$G2$ 中都不包含空产生式，处理比较直观简单。下面考虑当文法中有空产生式时的情况，先看例子。

例 4.3 有文法 $G[S]$：

$S \rightarrow aA$

$S \rightarrow d$

$A \rightarrow bAS$

$A \rightarrow \varepsilon$

若输入串 $W=abd$，则试图推导出 abd 串的推导过程为 $S \Rightarrow aA \Rightarrow abAS \Rightarrow abS \Rightarrow abd$，相应语法树为图 4.3。

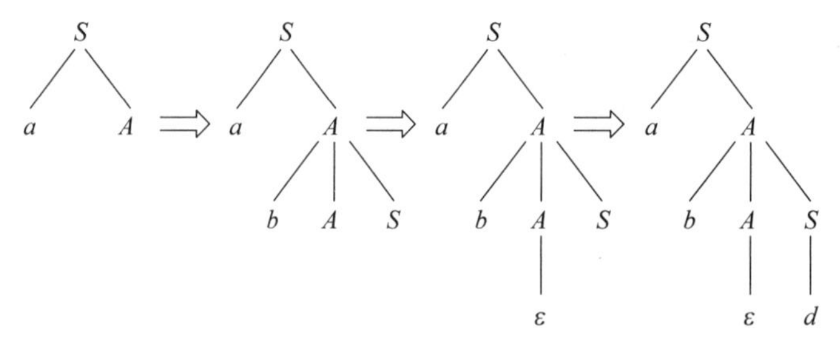

图 4.3 确定的自顶向下语法分析树(三)

从以上推导过程中可以看到，在第 2 步到第 3 步的推导中，即 $abAS \Rightarrow abS$ 时，因当前面临的输入符号为 d，而最左非终结符 A 的产生式右部的开始符号集都不包含 d，但有 ε，因此对于 d 的匹配自然认为只能依赖于在可能的推导过程中 A 的后面的符号，所以这时选用产生式 $A \rightarrow \varepsilon$ 往下推导，而当前 A 后面的符号为 S，S 产生式右部的开始符号集包含了 d，所以例中可用 $S \rightarrow d$ 推导得到匹配。

由此可以看出，当某一非终结符的产生式中含有空产生式时，它的非空产生式右部的开始符号集两两不相交，并与在推导过程中紧跟该非终结符右边可能出现的终结符集也不相交，则仍可构造确定的自顶向下分析，为此，定义一个文法符号的**后跟符号**的集合如下。

定义 4.2 设 $G=(V_{\mathrm{T}},V_{\mathrm{N}},P,S)$ 是上下文无关文法，$A \in V_{\mathrm{N}}$，S 是开始符号

$\mathrm{FOLLOW}(A)=\{a \mid S \overset{*}{\Rightarrow} \mu A\beta$ 且 $a \in V_{\mathrm{T}}, a \in \mathrm{FIRST}(\beta), \mu \in V_{\mathrm{T}}^{*}, \beta \in V^{+}\}$

若 $S \overset{*}{\Rightarrow} \mu A\beta$，且 $\beta \overset{*}{\Rightarrow} \varepsilon$，则 $\# \in \mathrm{FOLLOW}(A)$。

也可定义为

$$\mathrm{FOLLOW}(A)=\{a \mid S \overset{*}{\Rightarrow} \cdots Aa \cdots, a \in V_{\mathrm{T}}\}$$

若有 $S \overset{*}{\Rightarrow} \cdots A$，则规定 $\# \in \text{FOLLOW}(A)$。

这里用#作为输入串的结束符，也称输入串括号。

因此当文法中含有形如

$$A \rightarrow \alpha$$
$$A \rightarrow \beta$$

的产生式时，其中 $A \in V_N$，α、$\beta \in V^*$，若 α 和 β 不能同时推导出空，假定 $\alpha \overset{*}{\nRightarrow} \varepsilon$，$\beta \overset{*}{\Rightarrow} \varepsilon$，则当 $\text{FIRST}(\alpha) \cap (\text{FIRST}(\beta) \cup \text{FOLLOW}(A)) = \varnothing$ 时，对于非终结符 A 的替换仍可唯一地确定候选。

定义 4.3 一个产生式的选择符号集 SELECT。给定上下文无关文法的产生式 $A \rightarrow \alpha$，$A \in V_N$，$\alpha \in V^*$，若 $\alpha \overset{*}{\nRightarrow} \varepsilon$，则 $\text{SELECT}(A \rightarrow \alpha) = \text{FIRST}(\alpha)$。

如果 $\alpha \overset{*}{\Rightarrow} \varepsilon$，则 $\text{SELECT}(A \rightarrow \alpha) = (\text{FIRST}(\alpha) - \{\varepsilon\}) \cup \text{FOLLOW}(A)$。

定义 4.4 一个上下文无关文法是 LL(1) 文法的充分必要条件是，对每个非终结符 A 的两个不同产生式，$A \rightarrow \alpha$，$A \rightarrow \beta$，满足

$$\text{SELECT}(A \rightarrow \alpha) \cap \text{SELECT}(A \rightarrow \beta) = \varnothing$$

其中 α、β 不同时能 $\overset{*}{\Rightarrow} \varepsilon$。

根据前面的讨论容易看出，LL(1)文法是能够使用确定的自顶向下分析技术的。

LL(1)的含义是：第 1 个 L 表明自顶向下分析是从左向右扫描输入串，第 2 个 L 表明分析过程中将用最左推导，1 表明只需向右看一个符号便可决定如何推导，即选择哪个产生式(规则)进行推导。类似地，也可以有 LL(k)文法，也就是需向前查看 k 个符号才可确定选用哪个产生式。通常采用 $k=1$，个别情况采用 $k=2$。

回顾例 4.3 的文法：

$S \rightarrow aA$

$S \rightarrow d$

$A \rightarrow bAS$

$A \rightarrow \varepsilon$

不难看出：

$\text{SELECT}(S \rightarrow aA) = \{a\}$

$\text{SELECT}(S \rightarrow d) = \{d\}$

$\text{SELECT}(A \rightarrow bAS) = \{b\}$

$\text{SELECT}(A \rightarrow \varepsilon) = \{a, d, \#\}$

所以

$\text{SELECT}(S \rightarrow aA) \cap \text{SELECT}(S \rightarrow d) = \{a\} \cap \{d\} = \varnothing$

$\text{SELECT}(A \rightarrow bAS) \cap \text{SELECT}(A \rightarrow \varepsilon) = \{b\} \cap \{a, d, \#\} = \varnothing$

由定义 4.4 知例 4.3 文法是 LL(1)文法，所以可用确定的自顶向下分析。

例 4.4 文法 $G[S]$ 为

$S \rightarrow aAS$

$S \rightarrow b$

$A \to bA$

$A \to \varepsilon$

则

$\text{SELECT}(S \to aAS) = \{a\}$

$\text{SELECT}(S \to b) = \{b\}$

$\text{SELECT}(A \to bA) = \{b\}$

$\text{SELECT}(A \to \varepsilon) = \{a, b\}$

所以

$\text{SELECT}(S \to aAS) \cap \text{SELECT}(S \to b) = \{a\} \cap \{b\} = \varnothing$

$\text{SELECT}(A \to bA) \cap \text{SELECT}(A \to \varepsilon) = \{b\} \cap \{a, b\} \neq \varnothing$

因此,例 4.4 的文法不是 LL(1)文法,因而也就不可能用确定的自顶向下分析。下面分析输入串 $W = ab$ 的两种不同推导过程。第一种推导过程为 $S \Rightarrow aAS \Rightarrow abAS \Rightarrow abS$,在句型 abS 中由于 S 不能推出 ε,所以这种推导过程推不出 ab;第二种推导过程为 $S \Rightarrow aAS \Rightarrow aS \Rightarrow ab$,这种推导过程推出了 ab。在上述两种推导过程中,第 1 个输入符 a 的匹配都用了产生式 $S \to aAS$,得到句型 aAS。这时按最左推导需用 A 的产生式右部替换 A,而关于 A 的产生式有两个不同的右部,即有两个候选。当前的输入符号为 b,第一种推导过程认为产生式 $A \to bA$ 的右部开始符号为 b,所以可用 bA 替换 A,使 b 得到匹配;第二种推导过程认为 A 的后跟符集合中含有 b,所以用产生式 $A \to \varepsilon$ 进行推导,用 ε 替换了 A,得到句型 aS,符号 b 由 S 往下推导去匹配,而关于 S 的产生式恰有 $S \to b$,所以用它推导 b 得到匹配。

以上两种推导过程中,当第 2 步推导时当前输入符为 b,对句型 aAS 中的 A 用哪个产生式推导不能唯一确定,因此导致了这个文法不能构造确定的自顶向下分析。

4.2 LL(1)文法的判别

当需要选用自顶向下分析技术时,必须判别所给文法是否是 LL(1)文法。因而对任给文法需首先计算 FIRST、FOLLOW、SELECT 集合,进而判别文法是否为 LL(1)文法。

在下面的讨论中假定所给文法是经过压缩的,即文法中不包含多余规则和有害规则。现举例说明判断 LL(1)文法的步骤。

例 4.5 文法 $G[S]$为

$S \to AB$

$S \to bC$

$A \to \varepsilon$

$A \to b$

$B \to \varepsilon$

$B \to aD$

$C \to AD$

$C \to b$

$D \to aS$

$D \to c$

判别步骤如下。

第一步，求出能推出 ε 的非终结符。

首先建立一个以文法的非终结符个数为上界的一维数组，其数组元素为非终结符，对应每一非终结符有一个标志位，用以记录能否推出 ε。其值有 3 种情况："未定""是""否"。

例 4.5 所对应数组 $X[\,]$的内容如表 4.1 所示。

表 4.1　非终结符能否推出空串的数组

非终结符	S	A	B	C	D
初值	未定	未定	未定	未定	未定
第 1 次扫描		是	是		否
第 2 次扫描	是			否	

计算能推出 ε 的非终结符步骤如下：

(1) 将数组 $X[\,]$中对应每一非终结符的标记置初值为"未定"。

(2) 扫描文法中的产生式。

① 删除所有右部含有终结符的产生式，若这使得以某一非终结符为左部的所有产生式都被删除，则将数组中对应该非终结符的标记值改为"否"，说明该非终结符不能推出 ε。

② 若某一非终结符的某一产生式右部为 ε，则将数组中对应该非终结符的标志置为"是"，并从文法中删除该非终结符的所有产生式。本例中对应非终结符 A、B 的标志改为"是"。

(3) 扫描产生式右部的每一符号。

① 若所扫描到的非终结符在数组中对应的标志是"是"，则删去该非终结符；若这使产生式右部为空，则将产生式左部的非终结符在数组中对应的标志改为"是"，并删除以该非终结符为左部的所有产生式。

② 若所扫描到的非终结符号在数组中对应的标志是"否"，则删去该产生式；若这使产生式左部非终结符的有关产生式都被删去，则把在数组中该非终结符对应的标志改成"否"。

(4) 重复(3)，直到扫描完一遍文法的产生式，数组中非终结符对应的特征再没有改变为止。

由(2)中①得知例中对应非终结符 D 的标志改为"否"。

经过上述(2)中①、②两步后，文法中的产生式只剩下 $S \rightarrow AB$ 和 $C \rightarrow AD$，也就是只剩下右部全是非终结符串的产生式。

再由(3)中的①步扫描到产生式 $S \rightarrow AB$ 时，在数组中 A、B 对应的标志都为"是"，删去后 S 的右部变为空，所以 S 对应标志置为"是"。

最后由(3)中的②扫描到产生式 $C \rightarrow AD$ 时，其中，A 对应的标志为"是"，D 对应的标志为"否"，删去该产生式后，再无左部为 C 的产生式，所以 C 的对应标志改成"否"。

第二步，计算 FIRST 集。

(1) 根据 FIRST 集定义对每一文法符号 $X \in V$ 计算 $\mathrm{FIRST}(X)$。

① 若 $X \in V_T$，则 $\mathrm{FIRST}(X)=\{X\}$。

② 若 $X \in V_N$，且有产生式 $X \rightarrow a\cdots$，$a \in V_T$，则 $a \in \mathrm{FIRST}(X)$。

③ 若 $X \in V_N$，$X \rightarrow \varepsilon$，则 $\varepsilon \in \mathrm{FIRST}(X)$。

④ 若 $X, Y_1, Y_2, \cdots, Y_n \in V_N$，而有产生式 $X \to Y_1 Y_2 \cdots Y_n$。当 $Y_1, Y_2, \cdots, Y_{i-1} \stackrel{*}{\Rightarrow} \varepsilon$ 时(其中 $1 \leqslant i \leqslant n$)，则 $\mathrm{FIRST}(Y_1)-\{\varepsilon\}, \mathrm{FIRST}(Y_2)-\{\varepsilon\}, \cdots, \mathrm{FIRST}(Y_{i-1})-\{\varepsilon\}, \mathrm{FIRST}(Y_i)$ 都包含在 $\mathrm{FIRST}(X)$ 中。

⑤ 当④中所有 $Y_i \stackrel{*}{\Rightarrow} \varepsilon, (i=1,2,\cdots,n)$，则 $\mathrm{FIRST}(X)=\mathrm{FIRST}(Y_1) \cup \mathrm{FIRST}(Y_2) \cup \cdots \cup \mathrm{FIRST}(Y_n) \cup \{\varepsilon\}$。

反复使用上述②～⑤步，直到每个符号的 FIRST 集合不再增大为止。

求出每个文法符号的 FIRST 集合后，也就不难求出一个符号串的 FIRST 集合。

若符号串 $\alpha \in V^*$，$\alpha = X_1 X_2 \cdots X_n$，当 X_1 不能 $\stackrel{*}{\Rightarrow} \varepsilon$，则置 $\mathrm{FIRST}(\alpha)=\mathrm{FIRST}(X_1)$。

若对任何 $j(1 \leqslant j \leqslant i-1, 2 \leqslant i \leqslant n)$，$\varepsilon \in \mathrm{FIRST}(X_j)$，$\varepsilon \notin \mathrm{FIRST}(X_i)$，则

$$\mathrm{FIRST}(\alpha) = \bigcup_{j=1}^{i-1} (\mathrm{FIRST}(X_j) - \{\varepsilon\}) \cup \mathrm{FIRST}(X_i)$$

当对任何 $j(1 \leqslant j \leqslant n)$，$\mathrm{FIRST}(X_j)$ 都含有 ε 时，则

$$\mathrm{FIRST}(\alpha) = \bigcup_{j=1}^{i-1} (\mathrm{FIRST}(X_j)) \cup \{\varepsilon\}$$

由此算法可计算出例 4.5 文法各非终结符的 FIRST 集。

$\mathrm{FIRST}(S) = (\mathrm{FIRST}(A) - \{\varepsilon\}) \cup (\mathrm{FIRST}(B) - \{\varepsilon\}) \cup \{\varepsilon\} \cup \{b\} = \{b, a, \varepsilon\}$

$\mathrm{FIRST}(A) = \{b\} \cup \{\varepsilon\} = \{b, \varepsilon\}$

$\mathrm{FIRST}(B) = \{\varepsilon\} \cup \{a\} = \{a, \varepsilon\}$

$\mathrm{FIRST}(C) = (\mathrm{FIRST}(A) - \{\varepsilon\}) \cup \mathrm{FIRST}(D) \cup \mathrm{FIRST}(b) = \{b, a, c\}$

$\mathrm{FIRST}(D) = \{a\} \cup \{c\} = \{a, c\}$

所以最终求得：

$$\mathrm{FIRST}(S) = \{a, b, \varepsilon\}$$
$$\mathrm{FIRST}(A) = \{b, \varepsilon\}$$
$$\mathrm{FIRST}(B) = \{a, \varepsilon\}$$
$$\mathrm{FIRST}(C) = \{a, b, c\}$$
$$\mathrm{FIRST}(D) = \{a, c\}$$

每个产生式的右部符号串的开始符号集合为

$$\mathrm{FIRST}(AB) = \{a, b, \varepsilon\}$$
$$\mathrm{FIRST}(bC) = \{b\}$$
$$\mathrm{FIRST}(\varepsilon) = \{\varepsilon\}$$
$$\mathrm{FIRST}(b) = \{b\}$$
$$\mathrm{FIRST}(aD) = \{a\}$$
$$\mathrm{FIRST}(AD) = \{a, b, c\}$$
$$\mathrm{FIRST}(b) = \{b\}$$
$$\mathrm{FIRST}(aS) = \{a\}$$
$$\mathrm{FIRST}(c) = \{c\}$$

(2) 由关系图法求文法符号的 FIRST 集。

① 每个文法符号对应图中一个结点，对应终结符的结点时用符号本身标记，对应非终

结符的结点时用 FIRST(A)标记。这里 A 表示非终结符。

② 如果文法中有产生式 $A \to \alpha X \beta$,且 $\alpha \stackrel{*}{\Rightarrow} \varepsilon$,则从对应 A 的结点到对应 X 的结点连一条箭弧。

③ 凡是从 FIRST(A)结点有路径可到达的终结符结点所标记的终结符都为 FIRST(A)的成员。

④ 根据判别步骤的第一步确定 ε 是否为某非终结符 FIRST 集的成员,若是,则将 ε 加入该非终结符的 FIRST 集中。

以例 4.5 文法为例计算 FIRST 集的关系图,如图 4.4 所示。

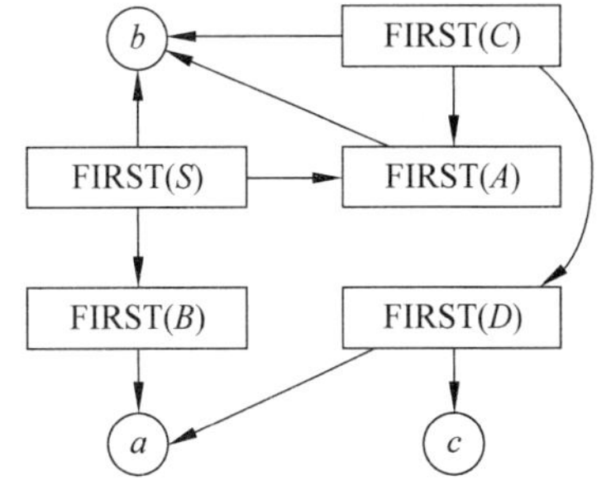

图 4.4 计算 FIRST 集的关系图

由关系图法求得例 5.5 文法非终结符的 FIRST 集结果如下:

$$\mathrm{FIRST}(S)=\{b,a,\varepsilon\}$$
$$\mathrm{FIRST}(A)=\{b,\varepsilon\}$$
$$\mathrm{FIRST}(B)=\{a,\varepsilon\}$$
$$\mathrm{FIRST}(C)=\{a,b,c\}$$
$$\mathrm{FIRST}(D)=\{a,c\}$$

与根据定义求得的结果相同。注意,请读者自己考虑,为什么不能把 ε 结点画在关系图中?

第三步,计算 FOLLOW 集。

(1) 对文法中每一个 $A \in V_N$,根据定义计算 FOLLOW(A)。

① 设 S 为文法的开始符号,把{#}加入 FOLLOW(S)中(这里#为句子括号)。

② 若 $A \to \alpha B \beta$ 是一个产生式,则把 FIRST(β)的非空元素加入 FOLLOW(B)中。

如果 $\beta \stackrel{*}{\Rightarrow} \varepsilon$,则把 FOLLOW($A$)也加入 FOLLOW($B$)中,因为当有形如

$$D \to \alpha_1 A \beta_1$$
$$A \to \alpha B \beta$$

的产生式时,$A,B,D \in V_N, \alpha, \alpha_1, \beta, \beta_1 \in V^*$,在推导过程中可能出现如下的句型序列:

$$S \stackrel{*}{\Rightarrow} \cdots \alpha_1 A \beta_1 \cdots \Rightarrow \cdots \alpha_1 \alpha B \beta \beta_1 \cdots \Rightarrow \cdots \alpha_1 \alpha B \beta_1 \cdots$$

由定义 4.2 可知,FIRST(β_1)∈FOLLOW(A)必有 FIRST(β_1)⊂FOLLOW(B)。

故 FOLLOW(A)⊆FOLLOW(B)。

③ 反复使用②直到每个非终结符的 FOLLOW 集不再增大为止。

现在计算例 4.5 文法各非终结符的 FOLLOW 集。

$$\mathrm{FOLLOW}(S) = \{\#\} \cup \mathrm{FOLLOW}(D)$$
$$\mathrm{FOLLOW}(A) = (\mathrm{FIRST}(B) - \{\varepsilon\}) \cup \mathrm{FOLLOW}(S) \cup \mathrm{FIRST}(D)$$
$$\mathrm{FOLLOW}(B) = \mathrm{FOLLOW}(S)$$
$$\mathrm{FOLLOW}(C) = \mathrm{FOLLOW}(S)$$
$$\mathrm{FOLLOW}(D) = \mathrm{FOLLOW}(B) \cup \mathrm{FOLLOW}(C)$$

由以上最终计算结果得:

$$\mathrm{FOLLOW}(S) = \{\#\}$$

$$\text{FOLLOW}(A) = \{a, \#, c\}$$
$$\text{FOLLOW}(B) = \{\#\}$$
$$\text{FOLLOW}(C) = \{\#\}$$
$$\text{FOLLOW}(D) = \{\#\}$$

(2) 用关系图法求非终结符的 FOLLOW 集。

① 文法 G 中的每个符号和 # 对应图中的一个结点，对应终结符和 # 的结点用符号本身标记。对应非终结符的结点（如 $A \in V_N$）则用 FOLLOW(A) 或 FIRST(A) 标记。

② 从开始符号 S 的 FOLLOW(S) 结点到 # 号的结点连一条箭弧。

③ 如果文法中有产生式 $A \to \alpha B \beta X$，且 $\beta \stackrel{*}{\Rightarrow} \varepsilon$，则从 FOLLOW($B$) 结点到 FIRST($X$) 结点连一条箭弧，当 $X \in V_T$ 时，则与 X 相连。

④ 如果文法中有产生式 $A \to \alpha B \beta$ 且 $\beta \stackrel{*}{\Rightarrow} \varepsilon$，则从 FOLLOW($B$) 结点到 FOLLOW($A$) 结点连一条箭弧。

⑤ 对每一个 FIRST(A) 结点，如果有产生式 $A \to \alpha X \beta$，且 $\alpha \stackrel{*}{\Rightarrow} \varepsilon$，则从 FIRST($A$) 到 FIRST($X$) 连一条箭弧。

⑥ 凡是从 FOLLOW(A) 结点有路径可以到达的终结符或 # 号的结点，其所标记的终结符或 # 号即为 FOLLOW(A) 的成员。

现在对例 4.5 文法用关系图法计算 FOLLOW 集，如图 4.5 所示。

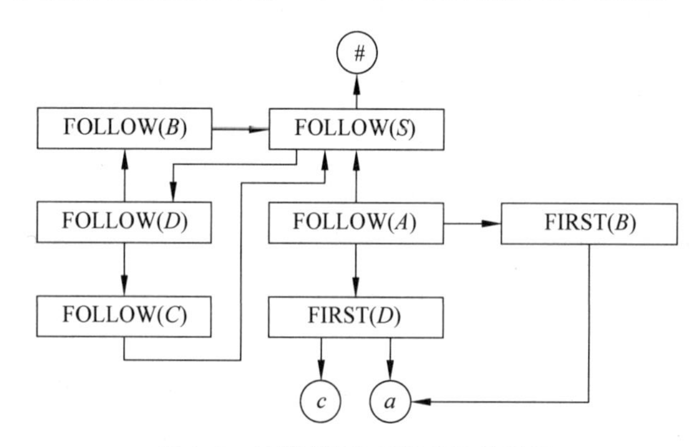

图 4.5　计算 FOLLOW 集的关系图

则得

$$\text{FOLLOW}(S) = \{\#\}$$
$$\text{FOLLOW}(A) = \{a, c, \#\}$$
$$\text{FOLLOW}(B) = \{\#\}$$
$$\text{FOLLOW}(C) = \{\#\}$$
$$\text{FOLLOW}(D) = \{\#\}$$

与根据定义计算的结果相同。

此外，对文法符号 FIRST 集和 FOLLOW 集的计算还有关系矩阵法等，有兴趣的读者可参考有关书籍。

第四步，计算 SELECT 集。

对例 4.5 文法的 FIRST 集和 FOLLOW 集的计算结果如表 4.2。

表 4.2　文法的 FIRST 集和 FOLLOW 集

非终结符名	是否 $\overset{*}{\Rightarrow}\varepsilon$	FIRST 集	FOLLOW 集
S	是	$\{b,a,\varepsilon\}$	$\{\#\}$
A	是	$\{b,\varepsilon\}$	$\{a,c,\#\}$
B	是	$\{a,\varepsilon\}$	$\{\#\}$
C	否	$\{a,b,c\}$	$\{\#\}$
D	否	$\{a,c\}$	$\{\#\}$

每个产生式的 SELECT 集合计算如下：

$\text{SELECT}(S\to AB)=(\text{FIRST}(AB)-\{\varepsilon\})\cup\text{FOLLOW}(S)=\{b,a,\#\}$

$\text{SELECT}(S\to bC)=\text{FIRST}(bC)=\{b\}$

$\text{SELECT}(A\to\varepsilon)=(\text{FIRST}(\varepsilon)-\{\varepsilon\})\cup\text{FOLLOW}(A)=\{a,c,\#\}$

$\text{SELECT}(A\to b)=\text{FIRST}(b)=\{b\}$

$\text{SELECT}(B\to\varepsilon)=(\text{FIRST}(\varepsilon)-\{\varepsilon\})\cup\text{FOLLOW}(B)=\{\#\}$

$\text{SELECT}(B\to aD)=\text{FIRST}(aD)=\{a\}$

$\text{SELECT}(C\to AD)=\text{FIRST}(AD)=\{a,b,c\}$

$\text{SELECT}(C\to b)=\text{FIRST}(b)=\{b\}$

$\text{SELECT}(D\to aS)=\text{FIRST}(aS)=\{a\}$

$\text{SELECT}(D\to c)=\text{FIRST}(c)=\{c\}$

由以上计算结果可得相同左部产生式的 SELECT 交集为

$\text{SELECT}(S\to AB)\cap\text{SELECT}(S\to bC)=\{b,a,\#\}\cap\{b\}=\{b\}\neq\varnothing$

$\text{SELECT}(A\to\varepsilon)\cap\text{SELECT}(A\to b)=\{a,c,\#\}\cap\{b\}=\varnothing$

$\text{SELECT}(B\to\varepsilon)\cap\text{SELECT}(B\to aD)=\{\#\}\cap\{a\}=\varnothing$

$\text{SELECT}(C\to AD)\cap\text{SELECT}(C\to b)=\{b,a,c\}\cap\{b\}=\{b\}\neq\varnothing$

$\text{SELECT}(D\to aS)\cap\text{SELECT}(D\to c)=\{a\}\cap\{c\}=\varnothing$

由 LL(1)文法定义得知该文法不是 LL(1)文法，因为关于 S 和 C 的相同左部，其产生式的 SELECT 集的交集不为$\varnothing$。

4.3　某些非 LL(1)文法到 LL(1)文法的等价变换

在 4.1 节和 4.2 节中指出，确定的自顶向下分析要求给定语言的文法必须是 LL(1)形式。然而，不一定每个语言都有 LL(1)文法，对一个语言的非 LL(1)文法是否能变换为等价的 LL(1)形式以及如何变换是本节讨论的主要问题。由 LL(1)文法的定义可知，若文法中含有直接或间接左递归，或含有左公共因子，则该文法肯定不是 LL(1)文法，因而，要设法消除文法中的左递归，提取左公共因子对文法进行等价变换。在某些特殊情况下可能使其变为 LL(1)文法。

4.3.1　提取左公共因子

若文法中含有形如 $A\to\alpha\beta|\alpha\gamma$ 的产生式，就会导致对相同左部的产生式其右部的

FIRST 集相交，也就是 SELECT($A \to \alpha\beta$) $\cap$ SELECT($A \to \alpha\gamma$) $\neq \varnothing$，不满足 LL(1)文法的充分必要条件。

可将产生式 $A \to \alpha\beta | \alpha\gamma$ 等价变换为

$$A \to \alpha(\beta \mid \gamma)$$

其中括号为元符号，再引进新非终结符 A'，去掉括号使产生式变换为

$$A \to \alpha A'$$
$$A' \to \beta \mid \gamma$$

写成一般形式为

$$A \to \alpha\beta_1 \mid \alpha\beta_2 \mid \cdots \mid \alpha\beta_n$$

提取左公共因子后变为

$$A \to \alpha(\beta_1 \mid \beta_2 \mid \cdots \mid \beta_n)$$

引进非终结符 A'后变为

$$A \to \alpha A'$$
$$A' \to \beta_1 \mid \beta_2 \mid \cdots \mid \beta_n$$

若在 $\beta_i, \beta_j, \beta_k, \cdots$(其中 $1 \leqslant i, j, k \leqslant n$)中仍含有左公共因子，这时可再次提取，这样反复进行提取，直到引进新非终结符的有关产生式再无左公共因子为止。

例 4.6 文法 $G1$ 的产生式为

(1) $S \to aSb$

(2) $S \to aS$

(3) $S \to \varepsilon$

对产生式(1)、(2)提取左公共因子后得：

$$S \to aS(b \mid \varepsilon)$$
$$S \to \varepsilon$$

进一步变换为文法 $G'1$：

$$S \to aSA$$
$$A \to b$$
$$A \to \varepsilon$$
$$S \to \varepsilon$$

例 4.7 文法 $G2$ 的产生式为

(1) $A \to ad$

(2) $A \to Bc$

(3) $B \to aA$

(4) $B \to bB$

产生式(2)的右部以非终结符开始，因此左公共因子可能是隐式的，所以这种情况下对右部以非终结符开始的产生式用左部相同而右部以终结符开始的产生式进行相应替换，对文法 $G2$ 分别用产生式(3)、(4)的右部替换产生式(2)中的 B，可得

(1) $A \to ad$

(2) $A \to aAc$

(3) $A \to bBc$

(4) $B \to aA$

(5) $B \to bB$

提取产生式(1)、(2)的左公共因子得

$$A \to a(d \mid Ac)$$

$$A \to bBc$$

$$B \to aA$$

$B \to bB$ 引进新非终结符 A'，去掉括号后得 $G'2$ 为

(1) $A \to aA'$

(2) $A \to bBc$

(3) $A' \to d$

(4) $A' \to Ac$

(5) $B \to aA$

(6) $B \to bB$

不难验证经提取左公共因子后文法 $G'1$ 仍不是 LL(1)文法，而文法 $G'2$ 变成了 LL(1)文法，因此文法中不含左公共因子只是 LL(1)文法的必要条件，而不是充分条件。

值得注意的是，对文法进行提取左公共因子变换后，有时会使某些产生式变成无用产生式，在这种情况下必须对文法重新压缩(或化简)。

例 4.8 有文法 $G3$ 的产生式为

(1) $S \to aSd$

(2) $S \to Ac$

(3) $A \to aS$

(4) $A \to b$

用产生式(3)、(4)中右部替换产生式(2)中右部的 A，文法变为

(1) $S \to aSd$

(2) $S \to aSc$

(3) $S \to bc$

(4) $A \to aS$

(5) $A \to b$

对产生式(1)、(2)提取左公共因子得

$$S \to aS(d \mid c)$$

引入新非终结符 A' 后变为

(1) $S \to aSA'$

(2) $S \to bc$

(3) $A' \to d \mid c$

(4) $A \to aS$

(5) $A \to b$

显然，原文法中非终结符 A 变成不可到达的符号，产生式(4)、(5)也就变为无用产生式，所以应删除。

此外也存在某些文法不能在有限步骤内提取完左公共因子的情况。

例 4.9 文法 $G4$ 的产生式为

(1) $S \rightarrow Ap|Bq$

(2) $A \rightarrow aAp|d$

(3) $B \rightarrow aBq|e$

用产生式(2)、(3)的右部替换产生式(1)中的 A、B，使文法变为

(1) $S \rightarrow aApp|aBqq$

(2) $S \rightarrow dp|eq$

(3) $A \rightarrow aAp|d$

(4) $B \rightarrow aBq|e$

对产生式(1)提取左公共因子则得

$$S \rightarrow a(App \mid Bqq)$$

再引入新非终符 S'，结果得等价文法为

(1) $S \rightarrow aS'$

(2) $S \rightarrow dp|eq$

(3) $S' \rightarrow App|Bqq$

(4) $A \rightarrow aAp|d$

(5) $B \rightarrow aBq|e$

同样分别用产生式(4)、(5)的右部替换产生式(3)中右部的 A、B，再提取左公共因子，最后结果为

(1) $S \rightarrow aS'$

(2) $S \rightarrow dp|eq$

(3) $S' \rightarrow aS''$

(4) $S' \rightarrow dpp|eqq$

(5) $S'' \rightarrow Appp|Bqqq$

(6) $A \rightarrow aAp|d$

(7) $B \rightarrow aBq|e$

可以看出，若对产生式(5)中 A、B 继续用产生式(6)、(7)的右部替换，只能使文法的产生式愈来愈多，无限增加下去，而不能得到提取左公共因子的预期结果。

由上面所举例子可以说明以下问题：

(1) 不一定每个文法的左公共因子都能在有限的步骤内替换成无左公共因子的文法，上面的文法 $G4$ 就是如此。

(2) 一个文法提取了左公共因子后，只解决了相同左部产生式右部的 FIRST 集不相交的问题。当改写后的文法不含空产生式，且无左递归时，则改写后的文法是 LL(1) 文法，若还有空产生式时，则还需用 LL(1) 文法的判别方式进行判断才能确定是否为 LL(1) 文法。

4.3.2 消除左递归

观察在文法中含有如下形式的两种产生式的情形。

(1) $A \rightarrow A\beta, A \in V_N, \beta \in V^*$

（2）$A \rightarrow B\beta$

$B \rightarrow A\alpha \quad A,B \in V_N, \quad \alpha,\beta \in V^*$

含(1)中情况的产生式，则称文法含有左递归的规则或称直接左递归。含(2)中情况的产生式可以形成推导 $A \stackrel{+}{\Rightarrow} A\cdots$，则称文法中含有左递归或间接左递归。文法中只要含有(1)或含有(2)或二者皆有，均认为文法是左递归的。然而，一个文法是左递归时不能采用自顶向下分析法，下面用例 4.10 和例 4.11 加以说明。

例 4.10 文法 $G5$ 含有直接左递归：

$$S \rightarrow Sa$$

$$S \rightarrow b$$

所能产生的语言 $L=\{ba^n \mid n \geqslant 0\}$，输入串 $baaaa\#$ 应是该语言的句子，但用自顶向下分析时可看出，当输入符为 b 时，为与 b 匹配则应选用 $S \rightarrow b$ 来推导，但这样就推不出后边部分；而若用 $S \rightarrow Sa$ 推导则出现图 4.6 的情况，无法确定到什么时候才用 $S \rightarrow b$ 替换。

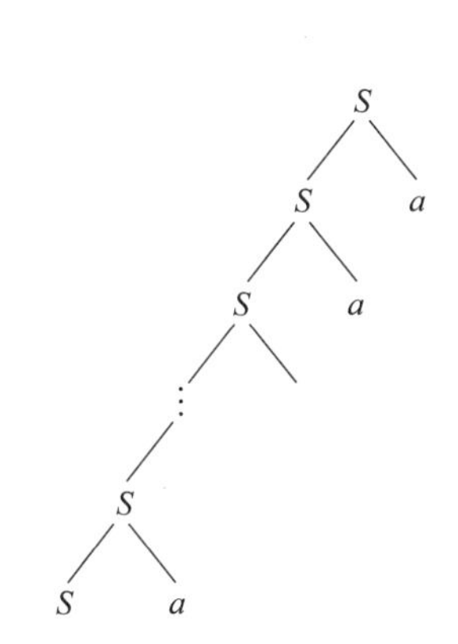

图 4.6 含直接左递归文法的语法分析树结构

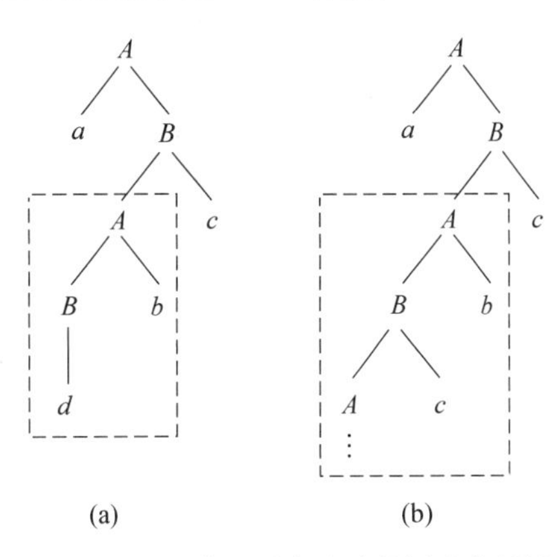

图 4.7 含间接左递归文法的语法分析树

例 4.11 文法 $G6$ 含有间接左递归：

（1）$A \rightarrow aB$

（2）$A \rightarrow Bb$

（3）$B \rightarrow Ac$

（4）$B \rightarrow d$

若有输入串为 $adbcbcbc\#$，当分析过程至 $A \Rightarrow aB \Rightarrow aAc \Rightarrow aBbc$ 时，B 若用产生式(4)替换，则分析过程的语法树为图 4.7(a)。推导到此终止，不能推出 $adbcbcbc\#$；而若选用产生式(3)，则会出现图 4.7(b)所示的情况。

自左向右分析法在没有与当前输入符号匹配而进入产生式选择循环时只能用带回溯的不确定分析方法。此方法将在 4.4 节介绍。

由上述例子不难看出含有左递归的文法绝对不是 LL(1)文法(对此结论读者可以自己证明)，所以也就不可能用确定的自顶向下分析法。然而，为了使某些含有左递归的文法经等价变换消除左递归后可能变为 LL(1)文法，可采取下列方法。

1. 消除直接左递归

把直接左递归改写为右递归。例如，对文法 $G5$：

$$S \rightarrow Sa$$
$$S \rightarrow b$$

可改写为

$$S \rightarrow bS'$$
$$S' \rightarrow aS' \mid \varepsilon$$

改写后的文法和原文法产生的语言句子集都为$\{ba^n \mid n \geqslant 0\}$，不难验证改写后的文法为 LL(1) 文法。

一般情况下，假定关于 A 的全部产生式是

$$A \rightarrow A\alpha_1 \mid A\alpha_2 \mid \cdots \mid A\alpha_m \mid \beta_1 \mid \beta_2 \mid \cdots \mid \beta_n$$

其中，$\alpha_i(1 \leqslant i \leqslant m)$不等于 ε，$\beta_j(1 \leqslant j \leqslant n)$不以 A 开头，消除直接左递归后改写为

$$A \rightarrow \beta_1 A' \mid \beta_2 A' \mid \cdots \mid \beta_n A'$$
$$A' \rightarrow \alpha_1 A' \mid \alpha_2 A' \mid \cdots \mid \alpha_m A' \mid \varepsilon$$

2. 消除间接左递归

要消除间接左递归，需先通过产生式非终结符置换，将间接左递归变为直接左递归，然后再按(1)消除直接左递归。

以文法 $G6$ 为例：

(1) $A \rightarrow aB$

(2) $A \rightarrow Bb$

(3) $B \rightarrow Ac$

(4) $B \rightarrow d$

用产生式(1)、(2)的右部置换产生式(3)中的非终结符 A，得到左部为 B 的产生式：

(1) $B \rightarrow aBc$

(2) $B \rightarrow Bbc$

(3) $B \rightarrow d$

消除左递归后得

$$B \rightarrow aBcB' \mid dB'$$
$$B' \rightarrow bcB' \mid \varepsilon$$

再把原来其余的产生式 $A \rightarrow aB$ 和 $A \rightarrow Bb$ 加入，最终文法为

(1) $A \rightarrow aB$

(2) $A \rightarrow Bb$

(3) $B \rightarrow aBcB' \mid dB'$

(4) $B' \rightarrow bcB' \mid \varepsilon$

该文法与 $G6$ 等价，即它们产生相同的句子集。

读者可以检验改写后的文法是否为 LL(1) 文法。

3. 消除文法中一切左递归的算法

对文法中一切左递归的消除要求文法中不含回路，即无 $A \stackrel{+}{\Rightarrow} A$ 的推导。

满足这个要求的充分条件是，文法中不包含形如 $A \to A$ 的有害规则和 $A \to \varepsilon$ 的空产生式。

算法步骤如下：

(1) 把文法的所有非终结符按某一顺序排序，例如：

$$A_1, A_2, \cdots, A_n$$

```
(2) FOR i := 1 TO N DO
    BEGIN
        FOR j := 1 TO i-1 DO
            BEGIN
                若 Aj 的所有产生式为
                Aj → δ1 | δ2 | … | δk
                将其替换形如 Ai → Aj r 的产生式得到
                Ai → δ1 r | δ2 r | … | δk r
            END
            消除 Ai 中的一切直接左递归。
    END
```

(3) 去掉无用产生式。

例如，按上述方法消除如下文法的一切左递归：

(1) $S \to Qc \mid c$

(2) $Q \to Rb \mid b$

(3) $R \to Sa \mid a$

若非终结符排序为 S、Q、R，左部为 S 的产生式(1)无直接左递归，左部为 Q 的产生式(2)中右部不含 S，所以把产生式(1)的右部代入产生式(3)得

(4) $R \to Qca \mid ca \mid a$

再将产生式(2)的右部代入产生式(4)得

(5) $R \to Rbca \mid bca \mid ca \mid a$

对产生式(5)消除直接左递归得

$$R \to bcaR' \mid caR' \mid aR'$$
$$R' \to bcaR' \mid \varepsilon$$

最终文法变为

$$S \to Qc \mid c$$
$$Q \to Rb \mid b$$
$$R \to bcaR' \mid caR' \mid aR'$$
$$R' \to bcaR' \mid \varepsilon$$

若非终结符的排序为 R、Q、S，则把产生式(3)代入产生式(2)得

$$Q \to Sab \mid ab \mid b$$

再将此代入产生式(1)得

$$S \to Sabc \mid abc \mid bc \mid c$$

消除该产生式的左递归后，文法变为

$$S \to abcS' \mid bcS' \mid cS'$$
$$S' \to abcS' \mid \varepsilon$$

$$Q \to Rb \mid b$$
$$R \to Sa \mid a$$

由于 Q、R 为不可到达的非终结符，所以以 Q、R 为左部及包含 Q、R 的产生式应删除。最终文法变为

$$S \to abcS' \mid bcS' \mid cS'$$
$$S' \to abc\ S' \mid \varepsilon$$

当非终结符的排序不同时，最后结果的产生式形式不同，但它们是等价的。

4.4 不确定的自顶向下分析思想

在 4.1 节至 4.3 节中可以很清楚地看到，当文法不满足 LL(1)时，则不能用确定的自顶向下分析，但在这种情况下可用不确定的自顶向下分析，也就是带回溯的自顶向下分析。引起回溯的原因是：在文法中当关于某个非终结符的产生式有多个候选时，而面临当前的输入符无法确定选用唯一的产生式，从而引起回溯，现以下面 3 个简单例子来说明。

1. 由于相同左部的产生式的右部 FIRST 集交集不为空而引起回溯

例如，有文法：

$S \to xAy$

$A \to ab \mid a$

若当前输入串为 xay，则可能的第一步推导树为图 4.8(a)。进一步推导对 A 可选择 $A \to ab$ 替换，得语法树为图 4.8(b)，其中 xa 都已匹配，当前面临的输入符为 y 与 b 不能匹配，所以将输入串指针退回到 a，对 A 的替换重新选用下一个产生式 $A \to a$ 进行试探，如图 4.8(c)所示。输入串中当前符 a 得到匹配，指针向前移动到 y，与语法树中 y 匹配，匹配成功。

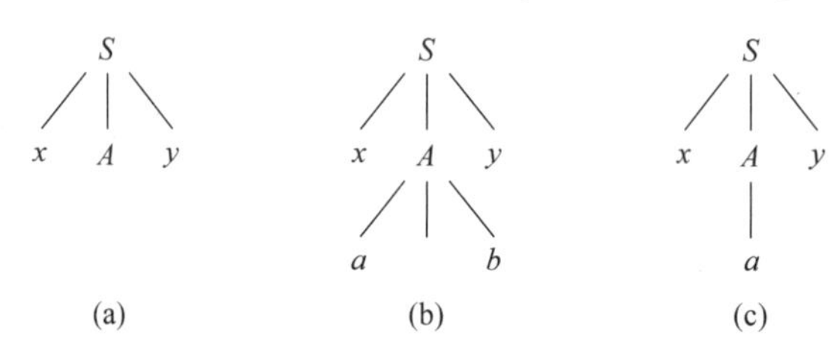

图 4.8　不确定的自顶向下语法分析树(一)

2. 由于相同左部非终结符的右部存在能 $\stackrel{*}{\Rightarrow}\varepsilon$ 的产生式，且该非终结符的 FOLLOW 集中含有其他产生式右部 FIRST 集的元素

例如例 4.4 的文法：

(1) $S \to aAS$

(2) $S \to b$

(3) $A \to bAS$

(4) $A \to \varepsilon$

对输入串 $ab\#$ 的试探推导过程在图 4.9 中给出。当面临 a 时，用产生式(1)推导，a 得到匹配，输入串指针移到 b，语法树中可用 A 向下推导，而对 A 的产生式，可选产生式(3)或产生式(4)，先试选用产生式(3)推导。

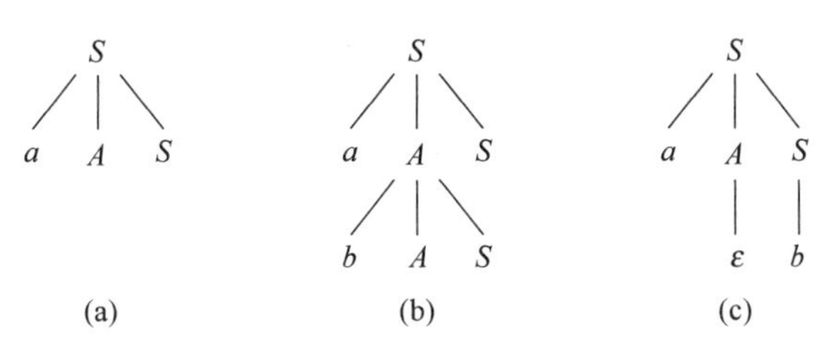

图 4.9　不确定的自顶向下语法分析树(二)

这时 b 得到匹配,输入串指针向右移动,输入符已结束,但从语法树可以看出,末端结点并非全是终结符,而且 ab 右部的非终结符 ASS 不能推出 ε,所以可知推导是失败的,需回溯使输入指针退回到 b,对 A 的推导改为选用下一个产生式 $A \rightarrow \varepsilon$,对 b 用 A 的后跟符匹配。

继续用 S 的产生式和 b 匹配,S 的两个产生式只能选用 $S \rightarrow b$,则最终得到匹配,试推成功。

3. 由于文法含有左递归而引起回溯

例如,有文法:

(1) $S \rightarrow Sa$

(2) $S \rightarrow b$

若推导 $baa\#$,开始由于当前输入符是 b,所以试图用产生式(2)推导,对应语法树为图 4.10(a)。

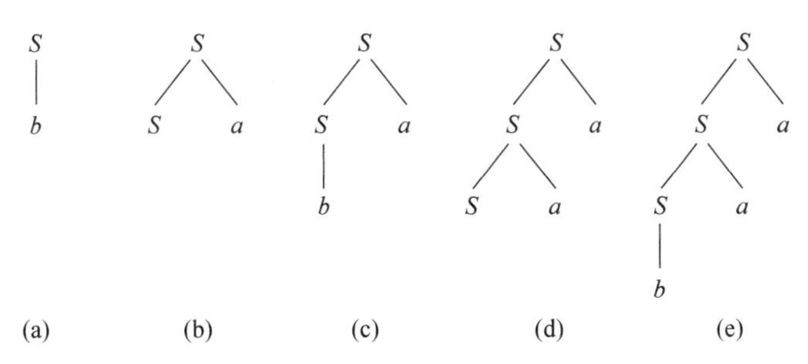

图 4.10　不确定的自顶向下语法分析树(三)

这时推导树的末端结点都是终结符,输入串未分析完,所以应重新选用产生式(1)来推导,对应语法树为图 4.10(b)。

语法树末端结点最左符号为非终结符,当前输入符为 b,所以选用产生式(2)继续推导,得语法树为图 4.10(c)。

此时语法树最左边的符号为终结符 b 与当前符号匹配,语法树下一符号与输入串的下一符号都为 a,所以匹配,但语法树的末端结点只有两个终结符,而输入串还有剩余部分 $a\#$,所以要把第 2 步的推导回溯,输入串指针也恢复到第一个符号,对第 2 步推导的重新选择只有选择产生式(1)。相应语法树为图 4.10(d)。

这时语法树的最左末端结点为非终结符 S,当前输入符为 b,所以试用产生式(2)推导,得语法树为图 4.10(e)。

当前输入符与语法树最左末端结点匹配,剩余的输入符 aa 与语法树其余的末端结点也逐个相匹配,最后遇到输入串结束符,所以分析成功。

由以上讨论可以看出，带回溯的自顶向下分析是一个试探过程，当分析不成功时则推翻分析，退回到适当位置，再重新试探其余候选可能的推导，这样需要记录已选过的产生式，直到把所有可能的推导序列都试完仍不成功，才能确认输入串不是该文法的句子而报错，由于在编译程序真正实现时往往是边分析边插入语义动作，因而带回溯分析代价很高，效率很低，在实用编译程序中几乎不用，因此对它实现的详细算法不做介绍。

4.5 LL(1)分析的实现

本节介绍两种常用的LL(1)分析的实现方法。

4.5.1 递归下降LL(1)分析程序

在递归下降LL(1)分析程序的设计中，每个非终结符都对应一个分析子程序，分析程序从调用文法开始符号所对应的分析子程序开始执行。非终结符对应的分析子程序根据下一个单词符号可确定自顶向下分析过程中应该使用的产生式，根据所选定的产生式，分析子程序的行为依据产生式右端依次出现的符号来设计：

- 每遇到一个终结符，则判断当前读入的单词符号是否与该终结符相匹配（只要求单词符号与该终结符对应，不必考虑单词自身的值），若匹配，则继续读取下一个单词符号；若不匹配，则进行错误处理。
- 每遇到一个非终结符，则调用相应的分析子程序。

例如，设有如下产生式：

$$\langle function\rangle \rightarrow \text{FUNC ID(} \langle parameter\_list\rangle \text{) } \langle statement\rangle$$

其中，<function>，<parameter_list>和<statement>是非终结符，而FUNC和ID是终结符。若它是左部为<function>的唯一产生式，那么非终结符<function>对应的分析子程序ParseFunction()的设计可描述为

```
void ParseFunction()
{
    MatchToken(T_FUNC);          //T_FUNC 为终结符 FUNC 对应的单词种别
    MatchToken(T_ID);            //T_ID 为终结符 ID 对应的单词种别
    MatchToken(T_LPAREN);        //T_LPAREN 为终结符'('对应的单词种别
    ParseParameterList();
    MatchToken(T_RPAREN);        //T_RPAREN 为终结符')'对应的单词种别
    ParseStatement();
}
```

其中，ParseParameterList()和ParseStatement()分别为非终结符<parameter_list>和<statement>对应的分析子程序，而函数MatchToken()则是用于匹配当前终结符和正在扫描的单词符号（若匹配，则调用词法分析程序取下一个单词符号；否则报告词法错误信息）。函数MatchToken()的一种简单的设计为

```
void MatchToken(int expected)
{
```

```
    if (lookahead ! =expected)              //判别当前扫描的单词符号是否与期望的终结符匹配
    {
        printf("syntax error \n");          //若不匹配,则报告出错信息,跳出
        exit(0);
    }
   else                                 //若匹配,消掉当前单词符号,从词法分析程序读入下一个单词符号
       lookahead=getToken();                //并将该单词符号的单词种别赋值给 lookahead
}
```

其中,lookahead 为全局量,存放当前所扫描单词符号的单词种别。

在随后的讨论以及例子中,将继续使用全局量 lookahead 和 MatchToken()函数。为叙述简洁,如不特别指明,后面将文法中的终结符直接用来代表当前所扫描单词符号的单词种别。

一般情况下,设 LL(1)文法中某一非终结符 A 对应的所有产生式的集合为

$$A \to u_1 \mid u_2 \mid \cdots \mid u_n$$

那么相对于非终结符 A 的分析子程序 ParseA()可以具有如下形式的一般结构:

```
void ParseA()
{
    switch (lookahead)
    {
        case SELECT (A →u1):
            ……                              /* 根据 u1 设计的分析过程 */
            break;
        case SELECT (A →u2):
            ……                              /* 根据 u2 设计的分析过程 */
            break;
        ⋮
        case SELECT (A →un):
            ……                              /* 根据 un 设计的分析过程 */
            break;
        default:
            printf("syntax error \n");
            exit(0);
    }
}
```

值得注意的是,由于是 LL(1)文法,所以产生式 $A \to u_1, A \to u_2, \cdots, A \to u_n$ 的 SELECT 集合是两两互不相交的,故上述选择语句中的各个选择之间是互斥的。

例 4.12 设文法 $G[S]$为

$S \to AaS \mid BbS \mid d$

$A \to a$

$B \to \varepsilon \mid c$

容易计算出各产生式的 SELECT 集合:

$$\text{SELECT}(S \to AaS) = \{a\}$$
$$\text{SELECT}(S \to BbS) = \{c, b\}$$
$$\text{SELECT}(S \to d) = \{d\}$$
$$\text{SELECT}(A \to a) = \{a\}$$
$$\text{SELECT}(B \to \varepsilon) = \{b\}$$
$$\text{SELECT}(B \to c) = \{c\}$$

因为 SELECT($S \to AaS$)，SELECT($S \to BbS$) 以及 SELECT($S \to d$)互不相交，SELECT ($B \to \varepsilon$)和 SELECT($S \to d$)不相交，所以，$G[S]$是 LL(1)文法。

这样，开始符号 S 对应的分析子程序可以设计为

```
void ParseS( )
{
    switch (lookahead)
    {
        case a:
            ParseA( );
            MatchToken(a);
            ParseS( );
            break;
        case b,c:
            ParseB( );
            MatchToken(b);
            ParseS( );
            break;
        case d:
            MatchToken(d);
            break;
        default:
            printf("syntax error \n")
            exit(0);
    }
}
```

终结符 A 对应的分析子程序可以设计为

```
void ParseA( )
{
    if (lookahead==a)
    {
        MatchToken(a);
    }
    else
    {
        printf("syntax error \n");
```

```
            exit(0);
        }
    }
```

终结符 B 对应的分析子程序可以设计为：

```
void ParseB( )
{
    if (lookahead==c)
    {
        MatchToken(c);
    }
    else if (lookahead==b) {
        }
        else {
            printf("syntax error \n");
            exit(0);
        }
}
```

在实践中，这种递归下降分析程序的设计思想也可用于其他的语法描述形式。例如，在 EBNF 形式的语法描述中，每一条规则右部的语法成分之间除了可以有连接算符之外，还包含其他一些算符，主要有选择、重复、任选以及优先括号等。这种更加丰富的表达方式有利于精简分析子程序的设计，从而提高递归下降分析程序的效率。在递归下降分析子程序的设计中，针对不同算符，可选择不同的处理语句：

- $X_1 | X_2 | \cdots | X_m$：表示多个成分之间的选择，可对应到选择语句。
- $\{X\}$：表示成分 X 的重复(0 到多次)，可对应到循环语句。
- $[X]$：表示成分 X 的任选(0 或 1 次)，可对应到 if-then 语句。
- (X)：表示成分 X 的优先处理，可对应到复合语句。

在处理多个成分之间的选择时，也需要保证各成分的 SELECT 集合之间互不相交。计算 SELECT 集合，需要先计算出必要的 FIRST 集合和 FOLLOW 集合，它们的含义与本章中上下文无关文法下相应的概念类似。由于本书不涵盖有关 EBNF 形式定义的内容，所以这里不给出这些集合的严格定义，而是在随后介绍的实例中进行必要的讨论。为帮助理解这些实例，下面列出关于 FIRST 集合的一些性质：

- $\mathrm{FIRST}(X_1 | X_2 | \cdots | X_m) = \mathrm{FIRST}(X_1) \cup \cdots \cup \mathrm{FIRST}(X_m)$
- $\mathrm{FIRST}(\{X\}) = \mathrm{FIRST}(X) \cup \{\varepsilon\}$
- $\mathrm{FIRST}([\ X\ ]) = \mathrm{FIRST}(X) \cup \{\varepsilon\}$
- $\mathrm{FIRST}((\ X\ )) = \mathrm{FIRST}(X)$

附录 A 中的 PL/0 语法分析程序是基于表 4.3 的 EBNF 形式的语法描述设计的递归下降分析程序。相比第 1 章表 1.1 中 PL/0 语言语法的 EBNF 描述，表 4.3 的 EBNF 规则较少，只有 9 条，因此在 PL/0 语法分析程序中对应设计了 9 个分析子程序。

表 4.3　改进后的 PL/0 语言语法的 EBNF 描述

<table>
<tr><th>说法单位</th><th>EBNF 描述</th></tr>
<tr><td><程序></td><td>::=<分程序>.</td></tr>
<tr><td><分程序></td><td>::=[const <常量定义>{,<常量定义>};]
[var <变量定义>{,<变量定义>};]
[{procedure <id>;<分程序>;}]
<语句></td></tr>
<tr><td><常量定义></td><td>::=<标识符>=<integer></td></tr>
<tr><td><变量定义></td><td>::=<id></td></tr>
<tr><td><语句></td><td>::= <id> :=<表达式>
|if <条件> then <语句>
|while <条件> do <语句>
|call <id>
|read '('<id>{,<id>}')'
|write '('<表达式>{,<表达式>}')'
|begin <语句>{;<语句>} end
|ε</td></tr>
<tr><td><条件></td><td>::= <表达式> (=|# |< |<=|> |>=) <表达式> |odd <表达式></td></tr>
<tr><td><表达式></td><td>::= [+|-] <项>{(+ |-) <项>}</td></tr>
<tr><td><项></td><td>::= <因子>{(* |/) <因子>}</td></tr>
<tr><td><因子></td><td>::= <id> |<integer> |'('<表达式>')'</td></tr>
</table>

需要验证一下表 4.3 的 EBNF 描述中任何一个含有选择算符的子表达式的所有下一级子表达式的 SELECT 集合是互不相交的。对于下列分析过程，必要时可参考 4.6.3 节的表 4.6，其中列举了表 4.3 中描述的 PL/0 部分语法单位的 First 集合和 Follow 集合。

对于<因子>规则中的选择表达式<id>|<integer>|'('<表达式>')'，下一级的子表达式<id>，<integer>和'('<表达式>')'的 FIRST 集合分别为{<id>}，{<integer>}和{'('}，所以这 3 个子表达式的 SELECT 集合是互不相交的。同样，对于<项>规则中的 * |/，<表达式> 规则中的两处 + |-，以及<条件>规则中的=|# |< |<=|> |>=等含有选择算符的子表达式，都容易计算出它们下一级子表达式的 FIRST 集合，实际上也是 SELECT 集合，并可以验证这些 SELECT 集合之间是互不相交的。

对于<条件> 规则中的选择表达式，可以计算出

- FIRST(<表达式> (=|# |< |<=|> |>=) <表达式>)={+，-，<id>，<integer>，'('}
- FIRST(**odd** <表达式>)={**odd**}

可见，这两个子表达式的 SELECT 集合不相交。

对于<语句>规则右边的选择表达式，子表达式 <id> :=<表达式>，**if** <条件> **then** <语句>，**while** <条件> **do** <语句>，**call** <id>，**read** '('<id> {,<id>}')'，**write** '('<表达式> {,<表达式>}')'，**begin** <语句> {;<语句>} **end** 和空语句 ε 的 FIRST 集合分别是{<id>}，{**if**}，{**while**}，{**call**}，{**read**}，{**write**}，{**begin**}和{ε}。显然，除空语句外，

其余 7 个下一级子表达式的 SELECT 集合就是它们的 FIRST 集合。另外，借助直观的理解，可以根据表 4.3 的 EBNF 描述得知空语句的 FOLLOW 集合为{**end**,.}，从而可知，其 SELECT 集合为{**end**,.}。显然，这些 SELECT 集合之间是互不相交的。

通过以上分析，可以得出结论：对于表 4.3 的 EBNF 描述，在任何一个含有选择算符的子表达式中，它的所有下一级子表达式的 SELECT 集合是互不相交的。这样，就可以基于这个 EBNF 描述设计一个通过向前察看一个单词符号的递归下降分析程序实现 PL/0 语言的语法分析。

PL/0 语法分析程序由 8 个分别与表 4.3 中的语法规则直接对应的递归子过程组成：

- block()对应＜分程序＞。
- constdeclaration()对应＜常量定义＞。
- vardeclaration()对应＜变量定义＞。
- statement()对应＜语句＞。
- condition()对应＜条件＞。
- expression()对应＜表达式＞。
- term()对应＜项＞。
- factor()对应＜因子＞。

表 4.3 中＜程序＞对应的分析过程包含于 PL/0 编译程序的主函数 main()中。函数 main()的程序结构为

```
int main()
{
    ......                                          /* 初始化 */
    ......                                          /* 读写文件 */
    getsym();
    block(......)                                   /* 处理<分程序> */
    ......
    if (sym ! =period)
        error(9);                                   /* 提示 9 号出错信息：缺少程序结束符'.' */
    ......
    return 0;
}
```

每个递归子过程的内容都是根据相应规则的右部来设计的。例如，根据表 4.3 中＜表达式＞、＜项＞和＜因子＞等规则，PL/0 语法分析程序中包含 expression()、term()和 factor()等分析子过程(函数)，它们的程序结构为

```
int expression(......)
{
    if (sym==plus||sym==minus)                      /* 处理 +| - */
    {
        getsym();
        term (......);                              /* 处理<项> */
    }
```

```
    else
    {
        term (......);                          /* 处理<项> */
    }
    while (sym==plus||sym==minus)               /* 处理{ ( + | - ) <项>} */
    {
        getsym;
        term (......);                          /* 处理<项> */
    }
        return 0;
    }

    int term(......)
    {
        factor(......);                         /*处理<因子>*/
        while (sym==times||sym==slash)          /* 处理 { ( * | / ) <因子>} */
        {
            getsym();
            factor(......);                     /*处理<因子>*/
        }
        return 0;
    }

    int factor (......)
    {
        if (sym==ident) {                       /* <因子>为常量或变量 */
            getsym();
        elseif (sym==number)                    /* <因子>为立即数 */
                getsym();
            else if(sym==lparen);               /* <因子>为'('<表达式>')' */
                {
                    expression(......);         /* 处理<表达式> */
                    if (sym==rparen)
                        getsym();
                    else
                        error(22);              /*提示 22 号出错信息:缺少右括号*/
                }
        return 0;
}
```

4.5.2 表驱动 LL(1)分析程序

递归下降分析程序比较直观,容易设计,但不足之处就是递归调用可能带来的效率问题。本节介绍另外一种 LL(1)分析程序的实现方法,称为表驱动的方法。一个表驱动的

LL(1)分析程序由预测分析程序、先进后出栈和预测分析表 3 个部分组成，其中只有预测分析表与文法有关，而分析表又可用一个矩阵 $\boldsymbol{M}$(或称二维数组)表示。矩阵的元素 $M[A,a]$ 中的下标 A 表示非终结符，a 为终结符或句子括号 #，矩阵元素 $M[A,a]$ 中的内容是一条关于 A 的产生式，表明当用非终结符 A 向下推导时，面临输入符 a 时所应采取的候选产生式。当元素内容无产生式时，则表明用 A 为左部向下推导时遇到了不该出现的符号，因此元素内容为转向出错处理的信息。

预测分析程序的工作过程用图 4.11 表示。

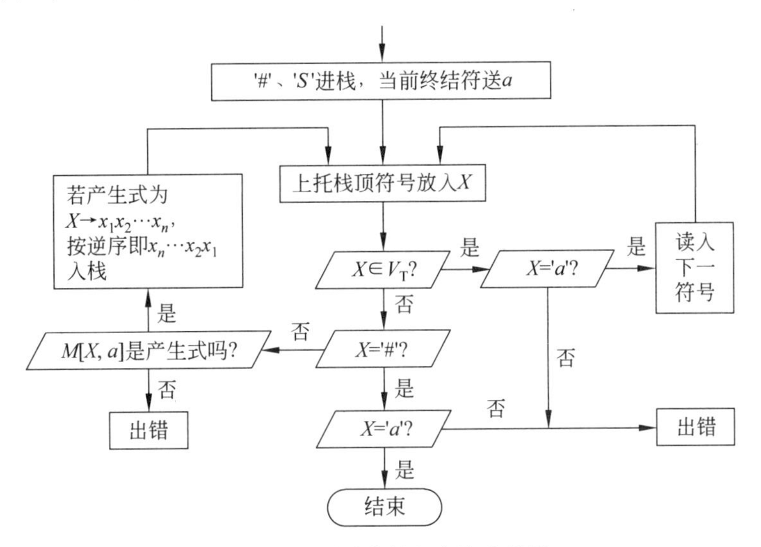

图 4.11　预测分析程序的流程图

图中符号说明如下：

'#'是句子括号，即输入串的括号。

'S'是文法的开始符号。

'X'是存放当前栈顶符号的工作单元。

'a'是存放当前输入符号 a 的工作单元。

现以表达式文法为例构造预测分析表。表达式文法为：

$$E \to E + T \mid T$$

$$T \to T * F \mid F$$

$$F \to i \mid (E)$$

构造步骤如下。

(1) 判断文法是否为 LL(1)文法。

由于文法中含有左递归，所以必须先消除左递归，使文法变为

$$E \to TE'$$

$$E' \to + TE' \mid \varepsilon$$

$$T \to FT'$$

$$T' \to * FT' \mid \varepsilon$$

$$F \to i \mid (E)$$

根据第 4.2 节的内容可得以下结果。

① 可推出 ε 的非终结符表为

E	E'	T	T'	F
否	是	否	是	否

② 各非终结符的 FIRST 集合如下：

$$\text{FIRST}(E) = \{(,i\}$$
$$\text{FIRST}(E') = \{+,\varepsilon\}$$
$$\text{FIRST}(T) = \{(,i\}$$
$$\text{FIRST}(T') = \{*,\varepsilon\}$$
$$\text{FIRST}(F) = \{(,i\}$$

③ 各非终结符的 FOLLOW 集合为

$$\text{FOLLOW}(E) = \{),\#\}$$
$$\text{FOLLOW}(E') = \{),\#\}$$
$$\text{FOLLOW}(T) = \{+,),\#\}$$
$$\text{FOLLOW}(T') = \{+,),\#\}$$
$$\text{FOLLOW}(F) = \{*,+,),\#\}$$

④ 各产生式的 SELECT 集合为

$$\text{SELECT}(E \to TE') = \{(,i\}$$
$$\text{SELECT}(E' \to +TE') = \{+\}$$
$$\text{SELECT}(E' \to \varepsilon) = \{),\#\}$$
$$\text{SELECT}(T \to FT') = \{(,i\}$$
$$\text{SELECT}(T' \to *FT') = \{*\}$$
$$\text{SELECT}(T' \to \varepsilon) = \{+,),\#\}$$
$$\text{SELECT}(F \to (E)) = \{(\}$$
$$\text{SELECT}(F \to i) = \{i\}$$

由上可知，有相同左部产生式的 SELECT 集合的交集为空，所以文法是 LL(1)文法。

(2) 构造预测分析表。

对每个终结符或'#'号用 a 表示。

若 $a \in \text{SELECT}(A \to \alpha)$，则把 $A \to \alpha$ 放入 $M[A,a]$中。

把所有无定义的 $M[A,a]$标上出错标记。

为了使表简化，其产生式的左部可以不写入表中，表中空白处为出错。

上例的预测分析表为表 4.4。

表 4.4 表达式文法的预测分析表

	i	$+$	$*$	(	)	#
E	$\to TE'$			$\to TE'$		
E'		$\to +TE'$			$\to \varepsilon$	$\to \varepsilon$
T	$\to FT'$			$\to FT'$		
T'		$\to \varepsilon$	$\to *FT'$		$\to \varepsilon$	$\to \varepsilon$
F	$\to i$			$\to (E)$		

下面用预测分析程序、栈和预测分析表对输入串 $i+i*i\#$ 进行分析，栈的变化过程在表 4.5 中给出。

表 4.5　对符号串 $i+i*i\#$ 的分析过程

步　骤	分析栈	剩余输入串	推导所用产生式或匹配
1	$\#E$	$i+i*i\#$	$E\to TE'$
2	$\#E'T$	$i+i*i\#$	$T\to FT'$
3	$\#E'T'F$	$i+i*i\#$	$F\to i$
4	$\#E'T'i$	$i+i*i\#$	"i"匹配
5	$\#E'T'$	$+i*i\#$	$T'\to\varepsilon$
6	$\#E'$	$+i*i\#$	$E'\to +TE'$
7	$\#E'T+$	$+i*i\#$	"+"匹配
8	$\#E'T$	$i*i\#$	$T\to FT'$
9	$\#E'T'F$	$i*i\#$	$F\to i$
10	$\#E'T'i$	$i*i\#$	"i"匹配
11	$\#E'T'$	$*i\#$	$T'\to *FT'$
12	$\#E'T'F*$	$*i\#$	"$*$"匹配
13	$\#E'T'F$	$i\#$	$F\to i$
14	$\#E'T'i$	$i\#$	"i"匹配
15	$\#E'T'$	$\#$	$T'\to\varepsilon$
16	$\#E'$	$\#$	$E'\to\varepsilon$
17	$\#$	$\#$	接受

4.6　LL(1)分析中的出错处理

在编译程序设计中，错误处理主要包含两个方面的任务：一是报错，发现错误时应尽可能准确指出错误位置和错误属性；二是错误恢复，尽可能进行校正，使编译工作可以继续下去，提高程序调试的效率。

关于如何设计错误处理程序，目前并没有特别值得关注的理论成果。本节只简单讨论LL(1)分析过程中实现错误处理的最基本方法。

4.6.1　应急恢复

对于表驱动 LL(1)分析，在以下两种情况下需要报错：

- 栈顶的终结符与当前输入符号不匹配。
- 非终结符 A 位于栈顶，面临的输入符号为 a，但分析表 M 的表项 $M[A,a]$ 为空。

一种简单的错误恢复措施是**应急恢复**(panic-mode error recovery)。例如，在表驱动LL(1)分析中，可以专为表项 $M[A,a]$ 为空的情形指定一些所谓的**同步符号**。在分析过程中遇到这种情形时，就跳过输入符号串中的一些符号直至遇到同步符号为止。一种简便的做法是将 FIRST(A)或 FOLLOW(A)中的所有符号当作 A 的同步符号，相应的处理过程可设计为：

- 跳过输入符号串中的一些符号直至遇到 FOLLOW(A)中的符号，然后把 A 从栈中弹出，便可以使分析继续下去。
- 跳过输入符号串中的一些符号直至遇到 FIRST(A)中的符号时，可根据 A 恢复分析。

4.6.2 短语层恢复

另外一种称为**短语层恢复**(phrase-level error recovery)的措施比上述方法精确一些。原因在于，短语是与上下文相关的一个概念，而上述只考虑非终结符的同步符号的方法是与上下文无关的。

图 4.12 描述了短语层错误恢复可采取的一种流程：

- 在进入某个语法单位的分析时，检查当前符号 sym 是否属于进入该语法单位需要的符号集合 BeginSym。若不属于，则报错，并滤去补救的符号集合 S＝BeginSym∪EndSym 外的所有符号。
- 在该语法单位分析结束时，检查当前符号 sym 是否属于离开该语法单位时需要的符号集合 EndSym。若不属于，则报错，并滤去补救的符号集合 S＝BeginSym∪EndSym 外的所有符号。
- 无论是上述哪种情况，若遇 BeginSym 中的符号，则重新分析该语法单位；若遇 EndSyn 中的符号，则退出该语法单位的分析。

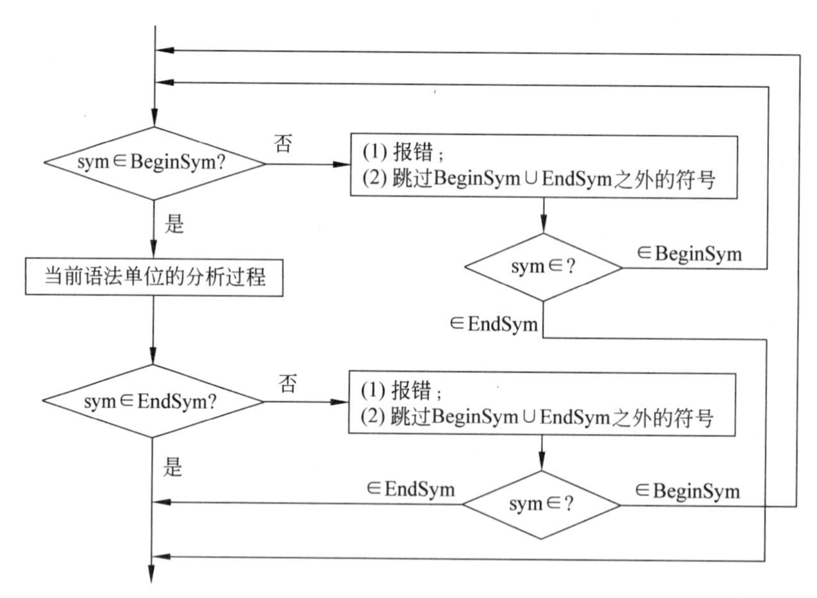

图 4.12 短语层恢复可采取的流程

下面来看在递归下降分析程序中采用短语层错误恢复的一个简单例子。设有如下文法产生式：

$$B \to [\ A\ ]\ |\ (\ A\ )$$

$$A \to a$$

相应于非终结符 B，分析子程序可设计为

```
void ParseB ( EndSym )
{
    if ( sym ∉{'[','('} )
    {
        报错;跳过 S 之外的单词符号;                /* S={ '[','(' } ∪ EndSym */
    }
    while ( sym ∈{'[','('} )
    {
        if (sym=='[' )
        {
            MatchToken( '[' );
            ParseA ( EndSym∪{']'} );
        }
        else
        {
            MatchToken( '(' );
            ParseA ( EndSym∪{')'} );
        }
        if (sym ∉EndSym )
        {
            报错;跳过 S 之外的单词符号;          /* S={ '[','(' } ∪EndSym */
        }
    }
}
```

该子程序对应于图 4.12 所描述的流程。BeginSym＝{'[','('},实际上是取 FIRST(B)。EndSym 作为参数,由上一级子程序传入。值得注意的是,调用下一级分析子程序 ParseA 时,根据 A 不同上下文的后跟符号而使用了不同的参数。在方括号上下文中,使用的参数是 EndSym∪{']'};而在圆括号上下文中,使用的参数是 EndSym∪{')'}。这可以体现"短语层"恢复的含义。试比较,若不区分方括号还是圆括号上下文,那么有可能使用 EndSym∪{']',')'} 作为参数,后果会如何? 读者可以思考一下。

相应于非终结符 A,分析子程序可设计为

```
procedure ParseA ( EndSym )
{
    if ( lookahead ∉{ 'a' } )
    {
        报错;跳过 S 之外的单词符号;               /* S={ 'a' }∪EndSym */
    }
    while ( lookahead ∈{ 'a' } )
    {
        MatchToken ( 'a' );
        if ( lookahead ∉EndSym )
        {
            报错;跳过 S 之外的单词符号;           /* S={ 'a' }∪EndSym */
        }
```

```
        }
    }
```

4.6.3 PL/0 语法分析程序的错误处理

PL/0 编译程序中，语法分析阶段的错误处理过程采用了这种短语层错误恢复的思想，其代码结构体现了如图 4.12 所描述的流程。

PL/0 分析程序在进入和退出某个语法单位时，调用一个称为 test 的函数：

```
int test(bool * s1,bool * s2,int n)   /* s1 为需要的集合,s2 为补救的集合,n 为错误编号 */
{
    if (! inset(sym,s1))
    {
        error(n);
        while ((! inset(sym,s1)) && (! inset(sym,s2)))
        {
            getsymdo;
        }
    }
    return 0;
}
```

图 4.12 所描述的流程中，进入和离开某个语法单位时的测试任务可通过调用 test 函数实现。PL/0 分析程序中调用 test 函数时所用的 s1 和 s2 参数对应图 4.12 中的 BeginSym 和 EndSym。在进入语法单位时，s1 为 BeginSym，s2 为 EndSym；在退出语法单位时，刚好相反，s2 为 BeginSym，s1 为 EndSym。

这里的 BeginSym 被置为该语法单位的 FIRST 集合，但不含 ε；EndSym 以 FOLLOW 集合为基础，但为了提高错误恢复的质量，可以让它随不同上下文有所变化。为方便讨论，在表 4.6 中列出了表 4.3 中描述的 PL/0 部分语法单位的 FIRST 集合和 FOLLOW 集合。

表 4.6 PL/0 部分语法单位的 FIRST 集合和 FOLLOW 集合

语法单位	FIRST 集合	FOLLOW 集合
分程序	const var procedure <id> if call begin while read write	. ;
语句	<id> call begin if while read write	. ; end
条件	odd + − (ident number	then do
表达式	+ − <id> <integer> (	. ; ,) = # < <= > >= end then do
项	<id> <integer> (	. ; ,) = # < <= > >= + − end then do
因子	<id> <integer> (	. ; ,) = # < <= > >= + − * / end then do

下面以语法单位“因子”的处理为例加以说明。以下是对应的处理子程序：

```
int factor(bool * fsys,…)                    /* fsys 对应 EndSym */
```

```
{
    int i;
    testdo(facbegsys,fsys,24);              /* 调用 test 函数,facbegsys 对应 BeginSym */
    while(inset(sym,facbegsys))             /* 循环直到 sym 不是 facbegsys 中的单词种别 */
      {
        if(…)
        ……
        testdo(fsys,facbegsys,23);          /* 调用 test 函数 */
      }
    return 0;
}
```

其中,testdo() 是对函数 test()的包装。

这段代码的工作过程如图 4.12 所示,facbegsys 和 fsys 分别对应图 4.12 中的 BeginSym 和 EndSym。在进入一个语法单位“因子”的处理时,调用 test 函数检查当前单词符号的单词种别是否属于该语法单位的 facbegsys。若不属于,则报错(错误号 24),并滤去单词种别在该语法单位的 facbegsys 和 fsys 之外的所有单词符号。这之后,如果首先遇到 facbegsys 中单词种别的单词符号,那么就重新开始“因子”的处理;如果首先遇到 fsys 中单词种别的单词符号,那么就结束“因子”的处理,继续接下来的分析过程。

在语法单位分析结束时,再次调用 test 函数,检查当前当前单词符号的单词种别是否属于调用该语法单位时应有的 fsys。若不属于,则报错(错误号 23),并滤去单词种别在该语法单位的 facbegsys 和 fsys 之外的所有单词符号。同样,在这之后,如果首先遇到 facbegsys 中单词种别的单词符号,那么就重新开始“因子”的处理;如果首先遇到 fsys 中单词种别的单词符号,那么就结束“因子”的处理,继续接下来的分析过程。

fsys 随不同上下文可以有所变化。例如,如果是在处理 write 语句内部的表达式而调用 expression(fsys,…) 时,则可以将表 4.6 中“表达式”的 FOLLOW 集合传给 fsys;然而,如果是在处理“因子”下一层的表达式而调用 expression(fsys,…) 时,则可以将这个 FOLLOW 集合中的符号“,”去掉后传给 fsys。

当然,还可以有更多的考虑,如关系运算符只会出现在“条件”上下文中,所以在其他上下文中调用 expression(fsys,…) 时,fsys 中可以去掉这些关系运算符。

附录 A 的 PL/0 编译程序中,不同语法单位的错误处理过程没有统一标准,实现的精细程度有所不同。值得注意的是,一些错误恢复代码的加入影响到了整个代码的可读性,读者在阅读时应当将它们从主体代码中区分出来。

练　习

1. 对文法 $G[S]$

$S \to a \mid \wedge \mid (T)$

$T \to T,S \mid S$

(1) 给出$(a,(a,a))$和$(((a,a),\wedge,(a)),a)$的最左推导。

(2) 对文法 G 进行改写,然后对每个非终结符写出不带回溯的递归子程序。

(3) 经改写后的文法是否是LL(1)的？给出它的预测分析表。

(4) 给出输入串$(a,a)\#$的分析过程，并说明该串是否为G的句子。

2. 对下面的文法G：

$E \to TE'$

$E' \to +E \mid \varepsilon$

$T \to FT'$

$T' \to T \mid \varepsilon$

$F \to PF'$

$F' \to *F' \mid \varepsilon$

$P \to (E) \mid a \mid b \mid \wedge$

(1) 计算这个文法的每个非终结符的FIRST集和FOLLOW集。

(2) 证明这个文法是LL(1)的。

(3) 构造它的预测分析表。

(4) 构造它的递归下降分析程序。

3. 已知文法$G[S]$：

$S \to MH \mid a$

$H \to LSo \mid \varepsilon$

$K \to dML \mid \varepsilon$

$L \to eHf$

$M \to K \mid bLM$

判断G是否是LL(1)文法，如果是，构造LL(1)分析表。

4. 证明下述文法不是LL(1)的。

$S \to C\$$

$C \to bA \mid aB$

$A \to a \mid aC \mid bAA$

$B \to b \mid bC \mid aBB$

能否构造一等价的文法，使其是LL(1)的？并给出判断过程。

5. 文法G如下：

<程序>→begin<语句表>end

<语句表>→<语句>|<语句表>;<语句>

<语句>→<无条件语句>|<条件语句>

<无条件语句>→a

<条件语句>→<如果语句>|<如果语句>else<语句>

<如果语句>→<如果子句><无条件语句>

<如果子句>→if b then

试将G改写为LL(1)文法，并构造其预测分析表，判断改写后的文法是否为LL(1)文法。

6. 判断下面哪些文法是LL(1)的，哪些能改写为LL(1)文法，并对每个LL(1)文法设计相应的递归下降识别器。

(1) $S \to A \mid B$

$A \to aA \mid a$

$B \to bB \mid b$

(2) $S \to AB$

$A \to Ba \mid \varepsilon$

$B \to Db \mid D$

$D \to d \mid \varepsilon$

(3) $S \to aAaB \mid bAbB$

$A \to S \mid d\ b$

$B \to b\ B \mid a$

(4) $S \to i \mid (E)$

$E \to E+S \mid E-S \mid S$

(5) $S \to SaA \mid bB$

$A \to aB \mid c$

$B \to Bb \mid d$

(6) $M \to MaH \mid H$

$H \to b(M) \mid (M) \mid b$

7. 对于一个文法若消除了左递归，提取了左公共因子后是否一定为LL(1)文法？试对下面的文法进行改写，并对改写后的文法进行判断。

(1) $A \to baB \mid \varepsilon$

$B \to Abb \mid a$

(2) $A \to aABe \mid a$

$B \to Bb \mid d$

(3) $S \to Aa \mid b$

$A \to SB$

$B \to ab$

(4) $S \to AS \mid b$

$A \to SA \mid a$

(5) $S \to Ab \mid Ba$

$A \to aA \mid a$

$B \to a$

(6) $S \to aSbS \mid bSaS \mid \varepsilon$

8. 按照本章介绍的消除一切左递归算法消除下面文法中的左递归(要求依非终结符的两种排序方式 S、Q、P 和 Q、P、S 分别执行该算法)：

$$S \to PQ \mid a$$
$$P \to QS \mid b$$
$$Q \to SP \mid c$$

9. 对下面的文法：

<bexpr>→<bexpr>or<bterm>|<bterm>
<bterm>→<bterm>and<bfactor>|<bfactor>
<bfactor>→not<bfactor>|(<bexpr>)|ture|false

构造一个预测分析器。

10. 试为语言 L 写一 LL(1)文法，其中 $L=\{w \mid w\in(a|b)^*$ 且 w 中 a、b 的个数相等$\}$。

11. 在阅读附录 A 中 PL/0 编译程序的基础上，

(1) 熟悉该编译程序的整体架构，识别出各语法单位对应的子程序；

(2) 对应表 4.3 给出的语法规则，读懂各子程序之间的调用关系；

(3) 读懂词法分析程序是如何接入到编译程序主体的；

(4) 进一步阅读 PL/0 编译程序，读懂出错处理相关的代码。

12. 对附录 A 中 PL/0 编译器源码进行裁减和改造，使其仅包含词法和语法分析过程。该分析程序读入 PL/0 语言源程序，如果没有发现词法或语法错误，再输出其相应的语法分析树。语法分析树的显示格式可自行设计，建议采用缩进的文本表示形式。

第 5 章　自底向上优先分析[①]

如第 2 章所述，在自底向上分析中，分析过程的每一步都是从当前句型中选择一个可归约的子串，将它归约到某个非终结符号。实现自底向上分析最常用的技术是移进-归约分析，它的基本思想是对输入符号串自左向右进行扫描，并将输入符号逐个移入一个后进先出栈中，边移入边分析，一旦栈顶符号串形成某个句型的句柄或其他可归约串时就进行归约，归约的结果是将句柄或其他可归约串从栈顶部分弹出，而将相应的非终结符压入栈中。重复这一过程直到归约到栈中只剩文法的开始符号时则为分析成功，也就确认了输入串是文法的句子。

下面看一个移进-归约分析过程的例子，它是按句柄进行归约，因而其每一步归约只使用一个产生式。

例 5.1　设文法 $G[S]$为

(1) $S \rightarrow aAcBe$

(2) $A \rightarrow b$

(3) $A \rightarrow Ab$

(4) $B \rightarrow d$

对输入串 $abbcde\#$ 进行分析，检查该符号串是否是 $G[S]$的句子。

自左向右按句柄归约的过程是自顶向下最右推导的逆过程，而最右推导称为规范推导，因而这一归约过程也称为规范归约。

容易看出对输入串 $abbcde$ 的最右推导是

$$S \Rightarrow aAcBe \Rightarrow aAcde \Rightarrow aAbcde \Rightarrow abbcde$$

由此可以构造它的逆过程，即归约过程。

先设一个先进后出的符号栈，并把句子左括号“#”放入栈底，其分析过程如表 5.1 所示。

表 5.1　用移进-归约对输入串 $abbcde\#$ 的分析过程

步　骤	符号栈	输入符号串	动　　作
(1)	#	$abbcde\ \#$	移进
(2)	$\#a$	$bbcde\ \#$	移进
(3)	$\#ab$	$bcde\#$	归约($A \rightarrow b$)
(4)	$\#aA$	$bcde\#$	移进
(5)	$\#aAb$	$cde\#$	归约($A \rightarrow Ab$)
(6)	$\#aA$	$cde\#$	移进
(7)	$\#aAc$	$de\#$	移进
(8)	$\#aAcd$	$e\#$	归约($B \rightarrow d$)

① 优先分析方法适用范围较小，本章内容可以根据课时等实际情况进行取舍。

续表

步　骤	符号栈	输入符号串	动　　作
(9)	$\#aAcB$	$e\#$	移进
(10)	$\#aAcBe$	$\#$	归约($S\to aAcBe$)
(11)	$\#S$	$\#$	接受

上述分析过程也可看成自底向上构造语法树的过程，每步归约都是构造一棵子树，最后当输入串结束时刚好构造出整个语法树，图5.1给出了构造过程，可与表中相应分析步骤对照。

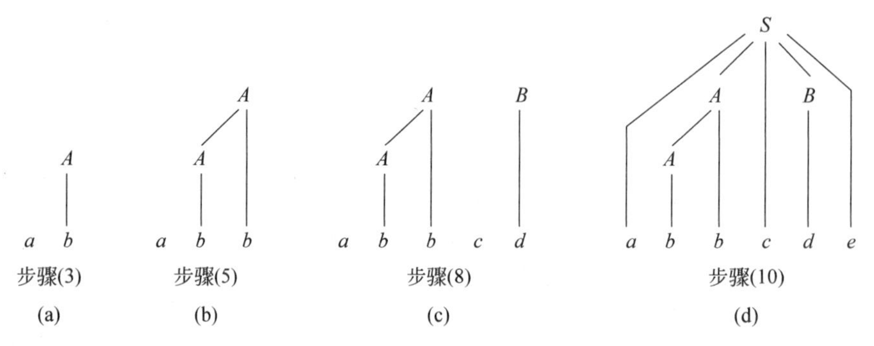

图5.1　自底向上构造语法树的过程

自底向上分析的关键问题是在分析过程中如何确定句柄或其他可归约串，也就是说如何知道何时在栈顶符号串中已形成某句型的句柄或其他可归约串。能够确定句柄或其他可归约串，就可以确定何时可以进行归约。

本章和第6章分别介绍两类自底向上分析技术，优先分析与 *LR* 分析。优先分析又可分为简单优先分析和算符优先分析。简单优先分析以及 *LR* 分析均按句柄进行归约，是规范归约。算符优先分析是按照其他可归约串进行归约，不是规范归约。

5.1　自底向上优先分析概述

简单优先分析法的基本思想是对一个文法按一定原则求出该文法所有符号(即包括终结符和非终结符)之间的优先关系，按照这种关系确定归约过程中的句柄，它的归约过程实际上是一种规范归约。而算符优先分析的基本思想则是只规定算符之间的优先关系，也就是只考虑终结符之间的优先关系，由于算符优先分析不考虑非终结符之间的优先关系，在归约过程中只要找到可归约串就归约，并不考虑归约到哪个非终结符名，因而算符优先归约不是规范归约。

简单优先分析法准确、规范，但分析效率较低，实际使用价值不大，而算符优先分析法则相反，它虽有不规范问题，但它分析速度快，特别是适用于表达式的分析，因此在实际中还有一些应用。

5.2　简单优先分析法

简单优先分析法是按照文法符号(终结符和非终结符)的优先关系确定句柄的，因此本节先给出任意两个文法符号之间的优先关系的定义，再介绍优先关系表的构造方法和简单优先分析步骤。

5.2.1 优先关系定义

文法中任意两文法符号 X 和 Y：

(1) 若 X 和 Y 的优先性相等，表示为 $X \doteq Y$。

(2) 若 X 的优先性比 Y 的优先性大，表示为 $X \gtrdot Y$。

(3) 若 X 的优先性比 Y 的优先性小，表示为 $X \lessdot Y$。

X、Y 按其在句型中可能会出现的相邻关系来确定它们的优先关系（注意，$\doteq$、$\gtrdot$、$\lessdot$ 和数学中的=、>、<不同，这将在5.3.1节中说明）。

(1) $X \doteq Y$ 当且仅当 G 中存在产生式规则 $A \rightarrow \cdots XY \cdots$。

(2) $X \lessdot Y$ 当且仅当 G 中存在产生式规则 $A \rightarrow \cdots XB \cdots$，且 $B \stackrel{+}{\Rightarrow} Y \cdots$。

(3) $X \gtrdot Y$ 当且仅当 G 中存在产生式规则 $A \rightarrow \cdots BD \cdots$，且 $B \stackrel{+}{\Rightarrow} \cdots X$ 和 $D \stackrel{*}{\Rightarrow} Y \cdots$。

例 5.2 若有文法 $G[S]$：

$S \rightarrow bAb$

$A \rightarrow (B \mid a$

$B \rightarrow Aa)$

根据上面 $\doteq$、$\gtrdot$、$\lessdot$ 关系的定义，由文法的产生式可求得文法符号之间的优先关系如下：

(1) 求 $\doteq$ 关系。由 $S \rightarrow bAb, A \rightarrow (B, B \rightarrow Aa)$ 可得 $b \doteq A, A \doteq b, (\doteq B, A \doteq a, a \doteq)$。

(2) 求 $\lessdot$ 关系。由 $S \rightarrow bAb$，且 $A \stackrel{+}{\Rightarrow} (B, A \stackrel{+}{\Rightarrow} a$ 可得：$b \lessdot (, b \lessdot a$。

由 $A \rightarrow (B$ 且 $B \stackrel{+}{\Rightarrow} (B \cdots, B \stackrel{+}{\Rightarrow} a \cdots, B \stackrel{+}{\Rightarrow} A \cdots$ 可得：$(\lessdot (, (\lessdot a, (\lessdot A$。

(3) 求 $\gtrdot$ 关系。由 $S \rightarrow bAb$ 且 $A \stackrel{+}{\Rightarrow} \cdots), A \stackrel{+}{\Rightarrow} \cdots B, A \stackrel{+}{\Rightarrow} a$ 可得：$) \gtrdot b, a \gtrdot b, B \gtrdot b$。

由 $B \rightarrow Aa)$ 且 $A \stackrel{+}{\Rightarrow} \cdots), A \stackrel{+}{\Rightarrow} a, A \stackrel{+}{\Rightarrow} \cdots B$ 可得：$) \gtrdot a, a \gtrdot a, B \gtrdot a$。

上述关系也可以用语法树的结构表示，如图5.2所示。

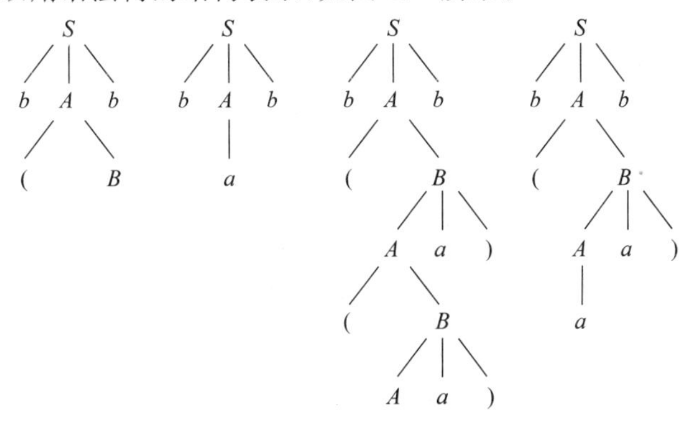

图5.2 语法树结构

由语法树层次可看出，当(*B* 为某句型的句柄时，它们将同时归约，同样 *bAb* 和 *Aa*)也是如此。

也可看出，当 *b*(和 *ba* 出现在某一句型中时，则(和 *a* 在句柄中时 *b* 不在句柄中，因此必须(和 *a* 先归约，所以 *b* 的优先级比(和 *a* 小，同样可以看出，当((、(*a* 或(*A* 出现在某句型中时，右边的(、*a* 或 *A* 出现在句柄中，而左边的(不被包含在句柄中，所以左边(的优先性小于右边相邻的(、*a* 或 *A*。

对于大于关系也可由树中看出，当 *ab* 或 *aa* 出现在某一句型中时，左边的 *a* 在句柄中，右边的 *a* 和 *b* 不可能在句柄中，所以有 *a*⋗*b*，*a*⋗*a* 的关系存在。同样，)*b* 或)*a* 出现在某一句型中时，)在句柄中而 *a*、*b* 不在句柄中，因此)先归约，则有)⋗*a*，)⋗*b* 的关系。当然，对含有 *Bb* 和 *Ba* 的句型，*B* 先归约，则有 *B*⋗ · *b*，*B*⋗*a* 的关系。

为了简洁明了，也可以把文法符号之间的关系用矩阵表示，称作优先关系矩阵。

例 5.2 文法的简单优先关系矩阵可用表 5.2 表示。

表 5.2　例 5.2 文法的简单优先关系矩阵

	S	*b*	*A*	(	*B*	*a*	)	#
S								⋗
b			≐	⋖		⋖		⋗
A		≐				≐		
(			⋖	⋖	≐	⋖		
B		⋗				⋗		
a		⋗				⋗	≐	
)		⋗				⋗		
#	⋖	⋖						≐

在表 5.2 所示的简单优先关系矩阵中可以看出：

矩阵中元素要么只有一种关系，要么为空，元素为空时表示该文法的任何句型中不会出现该符号对的相邻关系，在分析过程中若遇到这种相邻关系出现，则为出错，也就可以肯定输入符号串不是该文法的句子。

#用来表示句子括号，#的优先性小于所有符号，所有符号的优先性大于#，当然这里只是对与#号有相邻关系的文法符号而言。

5.2.2　简单优先文法的定义

若一个文法是简单优先文法，必须满足以下条件：

(1) 在文法符号集 *V* 中，任意两个符号之间最多只有一种优先关系成立。

(2) 在文法中，任意两个产生式没有相同的右部。

其中第一条必须满足是显然的，对第二条来说，若不满足则会出现归约不唯一。

5.2.3　简单优先分析法的操作步骤

由简单优先分析法的基本思想可设计如下优先分析算法。首先根据已知优先文法构造相应优先关系矩阵，并将文法的产生式保存，设置符号栈 *S*，算法步骤如下：

(1) 将输入符号串 $a_1a_2\cdots a_n$ # 依次逐个存入符号栈 S 中，直到遇到栈顶符号 a_i 的优先性大于下一个待输入符号 a_j 时为止。

(2) 栈顶当前符号 a_i 为句柄尾，由此向左在栈中找句柄的头符号 a_k，即找到 $a_{k-1} \lessdot a_k$ 为止。

(3) 由句柄 $a_k\cdots a_i$ 在文法的产生式中查找右部为 $a_k\cdots a_i$ 的产生式。若找到，则用相应的左部代替句柄；若找不到，则为出错，这时可断定输入串不是该文法的句子。

(4) 重复上述(1)、(2)、(3)步骤直到归约完输入符号串，栈中只剩文法的开始符号为止。

5.3 算符优先分析法

算符优先分析法只考虑终结符之间的优先关系。例如，若有文法 G：

(1) $E \rightarrow E+E$

(2) $E \rightarrow E * E$

(3) $E \rightarrow i$

对输入串 $i_1+i_2*i_3$ 的归约过程可表示为表 5.3。

表 5.3 对输入串 $i_1+i_2*i_3$ 的归约过程

步　骤	栈　S	当前输入符	输入串剩余部分	动　　作
(1)	#	i_1	$+i_2*i_3$#	移进
(2)	#i_1	+	i_2*i_3#	归约(3)
(3)	#E	+	i_2*i_3#	移进
(4)	#$E+$	i_2	$*i_3$#	移进
(5)	#$E+i_2$	*	i_3#	归约(3)
(6)	#$E+E$	*	i_3#	移进
(7)	#$E+E*$	i_3	#	移进
(8)	#$E+E*i_3$	#		归约(3)
(9)	#$E+E*E$	#		归约(2)
(10)	#$E+E$	#		归约(1)
(11)	#E	#		接受

表 5.3 中动作规约后的数字表示施用的产生式。在分析到第(6)步时，栈顶的符号串为 $E+E$。若只从移进-归约的角度讲，栈顶已出现了产生式(1)的右部，可以进行归约；但从通常四则运算的习惯来看，应先乘后加，所以应移进。这就提出了算符优先的问题。

5.3.1 直观算符优先分析法

在算术表达式求值过程中，运算次序是先乘除后加减，即乘除运算的优先级高于加减运算的优先级，乘除为同一优先级但运算符在前边的先做，这称为左结合，加减运算也是如此，这也说明了运算的次序只与运算符有关，而与运算对象无关，因而直观算符优先分析法的关键是：对一个给定文法 G，人为地规定其算符的优先顺序，即给出优先级别和同一个级别中的结合性质，算符间的优先关系表示与简单优先关系的表示类似，其规定如下：

$a \lessdot b$ 表示 a 的优先性低于 b。

$a \doteq b$ 表示 a 的优先性等于 b，即与 b 相同。

$a \gtrdot b$ 表示 a 的优先性高于 b。

但必须注意，这 3 个关系和数学中的<、=、>是不同的，它们是有序的，也就是若有 $a \gtrdot b$，不一定有 $b \lessdot a$；$a \doteq b$ 成立，不一定有 $b \doteq a$。例如，通常表达式中运算符的优先关系有 $+ \gtrdot -$，但没有 $- \lessdot +$，有 $(\doteq)$，但没有 $) \doteq ($。

下面给出一个表达式的二义性文法：

$$E \to E+E \mid E-E \mid E*E \mid E/E \mid E \uparrow E \mid (E) \mid i$$

运算对象的终结符 i 优先级最高。其他运算符按计算顺序规定如下优先级和结合性：

(1) ↑优先级最高，遵循右结合。相当于 $\uparrow \lessdot \uparrow$。

例如，$2 \uparrow 3 \uparrow 2 = 2 \uparrow 9 = 512$。也就是说该运算符在归约时为从右向左归约，即 $i_1 \uparrow i_2 \uparrow i_3$ 中 $i_2 \uparrow i_3$ 先归约。

(2) * 和/的优先级低于↑，服从左结合。相当于 $* \gtrdot *$，$* \gtrdot /$，$/ \gtrdot /$，$/ \gtrdot *$。

(3) +和-优先级最低，服从左结合。相当于 $+ \gtrdot +$，$+ \gtrdot -$，$- \gtrdot +$，$- \gtrdot -$。

(4) 对(和)规定，括号的优先性大于括号外的运算符，小于括号内的运算符，内括号的优先性大于外括号。对于句子括号#规定，与它相邻的任何运算符的优先性都比它大。

综上所述，可将表达式运算符的优先关系总结为表 5.4。

表 5.4 算符优先关系表

	+	-	*	/	↑	(	)	i	#
+	$\gtrdot$	$\gtrdot$	$\lessdot$	$\lessdot$	$\lessdot$	$\lessdot$	$\gtrdot$	$\lessdot$	$\gtrdot$
-	$\gtrdot$	$\gtrdot$	$\lessdot$	$\lessdot$	$\lessdot$	$\lessdot$	$\gtrdot$	$\lessdot$	$\gtrdot$
*	$\gtrdot$	$\gtrdot$	$\gtrdot$	$\gtrdot$	$\lessdot$	$\lessdot$	$\gtrdot$	$\lessdot$	$\gtrdot$
/	$\gtrdot$	$\gtrdot$	$\gtrdot$	$\gtrdot$	$\lessdot$	$\lessdot$	$\gtrdot$	$\lessdot$	$\gtrdot$
↑	$\gtrdot$	$\gtrdot$	$\gtrdot$	$\gtrdot$	$\lessdot$	$\lessdot$	$\gtrdot$	$\lessdot$	$\gtrdot$
(	$\lessdot$	$\lessdot$	$\lessdot$	$\lessdot$	$\lessdot$	$\lessdot$	$\doteq$	$\lessdot$	
)	$\gtrdot$	$\gtrdot$	$\gtrdot$	$\gtrdot$	$\gtrdot$		$\gtrdot$		$\gtrdot$
i	$\gtrdot$	$\gtrdot$	$\gtrdot$	$\gtrdot$	$\gtrdot$		$\gtrdot$		$\gtrdot$
#	$\lessdot$	$\lessdot$	$\lessdot$	$\lessdot$	$\lessdot$	$\lessdot$		$\lessdot$	$\doteq$

上面所给的表达式文法虽然是二义性的，但人为直观地给出运算符之间的优先关系且这种优先关系是唯一的，有了这个优先关系表，对前面表达式的输入串 $i_1 + i_2 * i_3$ 归约过程就是唯一确定的了，也就是说，在表 5.3 分析到第(6)步时，栈中出现了 $\#E+E$，可归约为 E，但当前输入符为 *，而 $+ \lessdot *$，这时句柄尾还没有找到，所以应移进。这里简单介绍直观算符优先分析法，只是为了帮助读者理解算符优先分析法的概念，5.3.2 节将介绍对任意给定的一个文法如何计算算符之间的优先关系。

5.3.2 算符优先文法的定义

首先给出算符文法和算符优先文法的定义。

定义 5.1 设有文法 G，如果 G 中没有形如 $A \to \cdots BC \cdots$ 的产生式，其中 B 和 C 为非终

结符，则称 G 为算符文法(operator grammar)，也称 OG 文法。

例如，对于表达式的二义性文法

$$E \rightarrow E+E \mid E-E \mid E*E \mid E/E \mid E \uparrow E \mid (E) \mid i$$

其中任何一个产生式中都不包含两个非终结符相邻的情况，因此该文法是算符文法。算符文法有如下两个性质。

性质 1 在算符文法中任何句型都不包含两个相邻的非终结符。

证：用归纳法。

设 γ 是句型，$S \overset{*}{\Rightarrow} \gamma$。

$$S=\omega_0 \Rightarrow \omega_1 \Rightarrow \cdots \Rightarrow \omega_{n-1} \Rightarrow \omega_n=\gamma$$

推导长度为 n，归纳起点 $n=1$ 时，$S=\omega_0 \Rightarrow \omega_1=\gamma$，即 $S \Rightarrow \gamma$ 必存在产生式 $S \rightarrow \gamma$，而由算符文法的定义，文法的产生式中无相邻的非终结符，显然满足性质 1。

假设 $n>1$，ω_{n-1} 满足性质 1。

若 $\omega_{n-1}=\alpha A\delta$，$A$ 为非终结符。

由假设，α 的尾符号和 δ 的首符号都不可能是非终结符，否则与假设矛盾。

又若 $A \rightarrow \beta$ 是文法的产生式，则有

$$\omega_{n-1} \Rightarrow \omega_n=\alpha\beta\delta=\gamma$$

而 $A \rightarrow \beta$ 是文法的原产生式，β 不含两个相邻的非终结符，所以 $\alpha\beta\delta$ 也不含两个相邻的非终结符。满足性质 1，证毕。

性质 2 如果 Ab(或 bA)出现在算符文法的句型 γ 中，其中 $A \in V_N$，$b \in V_T$，则 γ 中任何含此 b 的短语必含有 A。

证明：用反证法。

因为由算符文法的性质 1 知可有：

$$S \overset{*}{\Rightarrow} \gamma=\alpha bA\beta$$

若存在 $B \overset{*}{\Rightarrow} \alpha b$，这时 b 和 A 不同时归约，则必有 $S \overset{*}{\Rightarrow} BA\beta$，这样在句型 $BA\beta$ 中，存在相邻的非终结符 B 和 A，所以与性质 1 矛盾，证毕。注意：含 b 的短语必含 A，含 A 的短语不一定含 b。

定义 5.2 设 G 是一个不含 ε 产生式的算符文法，a 和 b 是任意两个终结符，A、B、C 是非终结符，算符优先关系 $\doteq$、$\lessdot$、$\gtrdot$ 定义如下：

(1) $a \doteq b$ 当且仅当 G 中含有形如 $A \rightarrow \cdots ab \cdots$ 或 $A \rightarrow \cdots aBb \cdots$ 的产生式。

(2) $a \lessdot b$ 当且仅当 G 中含有形如 $A \rightarrow \cdots aB \cdots$ 的产生式，且 $B \overset{+}{\Rightarrow} b \cdots$ 或 $B \overset{+}{\Rightarrow} Cb \cdots$。

(3) $a \gtrdot b$ 当且仅当 G 中含有形如 $A \rightarrow \cdots Bb \cdots$ 的产生式，且 $B \overset{+}{\Rightarrow} \cdots a$ 或 $B \overset{+}{\Rightarrow} \cdots aC$。

以上 3 种关系也可由下列语法树来说明：

(1) $a \doteq b$ 则存在如图 5.3(a)所示的语法子树。

其中 δ 为 ε 或为 B，这样 a，b 在同一句柄中同时归约，所以优先级相同。

(2) $a \lessdot b$ 则存在如图 5.3(b)所示的语法子树。

其中 δ 为 ε 或为 C。a、b 不在同一句柄中，b 先归约，所以 a 的优先级低于 b。

(3) $a \gtrdot b$ 则存在如图 5.3(c)所示的语法子树。

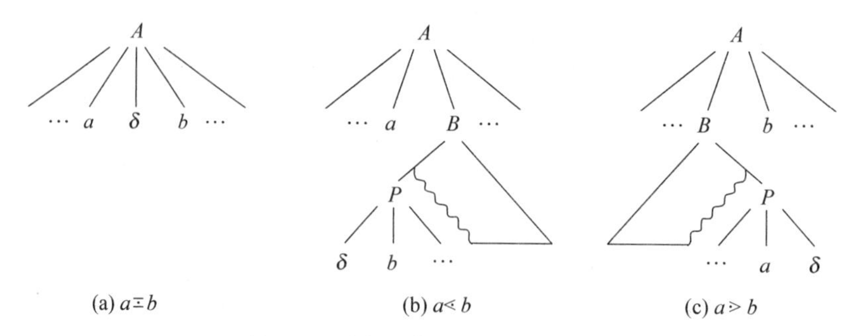

图 5.3 由语法树结构决定优先性

图中 δ 为 ε 或为 C，a、b 不在同一句柄中，a 先归约，所以 a 的优先性大于 b。

下面给出算符优先文法的定义。

定义 5.3 设有一个不含 ε 产生式的算符文法 G，如果任一终结符对 (a,b) 之间至多只有 $\lessdot$、$\gtrdot$ 和 $\doteq$ 3 种关系中的一种成立，则称 G 是一个算符优先文法(operator precedence grammar)，即 OPG 文法。

由定义 5.2 和定义 5.3 很容易证明前面给的表达式的二义性文法

$$E \rightarrow E+E \mid E-E \mid E * E \mid E/E \mid E \uparrow E \mid (E) \mid i$$

不是算符优先文法。

因为对算符 +、* 来说，由 $E \rightarrow E+E$ 和 $E \stackrel{+}{\Rightarrow} E * E$，可有 $+ \lessdot *$，用语法子树表示如图 5.4(a)所示。

又可由 $E \rightarrow E * E$ 和 $E \stackrel{+}{\Rightarrow} E+E$ 得 $+ \gtrdot *$，由语法子树表示如图 5.4(b)所示。

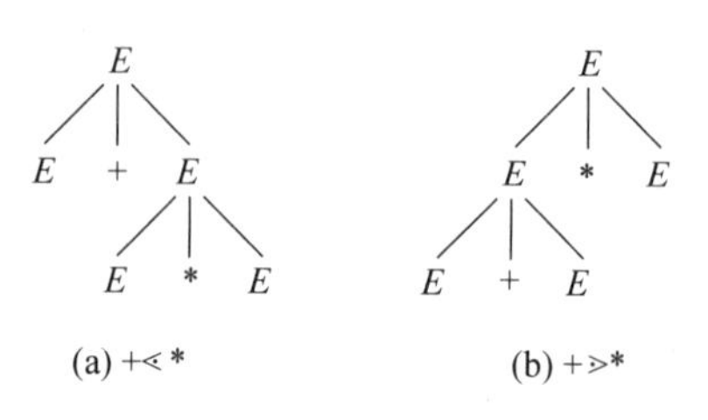

图 5.4 二义性文法的语法树

因为 +、* 的优先关系不唯一，所以该表达式的文法仅是算符文法而不是算符优先文法。这里必须再次强调，两个终结符之间的优先关系是有序的，允许有 $a \gtrdot b$，$b \lessdot a$ 同时存在，而不允许有 $a \gtrdot b$，$a \lessdot b$，$a \doteq b$ 3 种情况中的两种同时存在。

5.3.3 算符优先关系表的构造

由定义 5.2，可按如下算法计算出给定文法中任一终结符对 (a,b) 之间的优先关系，首先定义如下两个集合：

$\mathrm{FIRSTVT}(B)=\{b \mid B \stackrel{+}{\Rightarrow} b\cdots$ 或 $B \stackrel{+}{\Rightarrow} Cb\cdots\}$，其中…表示 V^* 中的符号串。

$\mathrm{LASTVT}(B)=\{a \mid B \stackrel{+}{\Rightarrow} \cdots a$ 或 $B \stackrel{+}{\Rightarrow} \cdots aC\}$

3 种优先关系的计算如下：

(1) $\doteq$关系。

可直接查看产生式的右部，对如下形式的产生式

$$A \to \cdots ab \cdots A \to \cdots aBb \cdots$$

则有 $a \doteq b$ 成立。

(2) $\lessdot$关系。

求出每个非终结符 B 的 FIRSTVT(B)，观察如下形式的产生式

$$A \to \cdots aB \cdots$$

对每一 $b \in$ FIRSTVT(B)，有 $a \lessdot b$ 成立。

(3) $\gtrdot$关系。

计算每个非终结符 B 的 LASTVT(B)，观察如下形式的产生式

$$A \to \cdots Bb \cdots$$

对每一 $a \in$ LASTVT(B)，有 $a \gtrdot b$ 成立。

现在可用上述算法计算下例表达式文法的算符优先关系。

例 5.3 表达式文法如下：

(0) $E' \to \# E \#$

(1) $E \to E + T$

(2) $E \to T$

(3) $T \to T * F$

(4) $T \to F$

(5) $F \to P \uparrow F \mid P$

(6) $P \to (E)$

(7) $P \to i$

计算优先关系步骤如下：

(1) $\doteq$关系。

由产生式(0)和(6)可得

$$\# \doteq \#, (\doteq)$$

为了求$\lessdot$和$\gtrdot$关系，首先计算每个非终结符的 FIRSTVT 集合和 LASTVT 集合。

FIRSTVT(E') = $\{\#\}$

FIRSTVT(E) = $\{+, *, \uparrow, (, i\}$

FIRSTVT(T) = $\{*, \uparrow, (, i\}$

FIRSTVT(F) = $\{\uparrow, (, i\}$

FIRSTVT(P) = $\{(, i\}$

LASTVT(E') = $\{\#\}$

LASTVT(E) = $\{+, *, \uparrow,), i\}$

LASTVT(T) = $\{*, \uparrow,), i\}$

LASTVT(F) = $\{\uparrow,), i\}$

LASTVT(P) = $\{), i\}$

逐条扫描产生式，寻找终结符在前，非终结符在后的相邻符号对，以及非终结符在前，终

结符在后的相邻符号对，即寻找如下形式的产生式：

$$A \to \cdots aB \cdots \text{和 } A \to \cdots Bb \cdots$$

(2) $\lessdot$关系。列出所给表达式文法中终结符在前，非终结符在后的所有相邻符号对，并确定相关算符的$\lessdot$关系。

$\#E$ 则有 $\# \lessdot$ FIRSTVT(E)。

$+T$ 则有 $\lessdot$ FIRSTVT(T)。

$*F$ 则有 $* \lessdot$ FIRSTVT(F)。

$\uparrow F$ 则有 $\uparrow \lessdot$ FIRSTVT(F)。

(E 则有 ($\lessdot$ FIRSTVT(E)。

(3) $\gtrdot$关系。列出所给表达式文法中非终结符在前，终结符在后的所有相邻符号对，并确定相关算符的$\gtrdot$关系。

$E\#$ 则有 LASTVT(E) $\gtrdot \#$。

$E+$ 则有 LASTVT(E) $\gtrdot +$。

$T*$ 则有 LASTVT(T) $\gtrdot *$。

$P\uparrow$ 则有 LASTVT(P) $\gtrdot \uparrow$。

E)则有 LASTVT(E) $\gtrdot$)。

从而可以构造优先关系矩阵，如表 5.5 所示。

表 5.5 表达式文法算符优先关系表

	+	*	↑	i	(	)	#
+	$\gtrdot$	$\lessdot$	$\lessdot$	$\lessdot$	$\lessdot$	$\gtrdot$	$\gtrdot$
*	$\gtrdot$	$\gtrdot$	$\lessdot$	$\lessdot$	$\lessdot$	$\gtrdot$	$\gtrdot$
↑	$\gtrdot$	$\gtrdot$	$\lessdot$	$\lessdot$	$\lessdot$	$\gtrdot$	$\gtrdot$
i	$\gtrdot$	$\gtrdot$	$\gtrdot$			$\gtrdot$	$\gtrdot$
(	$\lessdot$	$\lessdot$	$\lessdot$	$\lessdot$	$\lessdot$	$\doteq$	
)	$\gtrdot$	$\gtrdot$	$\gtrdot$			$\gtrdot$	$\gtrdot$
#	$\lessdot$	$\lessdot$	$\lessdot$	$\lessdot$	$\lessdot$		$\doteq$

对 FIRSTVT 集的构造可以给出一个算法，这个算法基于下面两条规则：

(1) 若有产生式 $A \to a\cdots$ 或 $A \to Ba\cdots$，则 $a \in$ FIRSTVT(A)，其中 A、B 为非终结符，a 为终结符。

(2) 若 $a \in$ FIRSTVT(B)且有产生式 $A \to B\cdots$，则有 $a \in$ FIRSTVT(A)。

为了计算方便，建立一个布尔数组 $F[m,n]$(m 为非终结符个数，n 为终结符个数)和一个后进先出栈 STACK。将所有的非终结符排序，用 i_A 表示非终结符 A 的序号，再将所有的终结符排序，用 j_a 表示终结符 a 的序号。算法的目的是要使数组每一个元素最终取值满足：$F[i_A, j_a]$的值为真，当且仅当 $a \in$ FIRSTVT(A)。至此，显然所有非终结符的 FIRSTVT 集已完全确定。

步骤如下：

首先按规则(1)对每个数组元素赋初值。观察这些初值，若 $F[i_A, j_a]$的值是真，则将(A,a)推入栈中，直至对所有数组元素的初值都按此处理完。

然后对栈做以下运算。

将栈顶项弹出，设为(B,a)，再用规则(2)检查所有产生式，若有形为 $A \to B\cdots$ 的产生式，而 $F[i_A,j_a]$的值是假，则令其变为真，且将(A,a)推进栈，如此重复直到栈弹空为止。具体算法可用程序描述如下：

```
PROCEDURE INSERT(A,a);
    IF NOT F[iA,ja] THEN
           BEGIN
              F[iA,ja] :=TRUE
              PUSH(A,a) ONTO STACK
           END
```

此过程用于当 $a \in$ FIRSTVT(A)时置 $F[i_A,j_a]$为真，并将符号对(A,a)下压到栈中。其主程序如下：

```
BEGIN (MAIN)
    FOR i 从 1 到 m,j 从 1 到 n
        DO F[iA,ja] :=FALSE
    FOR 每个形如 A→a…或 A→Ba…的产生式
        DO INSERT(A,a)
    WHILE STACK 非空 DO
    BEGIN
        把 STACK 的顶项记为(B,a),弹出去
        FOR 每个形如 A→B…的产生式 DO
            INSERT(A,a)
    END
END (MAIN)
```

例如，对例5.3中的表达式文法求每个非终结符的FIRSTVT(B)，第1次扫描产生式后，栈STACK的初值为

(6) (P,i)

(5) $(P,()$

(4) $(F,\uparrow)$

(3) $(T,*)$

(2) $(E,+)$

(1) $(E',\#)$

由产生式 $F \to P, T \to F, E \to T$，栈顶(6)的内容逐次改变为

$$(F,i),(T,i),(E,i)$$

再无右部以 E 开始的产生式，所以(E,i)弹出后无进栈项，这时栈顶(5)为$(P,()$，同样由产生式 $F \to P, T \to F, E \to T$，当前栈顶(5)的变化依次为

$$(F,(),(T,(),(E,()$$

$(E,()$弹出后无进栈项，此时当前栈顶(4)为$(F,\uparrow)$，由产生式 $T \to F, E \to T$，当前栈顶(4)的变化依次为

$$(T,\uparrow),(E,\uparrow)$$

$(E,\uparrow)$弹出后无进栈项，当前栈顶项(3)为$(T,*)$，由产生式 $E \to T$，栈顶(3)变为

$$(E,*)$$

以下逐次弹出栈顶元素后，都再无进栈项，直至栈空。

由算法可知，凡在栈中出现过的非终结符和终结符对，相应数组元素的布尔值为真，在表5.6所示的数组中用1表示。

表 5.6 布尔数组的值

	+	*	↑	i	(	)	#
E'							1
E	1	1	1	1	1		
T		1	1	1	1		
F			1	1	1		
P				1	1		

因而由数组布尔元素值得知，文法中每个非终结符的 FIRSTVT(A)集合为

FIRSTVT(E')={#}

FIRSTVT(E)={+,*,↑,i,(}

FIRSTVT(T)={*,↑,i,(}

FIRSTVT(F)={↑,i,(}

FIRSTVT(P)={i,(}

与直接由定义计算的结果相同。此算法也可以由简单关系图形求得，其图形的构造方法如下：

(1) 图中的结点为某个非终结符的 FIRSTVT 集或终结符。

(2) 对每一个形如 $A \rightarrow a\cdots$ 和 $A \rightarrow Ba\cdots$ 的产生式，则由 FIRSTVT(A)结点到终结符结点ⓐ用箭弧连接。

(3) 对每一形如 $A \rightarrow B\cdots$ 的产生式，则对应图中由 FIRSTVT(A)结点到 FIRSTVT(B)结点用箭弧连接。

(4) 若某一非终结符 A 的 FIRSTVT(A)经箭弧有路径能到达某终结符结点 a，则有 $a \in$ FIRSTVT(A)。

例如，上述表达式文法的 FIRSTVT(A)集合用关系图法计算的结果如图5.5所示。

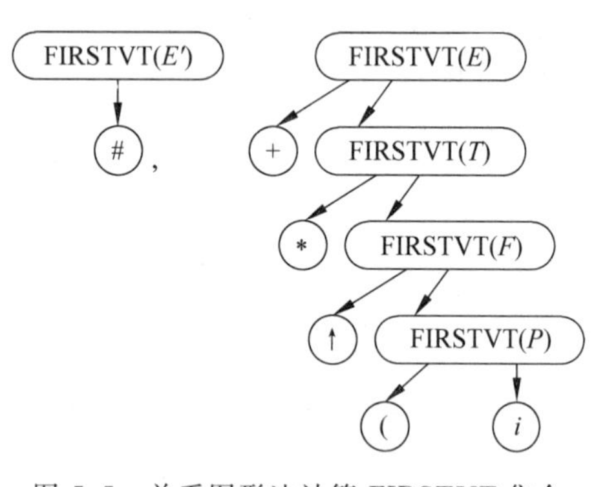

图 5.5 关系图形法计算 FIRSTVT 集合

显然所求结果与前面两种方法计算的结果相同。

用类似的方法可求得每个非终结符的 LASTVT(A)的集合，读者可以自己练习。

有了文法中的每个非终结符的 FIRSTVT 集和 LASTVT 集，就可以用如下算法最后构造文法的优先关系表：

```
FOR 每个产生式 A→X1 X2…Xn DO
    FOR i:=1 TO n-1 DO
```

```
BEGIN
    IF X_i 和 X_{i+1} 均为终结符
    THEN 置 X_i ≐ X_{i+1};
    IF i≤n-2 且 X_i 和 X_{i+2} 都为终结符,但 X_{i+1} 为非终结符
    THEN 置 X_i ≐ X_{i+2};
    IF X_i 为终结符而 X_{i+1} 为非终结符
    THEN   FOR   FIRSTVT(X_{i+1})中的每个 b DO 置 X_i ⋖ b;
    IF X_i 为非终结符而 X_{i+1} 为终结符
    THEN FOR   LASTVT(X_i)中的每个 a DO 置 a ⋗ X_{i+1}
END
```

以上算法对任给算符文法 G 可自动构造其算符优先关系表,并可判断文法 G 是否为算符优先文法。

5.3.4 算符优先分析算法

5.3.3 节介绍了如何对已给定的文法构造算符优先关系表,有了算符优先关系表并满足算符优先文法时,就可以对任意给定的符号串进行归约分析,进而判定输入串是否为该文法的句子。然而,算符优先分析法的归约过程与规范归约是不同的。

1. 算符优先分析句型的性质

由 5.3.2 节中给出的算符文法的性质,可以知道算符文法的任何一个句型应为如下形式:

$$\# N_1 a_1 N_2 a_2 \cdots N_n a_n N_{n+1} \#$$

其中 $N_i(1 \leqslant i \leqslant n+1)$ 为非终结符或空,$a_i(1 \leqslant i \leqslant n)$ 为终结符。

若有句型$\cdots N_i a_i \cdots N_j a_j N_{j+1} \cdots$,当 $a_i \cdots N_j a_j$ 属于句柄时,则 N_i 和 N_{j+1} 也在句柄中,这是由于算符文法的任何句型中均无两个相邻的非终结符,且终结符和非终结符相邻时,含终结符的句柄必含相邻的非终结符(见 5.3.2 节中的性质 2)。

该句柄中终结符之间的关系为

$$a_{i-1} \lessdot a_i$$

$$a_i \doteq a_{i+1} \doteq \cdots \doteq a_{j-1} \doteq a_j$$

$$a_j \gtrdot a_{j+1}$$

这是因为算符优先文法有如下性质,即,如果 aNb(或 ab)出现在句型 r 中,则 a 和 b 之间有且只有一种优先关系,即

若 $a \lessdot b$,则在 r 中必含有 b 而不含 a 的短语存在。

若 $a \gtrdot b$,则在 r 中必含有 a 而不含 b 的短语存在。

若 $a \doteq b$,则在 r 中含有 a 的短语必含有 b,反之亦然。

读者可根据算符优先文法的定义证明此性质。

由此可见,算符优先文法在归约过程中只考虑终结符之间的优先关系来确定句柄,而与非终结符无关,只需把当前句柄归约为某一非终结符,不必知道该非终结符的名字是什么,这样也就去掉了单非终结符的归约,因为若只有一个非终结符时,无法与句型中该非终结符的左部及右部的串比较优先关系,也就无法确定该非终结符为句柄。例如,若对例 5.3 中的表达式文法有一个输入串 $i+i\#$,其规范归约过程如表 5.7 所示。

表 5.7　对输入串 $i+i$ # 的规范归约过程

步　骤	栈	剩余输入串	句　柄	归约用产生式
(1)	#	$i+i$ #		
(2)	# i	$+i$ #	i	$P\to i$
(3)	# P	$+i$ #	P	$F\to P$
(4)	# F	$+i$ #	F	$T\to F$
(5)	# T	$+i$ #	T	$E\to T$
(6)	# E	$+i$ #		
(7)	# $E+$	i #		
(8)	# $E+i$	#	i	$P\to i$
(9)	# $E+P$	#	P	$F\to P$
(10)	# $E+F$	#	F	$T\to F$
(11)	# $E+T$	#	$E+T$	$E\to E+T$
(12)	# E	#		接受

而用算符优先归约时步骤如表 5.8 所示。

表 5.8　对输入串 $i+i$ # 的算符优先归约过程

步　骤	栈	优先关系	当前符号	剩余输入串	移进或归约
(1)	#	$\lessdot$	i	$+i$#	移进
(2)	# i	$\gtrdot$	$+$	i#	归约
(3)	# F	$\lessdot$	$+$	i#	移进
(4)	# $F+$	$\lessdot$	i	#	移进
(5)	# $F+i$	$\gtrdot$	#		归约
(6)	# $F+F$	$\gtrdot$	#		归约
(7)	# F	$\doteq$	#		接受

由此可以看到,用算符优先归约时,在第(3)步和第(6)步栈顶的 F 都不能当做句柄归约为 T,因为在句型 # $F+i$ # 中,只有 # $\lessdot$ +,所以 F 构不成句柄,在句型 # $F+F$ # 中,只有 # $\lessdot$ + 和 + $\gtrdot$ #,因而右边的 F 也不能构成句柄。至于在规范归约的过程中 F 能构成句柄的原因,可由简单优先文法或后面将要介绍的 LR 类分析法看出。

为了解决在算符优先分析过程中如何寻找句柄的问题,现在引进最左素短语的概念。

2. 最左素短语

定义 5.4　设有文法 $G[S]$,其句型的素短语是一个短语,它至少包含一个终结符,并除自身外不包含其他素短语,最左边的素短语称最左素短语。

例如,若表达式文法 $G[E]$为:

$E\to E+T\mid T$

$T\to T*F\mid F$

$F\to P\uparrow F\mid P$

$P\to(E)\mid i$

现有句型 # $T+T*F+i$ #,它的语法树如图 5.6 所示。

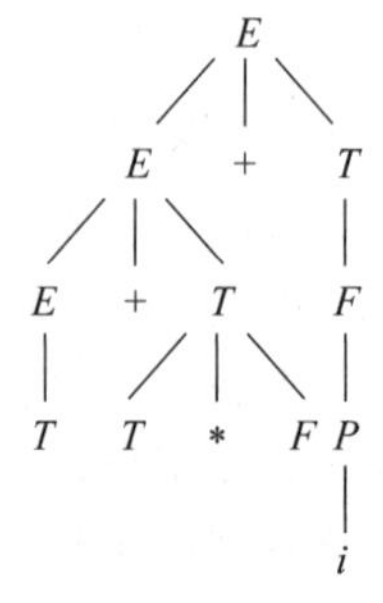

图 5.6　句型 $T+T*F+i$

其短语有:

$T+T*F+i$ 相对于非终结符 E 的短语

$T+T*F$ 相对于非终结符 E 的短语

T 相对于非终结符 E 的短语

$T*F$ 相对于非终结符 T 的短语

i 相对于非终结符 P、F、T 的短语

而由定义 5.4 知，i 和 $T*F$ 为素短语，$T*F$ 为最左素短语，也为算符优先分析的句柄。由本节前面关于算符优先分析句型的性质可知，一个算符优先文法的最左素短语 $N_i a_i N_{i+1} a_{i+1} \cdots a_j N_{j+1}$ 满足如下条件：

$$a_{i-1} \lessdot a_i \doteq a_{i+1} \cdots \doteq a_j \gtrdot a_{j+1}$$

上述句型 $\#T+T*F+i\#$ 写成算符分析过程的形式为

$\#N_1 a_1 N_2 a_2 N_3 a_3 a_4\#$，其中 $a_1=+$，$a_2=*$，$a_3=+$，$a_4=i$。

$a_1 \lessdot a_2 (+ \lessdot *)$

$a_2 \gtrdot a_3 (* \gtrdot +)$

由此 $N_2 a_2 N_3$ 即 $T*F$ 是最左素短语。在实际分析过程中不必考虑非终结符名是 T 还是 F 或是 E，而只要知道是非终结符即可，具体在表达式文法中都为运算对象。上述句型 $\#T+T*F+i\#$ 的归约过程由于去掉了单非终结符 $E \rightarrow T$，$T \rightarrow F$，$F \rightarrow P$ 的归约，所以得不到真正的语法树，而只是构造出语法树的框架，如图 5.7 所示。

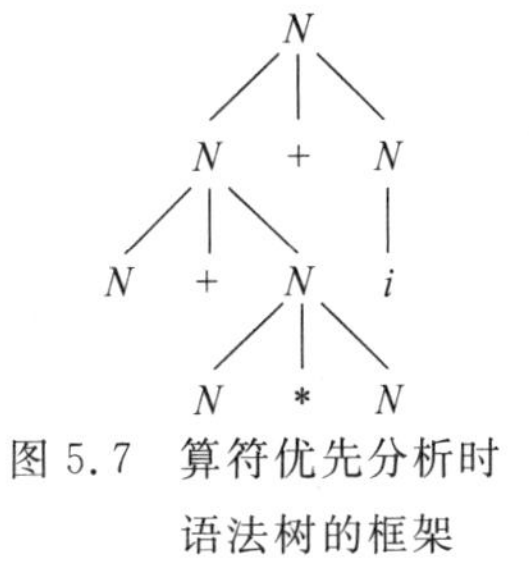

图 5.7　算符优先分析时语法树的框架

3. 算符优先分析归约过程算法

自底向上的算符优先分析法也是自左向右归约，它不是规范归约。规范归约的关键问题是如何寻找当前句型的句柄，归约结果为用右部与句柄相同的产生式的左部非终结符代替句柄；而算符优先分析归约的关键是如何找最左素短语，而最左素短语 $N_i a_i N_{i+1} a_{i+1} \cdots a_j N_{j+1}$ 应满足

$$a_{i-1} \lessdot a_i$$

$$a_i \doteq a_{i+1} \doteq \cdots \doteq a_j$$

$$a_j \gtrdot a_{j+1}$$

在文法的产生式中存在右部符号串的符号个数与该素短语的符号个数相等，非终结符号对应 $N_k(k=i,2,\cdots,j+1)$，不管其符号名是什么。终结符对应 $a_i,\cdots,a_j$，其符号表示要与实际的终结符相一致才有可能形成素短语。由此，在分析过程中可以设置一个符号栈 S，用以寄存归约或待形成最左素短语的符号串，用一个工作单元 a 存放当前读入的终结符号，归约成功的标志是：当读到句子结束符 # 时，S 栈中只剩 $\#N$，即只剩句子最左括号 # 和一个非终结符 N。下面给出分析过程的示意图，如图 5.8 所示。

在归约时要检查是否有对应产生式的右部与 $S[j+1]\cdots S[k]$ 形式相符（忽略非终结符名的不同），若有才可归约，否则出错。在这个分析过程中把 # 也放在终结符集中。

5.3.5　优先函数

前面用算符优先分析法时，对算符之间的优先关系用优先矩阵表示，这样需占用大量的内存空间，当文法有 n 个非终结符时，就需要有 $(n+1)^2$ 个内存单元（终结符和 # 号）。因

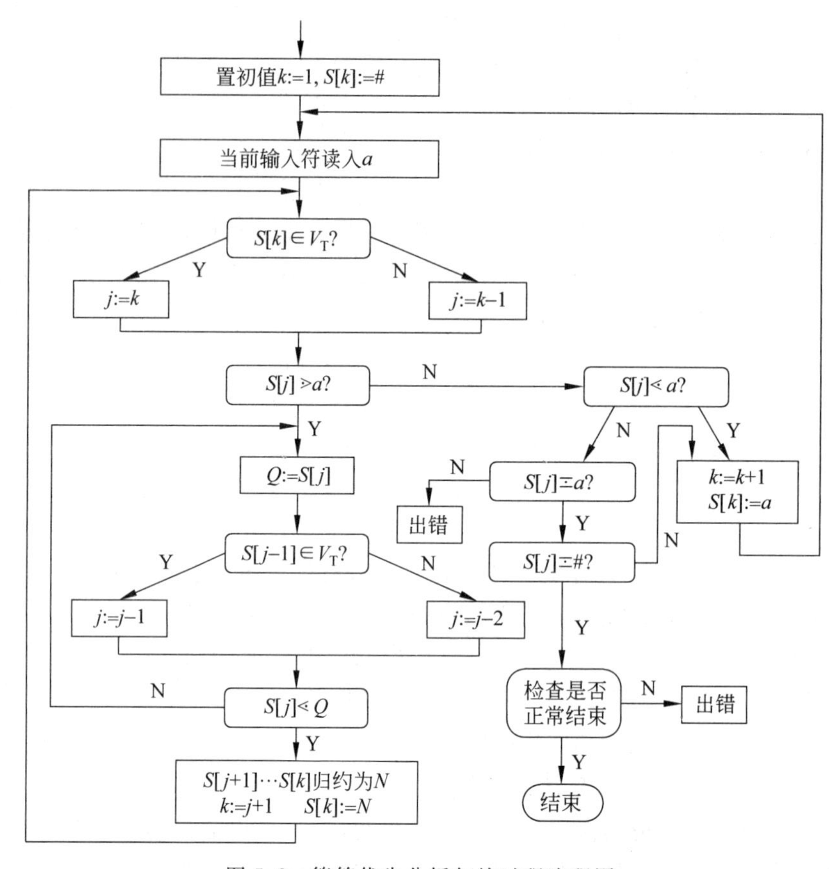

图 5.8 算符优先分析归约过程流程图

而,在实际应用中往往用优先函数来代替优先矩阵表示优先关系。它对具有 n 个终结符的文法,只需 $2(n+1)$ 个单元存放优先函数值,这样可节省大量的存储空间。

可以定义两个函数 f,g 满足如下条件:

当 $a \doteq b$,则令 $f(a)=g(b)$。

当 $a \lessdot b$,则令 $f(a)<g(b)$。

当 $a \gtrdot b$,则令 $f(a)>g(b)$。

f、g 称为优先函数,它的值可用整数表示。下面给出其构造方法。

1. 由定义直接构造优先函数

若已知文法 G 终结符之间的优先关系,可按如下步骤构造其优先函数 f、g。

(1) 对每个终结符 $a \in V_T$(包括 # 号在内),令 $f(a)=g(a)=1$(也可是其他整数)。

(2) 对每一终结符对逐一比较。

如果 $a \gtrdot b$,而 $f(a) \leqslant g(b)$,则令 $f(a)=g(b)+1$。

如果 $a \lessdot b$,而 $f(a) \geqslant g(b)$,则令 $g(b)=f(a)+1$。

如果 $a \doteq b$,而 $f(a) \neq g(b)$,则令 $\min\{f(a),g(b)\}=\max\{f(a),g(b)\}$。

重复(2),直到过程收敛。如果重复过程中有一个值大于 $2n$,则表明该算符优先文法不存在算符优先函数。

例如，若已知表达式文法的算符优先矩阵如表 5.5 所示，可按上述规则构造它的优先函数。其优先函数的构造过程为：首先把所有 $f(a)$，$g(a)$的值置为 1，如表 5.9 中的初值(0 次迭代)。然后对算符优先关系矩阵逐行扫描，按前述算法步骤(2)的规则修改函数 $f(a)$和 $g(a)$的值，这是一个迭代过程，一直进行到优先函数的值再无变化为止。在表 5.9 中给出每次迭代对优先关系矩阵逐行扫描后函数值 $f(a)$和 $g(a)$的变化结果。

表 5.9　表达式文法优先函数计算过程

迭代次数		+	*	↑	i	(	)	#
0(初值)	f	1	1	1	1	1	1	1
	g	1	1	1	1	1	1	1
1	f	2	4	4	6	1	6	1
	g	2	3	5	5	5	1	1
2	f	3	5	5	7	1	7	1
	g	2	4	6	6	6	1	1
3	f	同第 2 次迭代结果						
	g							

上例中优先函数的计算迭代三次收敛。不难看出，对优先函数每个元素的值都增加同一个常数，优先关系不变。因而，对同一个文法的优先关系矩阵对应的优先函数不唯一。然而，也有一些优先关系矩阵中的优先关系是唯一的，却不存在优先函数。例如，下面的优先关系矩阵不存在优先函数 f、g 的对应关系。

	a	b
a	$\doteq$	$\gtrdot$
b	$\doteq$	$\doteq$

由于若存在优先函数 f、g，则必定满足下列条件：

由矩阵的第一行应有 $f(a)=g(a)$，$f(a)>g(b)$。

由矩阵的第二行应有 $f(b)=g(a)$，$f(b)=g(b)$。

这样导致有 $f(a)=g(a)=f(b)=g(b)$，与 $f(a)>g(b)$矛盾，因而优先函数不存在。

2. 用关系图法构造优先函数

对于存在优先函数的优先矩阵，也可以用关系图法构造优先函数，构造步骤如下：

(1) 对所有终结符 a(包括 #)用有下脚标的 f_a 和 g_a 为结点名，画出 $2n$ 个结点。

(2) 若 $a_i \gtrdot a_j$ 或 $a_i \doteq a_j$，则从 f_{a_i} 到 g_{a_j} 画一条箭弧。

若 $a_i \lessdot a_j$ 或 $a_i \doteq a_j$，则从 g_{a_j} 到 f_{a_i} 画一条箭弧。

(3) 给每个结点赋一个数，此数等于从该结点出发所能到达的结点(包括该结点自身在内)的个数。赋给结点 f_{a_i} 的数就是函数 $f(a_i)$的值，赋给 g_{a_j} 的数就是函数 $g(a_j)$的值。

(4) 对构造出的优先函数，按优先关系矩阵检查一遍是否满足优先关系的条件，若不满足，则说明在关系图中存在 3 个或 3 个以上结点的回路，不存在优先函数。

例 5.4 若已知优先关系矩阵如表 5.10 所示。

表 5.10 优先关系矩阵

	i	*	+	#
i		$\gtrdot$	$\gtrdot$	$\gtrdot$
*	$\lessdot$	$\gtrdot$	$\gtrdot$	$\gtrdot$
+	$\lessdot$	$\lessdot$	$\gtrdot$	$\gtrdot$
#	$\lessdot$	$\lessdot$	$\lessdot$	$\doteq$

构造优先关系图，如图 5.9 所示。

由图 5.9 求得的优先函数结果如表 5.11 所示。

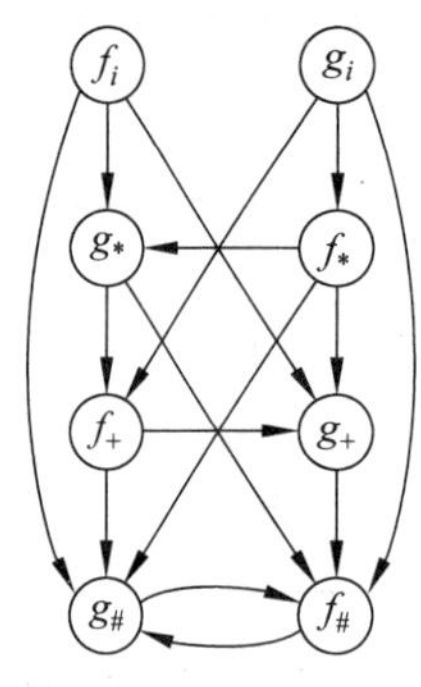

图 5.9 优先函数关系图

表 5.11 优先函数关系表

	i	*	+	#
f	6	6	4	2
g	7	5	3	2

其优先函数的优先关系与优先矩阵的优先关系是一致的。

例 5.5 已知优先关系矩阵如表 5.12 所示。

则优先关系图为图 5.10，优先函数表为表 5.13。

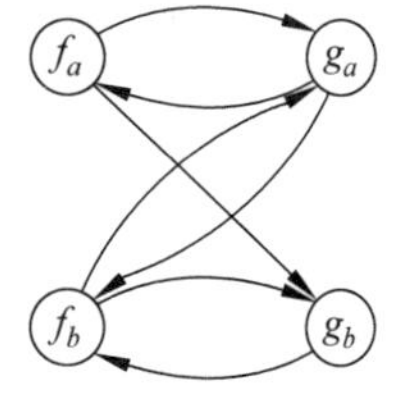

图 5.10 优先关系图

表 5.12 优先关系矩阵

	a	b
a	$\doteq$	$\gtrdot$
b	$\doteq$	$\doteq$

表 5.13 优先函数表

	a	b
f	4	4
g	4	4

对例 5.5 用优先关系图所得到的优先函数与优先关系矩阵相矛盾，因此不存在优先函数。

用优先函数分析虽然占用空间少，但它有不可克服的缺点。在利用优先关系矩阵进行优先分析时，当一个终结符对无优先关系的情况时优先关系矩阵的相应元素为出错信息；而用优先函数进行优先分析时，对一个终结符对没有优先关系的情况不能区分，因而出错时不能准确地指出错误位置。

例如，表达式为 $i+i*i(i+i)$#，按算符优先矩阵 i 与(无优先关系，当归约分析到 $N+N*i$时，能即时发现错误；而用优先函数分析，则此时发现不了错误，直到归约到 $N+N*NN$时，才能由两个非终结符相邻出现而发现错误，因而不能准确指出错误位置。

5.3.6 算符优先分析法的局限性

由于算符优先分析法去掉了单非终结符之间的归约，尽管在分析过程中，当决定是否为句柄时可以采取一些检查措施，但仍难完全避免错误的句子得到“正确”的归约。

例 5.6 下述文法是一个算符优先文法，其产生式为

$$S \to S;D \mid D$$
$$D \to D(T) \mid H$$
$$H \to a \mid (S)$$
$$T \to T+S \mid S$$

其中 $V_N = \{S, D, T, H\}$，$V_T = \{;, (,), a, +\}$，S 为开始符号。

对应的算符优先关系矩阵如表 5.14 所示。

表 5.14 算符优先关系矩阵表

	;	(	)	a	+	#
;	$\gtrdot$	$\lessdot$	$\gtrdot$	$\lessdot$	$\gtrdot$	$\gtrdot$
(	$\lessdot$	$\lessdot$	$\doteq$	$\lessdot$	$\lessdot$	
)	$\gtrdot$	$\gtrdot$	$\gtrdot$		$\gtrdot$	$\gtrdot$
a	$\gtrdot$	$\gtrdot$	$\gtrdot$		$\gtrdot$	$\gtrdot$
+	$\lessdot$	$\lessdot$	$\gtrdot$	$\lessdot$	$\gtrdot$	
#	$\lessdot$	$\lessdot$		$\lessdot$		$\doteq$

读者自己可以用算符优先分析法对输入串 $(a+a)$# 进行分析，不难发现，它可以完全正确地进行归约，然而 $(a+a)$# 却不是该文法能推导出的句子。此外，通常一个适用语言的文法也很难满足算符优先文法的条件，因而算符优先分析法仅适用于表达式的语法分析。

练　习

1. 已知文法 $G[S]$为：

$S \to a \mid \wedge \mid (T)$

$T \to T, S \mid S$

(1) 计算 $G[S]$的 FIRSTVT 和 LASTVT。

(2) 构造 $G[S]$的算符优先关系表并说明 $G[S]$是否为算符优先文法。

(3) 计算 $G[S]$的优先函数。

(4) 给出输入串 (a,a)# 和 $(a,(a,a))$# 的算符优先分析过程。

2. 对题 1 的 $G[S]$：

(1) 给出 $(a,(a,a))$ 和 (a,a) 的最右推导和规范归约过程。

(2) 将(1)和题 1 中的(4)进行比较，说明算符优先归约和规范归约的区别。

3. 有文法 $G[S]$：

$S \to V$

$V \to T \mid ViT$

$T \rightarrow F | T+F$

$F \rightarrow)V * | ($

(1) 给出$(+(i($的规范推导。

(2) 指出句型$F+Fi($的短语、句柄和素短语。

(3) $G[S]$是否OPG，若是，给出(1)中句子的分析过程。

4. 已知文法$G[S]$为

$S \rightarrow S;G | G$

$G \rightarrow G(T) | H$

$H \rightarrow a | (S)$

$T \rightarrow T+S | S$

(1) 构造$G[S]$的算符优先关系表，并判断$G[S]$是否为算符优先文法。

(2) 给出句型$a(T+S);H;(S)$的短语、句柄、素短语和最左素短语。

(3) 给出$a;(a+a)$和$(a+a)$的分析过程，说明它们是否为$G[S]$的句子。

(4) 给出(3)中输入串的最右推导，分别说明两个输入串是否为$G[S]$的句子。

(5) 由(3)和(4)说明了算符优先分析的哪些缺点？

(6) 算符优先分析过程和规范归约过程都是最右推导的逆过程吗？

5. 已知布尔表达式文法$G[B]$为

$B \rightarrow BoT | T$

$T \rightarrow TaF | F$

$F \rightarrow nF | (B) | t | f$

(1) $G[B]$是算符优先文法吗？

(2) 若$G[B]$是算符优先文法，请给出输入串$ntofat\#$的分析过程。

第6章 LR分析

在第5章中已经讨论过，自底向上分析方法是一种移进-归约过程，当分析的栈顶符号串形成句柄或可归约串时就采取归约动作。若是限定采用规范规约，那么自底向上分析法的关键问题是在分析过程中如何确定句柄。LR分析法正是给出一种能根据当前分析栈中的符号串(通常以状态表示)和向右顺序查看输入串的$k(k\geqslant 0)$个符号就可唯一地确定分析器的动作是移进还是归约和用哪个产生式归约，因而也就能唯一地确定句柄。LR分析法的归约过程是规范推导的逆过程，所以LR分析过程是一种规范归约过程。

LR(k)分析方法是1965年Knuth[48]提出的，括号中的k表示向右查看输入串符号的个数。这种方法比起自顶向下的LL(k)分析方法和自底向上的优先分析方法对文法的限制要少得多，也就是说，对于大多数用无二义性上下文无关文法描述的语言都可以用相应的LR分析器进行识别，而且这种方法还具有分析速度快，能准确、即时地指出出错位置的特点。它的主要缺点是对于一个实用语言文法的分析器的构造工作量相当大，k愈大，构造愈复杂，实现比较困难。因此，目前许多实用的编译程序，当采用LR分析器时都是借助于美国Bell实验室推出的yacc来实现的。yacc能接受一个用BNF描述的满足LR类中LALR(1)的上下文无关文法并对其自动构造出LALR(1)分析器。

本章主要介绍LR分析的基本思想和当$k\leqslant 1$时LR分析器的基本构造原理和方法。其中LR(0)分析器在分析过程中不需向右查看输入符号，因而它对文法的限制较大，对绝大多数高级语言的语法分析器是不能适用的；然而，它是构造其他LR类分析器的基础。当$k=1$时，已能满足当前绝大多数高级语言编译程序的需要。本章着重介绍LR(0)、SLR(1)、LALR(1)和LR(1)这4种分析器的构造方法，其中SLR(1)和LALR(1)分别是LR(0)和LR(1)的一种改进。

6.1 LR分析概述

一个LR分析器由3个部分组成：

(1) 总控程序，也可以称为驱动程序。对所有的LR分析器，总控程序都是相同的。

(2) 分析表或分析函数。不同的文法分析表将不同，同一个文法采用的LR分析器不同时，分析表也不同，分析表又可分为动作(ACTION)表和状态转换(GOTO)表两个部分，它们都可用二维数组表示。

(3) 分析栈，包括文法符号栈和相应的状态栈。它们均是先进后出栈。

分析器的动作由栈顶状态和当前输入符号来决定(LR(0)分析器不需向前查看输入符号)。

LR分析器工作过程示意图如图6.1所示。

其中SP为栈指针，$S[i]$为状态栈，$X[i]$为文法符号栈。状态转换表内容按关系GOTO$[S_i,X]=S_j$确定，该关系式是指当栈顶状态为S_i遇到当前文法符号为X时应转向状态

S_j。X 为终结符或非终结符，状态的含义将在后面介绍。

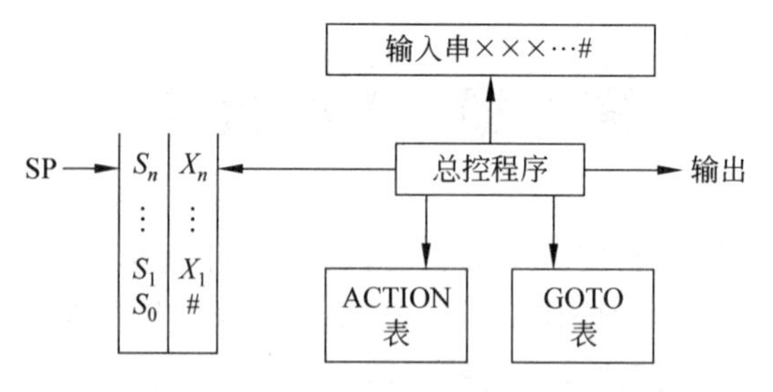

图 6.1　LR 分析器工作过程示意图

ACTION[S_i,a]规定了栈顶状态为 S_i 时遇到输入符号 a 应执行的动作。动作有 4 种可能：

(1) 移进。

当 S_j=GOTO[S_i,a]成立，则把 S_j 移入到状态栈，把 a 移入到文法符号栈。其中 i、j 表示状态号。

(2) 归约。

当在栈顶形成句柄为 β 时，则用 β 归约为相应的非终结符 A，即当文法中有 $A \rightarrow \beta$ 的产生式，而 β 的长度为 r(即 $|\beta|=r$)，则从状态栈和文法符号栈中自栈顶向下去掉 r 个符号，即栈指针 SP 减去 r。并把 A 移入文法符号栈内，再把满足 S_j=GOTO[S_i,A]的状态移进状态栈，其中 S_i 为修改指针后的栈顶状态。

(3) 接受 acc。

当归约到文法符号栈中只剩文法的开始符号 S，并且输入符号串已结束，即当前输入符是#，则为分析成功。

(4) 报错。

当遇到状态栈顶为某一状态下出现不该遇到的文法符号时则报错，说明输入串不是该文法能接受的句子。

LR 分析器的关键部分是分析表的构造，后边将针对每种不同的 LR 分析器详细介绍其构造思想及方法。

6.2　LR(0)分析

LR(0)分析表构造的思想和方法是构造其他 LR 分析表的基础。在第 5 章例 5.1 中曾给出文法 $G[S]$为：

(1) $S \rightarrow aAcBe$

(2) $A \rightarrow b$

(3) $A \rightarrow Ab$

(4) $B \rightarrow d$

对输入串 $abbcde$#用自底向上归约的方法进行分析，当归约到第(5)步时栈中符号串为#aAb，采用了产生式(3)进行归约而不是用产生式(2)归约，而在第(3)步归约时栈中符号串为#ab 时却用产生式(2)归约，虽然在第(3)步和第(5)步归约前栈顶符号都为 b，但归约所用产生式却不同，其原因在于已分析过的部分，即在栈中的前缀不同。在 LR 分析中就体现为状态栈的栈顶状态不同。为了说明这个问题，先在表 6.1 中给出例 5.1 中文法 $G[S]$ 的 LR(0)分析表，在表 6.2 中给出对输入串 *abbcde*＃的分析过程。

表 6.1　例 5.1 文法的 LR(0)分析表

	ACTION						GOTO		
	a	*c*	*e*	*b*	*d*	＃	S	A	B
0	S_2						1		
1						*acc*			
2				S_4				3	
3		S_5		S_6					
4	r_2	r_2	r_2	r_2	r_2	r_2			
5					S_8				7
6	r_3	r_3	r_3	r_3	r_3	r_3			
7			S_9						
8	r_4	r_4	r_4	r_4	r_4	r_4			
9	r_1	r_1	r_1	r_1	r_1	r_1			

表 6.2　对输入串 *abbcde*＃的分析过程

步　骤	状态栈	符号栈	输入串	ACTION	GOTO
(1)	0	＃	*abbcde*＃	S_2	
(2)	02	＃*a*	*bbcde*＃	S_4	
(3)	024	＃*ab*	*bcde*＃	r_2	3
(4)	023	＃*aA*	*bcde*＃	S_6	
(5)	0236	＃*aAb*	*cde*＃	r_3	3
(6)	023	＃*aA*	*cde*＃	S_5	
(7)	0235	＃*aAc*	*de*＃	S_8	
(8)	02358	＃*aAcd*	*e*＃	r_4	7
(9)	02357	＃*aAcB*	*e*＃	S_9	
(10)	023579	＃*aAcBe*	＃	r_1	1
(11)	01	＃*S*	＃	*acc*	

6.2.1　可归前缀和子前缀

为使最右推导和最左归约的关系看得更清楚，可以在推导过程中加入一些附加信息。若对例 5.1 文法 $G[S]$中的每条产生式编上序号，用$[i]$表示，并将其加在产生式的尾部，就使产生式变为

$S \rightarrow aAcBe[1]$

$A \rightarrow b[2]$

$A \rightarrow Ab[3]$

$B \rightarrow d[4]$

但$[i]$不属于产生式的文法符号，对输入串 *abbcde* 进行推导时把序号也带入，作最右推导，形成如下形式：

$S \Rightarrow aAcBe[1] \Rightarrow aAcd[4]e[1]$

$\Rightarrow aAb[3]cd[4]e[1] \Rightarrow ab[2]b[3]cd[4]e[1]$

输入串 $abbcde$ 是该文法的句子。

它的逆过程——最左归约(规范归约)则为

$ab[2]b[3]cd[4]e[1]$　　用产生式(2)归约

$\Leftarrow aAb[3]cd[4]e[1]$　　用产生式(3)归约

$\Leftarrow aAcd[4]e[1]$　　用产生式(4)归约

$\Leftarrow aAcBe[1]$　　用产生式(1)归约

$\Leftarrow S$

其中$\Leftarrow$表示归约。从这里可以看到,对一个合法的句子而言,每次归约后得到的都是由已归约部分和输入剩余部分合起来构成文法的规范句型,而用哪个产生式继续归约仅取决于当前句型的前部,例中每次归约前句型的前部依次为

$ab[2]$

$aAb[3]$

$aAcd[4]$

$aAcBe[1]$

这正是在表6.2的分析过程中每次采取归约动作前符号栈中的内容,即分别对应步骤(3)、(5)、(8)、(10)时符号栈中的符号串,规范句型的这种前部称作可归前缀。

再来分析上述每个前部的前缀:

ε, a, ab

ε, a, aA, aAb

$\varepsilon, a, aA, aAc, aAcd$

$\varepsilon, a, aA, aAc, aAcB, aAcBe$

不难发现前缀 a、aA 和 aAc 都不只是某一个规范句型的前缀,因此把在规范句型中形成可归前缀之前包括可归前缀在内的所有前缀都称为活前缀。活前缀为一个或若干规范句型的前缀。在规范归约过程中的任何时刻,只要已分析过的部分(即在符号栈中的符号串)均为规范句型的活前缀,则表明输入串已被分析过的部分是该文法某规范句型的一个正确部分。

为了适于LR分析的进行,需对文法作扩充,在原文法 G 中增加产生式 $S' \to S$,S 为原文法 G 的开始符号,所得的新文法称为 G 的拓广文法,以 G' 表示,S' 为拓广后文法 G' 的开始符号。易见文法 G' 和 G 等价。对文法进行拓广的目的是:对某些右部含有开始符号的文法,在归约过程中能分清是否已归约到文法的最初开始符,还是在文法右部出现的开始符号,拓广文法的开始符号 S' 只在左部出现,这样确保了不会混淆。

由此可以形式地定义活前缀如下。

定义 6.1　若 $S' \underset{R}{\overset{*}{\Rightarrow}} \alpha A\omega \underset{R}{\Rightarrow} \alpha\beta\omega$ 是文法 G 的拓广文法 G' 中的一个规范推导,符号串 γ 是 $\alpha\beta$ 的前缀,则称 γ 是 G 的一个活前缀。也就是说 γ 是规范句型 $\alpha\beta\omega$ 的前缀,但它的右端不超过该句型句柄的末端。

由以上分析很容易理解,在LR分析过程中,实际上是把 $\alpha\beta$ 的前缀列出,放在符号栈中,一旦在栈中出现 $\alpha\beta$,即句柄已经形成,则用产生式 $A \to \beta$ 进行归约。

6.2.2 识别活前缀的有限自动机

在 LR 方法实际分析过程中，并不是去直接分析文法符号栈中的符号是否形成句柄，但它带来一个启示，可以把终结符和非终结符都看成一个有限自动机的输入符号，每把一个符号进栈时看成已识别过了该符号，而状态进行转换，当识别到可归前缀时，相当于在栈中形成句柄，则认为到达了识别句柄的终态。

如果对例 5.1 的文法用拓广文法表示成

$S'\rightarrow S$[0]

$S\rightarrow aAcBe$[1]

$A\rightarrow b$[2]

$A\rightarrow Ab$[3]

$B\rightarrow d$[4]

现对句子 $abbcde$ 列出可归前缀：

S[0]

ab[2]

aAb[3]

$aAcd$[4]

$aAcBe$[1]

构造识别其活前缀及可归前缀的有限自动机如图 6.2 所示。

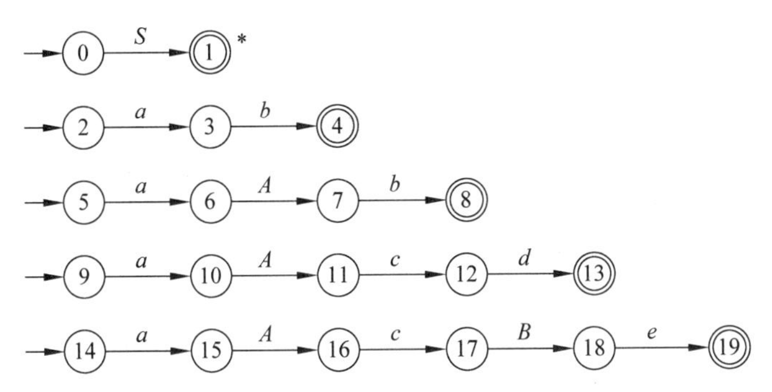

图 6.2　识别活前缀及可归前缀的有限自动机

每一个终态都是句柄识别态，用ⓘ表示，仅有带 * 号的状态既是句柄识别态又是句子识别态，句子识别态仅有唯一的一个。

如果加一个开始状态 X 并用 ε 弧和每个识别可归前缀的有限自动机连接，则可变为图 6.3。

将图 6.3 确定化并重新编号后变为图 6.4。

由例 5.1 中的文法，对输入串 ab^ibcde # 可以有如下推导：

$S'\Rightarrow S$

$\Rightarrow aAcBe$

$\Rightarrow aAcde$

$\Rightarrow aAbcde$

$\overset{i}{\Rightarrow} ab^ibcde$

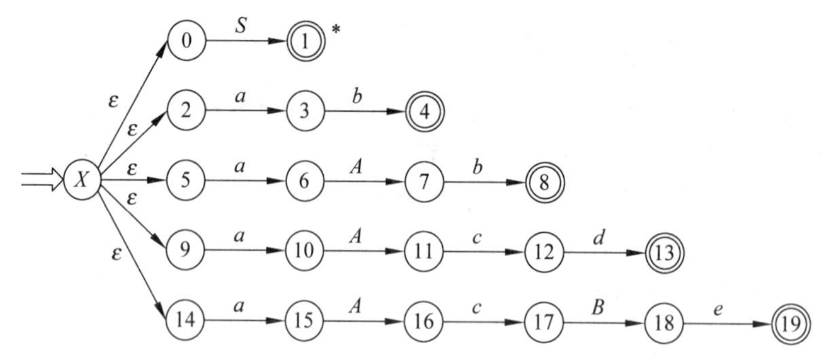

图 6.3　识别活前缀的不确定有限自动机

其中 i 为任意正整数。

由此可见该文法所描述的语言可用正规式 ab^+cde 表示。

用有限自动机识别时，每当识别完句柄，则状态回退句柄串长度的状态数。例如，在图 6.4 中，若已识别到状态⑤，这时句柄已形成，而且句柄是 Ab，则应用 $A \to Ab$ 归约，状态应退回到②，又因左部为 A，所以相当于在状态②时又遇到 A，这时应转向状态④。在状态④再遇到输入串的一个 b，又转到状态⑤，重复上述过程。

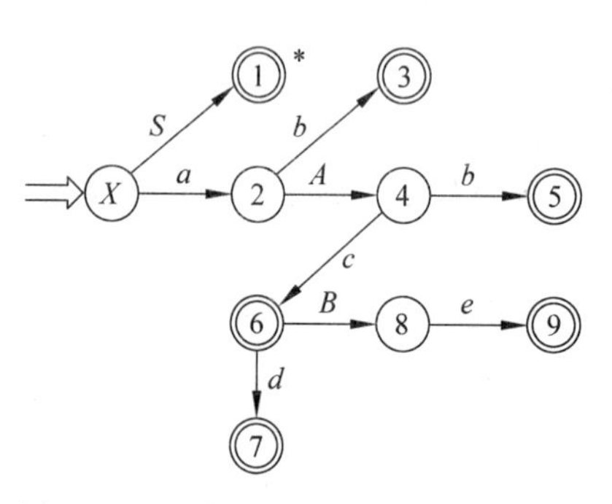

图 6.4　识别活前缀的确定有限自动机

然而对于一个复杂的文法，它的可归前缀并不是如此简单就能计算出来的。

6.2.3　活前缀及可归前缀的一般计算方法

在 6.2.2 节中，仅根据对某些句子规范推导的逆过程直观地看出它的活前缀和可归前缀，然后构造其有限自动机，在 6.2.2 节的例子中用一个句子归约过程的所有活前缀和可归前缀构造出的有限自动机，刚好也是识别整个文法的活前缀及可归前缀的有限自动机，这仅是一个特殊情况。然而，对一个任给的上下文无关文法，需有确定的办法来求出它的所有活前缀和可归前缀，才能构造其识别该文法活前缀的有限自动机。下面给出其算法。

定义 6.2　设 $G=(V_N, V_T, P, S)$ 是一个上下文无关文法，对于 $A \in V_N$ 有

$$\mathrm{LC}(A)=\{\alpha \mid S' \underset{R}{\overset{*}{\Rightarrow}} \alpha A \omega, \alpha \in V^*, \omega \in V_T^*\}$$

其中 S' 是 G 的拓广文法 G' 的开始符号。

这里 LC(A)表明了在规范推导中在非终结符 A 左边出现的符号串的集合。有了这个集合，就可以找出不包含句柄部分在内的所有活前缀。

推论：若文法 G 中有产生式 $B \to \gamma A \delta$，则有

$$\mathrm{LC}(A) \supseteq \mathrm{LC}(B) \cdot \{\gamma\}$$

因为对任一形为 $\alpha B \omega$ 的句型，必有规范推导：

$$S' \underset{R}{\overset{*}{\Rightarrow}} \alpha B \omega \underset{R}{\Rightarrow} \alpha \gamma A \delta \omega$$

即对任一个 $\alpha \in \mathrm{LC}(B)$，定有 $\alpha\gamma \in \mathrm{LC}(A)$。

所以 $LC(B) \cdot \{\gamma\} \subseteq LC(A)$。

由定义 6.2 推论和文法的产生式可列出方程组,那么例 5.1 文法可有方程:

$$\begin{cases} LC(S') = \{\varepsilon\} & (1) \\ LC(S) = LC(S') \cdot \{\varepsilon\} = \{\varepsilon\} & (2) \\ LC(A) = LC(S) \cdot \{a\} \cup LC(A) \cdot \{\varepsilon\} = \{a\} & (3) \\ LC(B) = LC(S) \cdot \{aAc\} = \{aAc\} & (4) \end{cases}$$

实际上,前缀的集合可以用正规表达式表示,为方便起见,下面用正规式来表示前缀集合,即上述方程可表示为

$$\begin{cases} LC(S') = \varepsilon & (1) \\ LC(S) = \varepsilon & (2) \\ LC(A) = a & (3) \\ LC(B) = aAc & (4) \end{cases}$$

这里仅求出了每个非终结符在规范推导过程中用该非终结符的右部替换该非终结符之前,它的左部可能出现的串,也就是在规范归约过程中用句柄归约成该非终结符之前不包含句柄部分的串,因而只要再把句柄加入就求得了包含句柄的活前缀。对 LR(0)方法来说,包含句柄的活前缀计算非常简单,只需把上面已求得的活前缀再加上产生式的右部,可用如下形式表示:

规定 $LR(0)CONTEXT(A \to \beta) = LC(A) \cdot \beta$,$LR(0)CONTEXT(A \to \beta)$可简写为$LR(0)C(A \to \beta)$,这样对例 5.1 文法,包含句柄的活前缀可有

$$LR(0)C(S' \to S) = S$$
$$LR(0)C(S \to aAcBe) = aAcBe$$
$$LR(0)C(A \to b) = ab$$
$$LR(0)C(A \to Ab) = aAb$$
$$LR(0)C(B \to d) = aAcd$$

包含句柄的活前缀也就是可归前缀,将它们展开也就得到了所有的活前缀。

读者可以用它构造识别文法活前缀的有限自动机,不难发现其结果与图 6.2 相同,说明用上述算法与前面用直观方法所求得的结果一致。为了进一步说明这种计算的结果为 $V_N \cup V_T$ 的正规式,下面再举一例。

设文法 G' 为

(0) $S' \to E$

(1) $E \to aA$

(2) $E \to bB$

(3) $A \to cA$

(4) $A \to d$

(5) $B \to cB$

(6) $B \to d$

求不包含句柄在内的活前缀方程组为

$$\begin{cases} LC(S') = \varepsilon \\ LC(E) = LC(S') \cdot \varepsilon = \varepsilon \\ LC(A) = LC(E) \cdot a \mid LC(A) \cdot c = ac^* \\ LC(B) = LC(E) \cdot b \mid LC(B) \cdot c = bc^* \end{cases}$$

所以包含句柄的活前缀为

$$LR(0)C(S' \to E) = E$$
$$LR(0)C(E \to aA) = aA$$
$$LR(0)C(E \to bB) = bB$$
$$LR(0)C(A \to cA) = ac^* cA$$
$$LR(0)C(A \to d) = ac^* d$$
$$LR(0)C(B \to cB) = bc^* cB$$
$$LR(0)C(B \to d) = bc^* d$$

由此可构造以文法符号为字母表的识别活前缀(包含句柄在内)的不确定有限自动机如图 6.5 所示。

如前所述,所有的状态都为活前缀的识别状态,有双圈ⓘ的状态为识别句柄的状态,双圈旁边有 * 号的为识别句子的状态。识别句子的状态是唯一的。对图 6.5 的不确定有限状态自动机可用子集法进行确定化,结果如图 6.6 所示。

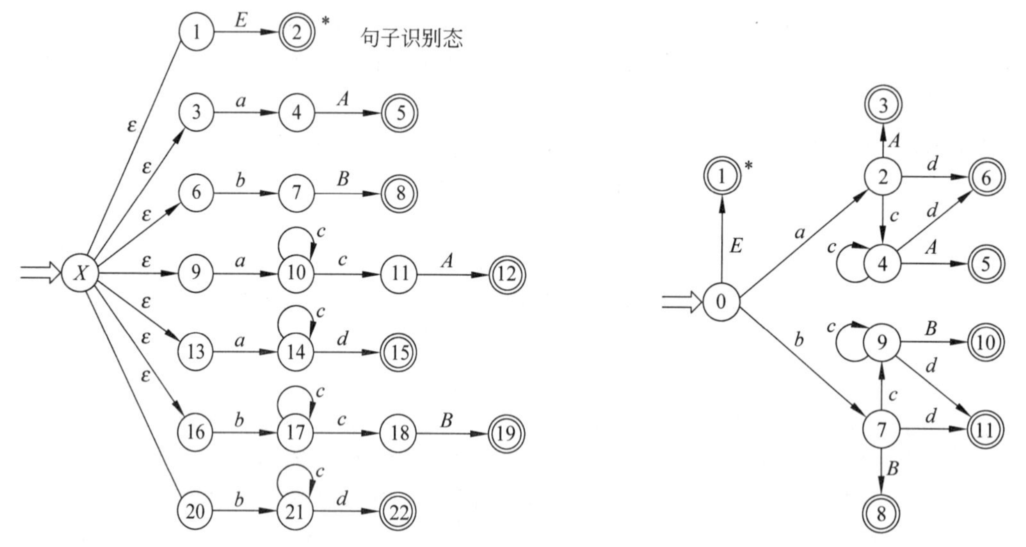

图 6.5　识别可归前缀的不确定有限自动机

图 6.6　识别可归前缀的确定有限自动机

因此,对任何一个上下文无关文法,只要能构造出它的识别可归前缀的有限自动机,就可以构造其相应的分析表,也就是前面所介绍的状态转换表和动作表。用这种方法构造出的识别可归前缀的有限自动机从理论的角度讲是很严格的,然而,对于一个实用的高级语言的文法实现起来却是很复杂的,因此下面再介绍一种实用的方法。

6.2.4　LR(0)项目集规范族的构造

1. LR(0)项目

在文法 G 中每个产生式的右部适当位置添加一个圆点构成项目。

例如,产生式 $S \to aAcBe$ 对应有 6 个项目。

[0]　$S \to \cdot aAcBe$

[1]　$S \to a \cdot AcBe$

[2] $S \to aA \cdot cBe$

[3] $S \to aAc \cdot Be$

[4] $S \to aAcB \cdot e$

[5] $S \to aAcBe \cdot$

一个产生式可对应的项目个数一般为它的右部符号长度加 1。值得注意的是,对空产生式,$A \to \varepsilon$ 仅有一个项目 $A \to \cdot$ 。

每个项目的含义与圆点的位置有关,概括地说,圆点的左部表示分析过程的某时刻欲用该产生式归约时已识别过的句柄部分,圆点右部表示期待的后缀部分。

上例中项目的编号用[]中的数字表示,项目[0]意味着希望用 S 的右部归约,当前输入串中符号应为 a;项目[1]表明用该产生式归约已与第一个符号 a 匹配过了。需分析非终结符 A 的右部;项目[2]表明 A 的右部已分析完归约成 A,目前希望遇到输入串中的符号为 c。依此类推,直到项目[5]为 S 的右部都已分析完毕,则句柄已形成,可以进行归约。

2. 构造识别活前缀的 NFA

把文法的所有产生式的项目都列出,并使每个项目都作为 NFA 的一个状态。

以文法 G' 为例:

$S' \to E$

$E \to aA \mid bB$

$A \to cA \mid d$

$B \to cB \mid d$

该文法的项目有

1. $S' \to \cdot E$	10. $A \to d \cdot$
2. $S' \to E \cdot$	11. $E \to \cdot bB$
3. $E \to \cdot aA$	12. $E \to b \cdot B$
4. $E \to a \cdot A$	13. $E \to bB \cdot$
5. $E \to aA \cdot$	14. $B \to \cdot cB$
6. $A \to \cdot cA$	15. $B \to c \cdot B$
7. $A \to c \cdot A$	16. $B \to cB \cdot$
8. $A \to cA \cdot$	17. $B \to \cdot d$
9. $A \to \cdot d$	18. $B \to d \cdot$

由于 S' 仅在第一个产生式的左部出现,因此规定项目 1 为初态,其余每个状态都为活前缀的识别态,圆点在最后的项目为句柄识别态,第一个产生式的句柄识别态为句子识别态。状态之间的转换关系确定方法如下:

若 i 项目为: $X \to X_1 X_2 \cdots X_{i-1} \cdot X_i \cdots X_n$

j 项目为: $X \to X_1 X_2 \cdots X_{i-1} X_i \cdot X_{i+1} \cdots X_n$

i 项目和 j 项目出于同一个产生式,对应于 NFA 为状态 j 的圆点只落后于状态 i 的圆点一个符号的位置,那么从状态 i 到状态 j 连一条标记为 X_i 的箭弧。如果 X_i 为非终结符,则也会有以它为左部的有关项目及其相应的状态。例如,有项目形如

$$i \qquad X \to \gamma \cdot A\delta$$

$$k \qquad A \to \cdot \beta$$

则从状态 i 画标记为 ε 的箭弧到状态 k，对于 A 的所有产生式圆点在最左边的状态都连一条从 i 状态到该状态的箭弧，箭弧上标记为 ε。

按上面的规则，可对文法 G' 的所有项目对应的状态构造出识别活前缀的有限自动机 NFA，如图 6.7 所示。图中双圈表示句柄识别态，双圈外有 * 号者为句子"接受"态。

也可以根据圆点所在的位置和圆点后是终结符还是非终结符把项目分为以下几种：

(1) 移进项目，形如 $A \to \alpha \cdot a\beta$，其中 $\alpha, \beta \in V^*$，$a \in V_T$，即圆点后面为终结符的项目为移进项目，对应状态为移进状态。分析时把 a 移进符号栈。

(2) 待约项目，形如 $A \to \alpha \cdot B\beta$，其中 $\alpha, \beta \in V^*$，$B \in V_N$，即圆点后面为非终结符的项目称待约项目，它表明所对应的状态等待着分析完非终结符 B 所能推出的串归约成 B，才能继续分析 A 的右部。

(3) 归约项目，形如 $A \to \alpha \cdot$，其中 $\alpha \in V^*$，即圆点在最右端的项目，称归约项目，它表明一个产生式的右部已分析完，句柄已形成，可以归约。

(4) 接受项目，形如 $S' \to \alpha \cdot$，其中 $\alpha \in V^+$，$S' \to \alpha$ 为拓广文法，S' 为左部的产生式只有一个，因而它是归约项目的特殊情况，对应状态称为接受状态。规定 $S' \to \cdot \alpha$ 为初态。实际上接受项目中的 α 为文法的开始符号。

对于图 6.7 所示的识别活前缀的 NFA，可以利用第 3 章讲过的子集法将其确定化。对确定化后的 DFA，如果把每个子集中所含状态集对应的项目写在新的状态中，结果如图 6.8 所示。

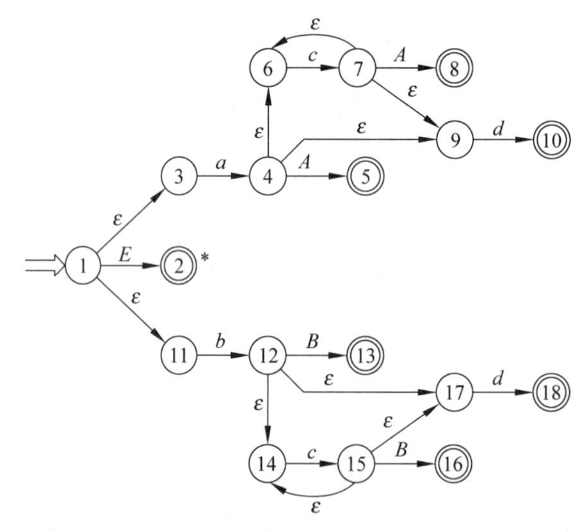

图 6.7　识别活前缀的 NFA

3. LR(0)项目集规范族的构造

构成识别一个文法活前缀的 DFA 项目集(状态)的全体称为这个文法的 LR(0)项目集规范族；然而，构造识别活前缀的 DFA 若按上面的介绍的方法，列出拓广文法的所有项目，按规定原则构造其 NFA(见图 6.7)，然后再确定化为 DFA(见图 6.8)，这样做确定化的工作量较大。分析图 6.8 中每个状态中项目集的构成，不难发现如下规律。

若状态中包含形如 $A \to \alpha \cdot B\beta$ 的项目，则形如 $B \to \cdot \gamma$ 的项目也在此状态内。例如，0 状态中的项目集为

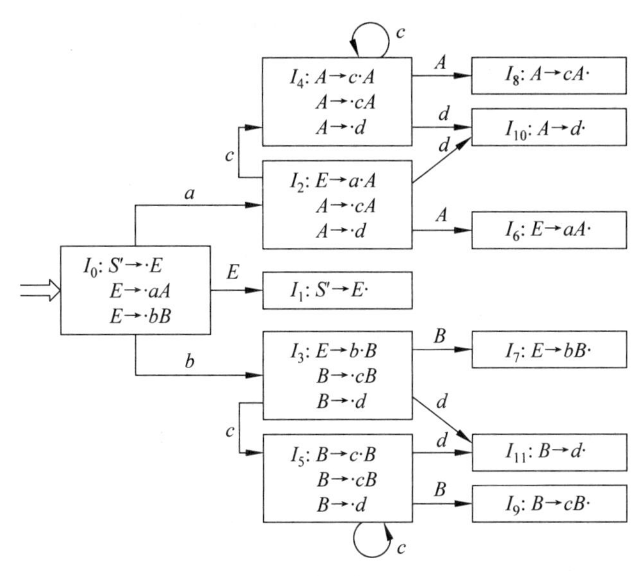

图 6.8　识别活前缀的 DFA

$$\{S'\to\cdot E, E\to\cdot aA, E\to\cdot bB\}$$

回顾由 NFA 确定化到 DFA 时，$E\to\cdot aA$ 和 $E\to\cdot bB$ 正是属于 $S'\to\cdot E$ 所在的项目集中。因而，可以用闭包函数(CLOSURE)来求 DFA 一个状态的项目集。

若文法 G 已拓广为 G'，而 S 为文法 G 的开始符号，拓广后增加产生式 $S'\to S$。如果 I 是文法 G' 的一个项目集，定义和构造 I 的闭包 CLOSURE(I)的步骤如下：

(1) I 的项目均在 CLOSURE(I)中。

(2) 若 $A\to\alpha\cdot B\beta$ 属于 CLOSURE(I)，则每一形如 $B\to\cdot\gamma$ 的项目也属于 CLOSURE(I)。

(3) 重复(2)直到不出现新的项目为止，即 CLOSURE(I)不再扩大。

由此，可以很容易构造出初态的闭包，即 $S'\to\cdot S$ 属于 I，再按上述 3 步求其闭包。

有了初态的项目集，其他状态的项目集如何求出？回顾在构造识别活前缀的 NFA 时除了箭弧上标记为 ε 的外，其两个相邻状态对应的项目出自同一个产生式，只是圆点的位置相差 1。

箭弧上的标记为前一个状态和后一个状态对应项目圆点间的符号，而识别活前缀的 DFA 的每个状态是一个项目集，项目集中的每个项目都不相同，每个项目圆点后的符号不一定相同，因而对每个项目圆点移动一个位置后，箭弧上的标记也不会完全相同，这样，对于不同的标记将转向不同的状态。例如，初态$\{S'\to\cdot E, E\to\cdot aA, E\to\cdot bB\}$，对第一个项目，圆点右移一个位置后变为 $S'\to E\cdot$，箭弧标记应为 E；对第二个项目 $E\to\cdot aA$，圆点右移一个位置后变为 $E\to a\cdot A$，箭弧标记为 a；同样第三个项目圆点右移一个位置后变为 $E\to b\cdot B$，箭弧标记为 b。显然，初态发出了 3 个不同标记的箭弧，因而转向 3 个不同的状态，也就由初态派生出 3 个新的状态，对于每个新的状态又可以利用前面的方法，若圆点后为非终结符，则可对其求闭包，得到该状态的项目集。圆点后面为终结符或在一个产生式的最后，则不会再增加新的项目。例中新状态的项目 $E\to a\cdot A$，求其闭包可得到项目集为$\{E\to a\cdot A, A\to\cdot cA, A\to\cdot d\}$。同样，另一新状态的项目 $E\to b\cdot B$，求其闭包得到项目集为$\{E\to b\cdot B, B\to\cdot cB, B\to\cdot d\}$。对于新状态仅含项目 $S'\to E\cdot$ 的则不会再增加新的项目。这样，由初态出发，对其项目集的每个项目的圆点向右移动一个位置，用箭弧转向不同的新状态，箭弧上用移动圆点经过的符号标记。新状态的初始项目(即圆点移动后的项目)称为核。例中 $E \to a \cdot A$和 $E \to b \cdot B$ 都为核,对核求闭包就为新状态的项目集。为把这个过程写成一般的形式,定义转换函数 GO(I,X)如下:

$$\mathrm{GO}(I,X)=\mathrm{CLOSURE}(J)$$

其中,I 为包含某一项目集的状态。

X 为一文法符号,$X \in V_N \cup V_T$

$$J=\{\text{任何形如 } A \to \alpha X \cdot \beta \text{ 的项目} \mid A \to \alpha \cdot X\beta \text{ 属于 } I\}$$

这也表明,若状态 I 识别活前缀 γ,则状态 J 识别活前缀 γX。圆点不在产生式右部最左边的项目称为核,但开始状态拓广文法的第一个项目 $S' \to \cdot S$ 除外。因此用 GO(I,X)转换函数得到的 J 为转向后状态所含项目集的核。核可能是由一个或若干个项目组成。因此,可以使用闭包函数 CLOSURE 和转向函数 GO(I,X)构造文法 G'的 LR(0)项目集规范族,步骤如下:

(1) 置项目 $S' \to \cdot S$ 为初态集的核,然后对核求闭包,CLOSURE($\{S' \to \cdot S\}$),得到初态的项目集。

(2) 对初态集或其他所构造的项目集,应用转换函数 GO(I,X)=CLOSURE(J)求出新状态 J 的项目集。

(3) 重复(2)直到不出现新的项目集为止。

最后还需要说明的是,由于任何一个高级语言相应文法的产生式是有限的,每个产生式右部的文法符号个数是有限的,因此每个产生式可列出的项目也为有限的,由有限的项目组成的子集(即项目集)作为 DFA 的状态也是有限的,所以不论用哪种方法构造识别活前缀的有限自动机,必定会在有穷的步骤内结束。

以上介绍了构造识别文法活前缀 DFA 的 3 种方法,读者可对它们进行比较分析以加深理解。这 3 种方法可以粗略地概括如下。

第 1 种方法是根据形式定义求出活前缀的正规表达式,然后由此正规表达式构造 NFA,再确定化为 DFA。

第 2 种方法是求出文法的所有项目,按一定规则构造识别活前缀的 NFA,再确定化为 DFA。

第 3 种方法是把拓广文法的第一个项目$\{S' \to \cdot S\}$作为初态集的核,通过求核的闭包和转换函数,求出 LR(0)项目集规范族,再由转换函数建立状态之间的连接关系,得到识别活前缀的 DFA。

显然第 1 种方法从理论上讲比较严格确切,第 2、3 种方法较为直观,从直观上的分析与理论上实现的结果吻合。3 种做法虽然不同,但出发点都是把 LR 分析方法的归约过程看成是识别文法规范句型活前缀的过程,因为只要分析到的当前状态是活前缀的识别态,则说明已分析过的部分是该文法的某规范句型的一部分,也就说明了已分析过的部分是正确的。

进一步分析所构造的 LR(0)项目集规范族的项目,可分为如下 4 种:

(1) 移进项目。圆点后为终结符的项目,形如 $A \to \alpha \cdot a\beta$,其中 $\alpha, \beta \in V^*$,$a \in V_T$,相应状态为移进状态。

(2) 归约项目。圆点在产生式右部最后的项目,形如 $A \to \beta \cdot$,其中 $\beta \in V^*$,对于 $\beta = \varepsilon$ 的项目为 $A \to \cdot$(对应产生式为 $A \to \varepsilon$),相应状态为归约状态。

(3) 待约项目。圆点后为非终结符的项目，形如 $A\rightarrow\alpha\cdot B\beta$，其中 $\alpha,\beta\in V^*$，$B\in V_N$，这表明用产生式 A 的右部归约时，首先要将 B 的产生式右部归约为 B，对 A 的右部才能继续进行分析。也就是期待着继续分析过程中首先能进行归约得到 B。

(4) 接受项目。当归约项目为 $S'\rightarrow S\cdot$ 时，则表明已分析成功，即输入串为该文法的句子，相应状态为接受状态。

一个项目集中可能包含以上 4 种不同的项目，但是一个项目集中不能有下列情况存在：

(1) 移进和归约项目同时存在，形如

$$A\rightarrow\alpha\cdot a\beta$$
$$B\rightarrow\gamma\cdot$$

这时如果面临输入符号为 a，不能确定移进 a 还是把 γ 归约为 B，因为 LR(0)分析是不向前看符号，所以对归约的项目不管当前符号是什么都应归约。对于同时存在移进和归约项目的称移进-归约冲突。

(2) 归约和归约项目同时存在，形如

$$A\rightarrow\beta\cdot$$
$$B\rightarrow\gamma\cdot$$

这时不管面临什么输入符号，都不能确定归约为 A 还是归约为 B，对同时存在两个以上归约项目的状态称归约-归约冲突。

对一个文法的 LR(0)项目集规范族不存在移进-归约冲突或归约-归约冲突时，称这个文法为 LR(0)文法。

4. LR(0)分析表的构造

LR(0)分析表是 LR(0)分析器的重要组成部分，它是总控程序分析动作的依据。对于不同的文法，LR(0)分析表不同，它可以用一个二维数组表示，行标为状态号，列标为文法符号和＃号。分析表的内容可由两部分组成，一部分为动作(ACTION)表，它表示当前状态下面临输入符号时应做的动作是移进、归约、接受还是出错，动作表的列标只包含终结符和＃；另一部分为转换表(GOTO)，它表示在当前状态下面临文法符号时应转向的下一个状态，相当于识别活前缀的有限自动机 DFA 的状态转换矩阵。因此构造一个文法的 LR(0)分析表时，首先构造其识别活前缀的 DFA，这样可以很方便地利用 DFA 的项目集和状态转换函数构造它的 LR(0)分析表。在实际应用中为了节省存储空间，通常把关于终结符部分的 GOTO 表和 ACTION 表重叠，也就是把当前状态下面临终结符应做的移进-归约动作和转向动作用同一数组元素表示。

LR(0)分析表的构造算法如下：

假设已构造出 LR(0)项目集规范族为

$$C=\{I_0,I_1,\cdots,I_n\}$$

其中 I_k 为项目集的名字，k 为状态名，令包含 $S'\rightarrow\cdot S$ 项目的集合 I_k 的下标 k 为分析器的初始状态。那么分析表的 ACTION 表和 GOTO 表的构造步骤如下：

(1) 若项目 $A\rightarrow\alpha\cdot a\beta$ 属于 I_k 且转换函数 $GO(I_k,a)=I_j$，当 a 为终结符时则置 ACTION[k,a]为 S_j，其动作含义为将终结符 a 移进符号栈，状态 j 进入状态栈(相当于在状态 k 时遇 a 转向状态 j)。

(2) 若项目 $A\rightarrow\alpha\cdot$ 属于 I_k，则对任何终结符 a 和＃号置 ACTION[k,a]和 ACTI-

ON[k,#]为 r_j,j 为在文法 G'中某产生式 $A\to\alpha$ 的序号。r_j动作的含义是把当前文法符号栈顶的符号串 α 归约为 A,并将栈指针从栈顶向下移动$|\alpha|$的长度,符号栈中弹出$|\alpha|$个符号,非终结符 A 变为当前面临的符号。

(3) 若 GO(I_k,A)=I_j,则置 GOTO[k,A]为"j",其中 A 为非终结符,表示当前状态为"k"时,遇文法符号 A 时状态应转向 j,因此 A 移入文法符号栈,j 移入状态栈。

(4) 若项目 $S'\to S\cdot$ 属于 I_k,则置 ACTION[k,#]为 acc,表示接受。

(5) 凡不能用上述方法填入的分析表的元素,均应填上报错标志。为了表的清晰,本书在表中用空白表示错误标志。

根据这种方法构造的 LR(0)分析表不含多重定义时称为 LR(0)分析表,能用 LR(0)分析表的分析器称为 LR(0)分析器,能构造 LR(0)分析表的文法称为 LR(0)文法。

若对文法 G'的产生式编号如下:

(0) $S'\to E$　　　(4) $A\to d$

(1) $E\to aA$　　　(5) $B\to cB$

(2) $E\to bB$　　　(6) $B\to d$

(3) $A\to cA$

那么按上述算法构造的这个文法的 LR(0)分析表如表 6.3 所示。

表 6.3　LR(0)分析表

状态	ACTION					GOTO		
	a	b	c	d	#	E	A	B
0	S_2	S_3				1		
1					acc			
2			S_4	S_{10}			6	
3			S_5	S_{11}				7
4			S_4	S_{10}			8	
5			S_5	S_{11}				9
6	r_1	r_1	r_1	r_1	r_1			
7	r_2	r_2	r_2	r_2	r_2			
8	r_3	r_3	r_3	r_3	r_3			
9	r_5	r_5	r_5	r_5	r_5			
10	r_4	r_4	r_4	r_4	r_4			
11	r_6	r_6	r_6	r_6	r_6			

5. LR(0)分析器的工作过程

对一个文法构造了它的 LR(0)分析表后,就可以在 LR 分析器的总控程序(驱动程序)控制下对输入串进行分析,即根据输入串的当前符号和分析栈的栈顶状态查找分析表应采取的动作,对状态栈和符号栈进行相应的操作,即移进、归约、接受或报错。具体说明如下:

(1) 若 ACTION[S,a]=S_j,a 为终结符,则把 a 移入符号栈,j 移入状态栈。

(2) 若 ACTION[S,a]=r_j,a 为终结符或#号,则用第 j 个产生式归约,并将两个栈的指针减去 k,其中 k 为第 j 个产生式右部的符号串长度,这时当前面临符号为第 j 个产生式左部的非终结符，不妨设为 A，归约后栈顶状态设为 n，则再进行 GOTO[n,A]。

(3) 若 ACTION[S,a]=acc，a 应为#号，则为接受，表示分析成功。

(4) 若 GOTO[S,A]=j，A 为非终结符，表明前一动作是用关于 A 的产生式归约的，当前面临的非终结符 A 应移入符号栈，j 移入状态栈。对于终结符的 GOTO[S,a]已和 ACTION[S,a]重合。

(5) 若 ACTION[S,a]为空白，则转向出错处理。

现在用表 6.3 的 LR(0)分析表给出对输入串 *bccd*#的 LR(0)分析，其状态栈、符号栈及输入串的变化过程如表 6.4 所示。

表 6.4　对输入串 *bccd* #的 LR(0)分析过程

步 骤	状态栈	符号栈	输入串	ACTION	GOTO
(1)	0	#	*bccd*#	S_3	
(2)	03	#*b*	*ccd*#	S_5	
(3)	035	#*bc*	*cd*#	S_5	
(4)	0355	#*bcc*	*d*#	S_{11}	
(5)	0355(11)	#*bccd*	#	r_6	9
(6)	03559	#*bccB*	#	r_5	9
(7)	0359	#*bcB*	#	r_5	7
(8)	037	#*bB*	#	r_2	1
(9)	01	#*E*	#	*acc*	

6.3　SLR(1)分析

由于大多数实用的程序设计语言的文法不能满足 LR(0)文法的条件，本节介绍一种 SLR(1)文法，其思想是基于容许 LR(0)规范族中有冲突的项目集(状态)，用向前查看一个符号的办法来进行处理，以解决冲突。因为只对有冲突的状态才向前查看一个符号，以确定做哪种动作，所以称这种分析方法为简单的 LR(1)分析法，用 SLR(1)表示。能用这种分析法分析的文法就是 SLR(1)文法。下面作具体介绍。

先看文法例：

<实型变量说明>→real<标识符表>

<标识符表>→<标识符表>,i

<标识符表>→i

将该文法缩写并拓广后得文法 G' 如下：

(0) $S'\to S$

(1) $S\to rD$

(2) $D\to D,i$

(3) $D\to i$

首先构造该文法的 LR(0)项目集规范族，如表 6.5 所示。

表 6.5 G'的 LR(0)项目集规范族

状 态	核集合	闭包增加项目	项目集
I_0	$S'\to\cdot S$	$S\to\cdot rD$	$S'\to\cdot S$ $S\to\cdot rD$
I_1	$S'\to S\cdot$		$S'\to S\cdot$
I_2	$S\to r\cdot D$	$D\to\cdot D,i$ $D\to\cdot i$	$S\to r\cdot D$ $D\to\cdot D,i$ $D\to\cdot i$
I_3	$S\to rD\cdot$ $D\to D\cdot ,i$		$S\to rD\cdot$ $D\to D\cdot ,i$
I_4	$D\to i\cdot$		$D\to i\cdot$
I_5	$D\to D,\cdot i$		$D\to D,\cdot i$
I_6	$D\to D,i\cdot$		$D\to D,i\cdot$

再用 GO 函数构造出识别活前缀的 DFA,如图 6.9 所示。

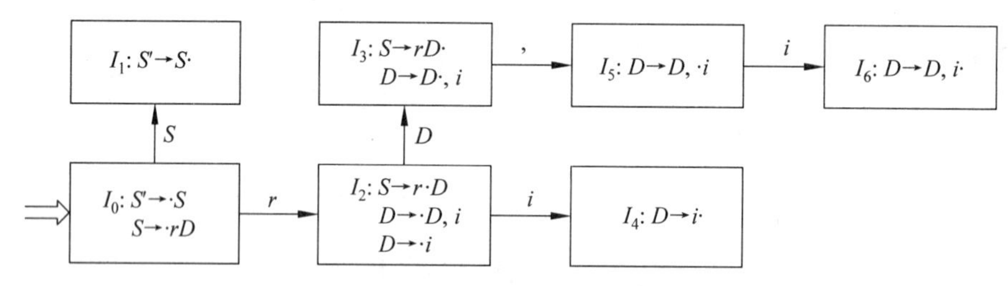

图 6.9 识别文法 G'活前缀的 DFA

分析每个状态包含的项目集,不难发现在状态 I_3 中含有以下项目:

$S\to rD\cdot$ 为归约项目。

$D\to D\cdot ,i$ 为移进项目。

也就是按 $S\to rD\cdot$ 项目的动作认为用 $S\to rD$ 产生式进行归约的句柄已形成,不管当前的输入符号是什么,都应把 rD 归约成 S。但是按 $D\to D\cdot ,i$ 项目,当面临输入符为“,”时,应将“,”移入符号栈,状态转向 I_5。显然该文法不是 LR(0)文法,也可在构造它的 LR(0)分析表时发现这个问题,如表 6.6 所示。

表 6.6 实数说明文法的 LR(0)分析表

状 态	ACTION				GOTO	
	r	,	i	#	S	D
0	S_2				1	
1				acc		
2			S_4			3
3	r_1	r_1,S_5	r_1	r_1		
4	r_3	r_3	r_3	r_3		
5			S_6			
6	r_2	r_2	r_2	r_2		

在这种情况下，只需要考查当用句柄 rD 归约成 S 时，S 的后跟符号集合中不包含当前所有移进项目的移进符号的集合时，则这种移进-归约冲突便可解决，例中 S 的后跟符集合为{#}，移进项目只有一个“,”，因而移进项目中期待移进的符号集合为{,}，这样可以在状态 I_3 中当遇“,”时做移进动作，当遇#号时做归约动作。上述 LR(0)分析表做局部改动后不再存在冲突时称为 SLR(1)文法，其分析表如表 6.7 所示。

表 6.7　实数说明文法的 SLR(1)分析表

状　态	ACTION				GOTO	
	r	,	i	#	S	D
0	S_2				1	
1				acc		
2			S_4			3
3		S_5		r_1		
4	r_3	r_3	r_3	r_3		
5			S_6			
6	r_2	r_2	r_2	r_2		

假定一个 LR(0)规范族中含有如下的项目集(状态)I：

$$I=\{X\to\alpha\cdot b\beta, A\to\gamma\cdot, B\to\delta\cdot\}$$

也就是在该项目集中含有移进-归约冲突和归约-归约冲突。其中 α、β、γ、δ 为文法符号串，b 为终结符。那么只要在所有含有 A 或 B 的句型中，直接跟在 A 或 B 后的可能终结符的集合即 FOLLOW(A)和 FOLLOW(B)互不相交，且都不包含 b，也就是只要满足

$$\text{FOLLOW}(A)\cap\text{FOLLOW}(B)=\varnothing$$

$$\text{FOLLOW}(A)\cap\{b\}=\varnothing$$

$$\text{FOLLOW}(B)\cap\{b\}=\varnothing$$

那么，当在状态 I 时，如果面临某输入符号为 a，则动作可按以下规定决策：

(1) 若 $a=b$，则移进。

(2) 若 $a\in$ FOLLOW(A)，则用产生式 $A\to\gamma$ 进行归约。

(3) 若 $a\in$ FOLLOW(B)，则用产生式 $B\to\delta$ 进行归约。

(4) 此外，报错。

通常 LR(0)规范族的一个项目集 I 中可能含有多个移进项目和多个归约项目，可假设项目集 I(状态)中有 m 个移进项目：$A_1\to\alpha_1\cdot a_1\beta_1, A_2\to\alpha_2\cdot a_2\beta_2,\cdots,A_m\to\alpha_m\cdot a_m\beta_m$；同时含有 n 个归约项目：$B_1\to\gamma_1\cdot, B_2\to\gamma_2\cdot,\cdots,B_n\to\gamma_n\cdot$，只要集合$\{a_1,a_2,\cdots,a_m\}$和 FOLLOW($B_1$)，FOLLOW($B_2$)，…，FOLLOW($B_n$)两两交集都为空，那么仍可用上述规则解决冲突，即考查当前输入符号以决定动作。

(1) 若 $a\in\{a_1,a_2,\cdots,a_m\}$，则移进。

(2) 若 $a\in$ FOLLOW(B_i)，$i=1,2,\cdots,n$，则用 $B_i\to\gamma_i$ 进行归约。

(3) 此外，报错。

如果对于一个文法的 LR(0)项目集规范族的某些项目集或 LR(0)分析表中所含有的动作冲突都能用上述方法解决，则称这个文法是 SLR(1)文法，所构造的分析表为 SLR(1)

分析表，使用 SLR(1)分析表的分析器称为 SLR(1)分析器。

例如，可以构造算术表达式文法的 LR(0)项目集规范族，然后分析它是 LR(0)文法还是 SLR(1)文法，现将表达式文法 G 拓广如下：

(0) $S' \to E$

(1) $E \to E+T$

(2) $E \to T$

(3) $T \to T*F$

(4) $T \to F$

(5) $F \to (E)$

(6) $F \to i$

该文法的 LR(0)项目集规范族为

I_0：$S' \to \cdot E$
$E \to \cdot E+T$
$E \to \cdot T$
$T \to \cdot T*F$
$T \to \cdot F$
$F \to \cdot (E)$
$F \to \cdot i$

I_1：$S' \to E \cdot$
$E \to E \cdot +T$

I_2：$E \to T \cdot$
$T \to T \cdot *F$

I_3：$T \to F \cdot$

I_4：$F \to (\cdot E)$
$E \to \cdot E+T$
$E \to \cdot T$
$T \to \cdot T*F$
$T \to \cdot F$
$F \to \cdot (E)$
$F \to \cdot i$

I_5：$F \to i \cdot$

I_6：$E \to E+ \cdot T$
$T \to \cdot T*F$
$T \to \cdot F$
$F \to \cdot (E)$
$F \to \cdot i$

I_7：$T \to T* \cdot F$
$F \to \cdot (E)$
$F \to \cdot i$

I_8：$F \to (E \cdot)$
$E \to E \cdot +T$

I_9：$E \to E+T \cdot$
$T \to T \cdot *F$

I_{10}：$T \to T*F \cdot$

I_{11}：$F \to (E) \cdot$

与此相应的识别该文法活前缀的有限自动机如图 6.10 所示。

不难看出在 I_1、I_2、I_9 中存在移进-归约冲突，因而这个表达式文法不是 LR(0)文法，也就不能构造 LR(0)分析表，现在分别考查这 3 个项目集(状态)中的冲突是否能用 SLR(1)方法解决。

在 I_1 中：

$$S' \to E \cdot$$
$$E \to E \cdot +T$$

由于 FOLLOW(S')={#}，而 $S' \to E \cdot$ 是唯一的接受项目，所以当且仅当遇到句子的结束符#时才被接受。又因{#}∩{+}=∅，因此 I_1 中的冲突可解决。

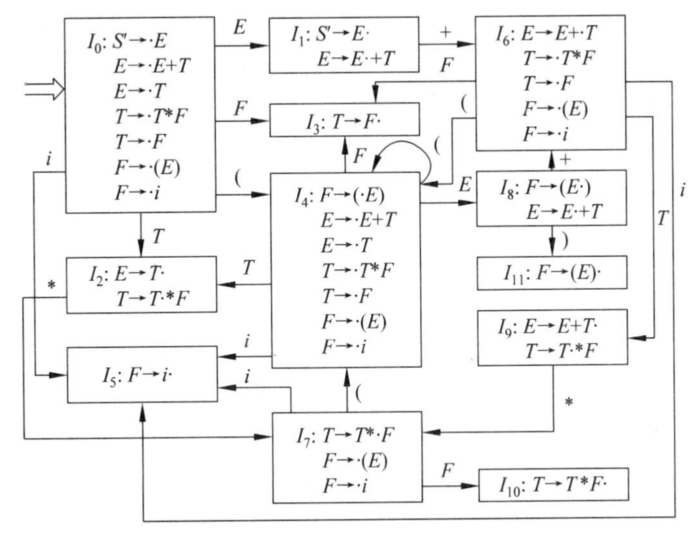

图 6.10 识别表达式文法活前缀的 DFA

在 I_2 中：

$$E \to T\cdot$$
$$T \to T\cdot *F$$

可计算非终结符 E 的 FOLLOW 集为

$$\text{FOLLOW}(E)=\{+,),\#\}$$

这样 $\text{FOLLOW}(E)\cap\{*\}=\{+,),\#\}\cap\{*\}=\varnothing$，因此当面临输入符为+、)或#时，则用产生式 $E\to T$ 进行归约；当面临输入符为 * 时，则移进；其他情况则报错。

在 I_9 中：

$$E \to E+T\cdot$$
$$T \to T\cdot *F$$

与 I_2 中的情况类似，因归约项目的左部非终结符 E 的后跟符集合 $\text{FOLLOW}(E)=\{+,),\#\}$ 与移进项目圆点后终结符不相交，所以冲突可以用 SLR(1)方法解决，与 I_2 不同的只是在面临输入符为+、)或#时用产生式 $E\to E+T$ 归约。

由以上考查可知，该文法在 I_1、I_2、I_9 三个项目集(状态)中存在的移进-归约冲突都可以用 SLR(1)方法解决，因此该文法是 SLR(1)文法。可构造其相应的 SLR(1)分析表。

SLR(1)分析表的构造与 LR(0)分析表的构造类似，仅在含有冲突的项目集中分别进行处理。但进一步分析可以发现如下事实，例如在状态 I_3 中，只有一个归约项目 $T\to F\cdot$，按照 SLR(1)方法，在该项目中没有冲突，所以可以保持原来 LR(0)的处理方法，不论当前面临的输入符号是什么，都将用产生式 $T\to F$ 进行归约。显然 T 的后跟符没有(符号，如果当前面临输入符是(，也进行归约显然是错误的，然而这是输入串不合法的错误，在此照常归约虽不报错，但此处的错误在作进一步 LR(0)分析时仍能被发现，只不过是把错误的发现推迟到下一步而已。如果对所有归约项目都采取 SLR(1)的处理思想，即对所有非终结符都求出其 FOLLOW 集合，这样仅当归约项目在面临的输入符号包含在该归约项目左部非终结符的 FOLLOW 集合中时，才采取用该产生式归约的动作，则这种处理就可以通过某些不该归约的动作而提前发现错误。对于这样构造的 SLR(1) 分析表，不妨称它为改进的 SLR(1)分析表。改进的 SLR(1)分析表的构造方法如下：

假设已构造出文法的 LR(0)项目集规范族和计算出所有非终结符的 FOLLOW 集合。

项目集规范族为 $C=\{I_0,I_1,\cdots,I_n\}$，其中 I_k 为项目集的名字，k 为状态名，令包含 $S'\to\cdot S$ 项目的集合 I_k 的下标 k 为分析器的初始状态，求出所有非终结符的 FOLLOW 集。

改进的 SLR(1)分析表的动作(ACTION)表和状态转换(GOTO)表的构造步骤如下：

(1) 若项目 $A\to\alpha\cdot a\beta$ 属于 I_k，且转换函数 $GO(I_k,a)=I_j$，当 a 为终结符时，则置 ACTION[k,a]为 s_j。

(2) 若项目 $A\to\alpha\cdot$ 属于 I_k，则对 a 为任何终结符或#，且满足 $a\in FOLLOW(A)$ 时，置 ACTION[k,a]$=r_j$，j 为产生式 $A\to\alpha$ 在文法 G' 中的编号。

(3) 若 $GO(I_k,A)=I_j$，则置 GOTO[k,A]$=j$，其中 A 为非终结符，j 为某一状态号。

(4) 若项目 $S'\to S\cdot$ 属于 I_k，则置 ACTION[k,#]=acc，表示接受。

(5) 凡不能用上述方法填入的分析表的元素，均应填上报错标志，在本书中用空白表示。

用上述步骤对算术表达式文法构造改进的 SLR(1)分析表如表 6.8 所示。

表 6.8 改进的 SLR(1)分析表

状 态	ACTION						GOTO		
	i	+	*	(	)	#	E	T	F
0	S_5			S_4			1	2	3
1		S_6				acc			
2		r_2	S_7		r_2	r_2			
3		r_4	r_4		r_4	r_4			
4	S_5			S_4			8	2	3
5		r_6	r_6		r_6	r_6			
6	S_5			S_4				9	3
7	S_5			S_4					10
8		S_6			S_{11}				
9		r_1	S_7		r_1	r_1			
10		r_3	r_3		r_3	r_3			
11		r_5	r_5		r_5	r_5			

SLR(1)分析器用表 6.8 的 SLR(1)分析表对符号串 $i+i*i$# 进行分析时栈的变化过程，如表 6.9 所示。

表 6.9 对输入串 $i+i*i$# 的 SLR(1)分析过程

步 骤	状态栈	符号栈	输入串	ACTION	GOTO
(1)	0	#	$i+i*i$#	S_5	
(2)	05	#i	$+i*i$#	r_6	3
(3)	03	#F	$+i*i$#	r_4	2
(4)	02	#T	$+i*i$#	r_2	1

续表

步　骤	状态栈	符号栈	输入串	ACTION	GOTO
(5)	01	#E	$+i*i$#	S_6	
(6)	016	#$E+$	$i*i$#	S_5	
(7)	0165	#$E+i$	$*i$#	r_6	3
(8)	0163	#$E+F$	$*i$#	r_4	9
(9)	0169	#$E+T$	$*i$#	S_7	
(10)	01697	#$E+T*$	i#	S_5	
(11)	016975	#$E+T*i$	#	r_6	10
(12)	01697(10)	#$E+T*F$	#	r_3	9
(13)	0169	#$E+T$	#	r_1	1
(14)	01	#E	#	acc	

尽管采用 SLR(1)方法能够对某些 LR(0)项目集规范族中存在动作冲突的项目集通过用向前查看一个符号的办法来解决冲突，但是仍有许多文法构造的 LR(0)项目集规范族存在的动作冲突不能用 SLR(1)方法解决。

例如，文法 G'为

(0) $S'\to S$

(1) $S\to aAd$

(2) $S\to bAc$

(3) $S\to aec$

(4) $S\to bed$

(5) $A\to e$

首先用 $S'\to\cdot S$ 作为初态集的项目，然后用闭包函数和转换函数构造识别文法 G'的活前缀的有限自动机 DFA，如图 6.11 所示，可以发现在项目集 I_5 和 I_7 中存在移进和归约冲突。

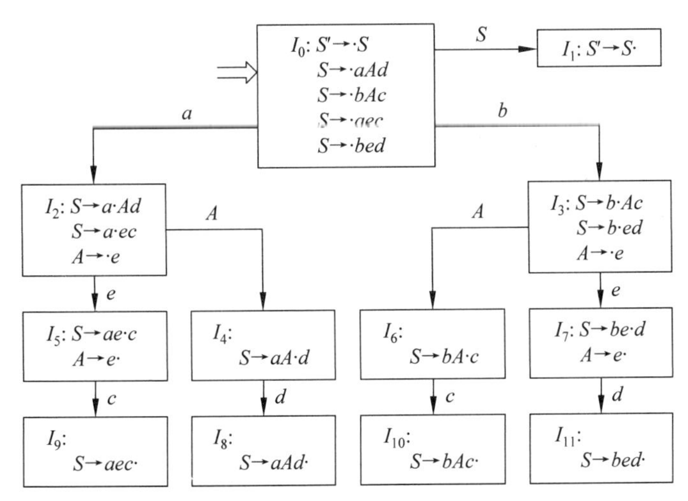

图 6.11　LR(0)识别 G'的活前缀的 DFA

I_5：$S \rightarrow ae \cdot c$　　　I_7：$S \rightarrow be \cdot d$

　　$A \rightarrow e \cdot$　　　　　　　$A \rightarrow e \cdot$

FOLLOW(A)=$\{c,d\}$

在 I_5 中，FOLLOW(A)$\cap\{c\}=\{c,d\}\cap\{c\}\neq\varnothing$。

在 I_7 中，FOLLOW(A) $\cap\{d\}=\{c,d\}\cap\{d\}\neq\varnothing$。

因此 I_5 和 I_7 中的冲突不能用 SLR(1)方法解决，只能考虑用下面将要介绍的 LR(1)方法解决。

6.4　LR(1)分析

由于用 SLR(1)方法解决动作冲突时，对于归约项目 $A \rightarrow \alpha \cdot$，只要当前面临输入符为 $a \in$ FOLLOW(A)时，就确定采用产生式 $A \rightarrow \alpha$ 进行归约，但是如果栈里的符号串为 $\beta\alpha$，归约后变为 βA，再移进当前符 a，则栈里变为 βAa，而实际上 βAa 未必为文法规范句型的活前缀。

例如，在识别表达式文法的活前缀 DFA(见图 6.10)中，在项目集 I_2 中存在移进-归约冲突，即$\{E \rightarrow T \cdot, T \rightarrow T \cdot * F\}$，若栈顶状态为 2，栈中符号为 $\# T$，当前输入符为)，而)属 FOLLOW(E)中，这时按 SLR(1)方法应用产生式 $E \rightarrow T$ 进行归约，归约后栈顶符号为 $\# E$，而再加当前符)后，栈中为 $\# E$)，不是表达式文法规范句型的活前缀。因此可以看出，SLR(1)方法虽然相对于 LR(0)有所改进，但仍然存在着多余归约，也说明 SLR(1)方法向前查看一个符号的方法仍不够确切。LR(1)方法恰好是要解决 SLR(1)方法在某些情况下存在的无效归约问题。

现在再看图 6.11 在 I_5、I_7 项目集中的移进-归约冲突，不能用 SLR(1)方法解决的原因如下。

先看 I_5 中的情况。

I_5：$S \rightarrow ae \cdot c$

　　$A \rightarrow e \cdot$

因　$S' \underset{R}{\Rightarrow} S \underset{R}{\Rightarrow} aAd \underset{R}{\Rightarrow} aed$

　　$S' \underset{R}{\Rightarrow} S \underset{R}{\Rightarrow} aec$

这两个最右推导已包括了活前缀为 a 的所有句型，因此不难看出，对活前缀 ae 来说，当面临输入符号 c 时应移进，面临 d 时应用产生式 $A \rightarrow e$ 归约。因为 $S' \underset{R}{\Rightarrow} S \underset{R}{\not\Rightarrow} aAc$，所以 aAc 不是该文法的规范句型。这也说明了并不是 FOLLOW(A)的每个元素在含 A 的所有句型中在 A 的后面都会出现，例中 d 只在规范句型 aAd 中 A 的后面出现，因此面临的输入符为 d 才应归约。

再看在 I_7 中的情况。

I_7：$S \rightarrow be \cdot d$

　　$A \rightarrow e \cdot$

而　$S' \underset{R}{\Rightarrow} S \underset{R}{\Rightarrow} bAc \underset{R}{\Rightarrow} bec$

　　$S' \underset{R}{\Rightarrow} S \underset{R}{\Rightarrow} bed$

这两个最右推导包含了活前缀为 b 的所有句型，可见 FOLLOW(A)中的 c 只能跟在句

型 bAc 中 A 的后面，这样，在 I_7 中当面临输入符为 c 时才能归约。根据项目集的构造原则有：

若$[A \to \alpha \cdot B\beta] \in$ 项目集 I，则$[B \to \cdot \gamma]$也$\in I(B \to \gamma$ 为一产生式)。

由此不妨考虑把 FIRST(β)作为用产生式 $B \to \gamma$ 归约的搜索符，称为向前搜索符，作为归约时查看的符号集合，用以代替 SLR(1)分析中的 FOLLOW 集，把此搜索符号的集合也放在相应项目的后面，这种处理方法即 LR(1)方法。

6.4.1 LR(1)项目集族的构造

以 $S' \to \cdot S, \#$ 属于初始项目集中，把 # 作为向前搜索符，表示活前缀为 γ(若 γ 是有关 S 产生式的某一右部)要归约成 S 时，必须面临输入符为 # 才行。对初始项目 $S' \to \cdot S, \#$ 求闭包后，再用转换函数逐步求出整个文法的 LR(1)项目集族。具体构造步骤如下：

(1) 构造 LR(1)项目集的闭包函数。

① 假定 I 是一个项目集，I 的任何项目都属于 CLOSURE(I)。

② 若有项目 $A \to \alpha \cdot B\beta, a$ 属于 CLOSURE(I)，$B \to \gamma$ 是文法中的产生式，$\beta \in V^*$，$b \in FIRST(\beta a)$，则 $B \to \cdot \gamma, b$ 也属于 CLOSURE(I)。

③ 重复②，直到 CLOSURE(I)不再增大为止。

(2) 构造转换函数。

LR(1)转换函数的构造与 LR(0)的相似：

$$GO(I, X) = CLOSURE(J)$$

其中 I 是 LR(1)的项目集，X 是文法符号，

$$J = \{\text{任何形如}[A \to \alpha X \cdot \beta, a]\text{的项目} \mid [A \to \alpha \cdot X\beta, a] \in I\}$$

对文法 G' 的 LR(1)项目集族的构造仍以$[S' \to \cdot S, \#]$为初态集的初始项目，然后对其求闭包和转换函数，直到项目集不再增大为止。

也就是对状态 I 经过符号 X 后转向状态 J，求出 J 的核后，对核求闭包即为 CLOSURE(J)。

现在可以对上面例子中不能用 SLR(1)方法解决 I_5、I_7 中移进-归约冲突的文法构造它的 LR(1)项目集规范族如下：

I_0：	$S' \to \cdot S, \#$	I_4：	$S \to aA \cdot d, \#$
	$S \to \cdot aAd, \#$	I_5：	$S \to ae \cdot c, \#$
	$S \to \cdot bAc, \#$		$A \to e \cdot, d$
	$S \to \cdot aec, \#$	I_6：	$S \to bA \cdot c, \#$
	$S \to \cdot bed, \#$	I_7：	$S \to be \cdot d, \#$
I_1：	$S' \to S \cdot, \#$		$A \to e \cdot, c$
I_2：	$S \to a \cdot Ad, \#$	I_8：	$S \to aAd \cdot, \#$
	$S \to a \cdot ec, \#$	I_9：	$S \to aec \cdot, \#$
	$A \to \cdot e, d$	I_{10}：	$S \to bAc \cdot, \#$
I_3：	$S \to b \cdot Ac, \#$	I_{11}：	$S \to bed \cdot, \#$
	$S \to b \cdot ed, \#$		
	$A \to \cdot e, c$		

这样 LR(1)方法构造的项目集规范族在项目集 I_5 和 I_7 中的移进-归约冲突便可解决。

由于归约项目的搜索符集合与移进项目的待移进符号不相交，所以在 I_5 中，当面临输入符为 d 时归约，为 c 时移进；而在 I_7 中，则当面临输入符为 c 时归约，为 d 时移进，冲突已全部可以解决，因此该文法为 LR(1)文法。

6.4.2 LR(1)分析表的构造

由于一个 LR(1)项目可以看成由两个部分组成，一部分和 LR(0)项目相同，称为心，另一部分为向前搜索符集合，因而 LR(1)分析表的构造与 LR(0)分析表的构造在形式上基本相同，只是归约项目的归约动作取决于该归约项目的向前搜索符集，即只有当面临的输入符属于向前搜索符的集合，才做归约动作，其他情况均出错。具体构造过程如下：

若已构造出某文法的 LR(1)项目集族 C：

$$C=\{I_0, I_1, \cdots, I_n\}$$

其中 I_k 的 k 为分析器的状态，则动作(ACTION)表和状态转换(GOTO)表构造方法如下：

(1) 若项目 $[A\to\alpha\cdot a\beta, b]$ 属于 I_k，且 $GO(I_k, a)= I_j$，其中 $a\in V_T$，则置 $ACTION[k,a]=S_j$。S_j 的含义是把输入符号 a 和状态 j 分别移入文法符号栈和状态栈。

(2) 若项目 $[A\to\alpha\cdot, a]$ 属于 I_k，则置 $ACTION[k,a]=r_j$。其中，$a\in V_T$，r_j 的含义为把当前栈顶符号串 α 归约为 A(即用产生式 $A\to\alpha$ 归约)，j 为在文法中产生式 $A\to\alpha$ 的编号。

(3) 若项目 $[S'\to S\cdot, \#]$ 属于 I_k，则置 $ACTION[k, \#]=acc$，表示“接受”。

(4) 若 $GO(I_k, A)=I_j$，其中 $A\in V_N$，则置 $GOTO[k,A]=j$，表示转入 j 状态，置当前文法符号栈顶为 A，状态栈顶为 j。

(5) 凡不能用规则(1)～(4)填入分析表中的元素，均置报错标志。在本书中用空白表示。

根据上述规则，对上面例子中文法的 LR(1)项目集族构造其相应的 LR(1)分析表，如表 6.10 所示。

表 6.10 LR(1)分析表

状态	ACTION						GOTO	
	a	b	c	d	e	#	S	A
0	S_2	S_3					1	
1						acc		
2					S_5			4
3					S_7			6
4				S_8				
5			S_9	r_5				
6			S_{10}					
7			r_5	S_{11}				
8						r_1		
9						r_3		
10						r_2		
11						r_4		

由表 6.10 可以看出，对 LR(1)的归约项目不存在任何无效归约。但在多数情况下，同一个文法的 LR(1)项目集的个数比 LR(0)项目集的个数多，甚至可能多好几倍。这是由于同一个 LR(0)项目集的搜索符集合不同，多个搜索符集合则对应着多个 LR(1)项目集。这可以看成是 LR(1)项目集的构造使某些同心集进行了分裂，因而项目集的个数增多了。下面举例说明这一概念。

若文法 G' 为

(0) $S' \to S$

(1) $S \to BB$

(2) $B \to aB$

(3) $B \to b$

它的 LR(1)项目集族和转换函数如图 6.12 所示，LR(1)分析表如表 6.11 所示。

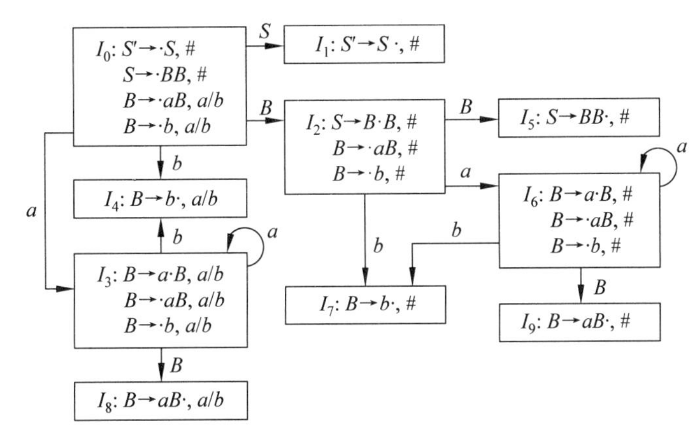

图 6.12　LR(1)项目集和转换函数

表 6.11　LR(1)分析表

状 态	ACTION			GOTO	
	a	b	#	S	B
0	S_3	S_4		1	2
1			acc		
2	S_6	S_7			5
3	S_3	S_4			8
4	r_3	r_3			
5			r_1		
6	S_6	S_7			9
7			r_3		
8	r_2	r_2			
9			r_2		

只要仔细分析该文法的每个 LR(1)项目集的项目，不难发现，即使不考查搜索符，它的任何项目集中都没有动作冲突，因此实际上这个文法是 LR(0)文法，读者可以自己构造它的 LR(0)项目集，可以得知它的 LR(0)分析器只含 7 个状态，而现在 LR(1)分析器却含有 10 个状态，其中 I_3 和 I_6，I_4 和 I_7，I_8 和 I_9 分别为同心集。

如果一个文法的 LR(1)分析表不含多重入口(即任何一个 LR(1)项目集中无移进-归约冲突或归约-归约冲突),则称该文法为 LR(1)文法,所构造的相应分析表称为 LR(1)分析表,使用 LR(1)分析表的分析器称为 LR(1)分析器或称规范的 LR 分析器。一个文法是 LR(0)文法,就一定也是 SLR(1)文法,也是 LR(1)文法,反之则不一定成立。

6.5 LALR(1)分析

LR(1)分析表的构造对搜索符的计算方法比较确切,对文法放宽了要求,也就是适应的文法类广,可以解决 SLR(1)方法解决不了的问题,但是,由于它的构造对某些同心集的分裂可能使状态数目引起剧烈的增长,从而导致存储容量的急剧增加,因此使应用受到一定的限制。为了克服 LR(1)的这种缺点,可以采用对 LR(1)项目集规范族合并同心集的方法,若合并同心集后不产生新的冲突,则为 LALR(1)项目集,它的状态个数与 LR(0)、SLR(1)的相同。

例如,分析图 6.12 中的项目集,可发现如下同心集:

I_3: $B \to a \cdot B, a/b$　　　I_6: $B \to a \cdot B, \#$

　　$B \to \cdot aB, a/b$　　　　$B \to \cdot aB, \#$

　　$B \to \cdot b, a/b$　　　　$B \to \cdot b, \#$

I_4: $B \to b \cdot, a/b$　　　I_7: $B \to b \cdot, \#$

I_8: $B \to aB \cdot, a/b$　　　I_9: $B \to aB \cdot, \#$

即 I_3 和 I_6,I_4 和 I_7,I_8 和 I_9 分别为同心集,将同心集合并后为

I_3, I_6: $B \to a \cdot B, a/b/\#$

　　$B \to \cdot aB, a/b/\#$

　　$B \to \cdot b, a/b/\#$

I_4, I_7: $B \to b \cdot, a/b/\#$

I_8, I_9: $B \to aB \cdot, a/b/\#$

同心集合并后仍不包含冲突,因此该文法满足 LALR(1)要求。

合并同心集有几个问题需要说明。

(1) 同心集是指心相同的项目集合并在一起,因此同心集合并后心仍相同,只是超前搜索符集合为各同心集超前搜索符集合的和集。

(2) 同心集经转换函数所达的项目集仍为同心集。因为相同的心经转换函数所达的心仍相同,即仍属同心集,所以合并同心集后转换函数也自动合并。如例中 I_3 和 I_6 为同心集,它们的转换函数分别为

I_3: $GO(I_3, a) = I_3$

　　$GO(I_3, b) = I_4$

　　$GO(I_3, B) = I_8$

I_6: $GO(I_6, a) = I_6$

　　$GO(I_6, b) = I_7$

　　$GO(I_6, B) = I_9$

而 I_3 和 I_6,I_4 和 I_7,I_8 和 I_9 分别为同心集。

(3) 若文法是 LR(1)文法，合并同心集后，若有冲突也只可能是归约-归约冲突，而不可能产生移进-归约冲突，不妨假设某 LR(1)文法的项目集 I_k 与 I_j 为同心集，其中：

I_k为：$[A\to\alpha\cdot, u_1]$

$[B\to\beta\cdot a\gamma, b]$

I_j为：$[A\to\alpha\cdot, u_2]$

$[B\to\beta\cdot a\gamma, c]$

其中 u_1、u_2 分别为超前搜索符集合。因为假设文法是 LR(1)的，所以不可能有移进-归约冲突，也就是在 I_k 中有$\{u_1\}\cap\{a\}=\varnothing$，在 I_j 中有$\{u_2\}\cap\{a\}=\varnothing$，显然合并同心集后$(\{u_1\}\cup\{u_2\})\cap\{a\}=\varnothing$。

(4) 合并同心集后对某些错误发现的时间会产生推迟现象，但错误的出现位置仍是准确的。这意味着 LALR(1)分析表比 LR(1)分析表对同一输入串的分析可能会有多余归约。这个问题将在后面用例子来说明。

现在介绍构造文法的 LALR(1)分析表，对于一个文法是否为 LALR(1)文法，通常所采用的方法是：构造它的 LR(1)项目集族，若不含任何冲突，则合并同心集；若仍不产生归约-归约冲突，则该文法便是 LALR(1)文法，就可以根据合并同心集后的项目集族构造该文法的 LALR(1)分析表。其构造步骤如下：

(1) 构造文法 G 的 LR(1)项目集族，$C=\{I_0, I_1, \cdots, I_n\}$。

(2) 合并所有的同心集，使 C 变为 $C'=\{J_0, J_1, \cdots, J_m\}$，便是 LALR(1)的项目集。

(3) 据 C'构造动作(ACTION)表，其方法与 LR(1)分析表的构造相同。

① 若$[A\to\alpha\cdot a\beta, b]\in J_k$，且 $GO(J_k, a)=J_j$，其中 $a\in V_T$，则置 ACTION$[k, a]=s_j$，其含义是把输入符号 a 和状态 j 分别移入文法符号栈和状态栈。

② 若项目$[A\to\alpha\cdot, a]$属于 J_k，则置 ACTION$[k, a]=r_j$，其中 $a\in V_T$，r_j的含义是$A\to\alpha$是文法的第 j 个产生式，此时把栈顶符号串 α 归约为 A。

③ 若项目$[S'\to S\cdot, \#]$属于 J_k，则置 ACTION$[k, \#]=acc$，表示分析成功、接受。

④ GOTO 表的构造。对于不是同心集的项目集，转换函数的构造与 LR(1)的相同，对同心集项目，由于合并同心集后，新集的转换函数也为同心集，因此，假定 $I_{i_1} I_{i_2}, \cdots, I_{i_n}$ 是同心集，合并后的新集为 J_k，转换函数 $GO(I_{i_1}, X), GO(I_{i_2}, X), \cdots, GO(I_{i_n}, X)$也为同心集，将其合并后记作 J_i，因此，有 $GO(J_k, X)=J_i$，所以当 X 为非终结符时，$GO(J_k, X)=J_i$，则置 GOTO$[k, X]=i$，表示在 k 状态下遇非终结符 X 时，把 X 和 i 分别移到文法符号栈和状态栈；当 X 为终结符时和 ACTION 表重合。

⑤ 分析表中凡不能用①～④填入信息的均填出错标志。

用上述步骤就可以构造前面的文法的 LALR(1)分析表如下：I_3 和 I_6合并后用 $I_{3,6}$表示，I_4和 I_7合并后用 $I_{4,7}$表示，I_8和 I_9合并后用 $I_{8,9}$表示。对文法合并同心集后的 LALR(1)分析表如表 6.12 所示。

由于合并同心集后，在新的集合中不含归约-归约冲突，所以该文法是 LALR(1)文法。能用 LALR(1)分析表进行语法分析的分析器称为 LALR(1)分析器。

现在举例说明由于合并同心集可能对某些错误发现的时间产生推迟现象。

上面所给文法识别的句子集合是正规式 $a^* ba^* b$，也就是该文法可推出的句子必须含有两个 b 且以 b 为结尾。因而输入串若为 $ab\#$，显然不是这个文法能推出的句子。但用 LR(1)

表 6.12 合并同心集后的 LALR(1)分析表

状 态	ACTION			GOTO	
	a	b	#	S	B
0	$S_{3,6}$	$S_{4,7}$		1	2
1			acc		
2	$S_{3,6}$	$S_{4,7}$			5
3,6	$S_{3,6}$	$S_{4,7}$			8,9
4,7	r_3	r_3	r_3		
5			r_1		
8,9	r_2	r_2	r_2		

分析表分析和用 LALR(1)分析表分析时发现错误的时间不同，现将分析步骤分别写出如下。

用表 6.11 所示的 LR(1)分析表分析输入串 $ab\#$ 的过程如表 6.13 所示。

表 6.13 对输入串 $ab\#$ 用 LR(1)分析的过程

步 骤	状态栈	符号栈	输入串	ACTION	GOTO
1	0	#	$ab\#$	S_3	
2	03	$\#a$	$b\#$	S_4	
3	034	$\#ab$	#	出错	

在 LR(1)项目集规范族中，当分析进入状态 I_4 时，b 后只能出现 a 或 b 而不能出现 #，因而出错。

而用表 6.12 的 LALR(1)分析表分析同样的输入串 $ab\#$，分析过程如表 6.14 所示。

表 6.14 对输入串 $ab\#$ 用 LALR(1)分析的过程

步 骤	状态栈	符号栈	输入串	ACTION	GOTO
1	0	#	$ab\#$	$S_{3,6}$	
2	0(3,6)	$\#a$	$b\#$	$S_{4,7}$	
3	0(3,6)(4,7)	$\#ab$	#	r_3	(8,9)
4	0(3,6)(8,9)	$\#aB$	#	r_2	2
5	02	$\#B$	#	出错	

在 LR(1)分析中 I_4 的向前搜索符只有$\{a,b\}$，而由于 I_4，I_7 为同心集，合并同心集后搜索符的集合变为$\{a,b,\#\}$，所以集合扩大了，因而用 LALR(1)分析表发现错误的时间也就推迟了。表 6.14 对 $ab\#$ 的分析进行了两步多余归约，但是发现错误的位置还是确切的。

为了说明 LR(1)分析法强于 LALR(1)分析法，而 LALR(1)分析法强于 SLR(1)分析法，现分别举例如下。

若有文法 $G_1(S')$ 的产生式如下：

(0) $S' \to S$

(1) $S \to L = R$

(2) $S \to R$

(3) $L \to *R$

(4) $L \to i$

(5) $R \to L$

该文法的 LR(0)项目集规范族为

I_0: $S' \to \cdot S$
　　$S \to \cdot L=R$
　　$S \to \cdot R$
　　$L \to \cdot *R$
　　$L \to \cdot i$
　　$R \to \cdot L$

I_1: $S' \to S \cdot$

I_2: $S \to L \cdot =R$
　　$R \to L \cdot$

I_3: $S \to R \cdot$

I_4: $L \to \cdot R$
　　$R \to \cdot L$
　　$L \to \cdot *R$
　　$L \to \cdot i$

I_5: $L \to i \cdot$

I_6: $S \to L= \cdot R$
　　$R \to \cdot L$
　　$L \to \cdot R$
　　$L \to \cdot i$

I_7: $L \to R \cdot$

I_8: $R \to L \cdot$

I_9: $S \to L=R \cdot$

不难发现，在项目集 I_2 中存在移进项目 $S \to L \cdot =R$ 和归约项目 $R \to L \cdot$。因此该文法不是 LR(0)文法。再考察是否能用 SLR(1)方法解决，这就要看 R 的后跟符集合中是否包含=，由文法的产生式规则可求出 FOLLOW(R)=\{#,=\}，所以 FOLLOW(R)$\cap$\{=\}=\{=,#\}$\cap$\{=\}$\neq\varnothing$，因而在 I_2 中存在的移进-归约冲突不能用 SLR(1)方法解决，说明该文法不是 SLR(1)文法，因此，进一步构造它的 LR(1)项目集规范族，以判定是否是 LR(1)文法或 LALR(1)文法。

上述文法的 LR(1)项目集族及转换函数如图 6.13 所示。

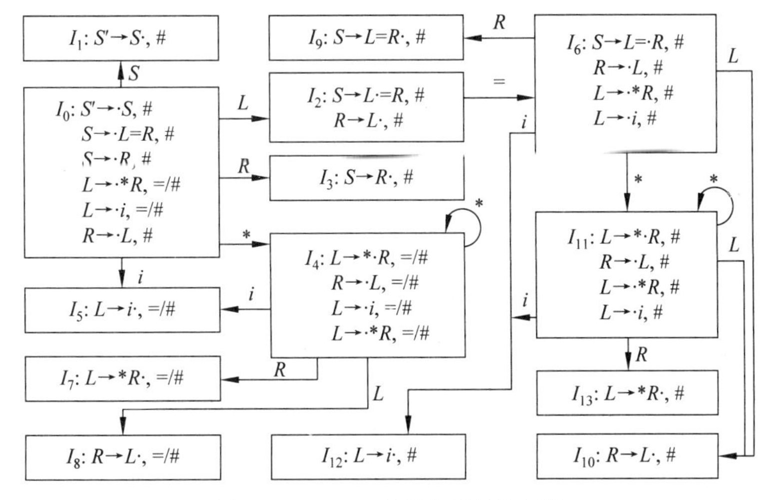

图 6.13　LR(1)项目集及转换函数

分析所有这些项目集，可以发现每个项目集中都不含移进-归约冲突或归约-归约冲突。在项目集 I_2 中，因归约项目[$R \to L \cdot$，#]的搜索符为 #，即当前输入符为 # 时才用产生式 $R \to L$ 归约，而移进项目[$S \to L \cdot = R$，#]的移进符号为=，所以移进-归约冲突由 LR(1)方法得到了解决，也说明了 LR(1)分析法的功能比 SLR(1)分析法的功能要强，同时也可以发现下列同心集，即 I_4 和 I_{11}，I_5 和 I_{12}，I_7 和 I_{13}，I_8 和 I_{10}，它们两两之间除了搜索符不同外，心是相同的，因此可以将这些同心集合并，合并同心集后的项目集分别如下。

I_4 和 I_{11} 为

{$L \to \cdot R$，=/#
$R \to \cdot L$，=/#
$L \to \cdot i$，=/#
$L \to \cdot R$，=/#}

I_5 和 I_{12} 为

{$L \to i \cdot$，=/#}

I_7 和 I_{13} 为

{$L \to * R \cdot$，=/#}

I_8 和 I_{10} 为

{$R \to L \cdot$，=/#}

进一步考察这些合并同心集后的项目集，发现它们仍不含归约-归约冲突，因此可判定该文法是 LALR(1)文法，也是 LR(1)文法，但不是 LR(0)和 SLR(1)文法。

相应的 LALR(1)分析表如表 6.15 所示。

表 6.15　LALR(1)分析表

状 态	ACTION				GOTO		
	=	*	i	#	S	L	R
0		S_4	S_5		1	2	3
1				acc			
2	S_6			r_5			
3				r_2			
4		S_4	S_5			8	7
5	r_4			r_4			
6		S_4	S_5			8	9
7	r_3			r_3			
8	r_5			r_5			
9				r_1			

下面再给出文法 $G_2(S')$是 LR(1)文法而不是 LALR(1)文法的例子，$G_2(S')$的产生式如下：

(0) $S' \to S$

(1) $S \to aAd$

(2) $S \to bBd$

(3) $S \to aBe$

(4) $S \to bAe$

(5) $A \to c$

(6) $B \to c$

我们可以直接构造它的 LR(1)项目集如下：

I_0：$S' \to \cdot S, \#$
　　$S \to \cdot aAd, \#$
　　$S \to \cdot bBd, \#$
　　$S \to \cdot aBe, \#$
　　$S \to \cdot bAe, \#$

I_1：$S' \to S \cdot, \#$

I_2：$S \to a \cdot Ad, \#$
　　$S \to a \cdot Be, \#$
　　$A \to \cdot c, d$
　　$B \to \cdot c, e$

I_3：$S \to b \cdot Bd, \#$
　　$S \to b \cdot Ae, \#$
　　$B \to \cdot c, d$
　　$A \to \cdot c, e$

I_4：$S \to aA \cdot d, \#$

I_5：$S \to aB \cdot e, \#$

I_6：$A \to c \cdot, d$
　　$B \to c \cdot, e$

I_7：$S \to bB \cdot d, \#$

I_8：$S \to bA \cdot e, \#$

I_9：$A \to c \cdot, e$
　　$B \to c \cdot, d$

I_{10}：$S \to aAd \cdot, \#$

I_{11}：$S \to aBe \cdot, \#$

I_{12}：$S \to bBd \cdot, \#$

I_{13}：$S \to bAe \cdot, \#$

检查每个项目集 I_i 可知，在任一项目集中都不含移进-归约冲突或归约-归约冲突，因此文法是 LR(1)的，进一步查看项目集可发现，I_6 和 I_9 是同心集：

I_6：$A \to c \cdot, d$　　I_9：$A \to c \cdot, e$
　　$B \to c \cdot, e$　　　　$B \to c \cdot, d$

若合并后则变为

$I_{6,9}$：$A \to c \cdot, d/e$
　　　$B \to c \cdot, e/d$

这样就出现了新的归约-归约冲突，因为不管当前符号是 d 或 e，既可用产生式 $A \to c$ 归约，也可用产生式 $B \to c$ 归约，因而可判定该文法不是 LALR(1)文法，当然也不可能是 SLR(1)和 LR(0)文法。

6.6　二义性文法在 LR 分析中的应用

我们已经知道任何一个二义性文法绝不是 LR 类文法，也不是一个算符优先文法或 LL(k)文法，任何一个二义性文法不存在与其相应的确定的语法分析器，但是对某些二义性文法，可以人为地给出优先性和结合性的规定，从而可以构造出比相应非二义性文法更优越的 LR 分析器。

例如，算术表达式的二义性文法为

$$E \to E+E \mid E*E \mid (E) \mid i$$

相应的非二义性文法可为

$$E \to E+T \mid T$$
$$T \to T*F \mid F$$
$$F \to (E) \mid i$$

现在构造算术表达式二义性文法的 LR(0)项目集，用状态转换矩阵表示，如表 6.16 所示。

表 6.16　算术表达式二义性文法的 LR(0)项目集及状态转换矩阵

当前符号 状态	+	*	(	)	i	#	E
I_0： $E'\rightarrow\cdot E$ $E\rightarrow\cdot E+E$ $E\rightarrow\cdot E*E$ $E\rightarrow\cdot(E)$ $E\rightarrow\cdot i$			I_2： $E\rightarrow(\cdot E)$ $E\rightarrow\cdot E+E$ $E\rightarrow\cdot E*E$ $E\rightarrow\cdot(E)$ $E\rightarrow\cdot i$		I_3： $E\rightarrow i\cdot$		I_1： $E'\rightarrow E\cdot$ $E\rightarrow E\cdot+E$ $E\rightarrow E\cdot *E$
I_1：	I_4： $E\rightarrow E+\cdot E$ $E\rightarrow\cdot E+E$ $E\rightarrow\cdot E*E$ $E\rightarrow\cdot(E)$ $E\rightarrow\cdot i$	I_5： $E\rightarrow E*\cdot E$ $E\rightarrow\cdot E+E$ $E\rightarrow\cdot E*E$ $E\rightarrow\cdot(E)$ $E\rightarrow\cdot i$				acc	
I_2：			I_2：		I_3：		I_6： $E\rightarrow(E\cdot)$ $E\rightarrow E\cdot+E$ $E\rightarrow E\cdot *E$
I_3：							
I_4：			I_2：		I_3：		I_7： $E\rightarrow E+E\cdot$ $E\rightarrow E\cdot+E$ $E\rightarrow E\cdot *E$
I_5：			I_2：		I_3：		I_8： $E\rightarrow E*E\cdot$ $E\rightarrow E\cdot+E$ $E\rightarrow E\cdot *E$
I_6：	I_4：	I_5：		I_9： $E\rightarrow(E)\cdot$			
I_7：	I_4：	I_5：					
I_8：	I_4：	I_5：					
I_9：							

在表 6.16 中可以看出，状态 I_1、I_7和 I_8中存在移进-归约冲突，现在逐个分析它们的冲突如何解决。

在 I_1中，归约项目 $E'\rightarrow E\cdot$ 实际上为接受项目。由于 FOLLOW(E')＝{＃}，也就是只有遇到句子的结束标志＃才能接受，因而与移进项目的移进符号＋、* 不会冲突，所以可用 SLR(1)方法解决，即遇当前输入符为＃时则接受，遇＋或 * 时则移进。

在 I_7和 I_8中，由于归约项目[$E\rightarrow E+E\cdot$]和[$E\rightarrow E*E\cdot$]的左部都为非终结符 E，而 FOLLOW(E)＝{＃，＋，*，)}，而移进项目均有＋和 *，也就存在

$$\mathrm{FOLLOW}(E)\cap\{+,*\}\neq\varnothing$$

因而 I_7和 I_8中的冲突不能用 SLR(1)的方法解决，有兴趣的读者也可证明该二义性文法用

LR(k)方法仍不能解决此冲突。

然而,用优先关系和结合性可以解决这类冲突,假如仍规定 * 优先级高于+,且它们都服从左结合,那么在 I_7 中,由于 * ＞+,所以遇 * 移进,又因+服从左结合,所以遇+则用 $E \to E+E$ 归约。在 I_8 中,由 * ＞+且 * 服从左结合,因此不论遇到+、* 或 # 都应归约,该二义性文法的 LR 分析表如表 6.17 所示。

表 6.17　对表达式二义性文法的 LR 分析表

状态	ACTION						GOTO
	+	*	(	)	i	#	E
0			S_2		S_3		1
1	S_4	S_5				acc	
2			S_2		S_3		6
3	r_4	r_4		r_4		r_4	
4			S_2		S_3		7
5			S_2		S_3		8
6	S_4	S_5		S_9			
7	r_1	S_5		r_1		r_1	
8	r_2	r_2		r_2		r_2	
9	r_3	r_3		r_3		r_3	

使用表 6.17 对表达式的输入串 i+i*i# 进行分析的过程如表 6.18 所示。

表 6.18　用二义性文法的分析表对输入串 i+i*i # 的分析过程

步骤	状态栈	符号栈	输入串	ACTION	GOTO
(1)	0	#	i+i*i#	S_3	
(2)	03	#i	+i*i#	r_4	1
(3)	01	#E	+i*i#	S_4	
(4)	014	#E+	i*i#	S_3	
(5)	0143	#E+i	*i#	r_4	7
(6)	0147	#E+E	*i#	S_5	
(7)	01475	#E+E*	i#	S_3	
(8)	014753	#E+E*i	#	r_4	8
(9)	014758	#E+E*E	#	r_2	7
(10)	0147	#E+E	#	r_1	1
(11)	01	#E	#	acc	

不难发现,对二义性文法规定了优先关系和结合性后的 LR 分析速度比相应的非二义性文法的 LR 分析速度要快一些,对输入串 i+i*i# 的分析,用表 6.17 比用表 6.8(见 6.3 节)分析少 3 步,其分析过程见表 6.18 和表 6.9。对于其他的二义性文法也可用类似的方法处理,可能构造出无冲突的 LR 分析表。

练　　习

1. 已知文法

$A \to aAd \mid aAb \mid \varepsilon$

判断该文法是否是 SLR(1) 文法，若是，请构造相应分析表，并对输入串 $ab\#$ 给出分析过程。

2. 若有定义二进制数的文法如下：

$S \to L.L \mid L$

$L \to LB \mid B$

$B \to 0 \mid 1$

(1) 试为该文法构造 LR 分析表，并说明属哪类 LR 分析表。

(2) 给出输入串 101.110 的分析过程。

3. 考虑文法

$S \to AS \mid b$

$A \to SA \mid a$

(1) 列出这个文法的所有 LR(0) 项目。

(2) 按(1)列出的项目构造识别这个文法活前缀的 NFA，把这个 NFA 确定化为 DFA，说明这个 DFA 的所有状态全体构成这个文法的 LR(0) 规范族。

(3) 这个文法是 SLR(1) 的吗？若是，构造出它的 SLR 分析表。

(4) 这个文法是 LALR(1) 或 LR(1) 的吗？

4. 下面是一个描述 $\Sigma = \{a, b\}$ 上的正规式的 LALR(1) 文法（实际上也是 SLR(1) 文法），只不过用＋代替|。

$E \to E + T \mid T$

$T \to TF \mid F$

$F \to F* \mid (E) \mid a \mid b$

构造这个文法的 LALR(1) 项目集和分析表。

5. 一个类 ALGOL 的文法如下：

⟨Program⟩→⟨Block⟩

⟨Program⟩→⟨Compound Statement⟩

⟨Block⟩→⟨Block head⟩;⟨Compound Tail⟩

⟨Block head⟩→begin *d*

⟨Block head⟩→⟨Block head⟩;*d*

⟨Compound Tail⟩→*S* end

⟨Compound Tail⟩→*S*;⟨Compound Tail⟩

⟨Compound Statement⟩→begin⟨Compound Tail⟩

试构造其 LR(0) 分析表。

6. 文法 $G=(\{U,T,S\},\{a,b,c,d,e\},P,S)$，其中 P 为

$S \to UTa \mid Tb$

$T \to S \mid Sc \mid d$

$U \to US \mid e$

(1) 判断 G 是 LR(0)、SLR(1)、LALR(1)还是 LR(1)的，说明理由。

(2) 构造相应的分析表。

7. 证明下面文法不是 LR(0)而是 SLR(1)。

$S \to A$

$A \to Ab \mid bBa$

$B \to aAc \mid a \mid aAb$

8. 证明文法(其中 \$ 相当于 #)

$S \to A\$$

$A \to BaBb \mid DbDa$

$B \to \varepsilon$

$D \to \varepsilon$

是 LR(1)而不是 SLR(1)的。

9. 证明下面文法是 LR(1)而不是 LALR(1)的。

$S \to Aa \mid bAe \mid Be \mid bBa$

$A \to d$

$B \to d$

10. 判断下列 6 个文法是否为 LR 类文法，若是，请说明是 LR(0)、SLR(1)、LALR(1)或 LR(1)的哪一种，并构造相应的分析表；若不是，请说明理由。

(1) $S \to AB$

$A \to aBa \mid \varepsilon$

$B \to bAb \mid \varepsilon$

(2) $S \to D;B \mid B$

$D \to d \mid \varepsilon$

$B \to B;a \mid a \mid \varepsilon$

(3) $S \to aAd \mid eBd \mid aBr \mid eAr$

$A \to a$

$B \to a$

(4) $A \to AbBa \mid B$

$B \to a \mid \varepsilon$

(5) $A \to aB \mid \varepsilon$

$B \to Ab \mid a$

(6) $S \to (SR \mid a$

$R \to .SR \mid)$

11. 设文法 $G[S]$为

$S \to AS \mid \varepsilon$

$A \to aA \mid b$

(1) 证明 $G[S]$是 LR(1)文法。

(2) 构造它的 LR(1)分析表。

(3) 给出输入符号串 $abab\#$ 的分析过程。

12. 证明任何 SLR(1)文法都是 LR(1)文法。

13. 证明任何 SLR(1)文法都是 LALR(1)文法。

14. 一个文法若是 SLR(1)文法，那么它的 SLR(1)和 LALR(1)识别活前缀的 DFA 的状态数目相同，但 LALR(1)对一些错误的发现可能比 SLR(1)要早。请说明理由。

15. 已知文法为：

$S \rightarrow a \mid \wedge \mid (T)$

$T \rightarrow T, S \mid S$

(1) 构造它的 LR(0)、LALR(1)和 LR(1)分析表。

(2) 给出对输入符号串$(a\#$ 和$(a,a\#$ 的分析过程。

(3) 说明(1)中 3 种分析表发现错误的时刻和输入串的出错位置有何区别。

16. 给定文法：

$S \rightarrow \underline{\text{do}}\ S\ \underline{\text{or}}\ S \mid \underline{\text{do}}\ S \mid S;S \mid \underline{\text{act}}$

(1) 构造识别该文法活前缀的 DFA。

(2) 该文法是 LR(0)的吗？是 SLR(1)的吗？说明理由。

(3) 若对一些终结符的优先级以及算符的结合规则规定如下：

① $\underline{\text{or}}$ 优先性大于 $\underline{\text{do}}$。

② ;服从左结合。

③ ;优先性大于 $\underline{\text{do}}$。

④ ;优先性大于 $\underline{\text{or}}$。

请构造该文法的 LR 分析表。

17. 已知某文法 $G[S]$ 的 LALR(1)分析表如表 6.19 所示。

表 6.19　对表达式二义性文法的 LR 分析表

状态	ACTION					GOTO
	a	t	g	c	#	S
0	S_{11}	S_8		S_4		1
1				S_2	acc	
2			S_3			
3	S_{11}	S_8		S_4		16
4	S_5					
5	S_6					
6				S_7		
7			r_1	r_1	r_1	
8			S_9			
9				S_{10}		
10	S_{11}	S_8		S_4		14
11	S_{11}	S_8		S_4		12
12			S_{13}	S_2		
13	S_{11}	S_8		S_4		15
14			r_4	S_2	r_4	
15			r_2	S_2	r_2	
16			r_3	S_2	r_3	

并且已知各规则右边语法符号的个数以及左边的非终结符如下：

规则编号	1	2	3	4
右部长度	4	4	4	4
左部符号	S	S	S	S

写出使用上述 LALR(1)分析器分析下面的串的过程(只需写出前 10 步，列出所有可能的 r_i，s_j 序列，注意先后次序)：

$$acaaccgtgccaacgatgccaa\cdots$$

18. 给定如下文法 $G[S]$：

$S \to$ if S else S

$S \to$ if S

$S \to a$

为文法 $G[S]$ 增加产生式 $S' \to S$，得到增广文法 $G'[S]$，下图是相应的 LR(0)项目集和识别活前缀的 DFA(i 表示if，e 表示else)：

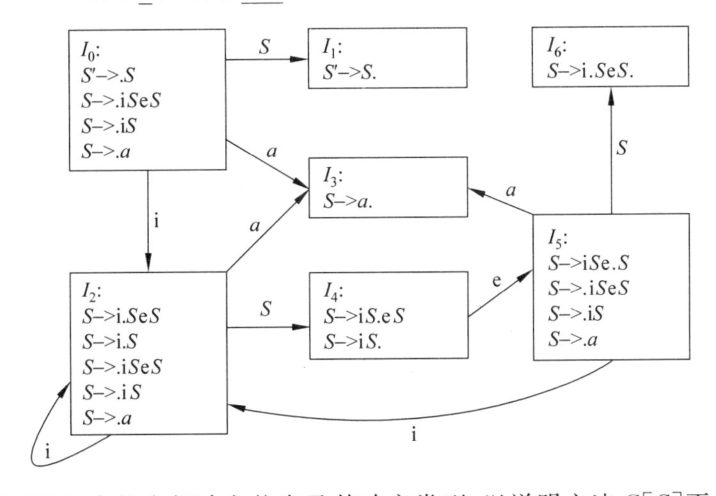

(1) 指出该 DFA 中的全部冲突状态及其冲突类型，以说明文法 $G[S]$不是 LR(0)文法。

(2) 文法 $G[S]$也不是 SLR(1)文法。为什么？

(3) 给出文法 $G[S]$的 LR(1)项目集和相应的 DFA。

(4) 指出(3)中 DFA 的全部冲突状态，以说明文法 $G[S]$也不是 LR(1)文法。

(5) 若规定 else 优先匹配左边靠近它的未匹配的 if，则可以解决上述两个 DFA 中的状态冲突。试给出文法 $G[S]$在规定这一规则情况下的 SLR(1)分析表和 LR(1)分析表。

(6) 对于文法 $G[S]$中正确的句子，基于(5)中两个分析表均可以成功进行 LR 分析。然而，对于不属于文法 $G[S]$中的句子，两种分析过程发现错误的速度不同，即发现错误时所经过的移进-归约总步数有差异。试给出一个长度不超过 10 的句子(即所包含的终结符个数不超过 10)，使得两种分析过程发现错误的速度不同。哪一个更快？对于你给的例子，两种分析过程分别到达哪个状态时会发现错误？

第 7 章　语法制导的语义计算

对于词法和语法正确的源程序，编译程序就可以对它进行语义分析。在语义分析阶段，首先是收集或计算源程序的上下文相关信息，并将这些信息分配到相应的程序单元记录下来。在这一过程中，若发现程序存在静态一致性或完整性方面的问题，则报告静态语义错误；若不存在静态一致性或完整性方面的问题，则称该程序通过了静态语义检查。语义分析过程中与静态语义检查相关的部分称为静态语义分析。对于已通过静态语义检查的程序，编译程序可将其翻译到后续的中间表示形式，即中间代码生成。中间代码生成的过程体现了如何在更低的级别诠释程序的动态语义。关于静态语义分析和中间代码生成，可参阅第 8 章内容。

在编译程序的实现中，一种经典的方法是由语法分析程序的分析过程来主导语义分析以及翻译的过程，本书将其称为语法制导的语义计算。在编译方面的许多书籍中也称其为语法制导的翻译。对于特定的翻译遍，比如第 8 章的静态语义分析与中间代码生成，则可以相应地称其为语法制导的静态语义分析和语法制导的中间代码生成。

为描述完成什么样的语义计算，需要在语法定义的基础上建立适当的语义计算模型。如果语法定义采用上下文无关文法，则建立这种语义计算模型的基本途径是对上下文无关文法进行扩展，为文法符号附加语义信息，并针对产生式设计适当的语义动作，以便告诉分析引擎在语法分析过程中可以执行的语义动作。

本章介绍两种重要的语义计算模型：属性文法和翻译模式。属性文法是一种基本的语义计算模型，适用于对一般原理的理解；而翻译模式是面向实现的语义计算模型，有助于理解语法制导的语义计算程序的自动构造方法(比如 yacc 工具的工作原理)。

本章的最后简要介绍了语法分析/语义计算程序的构造工具 yacc，使读者初步了解 yacc 工具的使用，同时加深对基本原理的理解。

7.1　基于属性文法的语义计算

7.1.1　属性文法

7.1.1.1　基本概念和术语

属性文法的理论体系较为复杂，由于本书仅将其作为描述语义计算的工具，所以不从理论研究的视角出发，而是从实际应用的角度对其进行非形式化的介绍。首先通过例子来引入与属性文法相关的基本概念和术语。

考虑$\{a, b, c\}$上的语言 $L=\{a^nb^nc^n \mid n\geqslant 1\}$。可以证明[20]：$L$ 不是任何上下文无关文法的语言。设有如下文法 $G[S]$：

$S\rightarrow ABC$

$A \rightarrow Aa \mid a$

$B \rightarrow Bb \mid b$

$C \rightarrow Cc \mid c$

易知，这一文法的语言 $L(G)=L(a^+b^+c^+)$，这里 $a^+=aa^*$，b^+ 和 c^+ 类似。显然有 $L \subseteq L(G)$。

如果对 $G[S]$ 附加某种限定条件，使其只产生满足这一限定条件的字符串，则可能接受语言 L。这一想法可以通过属性文法来实现。

在文法 $G[S]$ 基础上，为文法符号关联有特定意义的**属性**，并为产生式关联相应的**语义动作**或**条件谓词**，称之为**属性文法**，并称文法 $G[S]$ 是这一属性文法的**基础文法**。以下是基于 $G[S]$ 的一个属性文法：

$S \rightarrow ABC$	$\{(A.\text{num}=B.\text{num})$ and $(B.\text{num}=C.\text{num})\}$
$A \rightarrow A_1 a$	$\{A.\text{num} := A_1.\text{num}+1\}$
$A \rightarrow a$	$\{A.\text{num} := 1\}$
$B \rightarrow B_1 b$	$\{B.\text{num} := B_1.\text{num}+1\}$
$B \rightarrow b$	$\{B.\text{num} := 1\}$
$C \rightarrow C_1 c$	$\{C.\text{num} := C_1.\text{num}+1\}$
$C \rightarrow c$	$\{C.\text{num} := 1\}$

文法符号的属性可用来刻画与该文法符号关联的任何特定意义的信息，如值、名字串、类型、偏移地址、代码片段等。设文法符号 X 关联一个属性 a，我们用 $X.a$ 来表示对这个属性的访问。例如，在上述属性文法中，$A.\text{num}$ 表示对文法符号 A 所关联属性 num 的访问。

这里要注意的是，为了明确指出一个属性值对应于当前产生式中哪个位置的文法符号，在书写同一个文法符号时，会用到文法符号的下标形式。例如，在以上属性文法的第二条产生式中，A 和 A_1 分别表示出现于不同位置的文法符号 A。对于同一个属性 num，它们相应的属性值分别用 $A.\text{num}$ 和 $A_1.\text{num}$ 来访问。

在属性文法中，每个产生式 $A \rightarrow \alpha$ 都关联一个语义计算规则的集合，如上面例子中花括号内的部分。每个语义计算规则或者是一个语义动作，或者是一个条件谓词。本书中，将语义动作的一般形式表示为

$$b := f(c_1, c_2, \cdots, c_k)$$

其中，b, c_1, c_2, $\cdots$, c_k 对应产生式中某些文法符号的属性。f 是用于描述如何计算属性值的函数，或称为**语义函数**。

语义动作也可以只包含一个语义函数，形如

$$f(c_1, c_2, \cdots, c_k)$$

另外，形如 $X.a := Y.b$ 的语义动作称为**复写规则**。后面将会看到，复写规则对于语义计算程序的构造有独特的作用。

在具体应用中，语义函数可以通过实际的代码片段来实现，但一般不要有副作用，否则会使语义计算复杂化。

上面例子中的 $(A.\text{num}=B.\text{num})$ and $(B.\text{num}=C.\text{num})$ 是一个条件谓词，表示由当前属性的取值所决定的一个限定条件。

对于给定的属性文法，在基于语法分析过程进行语义计算时，使用某个产生式完成一步

分析时将执行相应的语义动作，但其前提是必须满足相应的条件谓词。

通过以上解释或后续内容的学习，不难理解，上述属性文法可以接受的语言是 $L=\{a^n b^n c^n \mid n \geqslant 1\}$。

由于在目前较实用的语法制导的语义计算程序构造工具中很少有相应的支持，所以本书不讨论包含条件谓词的属性文法。在实际应用中，可以采取提示信息或其他方式达到同样的语义计算效果。

例 7.1 对于语言 $L=\{a^n b^n c^n \mid n \geqslant 1\}$，可以设计如下属性文法作为语义计算模型：

```
S→ABC      {if(A.num=B.num) and (B.num=C.num)
             then   print("Accepted!" )
             else   print("Refused!")}
A→A1 a     {A.num :=A1.num+1}
A→a        {A.num :=1}
B→B1 b     {B.num :=B1.num+1}
B→b        {B.num :=1}
C→C1 c     {C.num :=C1.num+1}
C→c        {C.num :=1}
```

对于该属性文法，若输入串属于 L，则语义计算结果会执行 print("Accepted!")，否则将会执行 print ("Refused!")。当然，如果输入串不属于正规式 $aa^* bb^* cc^*$ 所表示的串，那么就会报告语法错误。

7.1.1.2 综合属性和继承属性

对关联于产生式 $A \to \alpha$ 的语义动作 $b := f(c_1, c_2, \cdots, c_k)$，如果 b 是 A 的某个属性，则称 b 是 A 的一个**综合属性**。从分析树的角度来看，由于计算综合属性是对父结点的属性赋值，所以是自底向上传递信息。

对关联于产生式 $A \to \alpha$ 的语义动作 $b := f(c_1, c_2, \cdots, c_k)$，如果 b 是产生式右部某个文法符号 X 的某个属性，则称 b 是文法符号 X 的一个**继承属性**。从分析树的角度来看，由于计算继承属性是对子结点的属性赋值，所以是自顶向下传递信息。

在例 7.1 的属性文法例子中，文法符号 A、B 和 C 的属性 num 都是综合属性。图 7.1(a) 是针对输入串 $aaabbbccc$ 的一棵分析树。对此分析树进行自底向上(后序)遍历，并执行关联于相应产生式的语义动作，得到针对该输入串的一个语义计算过程，如图 7.1(b)所示。

再看一个含有继承属性的属性文法。

例 7.2 对于语言 $L=\{a^n b^n c^n \mid n \geqslant 1\}$，还可以设计一个含有继承属性的属性文法作为语义计算模型(开始符号为 S)：

```
S→ABC      {B.in_num :=A.num; C.in_num :=A.num;
            if  (B.num=0 and (C.num=0))
            then   print("Accepted!")
            else   print("Refused!")}
A→A1 a     {A.num :=A1.num+1}
A→a        {A.num :=1}
```

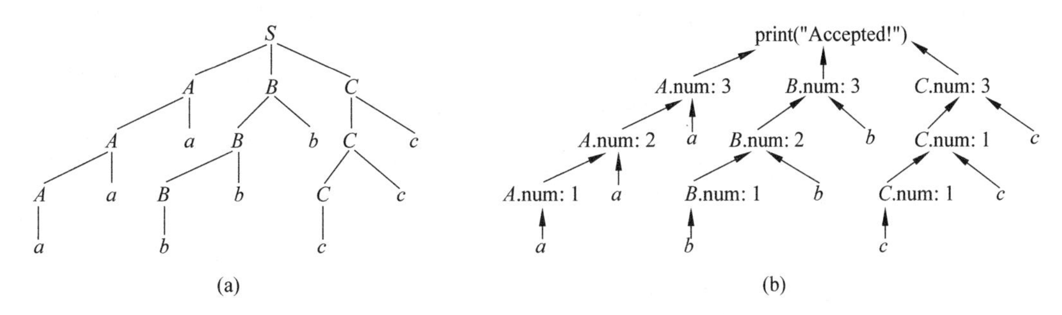

图 7.1　综合属性的计算：自底向上传递信息

$B \to B_1\ b$　　$\{B_1.\mathrm{in\_num} := B.\mathrm{in\_num};\ B.\mathrm{num} := B_1.\mathrm{num} - 1\}$

$B \to b$　　$\{B.\mathrm{num} := B.\mathrm{in\_num} - 1\}$

$C \to C_1\ c$　　$\{C_1.\mathrm{in\_num} := C.\mathrm{in\_num};\ C.\mathrm{num} := C_1.\mathrm{num} - 1\}$

$C \to c$　　$\{C.\mathrm{num} := C.\mathrm{in\_num} - 1\}$

这个属性文法既包含综合属性，又包含继承属性。其中，$A.\mathrm{num}$，$B.\mathrm{num}$ 和 $C.\mathrm{num}$ 是综合属性，而 $B.\mathrm{in\_num}$ 和 $C.\mathrm{in\_num}$ 是继承属性。

同例 7.1，对于该属性文法，当输入串属于 L，则语义计算结果会执行 print("Accepted!")，否则将会执行 print("Refused!")。如果输入串不属于正规式 $aa^*bb^*cc^*$ 所表示的串，那么就会报告语法错误。

在图 7.1(a)的分析树基础上，对于综合属性值进行自底向上计算，而对于继承属性值进行自顶向下计算，得到输入串 $aaabbbccc$ 的一个语义计算过程，如图 7.2 所示。

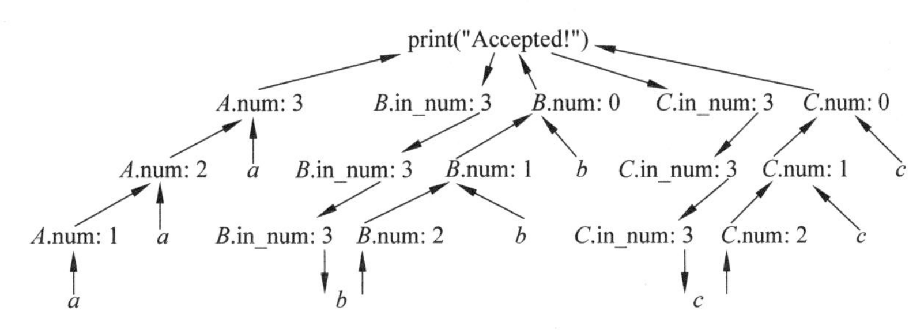

图 7.2　继承属性的计算：自顶向下传递信息

下面看一个更复杂的例子。

例 7.3　以下属性文法可用于将二进制无符号小数转化为十进制小数(开始符号为 N)：

$N \to S_1.S_2$　　$\{N.v := S_1.v + S_2.v;\ S_1.f := 1;\ S_2.f := 2^{-S_2.l}\}$

$S \to S_1 B$　　$\{S_1.f := 2S.f;\ B.f := S.f;\ S.v := S_1.v + B.v;\ S.l := S_1.l + 1\}$

$S \to B$　　$\{S.l := 1;\ S.v := B.v;\ B.f := S.f\}$

$B \to 0$　　$\{B.v := 0\}$

$B \to 1$　　$\{B.v := B.f\}$

其中，各个属性具有如下含义：

- 符号 N 的综合属性 v 表示十进制小数形式的转化结果。
- 符号 S 的综合属性 v 表示二进制整数或定点小数(小数点之后的二进制数)对应的十进制数值。

- 符号 S 的综合属性 l 表示二进制整数或定点小数的 0、1 串长度。
- 符号 S 的继承属性 f 表示 S 推导的 0、1 串中最末一位为 1 时应该对应的十进制数值。从属性文法的第一行中的 $S_1.f := 1$ 和第二行中的 $S_1.f := 2S.f$ 可知：小数点前第一位数为 1 时，对应的十进制数值为 $2^0=1$；小数点前第二位数为 1 时，对应的十进制数值为 $2^1=2$；小数点前第三位数为 1 时，对应的十进制数值为 $2^2=4$，等等。从属性文法的第一行中的 $S_2.f := 2^{-S_2.l}$ 和第二行中的 $S_1.f := 2S.f$ 可知：小数点后第一位数为 1 时，对应的十进制数值为 $2^{-1}=0.5$；小数点后第二位数为 1 时，对应的十进制数值为 $2^{-2}=0.25$；小数点后第三位数为 1 时，对应的十进制数值为 $2^{-3}=0.125$，等等。
- 符号 B 的综合属性 v 表示二进制数的当前一位数字(0 或 1)对应的十进制数值。
- 符号 B 的继承属性 f 表示二进制数的当前一位数字是 1 时应该对应的十进制数值。含义类似于符号 S 的继承属性 f。

基于该属性文法进行语义计算的过程比起前面两个例子要复杂一些，各个属性之间有比较复杂的依赖关系。在 7.1.2 节里，将以这一属性文法为例来介绍一种通用的方法——遍历分析树进行语义计算。

7.1.2 遍历分析树进行语义计算

基于属性文法，通过遍历分析树进行语义计算可以采取下列步骤：

(1) 构造输入串的语法分析树。

(2) 构造依赖图。

(3) 若该依赖图是无圈的，则按此无圈图的一种拓扑排序对分析树进行遍历，从而计算所有的属性值。若依赖图含有圈，则这一步骤失效。

这里，**依赖图**是一个有向图，用来描述分析树中的属性与属性之间的相互依赖关系。图 7.3描述了构造依赖图的一般过程。

```
for  分析树中每一个结点 n   do
     for  结点 n 所用产生式的语义动作中涉及的每一个属性 a   do
          为 a 在依赖图中建立一个结点；
     for  结点 n 所用产生式中每个形如 f(c1,c2,…,ck)的语义动作   do
          为该规则在依赖图中也建立一个结点(称为虚结点)；
for  分析树中每一个结点 n   do
     for  结点 n 所用产生式对应的每个语义动作 b := f(c1,c2,…,ck)   do
          (可以只是 f(c1,c2,…,ck)，此时结点 b 为一个虚结点)
          for  i := 1 to k   do
               从结点 ci 到结点 b 构造一条有向边
```

图 7.3 构造依赖图的一般过程

例 7.4 对于例 7.3 的属性文法，考虑针对输入串 10.01 的语义计算过程。首先，基于输入串 10.01 的分析树，根据图 7.3 描述的方法构造依赖图。为分析树中所有结点的每个属性建立一个依赖图中的结点，并给定一个标记序号。结果，该依赖图共有 21 个结点，分别标记为 1～21，如图 7.4 所示。依赖图中的有向边如图 7.5 所示。

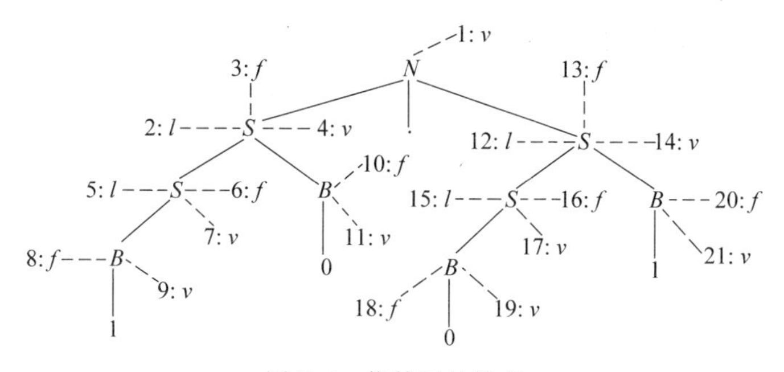

图 7.4 依赖图的结点

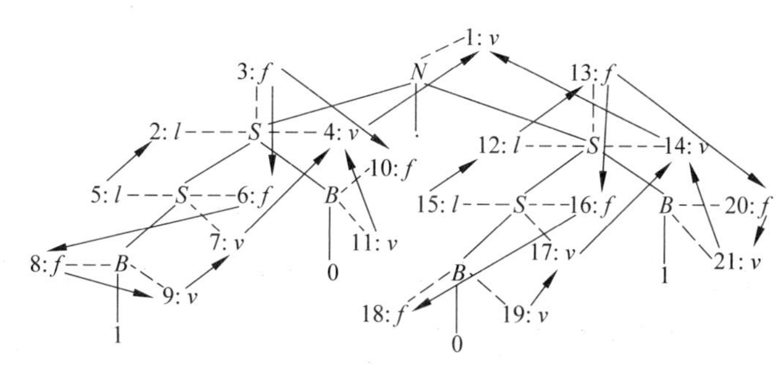

图 7.5 依赖图的有向边

然后，可以判定，图 7.5 中描述的依赖图是无圈的。接着，可以按这个有向无圈图结点的任何一种拓扑排序来计算所有的属性值。例如，以下结点序列为一种拓扑排序：

3，5，2，6，10，8，9，7，11，4，15，12，13，16，20，18，21，19，17，14，1

按照这一次序依次计算各结点对应的属性值，可以得到如图 7.6 所示的结果，其中每个结点对应的属性取值在离该结点名称最近的方框内给出。

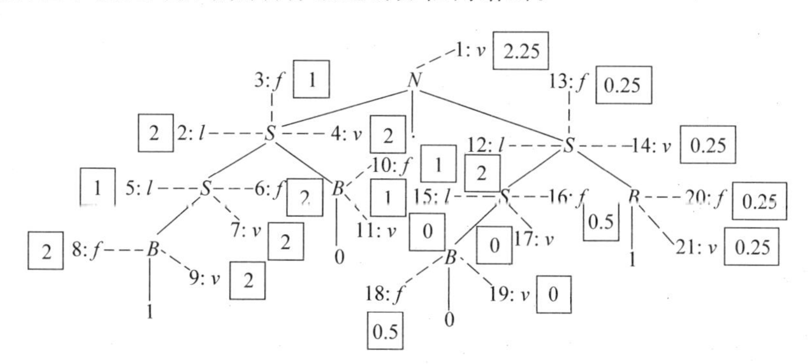

图 7.6 计算依赖图中各结点对应的属性取值

语法分析树中各结点属性取值的计算过程被称为对语法分析树进行**标注**。可以用**带标注语法分析树**表示属性的计算结果。例如，图 7.6 中的计算结果可以表示为图 7.7 中的带标注语法分析树。

虽然通过遍历分析树进行属性计算的方法有一定的通用性，但它是在语法分析遍之后进行的，不能体现语法制导方法的优势。在实际的编译程序中，语法制导的语义计算大都采

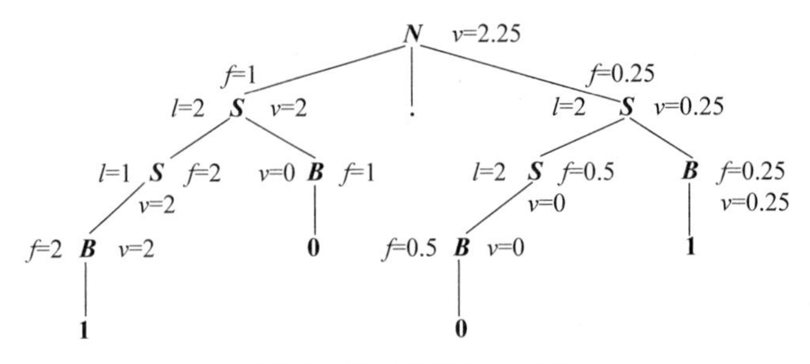

图 7.7 带标注语法分析树

取单遍的过程,即语法分析过程的同时就完成相应的语义动作。这样,属性计算仅对应一个自顶向下或自底向上的简单过程。然而,并非所有属性文法都适合单遍的处理过程,所以在实践中一般会要求对属性文法进行某种限制。下面主要讨论两类受限的属性文法,即 S-属性文法和 L-属性文法。

7.1.3 S-属性文法和 L-属性文法

只包含综合属性的属性文法称为 **S-属性文法**。

一个属性文法称为 **L-属性文法**,如果对其中每一个产生式 $A \rightarrow X_1\ X_2 \cdots\ X_n$,其每个语义动作所涉及的属性或者是综合属性,或者是某个 X_i($1 \leqslant i \leqslant n$)的继承属性,而这个继承属性只能依赖于:

(1) X_i 左边的符号 $X_1, X_2, \cdots, X_{i-1}$ 的属性;

(2) A 的继承属性。

通俗地说,L-属性文法既可以包含综合属性,也可以包含继承属性,但要求产生式右端某文法符号的继承属性的计算只取决于该符号左边符号的属性(对于产生式左部的符号,只能是继承属性)。

容易看出,S-属性文法是 L-属性文法的一个特例。

7.1.4 基于 S-属性文法的语义计算

由于综合属性是自底向上传递信息,因而基于 S-属性文法的语义计算通常采用自底向上的方式进行。

若 S-属性文法的基础文法可以采用 LR 分析技术进行语法分析,那么就可以通过扩充分析栈中的域,形成语义栈来存放综合属性的当前取值,使得分析引擎在每一步归约发生之前的时刻启动并完成产生式左部文法符号综合属性值的计算。附加了语义栈的 LR 分析模型如图 7.8 所示,其中假设初始状态下状态栈、符号栈和语义栈中的内容为 S_0、# 和 —。语义栈中存放的是符号栈中同一位置符号的综合属性值。若该符号有多个属性,可以对应多元组的形式来描述。分析引擎在访问产生式的同时需要执行相应的语义动作。

在采用 LR 分析技术进行基于 S-属性文法的语义计算时,语义动作中的综合属性总是可以通过存在于当前语义栈顶部的属性值进行计算。例如,假设有相应于产生式 $A \rightarrow XYZ$ 的语义动作

$$A.a := f(X.x,\ Y.y,\ Z.z)$$

在 XYZ 归约为 A 之前,$Z.z$、$Y.y$ 和 $X.x$ 分别存放于语义栈的 top、top−1 和 top−2 的相

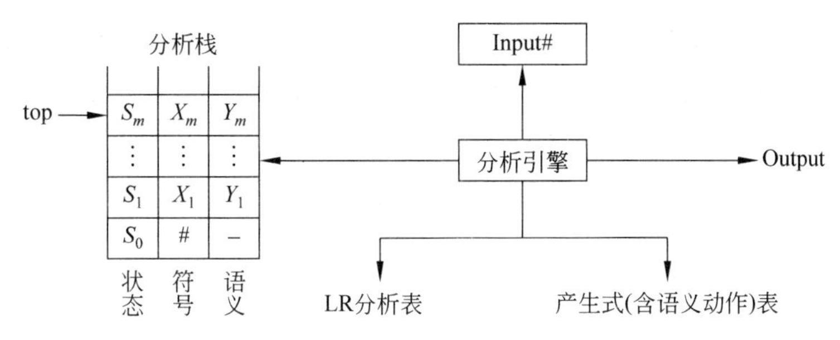

图 7.8 附加语义栈的 LR 分析模型

应域中(top 指向栈顶位置),因此 $A.a$ 可以顺利求出。归约之后,$Z.z$、$Y.y$ 和 $X.x$ 被弹出,而在新的栈顶位置(原 top−2 的位置)上存放 $A.a$。

例 7.5 给定一个简单表达式求值属性文法(开始符号为 S):

$S \rightarrow E$ {print(E.val)}

$E \rightarrow E_1 + T$ {E.val := E_1.val + T.val}

$E \rightarrow T$ {E.val := T.val}

$T \rightarrow T_1 * F$ {T.val := T_1.val × F.val}

$T \rightarrow F$ {T.val := F.val}

$F \rightarrow (E)$ {F.val := E.val}

$F \rightarrow d$ {F.val := d.lexval}

其中,d.lexval 是由词法分析程序所确定的属性,F.val、T.val 和 E.val 都是综合属性,语义函数 print(E.val)用于显示 E.val 的结果值。

对于该属性文法的基础文法,可构造一个如图 7.9 所示的 LR 分析表。基于这一 LR 分析表进行自底向上分析,每一步归约的同时执行相应的语义动作。试给出以常量表达式 2+3*5 为输入串的分析过程中,并通过语义栈体现 2+3*5 的求值过程。

状态	ACTION						GOTO		
	d	*	+	(	)	#	E	T	F
0	S_5			S_4			1	2	3
1			S_6			acc			
2		S_7	r_2		r_2	r_2			
3		r_4	r_4		r_4	r_4			
4	S_5			S_4			8	2	3
5		r_6	r_6		r_6	r_6			
6	S_5			S_4				9	3
7	S_5			S_4					10
8			S_6		S_{11}				
9		S_7	r_1		r_1	r_1			
10		r_3	r_3		r_3	r_3			
11		r_5	r_5		r_5	r_5			

图 7.9 一个 LR 分析表

解：把分析栈的元素用三元组形式表示，分别记录状态栈、符号栈和语义栈的内容。图 7.10 描述了基于图 7.9 中 LR 分析表的自底向上分析步骤，可以同时体现 2+3*5 作为输入串的分析过程和语义计算过程（即简单表达式的求值过程）。符号"—"表示未定义的语义值。

步骤	分析栈（状态，符号，语义值）	余留符号串	分析动作	语义动作
0	0#—	2+3*5#	S_5	
1	0#— 5 2 2	+3*5#	r_6	F.val := d.lexval
2	0#— 3 F 2	+3*5#	r_4	T.val := F.val
3	0#— 2 T 2	+3*5#	r_2	E.val := T.val
4	0#— 1 E 2	+3*5#	S_6	
5	0#— 1 E 2 6 + —	3*5#	S_5	
6	0#— 1 E 2 6 + — 5 3 3	*5#	r_6	F.val := d.lexval
7	0#— 1 E 2 6 + — 3 F 3	*5#	r_4	T.val := F.val
8	0#— 1 E 2 6 + — 9 T 3	*5#	S_7	
9	0#— 1 E 2 6 + — 9 T 3 7 * —	5#	S_5	
10	0#— 1 E 2 6 + — 9 T 3 7 * — 5 5 5	#	r_6	F.val := d.lexval
11	0#— 1 E 2 6 + — 9 T 3 7 * — 10 F 5	#	r_3	T.val := T_1.val × F.val
12	0#— 1 E 2 6 + — 9 T 15	#	r_1	E.val := E_1.val + T.val
13	0#— 1 E 17	#	acc	print(E.val)

图 7.10 LR 分析过程中同时进行语义计算

7.1.5 基于 *L*-属性文法的语义计算

对于 *L*-属性文法，可以采用自顶向下深度优先从左至右遍历分析树的方法计算所有属性值。图 7.11 描述了这样一种计算过程。

```
function visit(n: node);
  begin
    for n 的每一个孩子 m，从左到右 do
      begin
        计算 m 的继承属性值;          /* 只依赖于 m 左边兄弟的属性或 n 的继承属性 */
        visit(m)
      end;
      计算 n 的综合属性值
  end
```

图 7.11 深度优先从左至右遍历计算属性值（适用于 *L*-属性文法）

这一计算过程的核心是：某一节点的继承属性只依赖于该节点左边兄弟的属性（综合属性或继承属性）或者其父亲节点的继承属性。*L*-属性文法的特性能够保证这一点。

下面通过具体例子来理解这一过程。

例 7.6 下面的属性文法可用于将二进制无符号定点小数转化为十进制小数(开始符号为 N):

(1) $N \to .S$　　　$\{S.f := 1;\ \text{print}(S.v)\}$

(2) $S \to BS_1$　　　$\{S_1.f := S.f + 1;\ B.f := S.f;\ S.v := B.v + S_1.v\}$

(3) $S \to \varepsilon$　　　$\{S.v := 0\}$

(4) $B \to 0$　　　$\{B.v := 0\}$

(5) $B \to 1$　　　$\{B.v := 2^{-B.f}\}$

其中,各个属性的含义如下:

- 符号 S 的继承属性 f 表示 S 推导的 0、1 串中第一位为 1 时应该对应的十进制数值为 2^{-f}。从属性文法的第一行中的 $S_1.f := 1$ 和第二行中的 $S_1.f := S.f + 1$ 可知:小数点后第一位数为 1 时对应的十进制数值为 $2^{-1} = 0.5$,小数点后第二位数为 1 时对应的十进制数值为 $2^{-2} = 0.25$,小数点后第三位数为 1 时对应的十进制数值为 $2^{-3} = 0.125$,等等。
- 符号 S 的综合属性 v 表示 S 推导的 0、1 串对应的十进制数值。
- 符号 B 的继承属性 f 表示二进制数的当前一位数字是 1 时应该对应的十进制数值为 2^{-f}。
- 符号 B 的综合属性 v 表示二进制数的当前一位数字(0 或 1)对应的十进制数值。

容易看出,这是一个 L-属性文法。下面针对输入串 .101 的分析树,给出采用图 7.11 所描述的方法计算所有属性值的过程。

解:如图 7.12 所示,采用图 7.11 所述的方法计算属性值的过程是在深度优先从左至右遍历分析树的同时进行属性计算。直观上可以将其分解为自顶向下计算继承属性值的过程以及自底向上计算综合属性值的过程。

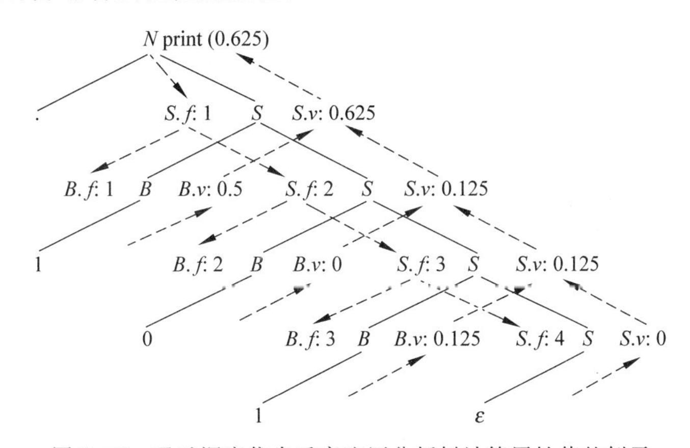

图 7.12　通过深度优先后序遍历分析树计算属性值的例子

容易看出,可以把图 7.11 所描述的计算过程与自顶向下预测分析过程完全对应起来。对于例 7.6,可以把图 7.12 所描述的语义计算过程穿插到使用下推栈的表驱动预测分析过程中[①],如图 7.13 所示(稍后解释)。

① 这部分内容仅通过例子进行直观的解释,不作常规介绍,可作为课后选读内容。

步骤	下推栈	属性栈	余留串	下一步推导步/语义动作
1	#N	()#	.101#	$N\to.S\{(1);①\}$
2	#① S (1).	(−,−)()#	.101#	匹配栈顶和当前输入符号
3	#① S (1)	(−,−)()#	101#	执行(1)
4	#① S	(1,−)()#	101#	$S\to BS_1\{(2);(3);②\}$
5	#① ② S (2)B (3)	(−,−,−,−)(1,−)()#	101#	执行(3)
6	#① ② S (2)B	(−,−,1,−)(1,−)()#	101#	$B\to1\{③\}$
7	#① ② S (2)③1	()(−,−,1,−)(1,−)()#	101#	匹配栈顶和当前输入符号
8	#① ② S (2)③	(−,−,1,−)(1,−)()#	01#	执行③
9	#① ② S (2)	(−,−,1,0.5)(1,−)()#	01#	执行(2)
10	#① ② S	(2,−,1,0.5)(1,−)()#	01#	$S\to BS_1\{(2);(3);②\}$
11	#① ② ② S (2)B(3)	(−,−,−,−)(2,−,1,0.5)(1,−)()#	01#	执行(3)
12	#① ② ② S (2)B	(−,−,2,−)(2,−,1,0.5)(1,−)()#	01#	$B\to0\{④\}$
13	#① ② ② S (2)④0	()(−,−,2,−)(2,−,1,0.5)(1,−)()#	01#	匹配栈顶和当前输入符号
14	#① ② ② S (2)④	(−,−,2,−)(2,−,1,0.5)(1,−)()#	1#	执行④
15	#① ② ② S (2)	(−,−,2,0)(2,−,1,0.5)(1,−)()#	1#	执行(2)
16	#① ② ② S	(3,−,2,0)(2,−,1,0.5)(1,−)()#	1#	$S\to BS_1\{(2);(3);②\}$
17	#① ② ② ② S (2)B (3)	(−,−,−,−)(3,−,2,0)(2,−,1,0.5)(1,−)()#	1#	执行(3)
18	#① ② ② ② S (2)B	(−,−,3,−)(3,−,2,0)(2,−,1,0.5)(1,−)()#	1#	$B\to1\{③\}$
19	#① ② ② ② S (2) ③1	()(−,−,3,−)(3,−,2,0)(2,−,1,0.5)(1,−)()#	1#	匹配栈顶和当前输入符号
20	#① ② ② ② S (2) ③	(−,−,3,−)(3,−,2,0)(2,−,1,0.5)(1,−)()#	#	执行③
21	#① ② ② ② S (2)	(−,−,3,0.125)(3,−,2,0)(2,−,1,0.5)(1,−)()#	#	执行(2)
22	#① ② ② ② S	(4,−,3,0.125)(3,−,2,0)(2,−,1,0.5)(1,−)()#	#	$S\to\varepsilon\{⑤\}$
23	#① ② ② ② ⑤	()(4,−,3,0.125)(3,−,2,0)(2,−,1,0.5)(1,−)()#	#	执行⑤
24	#① ② ② ②	(4,0,3,0.125)(3,−,2,0)(2,−,1,0.5)(1,−)()#	#	执行②
25	#① ② ②	(3,0.125,2,0)(2,−,1,0.5)(1,−)()#	#	执行②
26	#① ②	(2,0.125,1,0.5)(1,−)()#	#	执行②
27	#①	(1,0.625)()#	#	执行①
28	#	()#	#	成功返回

注：自下而上执行的语义动作：①print($S.v$)；②$S.v:=B.v+S_1.v$；③$B.v:=2^{-B.f}$；④$B.v:=0$；⑤$S.v:=0$。

自上而下执行的语义动作：(1)$S.f:=1$；(2)$S_1.f:=S.f+1$；(3)$B.f:=S.f$。

图 7.13　L-属性文法的预测分析过程中穿插语义计算

如果将图 7.13 中所穿插的语义计算步骤以及语义信息全部去掉，则可以得到图 7.14（为方便对照，沿用了图 7.13 的步骤编号）。对于例 7.6 的属性文法，容易验证其基础文法是LL(1)文法。事实上，图 7.14 描述了根据该 LL(1)文法针对输入串.101 的预测分析过程。

步骤	下推栈	余留串	下一推导步
1	# N	.101#	$N \to .S$
2	# S.	.101#	匹配栈顶和当前输入符号
4	# S	101#	$S \to BS$
6	# SB	101#	$B \to 1$
7	# S1	101#	匹配栈顶和当前输入符号
10	# S	01#	$S \to BS$
12	# SB	01#	$B \to 0$
13	# S0	01#	匹配栈顶和当前输入符号
16	# S	1#	$S \to BS$
18	# SB	1#	$B \to 1$
19	# S1	1#	匹配栈顶和当前输入符号
22	# S	#	$S \to \varepsilon$
28	#	#	成功返回

图 7.14　与 L-属性文法的语义计算过程对应的预测分析过程

换句话说，图 7.13 是在图 7.14 的预测分析过程中附加了语义计算信息。具体做法，可在 4.5.2 节介绍的预测分析程序工作过程（图 4.11）的基础上，增加以下考虑：

- 将 5 个产生式对应的自底向上计算（或综合属性求值）的语义动作分别表示为①～⑤（推广到一般情形，每个产生式可对应一个自底向上计算的语义动作集合）。同时，将该属性文法中用于继承属性求值的语义动作分别表示为(1)～(3)（推广到一般情形，可以是语义动作集合，因为每个产生式中同一个位置的文法符号可以有多个继承属性的计算）。
- 每当开始使用一个产生式的推导步骤时，先是将该产生式左部的非终结符（即距离栈顶最近的文法符号）从下推栈弹出；紧接着，先将自底向上计算的语义动作入栈，以备当前产生式对应的分析子过程结束后执行；之后，再将产生式右部的符号从右到左依次入栈，在每个符号入栈后，紧接着也将其对应的用于继承属性求值的语义动作入栈。例如，图 7.13 中的步骤 4、10 和 16 使用了例 7.6 中属性文法的产生式(2)，在各自的下一步中完成以下进出栈操作：首先，从下推栈弹出 S；其次，将语义动作②（$S.v := B.v + S_1.v$）入栈；最后，将 S、语义动作 (2)（$S_1.f := S.f+1$）、B 以及语义动作(3)（$B.f := S.f$）依次入栈。
- 此外，图 7.13 还维护一个属性栈。每当开始某个产生式的推导步，就将该产生式右端的非终结符涉及的所有属性列表以占位符形式作为初始取值入栈。例如，对于例 7.6 中属性文法的产生式(2)，设属性列表为（$S.f$, $S.v$, $B.f$, $B.v$），相应的初始取值用（－，－，－，－）表示。又如，对于产生式(1)，设属性列表为（$S.f$, $S.v$），相应的初始取值用(—,—)表示。对于其他产生式的情形,读者可从图7.13推断出来。

- 当下推栈栈顶遇语义动作(1)~(3)之一,则在当前属性栈栈顶所表示的环境下执行这个语义动作,执行结果是修改这个环境下对应的属性值。如在图7.13中的步骤3,执行语义动作(1)($S.f:=1$),执行结果是属性栈栈顶从(—,—)变为(1,—),同时使(1)出栈。
- 当下推栈栈顶遇语义动作①~⑤之一,则在当前属性栈栈顶所表示的环境下执行这个语义动作,弹出这个栈顶,并根据执行结果修改新栈顶所表示的环境下对应的属性值。如在图7.13中的步骤26,执行语义动作②($S.v:=B.v+S_1.v$),执行结果为$S.v:=0.125+0.5=0.625$,属性栈中将(2,0.125,1,0.5)弹出,新栈顶从(1,—)变为(1,0.625),同时使②出栈。

图7.13所描述的过程是将语义计算穿插到表驱动预测分析过程中。实现LL(1)预测分析的另一种方法是采用递归下降分析程序。可以很方便地对递归下降分析程序进行改造,使其同时具有语义计算的能力。由于随后讨论的翻译模式更便于实现,届时再考虑递归下降分析程序的改造,设计思想是一致的。

另外,对于某些*L*-属性文法也可以设计基于LR分析的自底向上处理过程。同样,将在随后介绍的翻译模式基础上对此进行讨论。

7.2 基于翻译模式的语义计算

7.2.1 翻译模式

翻译模式是适合语法制导语义计算的另一种描述形式,它可以体现一种合理调用语义动作的算法。**翻译模式**在形式上类似于属性文法,但允许由{}括起来的语义动作出现在产生式右端的任何位置,以此显式地表达属性计算的次序。

类似于属性文法的情形,在设计翻译模式时也需要进行某些限定,以确保每个属性值在一个单遍的语义计算过程中被访问到的时候已经存在。与*S*-属性文法和*L*-属性文法相对应,本书仅讨论两类受限的翻译模式:

- ***S*-翻译模式**:是一种仅涉及综合属性的情形,通常将语义动作集合置于相应产生式右端的末尾。
- ***L*-翻译模式**:既可以包含综合属性,也可以包含继承属性,但需要满足两个条件:①产生式右端某个符号继承属性的计算必须位于该符号之前,其语义动作不访问位于它右边符号的属性,只依赖于该语义动作左边符号的属性(对于产生式左部的符号,只能是继承属性);②产生式左部非终结符的综合属性的计算只能在所用到的属性都已计算出来之后进行,通常将相应的语义动作置于产生式的尾部。

显然,*S*-翻译模式是*L*-翻译模式的特例。

例7.7 对于语言$L=\{a^nb^nc^n \mid n\geq 1\}$,可以设计如下翻译模式:

$S \rightarrow A \quad \{B.in\_num:=A.num\} \quad B$

$\qquad\quad \{C.in\_num:=A.num\} \quad C$

{if $(B.num=0$ and $C.num=0)$

then print("Accepted!")

else print("Refused!")}

$A \rightarrow A_1 a$ $\{A.num := A_1.num+1\}$

$A \rightarrow a$ $\{A.num := 1\}$

$B \rightarrow \{B_1.in\_num := B.in\_num\}$ B_1 b $\{B.num := B_1.num-1\}$

$B \rightarrow$ b $\{B.num := B_1.in\_num-1\}$

$C \rightarrow \{C_1.in\_num := C.in\_num\}$ C_1 c $\{C.num := C_1.num-1\}$

$C \rightarrow c$ $\{C.num := C_1.in\_num-1\}$

容易看出，这是一个 L-翻译模式。其中，num 为综合属性，in_num 为继承属性。

对照例 7.2 的属性文法，例 7.7 的翻译模式描述了相同的语义计算效果：若输入串属于 L，则语义计算结果会执行 print("Accepted!")；否则，将会执行 print("Refused!")或者报告语法错误。不同的是，后者显式描述了属性计算的次序(即确定了语义动作执行的位置)。

7.2.2 基于 *S*-翻译模式的语义计算

S-翻译模式在形式上与 S-属性文法是一致的，可以采取同样的语义计算方法。类似 7.1.4 节的讨论，基于 S-翻译模式的语义计算一般基于自底向上分析过程，通过增加存放属性值域的语义栈来实现。这里不再赘述这一过程。

在本节里，为了进一步解释这种基于自底向上分析(如 LR 分析)的语义计算过程，将要讨论每个产生式归约时需要执行的语义计算代码片段，特别是对语义栈上操作的描述。为此，假设语义栈由向量 v 表示，归约前栈顶位置为 top，栈上第 i 个位置所对应符号的综合属性值 x 用 $v[i].x$ 表示。

例如，假设一个 S-翻译模式中有如下产生式：

$A \rightarrow XYZ$ $\{A.a := f(X.x, Y.y, Z.z); \cdots\}$

为了明确表达语义栈上的操作，将这个产生式变换为

$A \rightarrow XYZ$ $\{v[top-2].a := f(v[top-2].x, v[top-1].y, v[top].z); \cdots\}$

这里，top 为归约前栈顶位置，归约后 top 的取值将由分析引擎自动维护。

例 7.8 给定下列 S-翻译模式(同例 7.5 的 S-属性文法，为方便对照，这里重复给出)：

$S \rightarrow E$ {print(E.val)}

$E \rightarrow E_1 + T$ $\{E.val := E_1.val + T.val\}$

$E \rightarrow T$ $\{E.val := T.val\}$

$T \rightarrow T_1 * F$ $\{T.val := T_1.val \times F.val\}$

$T \rightarrow F$ $\{T.val := F.val\}$

$F \rightarrow (E)$ $\{F.val := E.val\}$

$F \rightarrow d$ $\{F.val := d.lexval\}$

如果在 LR 分析过程中根据该翻译模式进行自底向上语义计算，试写出在按每个产生

式归约时实现语义计算的一个代码片段，可以体现语义栈上的操作（设语义栈由向量 v 表示，归约前栈顶位置为 top，不用考虑对 top 的维护）。

解：可以将这个翻译模式变换为

$S \to E$　　{print(v[top].val)}

$E \to E_1 + T$　　{v[top−2].val :=v[top−2].val+v[top].val}

$E \to T$　　{v[top].val :=v[top].val}　　//相当于{}

$T \to T_1 * F$　　{v[top−2].val :=v[top−2].val * v[top].val}

$T \to F$　　{v[top].val :=v[top].val}　　//相当于{}

$F \to (E)$　　{v[top−2].val :=v[top−1].val}

$F \to d$　　{v[top].val :=d.lexval}

7.2.3 基于 *L*-翻译模式的自顶向下语义计算

与 L-属性文法相比，L-翻译模式已经规定好了产生式右端文法符号和语义动作（即属性计算）的处理次序，这可以在很大程度上简化语义计算程序的设计。

根据 7.1.5 节的讨论，图 7.11 描述的过程可用于基于 L-属性文法的语义计算，同样也适用于基于 L-翻译模式的语义计算。这一计算过程可与自顶向下预测分析过程完全对应起来。在 7.1.5 节中，通过例子（例 7.6）介绍了将 L-属性文法描述的语义计算融入到 LL(1) 预测分析过程之中的方法。本节以递归下降分析程序的改造为例，介绍将 L-翻译模式描述的语义计算过程融入其中的方法。同样，假定所讨论的 L-翻译模式的基础文法是 LL(1) 文法。

在递归下降 LL(1) 分析程序的设计中，每个非终结符都对应一个分析子函数（过程），分析程序从文法开始符号所对应的分析子函数开始执行。分析子函数可以根据下一个输入符号来确定自顶向下分析过程中应该使用的产生式，并根据所选定的产生式右端依次出现的符号来设计其行为：

- 每遇到一个终结符，则判断当前读入的单词符号是否与该终结符相匹配，若匹配，则继续读取下一个输入符号；若不匹配，则报告和处理语法错误。
- 每遇到一个非终结符，则调用相应的分析子函数。

对递归下降 LL(1) 分析程序进行改造的核心思想是扩展各个分析子函数的定义。假设已为非终结符 A 构造了一个分析子函数。现在，只需对这个分析子函数的定义作如下约定：以 A 的每个继承属性为形参，以 A 的综合属性为返回值（若有多个综合属性，可返回记录类型的值）。相应于分析子函数的设计，改造后子函数代码的流程也是根据当前的输入符号来决定调用哪个产生式，与每个产生式对应的代码同样也是根据该产生式右端的结构来构造的（不同之处是要将语义动作嵌入其中），具体可描述为如下过程：

- 若遇到一个终结符 X，首先将其综合属性 x 的值保存至专为 $X.x$ 而声明的变量；然后，判断当前读入的输入符号是否与该终结符相匹配。若匹配，则继续读取下一个输入符号；若不匹配，则报告和处理语法错误。
- 若遇到一个非终结符 B，利用对应于 B 的子函数 ParseB 产生赋值语句 c :=ParseB

$(b_1, b_2, \cdots, b_k)$，其中参量 $b_1, b_2, \cdots, b_k$ 对应 B 的各继承属性，变量 c 对应 B 的综合属性(若有多个综合属性，则可使用记录类型的变量)。

- 若遇到一个语义动作集合，则直接复制其中每一语义动作所对应的代码，只是需要注意将属性的访问替换为相应变量的访问。

改造后的分析子函数(过程)称为语义计算子函数(过程)，改造后的递归下降分析程序称为**递归下降语义计算程序**或**递归下降翻译程序**。

例 7.9 下面的翻译模式可用于将二进制无符号定点小数转化为十进制小数(开始符号为 N)：

$N \to .\ \{S.f := 1\}\ \ S\ \ \{\text{print}(S.\text{val})\}$

$S \to \{B.f := S.f\}\ \ B\ \ \{S_1.f := S.f + 1\}\ \ S_1\ \ \{S.\text{val} := B.\text{val} + S_1.\text{val}\}$

$S \to \varepsilon\ \ \{S.\text{val} := 0\}$

$B \to 0\ \ \{B.\text{val} := 0\}$

$B \to 1\ \ \{B.\text{val} := 2^{-B.f}\}$

其中，各个属性的含义同例 7.6。对于该 L-翻译模式，试构造相应的递归下降翻译程序。

解：该 L-翻译模式的基础文法为

$N \to .\ S$

$S \to B\ S_1$

$S \to \varepsilon$

$B \to 0$

$B \to 1$

可以验证该文法为 LL(1)文法。

针对该文法，可构造一个递归下降 LL(1)分析程序。其中，开始符号 N 对应的分析子函数为

```
void ParseN()
{
    MatchToken('.');                    //匹配'.'
    ParseS();
}
```

非终结符 S 对应的分析子函数为

```
void ParseS()
{
    if (lookahead=='0' or lookahead=='1')        //lookahead是当前扫描的输入符号
    {
        ParseB();
        ParseS();
    }
    else if (lookahead=='#'){}                   //'#'为输入结束符
    else{printf("syntax error\n"); exit(0);}
}
```

非终结符 B 对应的分析子函数为

```
void ParseB()
{
    if (lookahead=='0')
    {
        MatchToken('0');                                //匹配 '0'
    }
    else if (lookahead=='1')
    {
        MatchToken('1');
    }
    else{printf("syntax error\n"); exit(0);}
}
```

上面的函数 MatchToken 用于判别正在处理的终结符与当前输入符号是否匹配。若匹配，则读取下一输入符号，继续分析过程；若不匹配，则报告语法错误，并退出。以下是 MatchToken 函数的一种简单的设计（与 4.5.1 节中的相同，为方便叙述，这里重复列出）：

```
void MatchToken(int expected)
{
    if (lookahead ! =expected)         //判别当前扫描的输入符号是否与期望的终结符匹配
    {
        printf("syntax error\n");      //若不匹配，则报告出错信息，跳出
        exit(0);
    }
    else
        lookahead=getToken();          //若匹配，则向词法分析程序申请并读入下一个输入符号
}
```

其中，lookahead 为全局变量，用于存放下一个输入符号。

下面对这一递归下降分析程序根据翻译模式进行改造，得到递归下降翻译程序。为此，将每个非终结符对应的分析子函数改造为语义计算子函数。

根据以下产生式：

$N \to .\quad \{S.f := 1\}\quad S\quad \{\text{print}(S.\text{val})\}$

开始符号 N 对应的语义计算子函数可以设计为

```
void ParseN()
{
    MatchToken('.');                 //匹配 '.'
    Sf :=1;                          //变量 Sf 对应属性 S.f
    Sv :=ParseS(Sf);                 //变量 Sv 对应属性 S.val
    print(Sv);
}
```

根据以下产生式：

$S \to \{B.f := S.f\}\quad B\quad \{S_1.f := S.f+1\}\quad S_1\quad \{S.\text{val} := B.\text{val}+S_1.\text{val}\}$

$S \to \varepsilon \quad \{S.val := 0\}$

非终结符 S 对应的语义计算子函数可以设计为

```
float ParseS(int f )
{
    if(lookahead=='0' or lookahead=='1')          //lookahead：当前扫描的单词符号
    {
        Bf :=f;                                   //变量 Bf 对应属性 B. f
        Bv :=ParseB(Bf);                          //变量 Bv 对应属性 B. val
        S1f :=f+1;                                //变量 S1f 对应属性 S1. f
        S1v :=ParseS(S1f);                        //变量 S1v 对应属性 S1. val
        Sv :=S1v+Bv;
    }
    else if (lookahead=='#')
        Sv :=0;
    else{printf("syntax error\n"); exit(0);}
    return Sv;
}
```

根据以下产生式：

$B \to 0 \quad \{B.val := 0\}$

$B \to 1 \quad \{B.val := 2^{-B.f}\}$

非终结符 B 对应的语义计算子函数可以设计为

```
float ParseB(int f )
{
    if (lookahead=='0') {
        MatchToken('0');
        Bv :=0
    }
    else if (lookahead=='1') {
        MatchToken('1');
        Bv :=2^(-f)
    }
    else{printf("syntax error\n"); exit(0);}
    return Bv;
}
```

如果基础文法不是 LL(1)文法，则不能套用这种模式。例如，例 7.8 中的 S-翻译模式（当然也是 L-翻译模式）是常用于定义常量表达式求值的翻译模式，但其基础文法含有左递归，因而不能用 LL(1)方法。有时，若消除某个文法的左递归后，则有可能使得该文法成为 LL(1)文法。若需要消除翻译模式的基础文法中的左递归，那么翻译模式应该如何变化呢？下面介绍一种较简单但常用的一种情形。

假设有如下翻译模式：

$A \to A_1 Y \qquad \{A.a := g(A_1.a, Y.y)\}$

$A \rightarrow X \qquad \{A.a := f(X.x)\}$

消去关于 A 的直接左递归，基础文法变换为

$A \rightarrow XR$

$R \rightarrow YR \mid \varepsilon$

再考虑语义动作，翻译模式可变换为

$A \rightarrow X \qquad \{R.i := f(X.x)\} \qquad R \qquad \{A.a := R.s\}$

$R \rightarrow Y \qquad \{R_1.i := g(R.i, Y.y)\} \qquad R_1 \qquad \{R.s := R_1.s\}$

$R \rightarrow \varepsilon \qquad \{R.s := R.i\}$

变换前后代表两种不同的计算方式，如图 7.15 所示。

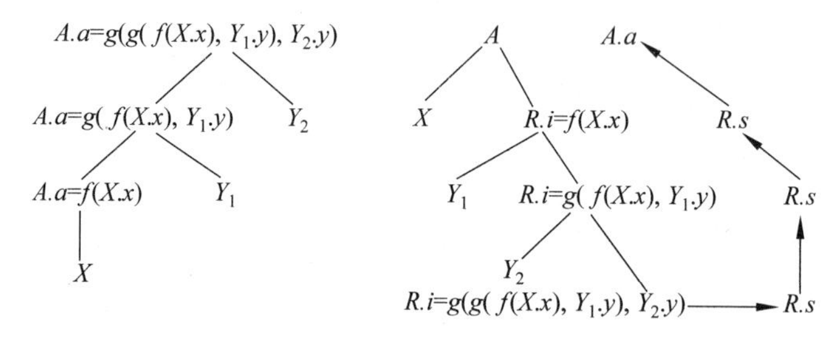

图 7.15 消除基础文法左递归前后代表两种不同的计算方式

例如，例 7.8 中的 S-翻译模式经消除基础文法左递归后，可变化为如下 L-翻译模式：

$S \rightarrow E \qquad \{\text{print}(E.\text{val})\}$

$E \rightarrow T \qquad \{R.i := T.\text{val}\} \qquad R \qquad \{E.\text{val} := R.s\}$

$R \rightarrow +T \qquad \{R_1.i := R.i + T.\text{val}\} \qquad R_1 \qquad \{R.s := R_1.s\}$

$R \rightarrow \varepsilon \qquad \{R.s := R.i\}$

$T \rightarrow F \qquad \{P.i := F.\text{val}\} \qquad P \qquad \{T.\text{val} := P.s\}$

$P \rightarrow * F \qquad \{P_1.i := P.i\ (F.\text{val})\} \qquad P_1 \qquad \{P.s := P_1.s\}$

$P \rightarrow \varepsilon \qquad \{P.s := P.i\}$

$F \rightarrow (E) \qquad \{F.\text{val} := E.\text{val}\}$

$F \rightarrow d \qquad \{F.\text{val} := d.\text{lexval}\}$

此时，便可以套用以上递归下降翻译程序的模式了。

7.2.4 基于 *L*-翻译模式的自底向上语义计算

L-翻译模式中既有继承属性也有综合属性。综合属性是自底向上传递信息，因而在自底向上的语义计算中，可以将文法符号的综合属性值存放于语义栈中。因此，若 L-翻译模式中不包含继承属性，就可以采用 7.1.4 节或 7.2.2 节所述的方法实现自底向上的语义计算。此时，只需处理好嵌入在产生式中间的语义动作。对此，一种处理方法是：引入新的非终结符 N 和产生式 $N \rightarrow \varepsilon$；把嵌入在产生式中间的语义动作集用非终结符 N 代替，并把该语义动作集放在产生式 $N \rightarrow \varepsilon$ 后面。由于语义动作集中未关联任何继承属性，所以翻译模式经过这样的变换后实际上就可以看作 S-属性文法（翻译模式）来处理了。

例如，对于下列翻译模式：

$E \rightarrow T\ R$

$R \rightarrow +T \quad \{print('+')\}\ R_1$

$R \rightarrow -T \quad \{print('-')\}\ R_1$

$R \rightarrow \varepsilon$

$T \rightarrow \underline{num} \quad \{print(\underline{num}.val)\}$

可以变换为

$E \rightarrow T\ R$

$R \rightarrow +T\ M\ R_1$

$R \rightarrow -T\ N\ R_1$

$R \rightarrow \varepsilon$

$T \rightarrow \underline{num} \quad \{print(\underline{num}.val)\}$

$M \rightarrow \varepsilon \quad \{print('+')\}$

$N \rightarrow \varepsilon \quad \{print('-')\}$

然而，若语义动作集中关联有继承属性，情况会复杂一些。为此，需要考虑如何处理针对继承属性的求值和访问。由于在自底向上的语义计算中，语义栈中只可能存放综合属性值，所以在设计语义计算程序时应注意的一个原则是：继承属性的求值结果必须以某个综合属性值存放于语义栈中，而继承属性的访问也要最终落实到对某个综合属性值的访问。

首先讨论一下继承属性的求值。一种简单情况是，继承属性是通过复写规则以某个综合属性直接定义的。例如，在自底向上语义计算程序根据产生式 $A \rightarrow XYZ$ 的归约过程中，假设 X 的综合属性值 $X.s$ 已经出现在语义栈上。因为在根据句柄 XYZ 进行归约之前，$X.s$ 的值一直存在，因此它可以被 Y 以及 Z 继承。如果用复写规则 $Y.i := X.s$ 来定义 Y 的继承属性 $Y.i$，则在需要 $Y.i$ 时，可以通过访问 $X.s$ 来实现。较之复杂一点的情况是，继承属性是间接地通过复写规则用某个综合属性来定义的。比如，用复写规则 $Z.i := Y.i$ 来定义 Z 的继承属性 $Z.i$，则在需要 $Z.i$ 时，也可以通过访问 $X.s$ 来实现。

若一个继承属性是通过普通函数而不是通过复写规则定义的，那么应该如何处理呢？考虑某个翻译模式的如下产生式规则：

$S \rightarrow a\ A \quad \{C.i := f(A.s)\} \quad C$

这里，继承属性 $C.i$ 不是通过复写规则，而是通过普通函数 $f(A.s)$ 来求值的。在计算 $C.i$ 时，$A.s$ 在语义栈上，但 $f(A.s)$ 并未存在于语义栈。一种处理方法是引入新的非终结符号，比如 M，将以上产生式规则改造为

$S \rightarrow a\ A \quad \{M.i := A.s\} \quad M \quad \{C.i := M.s\} \quad C$

$M \rightarrow \varepsilon \quad \{M.s := f(M.i)\}$

这样就解决了上述问题。想一想，为什么？

其次，讨论一下继承属性的访问。根据刚才对复写规则的讨论，对继承属性的访问最终要归结到访问某个综合属性。此时需要解决好的一个设计问题就是要避免不一致访问。考虑如下翻译模式：

$S \to a\ A \quad \{C.i := A.s\} \quad C \mid bAB\ \{C.i := A.s\} \quad C$

$C \to c \qquad \{C.s := g(C.i)\}$

这里出现的问题是：在使用 $C \to c$ 进行归约时，$C.i$ 的值或存在于次栈顶(top－1)，或存在于次次栈顶(top－2)，不能确定用哪一个。一种可行的做法是引入新的非终结符 M，将以上翻译模式改造为

$S \to a\ A \quad \{C.i := A.s\} \quad C \mid bAB \quad \{M.i := A.s\} \quad M \quad \{C.i := M.s\} \quad C$

$C \to c \qquad \{C.s := g(C.i)\}$

$M \to \varepsilon \qquad \{M.s := M.i\}$

这样，在使用 $C \to c$ 进行归约时，$C.i$ 的值就确定地可以通过访问次栈顶(top－1)得到。

通常情况下，可以先考虑解决继承属性的普通函数求值问题，再解决其访问一致性问题。

实际中所遇到的情况可能会更加复杂。然而，无论采取何种方法来解决继承属性的访问和求值问题，我们的目标是：通过变换翻译模式(如增加新的文法符号，增加相应的复写规则和产生式)，使嵌在产生式中间的语义动作集中仅含复写规则，并使得在自底向上的语法分析过程中，文法符号的所有继承属性均可以通过归约前已出现在分析栈中的综合属性唯一确定地访问。

在变换翻译模式时，还需要注意的是：不可以改变 L-翻译模式的特性。若不是 L-翻译模式，则不能保证归约前需要访问的综合属性已出现在分析栈中。

若变换 L-翻译模式后可以达到上述目标，那么就可以基于这个 L-翻译模式进行自底向上的语义计算了。此时，可以如 7.2.2 节那样，给出每个产生式归约时需要执行的语义计算代码片段。下面通过一个例子来结束本节的讨论。

例 7.10 例 7.9 给出的 L-翻译模式可用于将二进制无符号定点小数转化为十进制小数。

(1) 变换该翻译模式，使嵌在产生式中间的语义动作集中仅含复写规则，并使得在自底向上的语义计算过程中，文法符号的所有继承属性均可以通过归约前已出现在分析栈中的确定的综合属性进行访问。

(2) 如果在 LR 分析过程中根据该翻译模式进行自底向上的语义计算，试写出在按每个产生式归约时实现语义计算的一个代码片段，可以体现语义栈上的操作。设语义栈由向量 v 表示，归约前栈顶位置为 top，终结符没有语义值；而每个非终结符的综合属性都只对应一个语义值，用 $v[i]$.val 表示；不用考虑对 top 的维护。

(3) 根据(2)所得到的 L-翻译模式，试给出以 .101 为输入串的 LR 分析过程和语义计算过程，即给出状态栈、符号栈以及语义栈的变化情况。

解：首先看本例的问题(1)。对于该翻译模式，只需引入新的非终结符，将第一行的 $\{S.f := 1\}$ 和第二行的 $\{S_1.f := S.f+1\}$ 进行变换，使翻译模式只含复写规则。以下是一个变换结果：

(1) $N \to .M \quad \{S.f := M.s\} \quad S \quad \{\text{print}(S.\text{val})\}$

(2) $S \to \{B.f := S.f\} \quad B \quad \{P.i := S.f\} \quad P \quad S_1.f := P.s\} \quad S_1 \quad \{S.\text{val} := B.\text{val} + S_1.\text{val}\}$

(3) $S \to \varepsilon \quad \{S.\text{val} := 0\}$

(4) $B \to 0$　$\{B.\text{val} := 0\}$

(5) $B \to 1$　$\{B.\text{val} := 2^{-B.f}\}$

(6) $M \to \varepsilon$　$\{M.s := 1\}$

(7) $P \to \varepsilon$　$\{P.s := P.i + 1\}$

再看本例的问题(2)。只需为每个产生式末尾的语义动作给出语义计算的代码片段，而产生式中间的复写规则只是在确定继承属性对应的综合属性在栈中的位置时会用到。以下是一个变换结果：

(1) $N \to .\ M\ S$　$\{\text{print}(v[\text{top}].\text{val})\}$

(2) $S \to B\ P\ S_1$　$\{v[\text{top}-2].\text{val} := v[\text{top}-2].\text{val} + v[\text{top}].\text{val}\}$

(3) $S \to \varepsilon$　$\{v[\text{top}+1].\text{val} := 0\}$

(4) $B \to 0$　$\{v[\text{top}].\text{val} := 0\}$

(5) $B \to 1$　$\{v[\text{top}].\text{val} := 2^{-v[\text{top}-1].s}\}$

(6) $M \to \varepsilon$　$\{v[\text{top}+1].s := 1\}$

(7) $P \to \varepsilon$　$\{v[\text{top}+1].s := v[\text{top}-1].s + 1\}$

对于这个结果，有选择地进行一些解释。按产生式(2)归约前 top、top－1 和 top－2 的位置分别对应符号 S、P 和 B，归约后新栈顶的位置是原来 top－2 的位置，栈顶符号变为 S；按产生式(3)归约后，在原栈顶 top 的上一个位置 top＋1 压入符号 S，其属性值 val 被置为 0；按产生式(5)归约前，位于原栈顶 top 的符号是 1，继承属性 $B.f$ 对应的综合属性位置可跟踪产生式(2)和(1)得到，是位于 top－1 位置上的 $M.s$ 或 $P.s$(都可以用 $v[\text{top}-1].s$ 访问)；产生式(7)中的继承属性 $P.i$ 的综合属性位置同样也可跟踪产生式(2)和(1)得到，是位于 top－1 位置上的 $M.s$ 或 $P.s$，可以用 $v[\text{top}-1].s$ 访问。

最后看本例的问题(3)。可以验证，对于由本例的(2)所得到的 L-翻译模式，其基础文法是 LR 文法，图 7.16 是基于该文法的一个 LR 分析表。若以 .101 作为输入串，则 LR 分析过程和语义计算过程可以描述为图 7.17。

状态	ACTION				GOTO				
	.	0	1	#	N	S	B	M	P
0	S_2				1				
1				acc					
2		r_6	r_6	r_6				3	
3		S_5	S_6	r_3		4	7		
4				r_1					
5		r_4	r_4	r_4					
6		r_5	r_5	r_5					
7		r_7	r_7	r_7					8
8		S_5	S_6	r_3		9	7		
9				r_2					

图 7.16　基于二进制无符号定点小数文法的一个 LR 分析表

步骤	分析栈(状态,符号,语义值)	余留符号串	分析动作	语 义 动 作
0	0 # —	. 1 0 1 #	S_2	
1	0 # — 2 . —	1 0 1 #	r_6	v[top+1]. s :=1
2	0 # — 2 . — 3 M 1	1 0 1 #	S_6	
3	0 # — 2 . — 3 M 1 6 1 —	0 1 #	r_5	v[top]. val :=2^(−v[top−1]. s)
4	0 # — 2 . — 3 M 1 7 B 0.5	0 1 #	r_7	v[top+1]. s :=v[top−1]. s+1
5	0 # — 2 . — 3 M 1 7 B 0.5 8 P 2	0 1 #	S_5	
6	0 # — 2 . — 3 M 1 7 B 0.5 8 P 2 5 0 —	1 #	r_4	v[top]. val :=0
7	0 # — 2 . — 3 M 1 7 B 0.5 8 P 2 7 B 0	1 #	r_7	v[top+1]. s :=v[top−1]. s+1
8	0 # — 2 . — 3 M 1 7 B 0.5 8 P 2 7 B 0 8 P 3	1 #	S_6	
9	0 # — 2 . — 3 M 1 7 B 0.5 8 P 2 7 B 0 8 P 3 6 1 —	#	r_5	v[top]. val :=2^(−v[top−1]. s)
10	0 # — 2 . — 3 M 1 7 B 0.5 8 P 2 7 B 0 8 P 3 7 B 0.125	#	r_7	v[top+1]. s :=v[top−1]. s+1
11	0 # — 2 . — 3 M 1 7 B 0.5 8 P 2 7 B 0 8 P 3 7 B 0.125 8 P 4	#	r_3	v[top+1]. val:=0
12	0 # — 2 . — 3 M 1 7 B 0.5 8 P 2 7 B 0 8 P 3 7 B 0.125 8 P 4 9 S 0	#	r_2	v[top−2]. val:=v[top]. val+v[top−2]. s
13	0 # — 2 . — 3 M 1 7 B 0.5 8 P 2 7 B 0 8 P 3 9 S 0.125	#	r_2	v[top−2]. val:=v[top]. val+v[top−2]. val
14	0 # — 2 . — 3 M 1 4 S 0.625	#	r_1	print(v[top]. val)
15	0 # — 1 N —	#	acc	

图 7.17　基于某个 L-翻译模式的 LR 分析过程和语义计算过程

7.3 分析和翻译程序的自动生成工具 yacc

过去几十年,人们设计了许多用于实现基于语法制导的语义计算程序的自动构造工具。这些工具分为生成自上而下语义计算程序和自下而上语义计算程序的自动构造工具两类。虽然也存在很受欢迎的自上而下语义计算程序的自动构造工具,如 JavaCC[27,33],然而自下而上语义计算程序的自动构造工具能够适应更多的文法,历史更加悠久,更加成熟,应用也更加广泛。

yacc(yet another compiler-compiler)是 20 世纪 70 年代由 Johnson 等人在美国 Bell 实验室研制开发的基于 LALR(1)语法分析方法的一个实用的语法分析/语义计算程序自动构造工具[34],早期作为 UNIX 操作系统的实用程序发布。之后,又派生出许多著名的 yacc 实现版本,如 GNU 版本 Bison[35],Berkeley 版本 Byacc[36],等等。这里,仅介绍 yacc 工具使用的最基本内容,实际应用时还需参考相关技术手册,不同版本的 yacc 也有细小的差别。

如图 7.18 所示,yacc 工具的核心功能是读入用户编写的一个 yacc 描述文件,生成一个名为 y.tab.c 的 C 源程序文件。y.tab.c 中包含一个函数 yyparse(),它描述了一个基于 LALR(1)分析表的 LALR(1)分析过程,以及基于这一分析过程的语法制导的语义计算。每当 yyparse()需要读入终结符时,就调用称为 yylex()的词法扫描子程序返回下一个单词符号(包含单词种别以及单词自身的值等信息)。yylex()可以由用户自己编写,也可以通过 lex 自动生成。

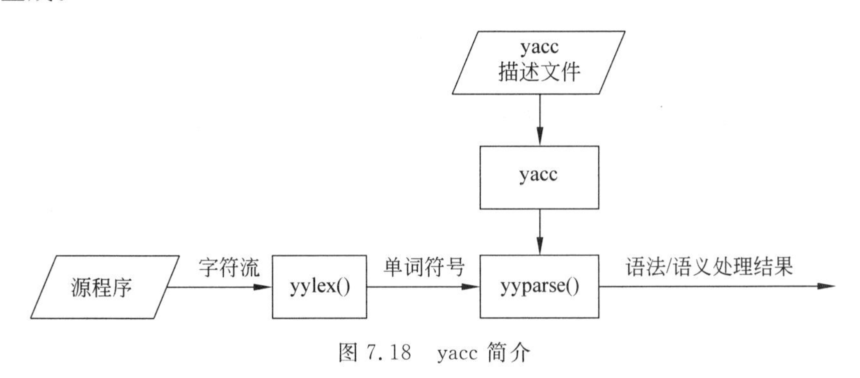

图 7.18 yacc 简介

yacc 描述文件类似于本章所介绍的 *L*-翻译模式,函数 yyparse()描述了一个基于 *L*-翻译模式的自底向上语义计算(参见 7.2.4 节)。yyparse()根据 LALR(1)分析表,当归约时调用语义处理动作。在某些情况下,需要将动作插在某规则的文法符号之间,根据 7.2.4 节所描述的方法,这时 yacc 会采用自动增加规则和非终结符的方法,使其语义动作都在一条规则的末尾进行,即归约时进行。

此外,yacc 还可以处理某些非 LALR(1)文法的规则,在 6.6 节中曾介绍过二义性文法在 LR 分析中的应用,yacc 给出了二义性文法终结符之间的优先关系和结合性的书写规定。对用户书写的二义性文法规则按其优先级和结合性自动生成相应的分析表。对于用优先级和结合性能解决的冲突,yacc 不报告发生冲突。

7.3.1 yacc 描述文件

yacc 描述文件形式如下：

```
%{
声明部分
%}
辅助定义部分
%%
规则部分
%%
用户函数部分
```

其中，声明部分、辅助定义部分和用户函数部分都是可选的，可以不出现。若声明部分为空，则%{和%}的两行可去掉；若用户函数部分为空，则第二个%%的行也可去掉。这样，yacc 描述文件可以只包含规则部分，具有如下形式：

```
%%
规则部分
```

下面分别介绍各个部分所描述的最基本信息，关于 yacc 描述文件更多的内容，读者可参考有关 yacc 的详细技术手册。

7.3.1.1 声明部分

声明部分定义常规的 C 程序声明，所有嵌在%{和%}之间的内容将被原样复制到所生成的语法分析/语义计算程序中。在声明中，可以引入头文件、宏定义以及全局变量的定义等。例如：

```
%{
#include   <stdio.h>
#define IDEN 5
int global_variable=0;
%}
```

7.3.1.2 辅助定义部分

辅助定义部分主要包括如下几个方面的定义：

(1) 定义语法开始符号。形如

```
%start   非终结符
```

如果语句%start 被省略掉，那么规则部分第一条规则左端的符号将默认为是文法的开始符号。

(2) 语义值类型定义。默认情形下，语义动作和词法分析程序的返回值为整型。其他语义值的类型(包括结构类型)可由%union 声明，形如

```
%union   {
```

```
    ……
}
```

由%union声明的类型可以通过＜类型名＞的形式置于%token，%type，%left，%right和%nonassoc等之后，用于声明相应符号的语义值类型。默认情况下，这些符号的语义值类型为整型。

(3) 终结符定义。形如

%token　终结符

例如，用%token NUMBER ID声明单词种别NUMBER和ID，可作为文法的终结符。

另外，用作终结符的单个字符置于单引号之间。例如，运算符＋和－分别写作 '＋'和 '－'。

(4) 非终结符的类型说明。形如

%type ＜类型名＞ 非终结符

其中，＜类型名＞可由%union声明。默认情形下，非终结符对应的语义值类型为整型。

(5) 优先级和结合性定义。分别用%left、%right和%nonassoc来定义左结合、右结合以及无结合性的运算符。例如，为了声明运算符＋和－具有左结合性，写作

```
%left '+' '-'
```

其中，运算符被单引号括起来，并且用空格分隔。对于运算符分好几行描述的情形，后边行中的运算符具有比前边行中的运算符更高的优先级。当然，同一行中的运算符具有相同的优先级。例如：

```
%left '+' '-'
%right UMINUS
```

此例中，运算符＋和－有同样的优先级，低于UMINUS的优先级。如果运算符出现在二义文法中，在需要构造LR分析过程时，通过声明这些运算符的结合性和优先级常常可以做到这一点。

以下是一个辅助定义部分的片段：

```
%start Program
%union{
            ……
            double doubleConstant;
            ……
            char identifier[128];
            declaration * decl;
        }
%token T_Void T_Bool T_Int
%token <identifier> T_Identifier
%token <doubleConstant> T_DoubleConstant
……
%type <decl>   VariableDecl
```

7.3.1.3 规则部分

规则部分即语法制导的语义计算所依据的翻译模式，由一个或多个规则（产生式）组成。各规则形如

```
A    :    Body;
```

其中，A 表示非终结符，Body 表示 0 个或多个名字及文字组成的序列，“;”为规则之间的分隔符。名字可以是终结符（对应单词符号）或非终结符；文字由单引号内的字符（含转义字符）组成。

如果若干规则具有同样的左边符号，则可用竖线“|”来避免重复左边符号。此外，处于规则末端而在竖线之前的“;”可以省略。这样，规则集合

```
A    :    B C D;
A    :    E F;
A    :    G;
```

可以表示为

```
A    :    B C D
     |    E F
     |    G
     ;
```

若是 ε 规则，则可表示为

```
A    :    ;
```

每个规则可以关联若干语义动作。语义动作既可以出现在规则的末尾，也可以出现在规则右端的中间位置。语义动作出现在规则的末尾时，yacc 在归约前执行它；语义动作出现在规则的中间时，yacc 在识别出它前面的若干文法符号后执行它。

规则中的每个文法符号以及语义动作本身都可以有自己对应的语义值。终结符（对应单词符号）的语义值由词法分析程序给出，并保存在 yylval 中。非终结符的语义值在语义动作中获得。在语义动作中可以通过 \$ 伪变量访问语义值，左部非终结符的语义值为 \$\$，右部文法符号或语义动作的语义值依次为 \$1, \$2,…。例如，如下规则

```
expr    :    '('expr   ')'    { $$ := $2;}
```

表示按该规则归约时返回左端非终结符的语义值就是右边第二个符号返回的语义值。若规则中没有显式地为 \$\$ 赋值，则返回左端非终结符的语义值默认为是右边第一个符号或语义动作返回的语义值。

当语义动作位于右部第 n 个位置时，可以引用的语义值包括 \$\$，\$1，\$2，…，\$$k$($k<n$)，这一点可参考 6.1.2 节中对于 L-翻译模式的要求；该动作的语义值为 \$$n$，动作中可以用 \$\$ 为它赋值，后续动作中可以通过 \$$n$ 引用它的值。例如，有如下规则：

```
A    :    B   { $$ :=1;}
          C   {x := $2; y := $3;}
     ;
```

归约时语义动作的执行结果是：将 x 置为 1，y 置为 C 返回的语义值。注意，语义动作{ \$\$:=1;}中的 \$\$ 指向该动作本身的语义值，而不是指向左端非终结符 A 的语义值。如

果语义动作{x := \$2; y := \$3;} 中没有显式地为 \$\$ 赋值，那么归约后 A 的语义值将被置为 B 返回的语义值。

类似于 7.2.4 节的讨论，对处于中间位置的语义动作，yacc 内部的处理过程是增加一个新的非终结符和一条相应的 ε-规则，当按照这条规则进行归约时触发这个语义动作。对于上一个例子中的规则，yacc 内部处理时就像是把这条规则替换为以下两条规则：

```
$ACT   :  { $$ :=1;}
       ;
A      :   B   $ACT   C   {x := $2; y := $3;}
       ;
```

其中，\$ACT 为 yacc 处理过程中的一个内部符号。

为进行错误恢复，yacc 保留了一个名为 error 的特殊终结符，可以出现在规则中，用来表示预期的出错及进行错误恢复的位置。例如，若有如下规则：

```
expr   :   error   ';'
```

当出现错误时，分析程序试图忽略相应的语法成分，它从输入序列中滤除';'之外的单词符号；当遇到';'时，分析程序将根据这条规则进行归约，分析过程得以恢复。

为了更好地实现错误恢复，yacc 提供了一些特殊的语句或宏，如 yyerrok、yyclearin 等，可以与 error 配合使用，即用于 error 后的语义动作中。限于篇幅，这里不作进一步讨论，读者可以参考有关的技术手册。

7.3.1.4 用户函数部分

用户函数部分应当包含一个用 C 语言编写的主函数，它会调用分析函数 yyparse。

这一部分还应当包括一个错误处理函数 yyerror。每当分析程序发现语法错误时，将调用 yyerror 输出错误信息。yacc 默认的错误处理是遇到第一个语法错误就退出语法分析程序。

如果用户没有提供这两个函数，则会使用由库函数提供的默认版本。例如，默认的 main 函数可能是

```
main{
    return (yyparse() );
}
```

默认的 yyerror 函数可能是

```
#include <stdio.h>
yyerror(char * s){
    fprint (stderr, "%s\n", s );
}
```

另外，规则部分的语义动作可能需要使用一些用户定义的子函数，这些子函数都必须遵守 C 语言的语法规定，这里不再赘述。

7.3.2 使用 yacc 的一个简单例子

下面介绍用 yacc 实现一个简单计算器的例子。同时，这也是 lex 与 yacc 联合使用的一个例子。

定义如下 yacc 描述文件：

```
%{
#include <stdio.h>
%}
/* 终结符 */
%token INTEGER
/* 优先级和结合性 */
%left '+'
%left '*'

%%
input   :   /* empty string */
        |   input line
        ;
line    :   '\n'
        |   exp  '\n'  {printf ("\t%d\n", $1);}
        |   error  '\n'
        ;
exp     :   INTEGER   { $$ = $1;}
        |   exp  '+'  exp  { $ = $1+ $3;}
        |   exp  '*'  exp  { $$ = $1 * $3;}
        |   '('  exp  ')'  { $$ = $2;}
        ;
%%

/* 用户函数 */

main(){
    yyparse ();
}

int yylex(){                /* 自行编写或由 lex 自动生成，在随后介绍的 lex 和 yacc 的联
                               用中，需删去这里的 yylex()定义 */
    ...
}

yyerror (char * s){
    printf ("%s\n", s);
}
```

将这一 yacc 描述文件命名为 exp.y。

假设采用由 lex 自动生成 yylex()的方式。在 3.7.4 节，定义了如下 lex 描述文件：

```
%{
#include "y.tab.h"
```

```
extern int yylval;
}%
%%
0|[1-9][0-9]*              {yylval=atoi(yytext); return INTEGER;}
[+*()\n]                   {return yytext[0];}
.                          {  /* do nothing */  }
%%
```

将这一 lex 描述文件命名为 exp.l。

在 Linux 环境(假设安装了相应的开发包,并且设置了正确的环境变量,系统提示符为 $)中,可以通过如下步骤产生这一简单计算器的可执行文件:

```
$ lex   exp.l                   /* 产生包含 yylex()的 C 文件 lex.yy.c,其中包含 yylex() */
$ yacc  -d   exp.y              /* 产生包含 yyparse()的 C 文件 y.tab.c 及头文件 y.tab.h */
$ cc   y.tab.c   lex.yy.c   -ly   -ll   -o exp    /* 产生可执行文件 exp,-ly 和-ll 分别为
                                                  yacc 和 lex 库文件的选项 */
```

为了联用 lex 和 yacc,需要在运行 yacc 程序时加选项-d,以产生文件 y.tab.h,其中会包含在 yacc 描述文件中(由%tokens 定义)的所有单词种别。文件 y.tab.h 将被包含在 lex 描述文件中。yylex()会返回当前单词符号的单词种别,并将单词自身的值存入全局量 yylval。

可执行文件 exp 的执行效果如下:

```
$ ./exp
$ 4+3*5
$ 19
```

在实际中,读者可能会使用不同的 lex 和 yacc 版本,相应的描述文件以及某些选项可能有不同的约定。比如,若是使用 flex 而不是 lex,则其库文件的选项应该是-lfl,而不是-ll。

练　　习

1. 下面的文法 $G[S']$ 描述由布尔常量 false、true,联结词∧(合取)、∨(析取)、¬(否定)构成的不含括号的二值布尔表达式的集合:

$S' \to S$

$S \to S \vee T \mid T$

$T \to T \wedge F \mid F$

$F \to \neg F \mid \underline{\text{false}} \mid \underline{\text{true}}$

试设计一个基于 $G[S']$ 的属性文法,它可以计算出每个二值布尔表达式的取值。如对于句子¬true∨¬false∧true,输出是 true。

2. 给定文法 $G[S]$:

$S \to (L) \mid a$

$L \to L, S \mid S$

如下是相应于 $G[S]$ 的一个属性文法(或翻译模式):

$S \to (L)$　　　$\{S.\text{num} := L.\text{num} + 1;\}$

$S \to a$　　　$\{S.\text{num} := 0;\}$

$L \to L_1,\ S$　　　$\{L.\text{num} := L_1.\text{num} + S.\text{num};\}$

$L \to S$　　　$\{L.\text{num} := S.\text{num};\}$

图 7.19 分别是输入串(a,(a))的语法分析树和对应的带标注语法树，但后者的属性值没有标出，试将其标出(即填写图 7.19 右图中符号=右边的值)。

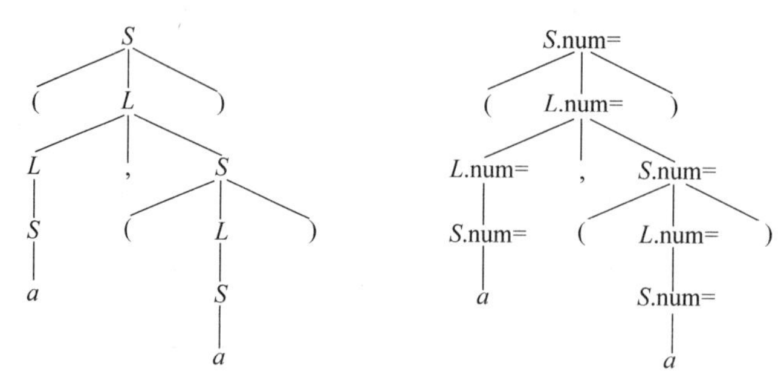

图 7.19　题 2 的语法分析树和带标注语法树

3. 下面是一个简单表达式文法 $G[S]$的一个仅含综合属性的属性文法(开始符号为 S)：

$S \to E$　　　$\{\text{print}(E.\text{val})\}$

$E \to E_1 + T$　　　$\{E.\text{val} := E_1.\text{val} + T.\text{val}\}$

$E \to T$　　　$\{E.\text{val} := T.\text{val}\}$

$T \to T_1 * F$　　　$\{T.\text{val} := T_1.\text{val} \times F.\text{val}\}$

$T \to F$　　　$\{T.\text{val} := F.\text{val}\}$

$F \to (E)$　　　$\{F.\text{val} := E.\text{val}\}$

$F \to d$　　　$\{F.\text{val} := d.\text{lexval}\}$

其中，$d.\text{lexval}$ 是由词法分析程序所确定的属性；$F.\text{val}$、$T.\text{val}$ 和 $E.\text{val}$ 都是综合属性；语义函数 print($E.\text{val}$)用于显示 $E.\text{val}$ 的结果值。不难理解，这个属性文法描述了一个基于简单表达式文法进行算术表达式求值的语义计算模型。

试给出表达式 3 * (5+4) 的语法分析树和相应的带标注语法分析树。

4. 以下是简单表达式(只含加、减运算)计算的一个属性文法 $G(E)$：

$E \to T\,R$　　　$\{R.\text{in} := T.\text{val};\quad E.\text{val} := R.\text{val}\}$

$R \to + T R_1$　　　$\{R_1.\text{in} := R.\text{in} + T.\text{val}\ ;\ R.\text{val} := R_1.\text{val}\}$

$R \to - T R_1$　　　$\{R_1.\text{in} := R.\text{in} - T.\text{val}\ ;\ R.\text{val} := R_1.\text{val}\}$

$R \to \varepsilon$　　　$\{R.\text{val} := R.\text{in}\}$

$T \to \underline{\text{num}}$　　　$\{T.\text{val} := \text{lexval}(\underline{\text{num}})\}$

其中，lexval($\underline{\text{num}}$)表示从词法分析程序得到的常数值。

试给出表达式 3+4−5 的语法分析树和相应的带标注语法分析树。

5. 题 2 中所给的 $G[S]$的属性文法是一个 S-属性文法，故可以在自底向上分析过程中增加语义栈来计算属性值。图 7.20 是 $G[S]$的一个 LR 分析表，图 7.21 描述了输入串(a,(a))的分析和求值过程(语义栈中的值对应 $S.\text{num}$ 或 $L.\text{num}$)，其中，第 14、15 行没有给出，试补全。

状态	ACTION					GOTO	
	a	,	(	)	#	S	L
0	S_3		S_2			1	
1					acc		
2	S_3		S_2			5	4
3		r_2		r_2	r_2		
4		S_7		S_6			
5		r_4		r_4			
6		r_1		r_1	r_1		
7	S_3		S_2			8	
8		r_3		r_3			

图 7.20　题 5 的 LR 分析表

步骤	状态栈	语义栈	符号栈	余留符号串
1	0	—	#	$(a,(a))$#
2	02	— —	#(	$a,(a))$#
3	023	— — —	#(a	$,(a))$#
4	025	— — 0	#(S	$,(a))$#
5	024	— — 0	#(L	$,(a))$#
6	0247	— — 0 —	#(L,	$(a))$#
7	02472	— — 0 — —	#(L,(	$a))$#
8	024723	— — 0 — — —	#(L,(a	))#
9	024725	— — 0 — — 0	#(L,(S	))#
10	024724	— — 0 — — 0	#(L,(L	))#
11	0247246	— — 0 — — 0 —	#(L,(L)	)#
12	02478	— — 0 — 1	#(L,S	)#
13	024	— — 1	#(L	)#
14				
15				
16	接受			

图 7.21　题 5 的分析和求值过程

6. 给定 LL(1)文法 $G[S]$：

$S \rightarrow A\ b\ B$

$A \rightarrow a\ A \mid \varepsilon$

$B \rightarrow a\ B \mid b\ B \mid \varepsilon$

如下是以 $G[S]$作为基础文法设计的翻译模式：

$S \rightarrow A\ b$　　{B. in_num := A . num}B {if B. num=0 then print("Accepted!")
else print("Refused!") }

$A \rightarrow aA_1$　　{A. num := A_1. num+1}

$A \rightarrow \varepsilon$　　{A. num := 0}

$B \to a$ $\{B_1.\text{in\_num} := B.\text{in\_num}\}$ B_1 $\{B.\text{num} := B_1.\text{num}-1\}$

$B \to b$ $\{B_1.\text{in\_num} := B.\text{in\_num}\}$ B_1 $\{B.\text{num} := B_1.\text{num}\}$

$B \to \varepsilon$ $\{B.\text{num} := B.\text{in\_num}\}$

试针对该翻译模式构造相应的递归下降(预测)翻译程序(参考例 7.9,可直接使用其中的 MatchToken 函数)。

7. 设题 4 中属性文法的基础文法为 $G[E]$。

(1) 说明 $G[E]$是 LL(1)文法。

(2) 如下是以 $G[E]$作为基础文法设计的翻译模式:

$E \to T$ $\{R.\text{in} := T.\text{val}\}$ R $\{E.\text{val} := R.\text{val}\}$

$R \to +T$ $\{R_1.\text{in} := R.\text{in}+T.\text{val}\}$ R_1 $\{R.\text{val} := R_1.\text{val}\}$

$R \to -T$ $\{R_1.\text{in} := R.\text{in}-T.\text{val}\}$ R_1 $\{R.\text{val} := R_1.\text{val}\}$

$R \to \varepsilon$ $\{R.\text{val} := R.\text{in}\}$

$T \to \underline{\text{num}}$ $\{T.\text{val} := \text{lexval}(\underline{\text{num}})\}$

试针对该翻译模式构造相应的递归下降(预测)翻译程序(如题 6,可直接使用例 7.9 中的 MatchToken 函数)。

8. 题 3 中的属性文法可以看作一个 S-翻译模式,其基础文法为 SLR(1)文法(开始符号为 S)。

由于是 S-翻译模式,所以在 *LR* 分析过程中根据该翻译模式进行自底向上语义计算时,文法符号的所有继承属性均可以通过归约前已出现在分析栈中的综合属性进行访问。试写出在按每个产生式归约时语义计算的一个代码片段(设语义栈由向量 v 表示,归约前栈顶位置为 *top*,终结符不对应语义值,而每个非终结符的综合属性都只对应一个语义值,可用 v[*i*].*val* 访问,不用考虑对 *top* 的维护)。

9. 给定文法 $G[S]$:

$S \to M\ A\ b\ B$

$A \to A\ a \mid \varepsilon$

$B \to B\ a \mid B\ b \mid \varepsilon$

$M \to \varepsilon$

在文法 $G[S]$基础上设计如下翻译模式:

$S \to M$ $\{A.\text{in\_num} := M.\text{num}\}$

$A\ b$ $\{B.\text{in\_num} := A.\text{num}\}$

B $\{\text{if } B.\text{num}=0 \text{ then } S.\text{accepted} := \text{true else } S.\text{accepted} := \text{false}\}$

$A \to$ $\{A_1.\text{in\_num} := A.\text{in\_num}\}$ $A_1\ a$ $\{A.\text{num} := A_1.\text{num}-1\}$

$A \to \varepsilon$ $\{A.\text{num} := A.\text{in\_num}\}$

$B \to$ $\{B_1.\text{in\_num} := B.\text{in\_num}\}$ $B_1\ a$ $\{B.\text{num} := B_1.\text{num}-1\}$

$B \to$ $\{B_1.\text{in\_num} := B.\text{in\_num}\}$ $B_1\ b$ $\{B.\text{num} := B_1.\text{num}\}$

$B \to \varepsilon$ $\{B.\text{num} := B.\text{in\_num}\}$

$M \to \varepsilon$ $\{M.\text{num} := 100\}$

不难看出,嵌在产生式中间的语义动作集中仅含复写规则,并且在自底向上的语法分析过程中,文法符号的所有继承属性均可以通过归约前已出现在分析栈中的综合属性唯一确定地进行访问。试写出在按每个产生式归约时语义计算的一个代码片段(设语义栈由向量 v 表示,归约前栈顶位置为 top,终结符不对应语义值,而每个非终结符的综合属性都只对应一个语义值,可用 v[i]. num 或 v[i]. accepted 访问,不用考虑对 top 的维护)。

10. 变换如下翻译模式,使嵌在产生式中间的语义动作集中仅含复写规则,并使得在自底向上的语法分析过程中,文法符号的所有继承属性均可以通过归约前已出现在分析栈中的确定的综合属性进行访问:

$D \to D_1 \; ; T \quad \{L.type := T.type;\ L.offset := D_1.width;\ L.width := T.width\}\ L$
$\qquad \{D.width := D_1.width + L.num \times T.width\}$

$D \to T \quad \{L.type := T.type;\ L.offset := 0;\ L.width := T.width\}\ L$
$\qquad \{D.width := L.num \times T.width\}$

$T \to$ integer $\quad \{T.type := int;\ T.width := 4\}$

$T \to$ real $\quad \{T.type := real;\ T.width := 8\}$

$L \to \{L_1.type := L.type;\ L_1.offset := L.offset;\ L_1.width := L.width;\}\ L_1$, id
$\qquad$ {enter (id. name, L. type, L. offset$+L_1$. num (L. width); L. num $:=L_1$. num$+1$}

$L \to$ id $\quad$ {enter (id. name, L. type, L. offset); L. num $:=1$}

11. 设有如下翻译模式,其基础文法是 $G[N]$:

$N \to \{S.f := 1\} \quad S \quad \{print(S.v)\}$

$S \to \{S_1.f := 2\ S.f\} \quad S_1 \quad \{B.f := S.f\} \quad B \quad \{S.v := S_1.v + B.v\}$

$S \to \varepsilon \quad \{S.v := 0\}$

$B \to 0 \quad \{B.v := 0\}$

$B \to 1 \quad \{B.v := B.f\}$

(1) 变换该翻译模式,使嵌在产生式中间的语义动作集中仅含复写规则,并使得在自底向上的语义计算过程中,文法符号的所有继承属性均可以通过归约前已出现在分析栈中的确定的综合属性进行访问。

(2) 如果在 LR 分析过程中根据(1)所得到的新翻译模式进行自底向上的语义计算,试写出在按每个产生式归约时语义计算的一个代码片段(设语义栈由向量 v 表示,归约前栈顶位置为 top,终结符不对应语义值;而每个非终结符的综合属性都只对应一个语义值,用 $v[i].v$ 表示;不用考虑对 top 的维护)。

12. 设有如下翻译模式,其基础文法是 $G[S]$:

$S \to Ab \quad \{B.in\_num := A.num + 100\}$
$\qquad B \quad \{$if $B.num = 0$ then $S.accepted :=$ true
$\qquad\qquad$ else $S.accepted :=$ false$\}$

$S \to Abb \quad \{B.in\_num := A.num + 50\}$
$\qquad B \quad \{$if $B.num = 0$ then $S.accepted :=$ true
$\qquad\qquad$ else $S.accepted :=$ false$\}$

$A \to A_1\ a \quad \{A.num := A_1.num + 1\}$

$A \to \varepsilon \quad \{A.num := 0\}$

$B \to \{B_1.in\_num := B.in\_num\} \quad B_1\ a \quad \{B.num := B_1.num - 1\}$

$B \to \varepsilon \quad \{B.num := B.in\_num\}$

(1) 变换该翻译模式,使嵌在产生式中间的语义动作集中仅含复写规则,并使得在自底向上的语义计算过程中,文法符号的所有继承属性均可以通过归约前已出现在分析栈中的确定的综合属性进行访问。

(2) 如果在 LR 分析过程中根据(1)所得到的新翻译模式进行自底向上的语义计算,试写出在按每个产生式归约时语义计算的一个代码片段(假设语义栈由向量 v 表示,归约前栈顶位置为 top,终结符不对应语义值,而每个非终结符的综合属性 x 都只对应一个语义值,可用 $v[i]$.num 或 $v[i]$.accepted 访问,不用考虑对 top 的维护)。

13. 下面的属性文法(翻译模式)$G[N]$可以将一个二进制小数转换为十进制小数,令 N.val 为所生成的二进制数的值。例如,对输入串 101.101,N.val=5.625。

$N \rightarrow S_1 . S_2$ $\{N.\mathrm{val} := S_1.\mathrm{val} + 2^{-S_2.\mathrm{len}} \times S_2.\mathrm{val}\}$

$S \rightarrow S_1 B$ $\{S.\mathrm{val} := 2 \times S_1.\mathrm{val} + B.\mathrm{val};\ S.\mathrm{len} := S_1.\mathrm{len} + 1\}$

$S \rightarrow B$ $\{S.\mathrm{val} := B.\mathrm{val};\ S.\mathrm{len} := 1\}$

$B \rightarrow 0$ $\{B.\mathrm{val} := 0\}$

$B \rightarrow 1$ $\{B.\mathrm{val} := 1\}$

(1) 试用本章介绍的方法消除该属性文法(翻译模式)中的左递归,以便可以得到一个自上而下进行语义计算的翻译模式。

(2) 对变换后的翻译模式,构造一个递归下降(预测)翻译程序。

14. 利用构造工具 lex 与 yacc 上机实现 7.3.2 节给出的简单计算器例子。

15. 参考例 7.9 和例 7.10 给出的 L-翻译模式,设计一个恰当的 yacc 描述文件,使相应的语义计算程序可用于将二进制无符号定点小数转化为十进制小数。上机实现这个语义计算程序(可自行编写或由 lex 自动生成函数 yylex())。

16. 利用构造工具 lex 与 yacc,实现与第 4 章练习题 12 同样功能的 PL/0 词法和语法分析程序。

第8章 静态语义分析和中间代码生成

在语义分析阶段，编译器计算语义信息，并根据这些信息完成静态语义分析，进而生成后续的中间表示形式。符号表是存储语义信息的重要数据结构。本章先介绍符号表相关的内容，然后讨论静态语义分析和中间代码生成的主要思想和方法。对于静态语义分析和中间代码生成的技术环节，本章以语法制导的方法为主线进行介绍，并补充介绍多遍的方法。

8.1 符 号 表

8.1.1 符号表的作用

符号表是编译程序用到的最重要的数据结构之一，几乎在编译的每个阶段每一遍都要涉及符号表。

符号表自创建后便开始被用于收集符号（标识符）的属性信息，不同阶段会有不同的信息。例如，编译程序在分析处理到下述两个说明语句：

```
int A;
float B[5];
```

则在符号表中收集到关于符号A的属性是一个整型变量，关于符号B的属性是具有5个浮点型元素的一维数组。

在语义分析中，符号表所登记的内容是进行上下文语义合法性检查的依据。同一个标识符可能在程序的不同地方出现，而有关该符号的属性是在不同情况下收集的，特别是在多遍编译及程序分段编译（以文件为单位）的情况下，更需检查标识符属性在上下文中的一致性和合法性。通过符号表中的属性记录可进行这些语义检查。例如，在C语言中同一个标识符可作引用说明，也可作定义说明：

```
⋮
int i [3, 5];                      //定义说明 i
⋮
extern float i;                    //引用说明 i
⋮
```

按编译过程，符号表中首先建立标识符i的属性是3×5个整型元素的数组，而后在分析第二个说明时，标识符属性是浮点型简单变量。通过符号表的语义检查可发现其不一致错误。

又例如，在一个C语言程序中出现

```
⋮
int i [3, 5];
⋮
```

```
float i [4, 2];
⋮
int i [3, 5];
⋮
```

编译过程首先在符号表中记录了标识符 i 的属性是 3×5 个整型元素的数组,而后在分析第二个和第三个定义说明时编译系统可通过符号表检查出标识符 i 的二次重定义冲突错误。本例还可以看到,不论在后两句中 i 的其他属性与第一句是否完全相同,只要标识符名重定义,就将产生重定义冲突的语义错误。

在目标代码生成阶段,符号表是对符号名进行地址分配的依据。程序中的变量符号由它被定义的存储类别和被定义的位置等来确定将来被分配的存储位置。首先要根据存储类别确定其被分配的存储区域。例如,在 C 语言中需要确定该符号变量是分配在公共区(extern)、文件静态区(extern static)、函数静态区(函数中的 static)还是函数运行时的动态区(auto)等。其次是根据变量出现的次序(一般来说是先声明的在前)来决定该变量在某个区中所处的具体位置,这通常使用在该区域中相对于起始位置的偏移量来确定。而有关区域的标志及相对位置都作为该变量的语义信息被收集在该变量的符号表属性中。

此外,符号表的组织与结构还需要体现符号的作用域与可见性信息。

8.1.2 符号的常见属性

符号表中可以存放不同的属性,以便在编译的不同阶段使用。不同的语言定义的标识符属性不尽相同,但下列几种通常都是需要的。

- 符号的名字。这是每个符号不可缺少的属性。在符号表中,符号名常用作查询相应表项的关键字,一般不允许重名。根据语言的定义,程序中出现的重名标识符定义将按照该标识符在程序中的作用域和可见性规则进行相应的处理。在一些允许操作重载的语言中,函数名、过程名是可以重名的,对于这类重载的标识符要通过它们的参数个数和类型以及函数返回值类型来区别,以达到它们在符号表中的唯一性。
- 符号的类别。例如,符号可分为常量符号、变量符号、过程/函数符号、类名符号等不同的类别。
- 符号的类型。各类符号一般会有类型,如常量符号、变量符号对应有数据类型。函数/过程符号也可以有类型(如由参数类型和返回值类型复合而成的函数类型)。符号的类型属性决定了该符号所标识的内容在存储空间的存储格式,还决定了可以对其施加的运算操作。
- 符号的存储类别和存储分配信息。存储类别信息如:该符号对应的存储是在数据区还是代码区,是在静态数据区还是动态数据区,是动态分配在栈区还是在堆区,等等。存储分配信息如:该符号数据单元的大小(字节数),相对某个存储基地址的偏移位置,等等。
- 符号的作用域与可见性(参见 8.1.4 节)。
- 其他属性。体现不同数据对象的符号属性特征可能差异较大,可以将这些属性分开组织。如对于数组,符号的属性包含数组内情向量(见 8.3.3.3 节);对于结构体或类，符号的属性应包含成员信息；对于函数/过程，符号的属性需要包含形参的信息。

8.1.3 符号表的实现

和其他关于表的数据结构类似，针对符号表的操作通常包含以下几个：

- 创建符号表。通常在编译开始或进入一个作用域时调用创建符号表操作。
- 插入表项。在遇到新的符号声明时进行，通常是插入到当前作用域所对应的符号表。
- 查询表项。在引用符号时进行。
- 修改表项。在获得新的语义值信息时进行。
- 删除表项。在符号成为不可见或不再需要它的任何信息时进行。
- 释放符号表空间。在编译结束前或退出一个作用域时进行。

符号表的实现需要选择适当的数据结构，除了需要体现符号表的功能和作用，通常也需要考虑符号表操作的方便性和高效性，有时还需要考虑节省内存空间（如某些运行在低端嵌入设备的即时编译程序会有这样的需求）。

以下是实现符号表的几种常用数据结构：

- 一般的线性表，如数组、链表等。
- 有序表。访问时较无序表快，例如可以使用折半查找算法。
- 二叉搜索树。
- Hash 表。

实现高效的符号表组织与管理对于编译程序来说非常重要，因为它在各阶段都要被频繁访问。但本书的重点不在于此，故不对此进行更深入的讨论。

最后，简要讨论一下编译器何时创建符号表。符号表至少应该在静态语义分析之前已经创建，最常见的情况是在语法分析的同时创建。如果词法分析程序单独作为一遍，则一般不可能承担符号表创建的任务（因为不能获得作用域信息）。如果词法分析程序是被语法分析器调用，则符号表的相应表项既可由词法分析程序写入，也可由语法分析程序写入，通常是后者，因为可以在同时写入更多的属性信息，并且知道是否是正在声明的符号（如果是，就创建新的表项，否则只是更新表项的属性）。当由词法分析程序写入时，则加入到当前作用域对应的符号表中（符号表指针需要语法分析程序告知），可以包含符号名、属性值、位置信息等。符号表在语法分析之后而在语义检查之前创建也是很常见的，这种方法容易获得符号的更多属性，也容易处理同一作用域内随处声明的符号。

8.1.4 符号表体现作用域与可见性

体现符号的作用域与可见性是符号表的组织与设计中一个重要的方面。

每一个符号在程序中都有一个确定的有效范围。拥有共同有效范围的符号所在的程序单元就构成了一个**作用域**（scope）。作用域之间可以嵌套，即一个作用域可以被另一个作用域包围，称为**嵌套的作用域**（nested scopes）。但作用域之间不会交错，也就是说，两个作用域要么嵌套（一个包含另一个），要么不相交。相对于程序中特定的一点而言，其所在的作用域称为**当前作用域**。当前作用域与包含它的程序单元所构成的作用域称为**开作用域**（open scope)。不属于开作用域的作用域称为**闭作用域**(close scope)。**可见性**(visibility)是指在程序的某一特定点哪些符号是可访问的(即可见的)。程序语言中常用的可见性规则(visibility rule)如下:

- 在程序的任何一点,只有在该点的开作用域中声明的符号才是可访问的。
- 若一个符号在多个开作用域中被声明,则把离该符号的某个引用最近的声明作为该引用的解释。
- 新的声明只能出现在当前作用域。

符号的可见性还与具体的实现相关。例如,针对面向对象语言的继承关系,其实现方式决定了父类作用域中的符号能否被直接引用(例如,C++ 语言类作用域中有 private、protected 及 public 等不同类别的属性)。又如,根据单遍的 PL/0 编译器所实现的单符号表组织,在程序的特定位置,并非可访问当前开作用域中的所有符号。

另外,值得注意的是,这里讲到的"作用域"是指在静态作用域规则下的含义。多数常用语言都是采用静态作用域规则。与此不同的是动态作用域规则,二者的区别可参见 9.2.4 节。

多数情况下,每个作用域都有自己的符号表,称为**多符号表组织**。但也可以使所有嵌套的作用域共用一个全局符号表,称为**单符号表组织**。

8.1.4.1 作用域与单符号表组织

通常,单符号表组织具有以下特点:

- 所有嵌套的作用域共用一个全局符号表。
- 每个作用域都对应一个作用域号。
- 仅记录开作用域中的符号。
- 当某个作用域成为闭作用域时,从符号表中删除该作用域中所声明的符号。

下面举一个单符号表组织的例子。该例子中,采用一个 Hash 表的结构来组织全局符号表。

图 8.1 是一段(PL/0 程序)代码。当处理到程序位置/ * here * / 时,符号表的当前状态如图 8.2 所示。

```
const a=25;
var x,y;
procedure p;
    var z;
    begin
    …
    end;
procedure r;
    var x, s;
    procedure t;
        var v;
        begin
        …
        end;
    begin               /*here*/
    …
    end;
begin
…
end.
```

图 8.1　符号表与作用域示例程序

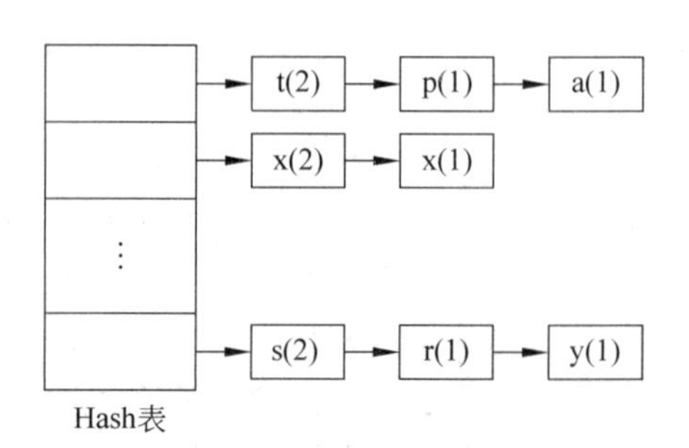

图 8.2　单符号表组织

图 8.2 中,各符号的散列值是本书随意假设的。针对程序位置/ * here * /,当前的开作用域包括:第 1 层的全局作用域,含符号 a(1)、x(1)、y(1)、p(1)、r(1);第 2 层的由过程 r 所辖的作用域,含符号 x(2)、s(2)、t(2)。这里,各符号所附加的数字代表符号所在的层次号。注意,图 8.2 的符号表中不包含闭作用域中的符号,如过程 p 所辖的作用域中的符号 z(2) 以及过程 t 所辖的作用域中的符号 v(3)都没有出现在符号表中。

在图 8.2 的符号表中插入一个符号对应的表项时,假定是插入到各分表的表头位置。这样,当某个符号在符号表中出现多个副本时,那么离该符号的某个引用最近声明的副本应作为该引用的解释,它应该处于分表中最靠前的位置。例如,在程序位置/ * here * /处,引用符号 x,其含义是指向符号 x(2) 所对应的表项。

8.1.4.2 作用域与多符号表组织

通常,多符号表组织具有以下特点:

- 每个作用域都有各自的符号表。
- 需要维护一个作用域栈,每个开作用域对应栈中的一个入口,当前的开作用域出现在该栈的栈顶。
- 当一个新的作用域打开时,新符号表将被创建,并将其入栈。
- 在当前作用域成为闭作用域时,从栈顶弹出相应的作用域。

下面举一个多符号表组织的例子,同样使用图 8.1 中的(PL/0 程序)代码段。

当处理到程序位置/ * here * /时,符号表的当前状态如图 8.3 所示。

从图 8.3 可见,这一代码段包含 4 个作用域,分别对应符号集合{a,x,y,p,r},{x,s,t},{z},以及[v]。这里,前两个作用域为开作用域,它们都出现在当前的作用域栈上;后两个作用域为闭作用域,不出现在当前的作用域栈上。

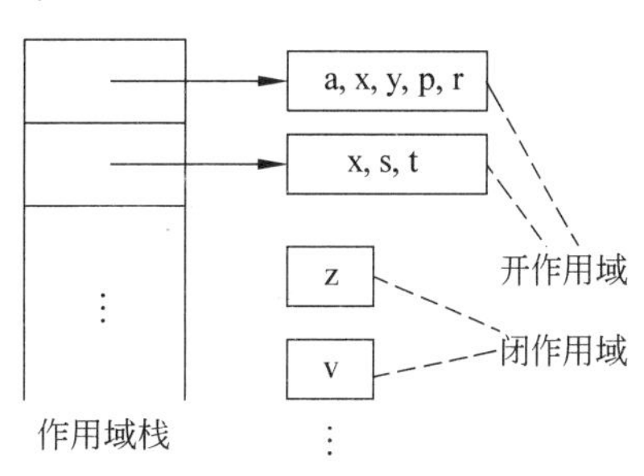

图 8.3 多符号表组织

当某个符号在开作用域中出现多次,那么离该符号的某个引用最近声明的副本应作为该引用的解释,它应该是指离栈顶最近的作用域中的符号。例如,在程序位置/ * here * /处,引用符号 x,其含义是指作用域{x,s,t} 中的符号 x。

8.1.5 节的 PL/0 符号表是一个单符号表组织的实例。第 11 章的 Decaf 编译器符号表是一个多符号表组织的实例,同时也能够体现出实现面向对象语言时符号表设计的一些特点。

8.1.5 实例:PL/0 编译程序中符号表的设计与实现

8.1.5.1 PL/0 符号表的设计

符号表用来存放标识符的属性信息。PL/0 中的标识符有 3 类:常量标识符、变量标识符和过程标识符。因此,符号表中需要记录标识符的类别信息。

PL/0 中数据类型只有整型,所以设计符号表时可不考虑数据类型信息。变量只有简单变量,且都是整型变量。

PL/0 中可以有嵌套的过程说明,为了实现对过程标识符和变量标识符的正确访问,需要在符号表中记录它们所在过程的层次信息。主过程的层次为 0,主过程中说明的过程层次为 1,层次为 1 的过程中说明的过程层次为 2,以此类推。

对于常量标识符来说,则需要在符号表中记录它所代表的常数值。

在代码生成时还需要知道变量在运行时相对于过程活动记录(参见 9.2.1 节)基址的偏移位置。在附录 A 的 PL/0 编译程序实现中,过程活动记录的头 3 个单元用于存放控制信息,局部变量依次存放于其后。因此,对于变量标识符,符号表中需要记录的对应于它们的偏移地址依次为 DX,DX+1,DX+2,…,其中 DX=3。

另外,实现过程调用时首先要设置过程活动记录的初始大小,它将被置为 size=DX+m,这里 DX=3,m 为过程中局部变量的数目。因此,对于过程标识符,符号表中含有记录 size 的信息。

PL/0 编译程序的符号表采用单表组织,所有嵌套的作用域共用一个全局符号表 table,其数据结构定义如下:

```
enum object{
    constant,
    variable,
    procedure
};
struct tablestruct{
    char name[al];                  /* al 为名字最大长度 */
    enum object kind;               /* 标识符的类别信息 */
    int val;                        /* 常量标识符所代表的常数值 */
    int level;                      /* 标识符所在的层(常量标识符不用) */
    int adr;                        /* 变量标识符的偏移地址 */
    int size;                       /* 过程活动记录的初始数据区大小,仅过程标识符用到 */
};
struct tablestruct table[txmax];    /* txmax 为符号表容量 */
```

例如,设有如下 PL/0 程序片段:

```
CONST A=35, B=49;
VAR C, D, E;
PROCEDURE P;
    VAR G;
……
```

当 PL/0 分析过程在扫描过该程序片段的说明部分后,符号表中的标识符信息如图 8.4 所示。其中,LEV 为当前过程的层次,DX=3。

8.1.5.2 作用域与可见性

PL/0 程序中,每个分程序对应一个作用域。PL/0 编译程序的分析过程中,正在处理的分程序对应当前作用域,当前作用域以及包含它的所有作用域构成开作用域,其他作用域是闭作用域。对于程序内的任意一点,分析过程处理到这一点时开作用域中的标识符是可见的,而闭作用域中的标识符是不可见的。由于 PL/0 编译程序的符号表采用单表组织,因

NAME: A	KIND: CONSTANT	VAL: 35		
NAME: B	KIND: CONSTANT	VAL: 49		
NAME: C	KIND: VARIABLE	LEVEL: LEV	ADDR: DX	
NAME: D	KIND: VARIABLE	LEVEL: LEV	ADDR:DX+1	
NAME: E	KIND: VARIABLE	LEVEL: LEV	ADDR:DX+2	
NAME: P	KIND: PROCEDURE	LEVEL: LEV	ADDR:	SIZE: 4
NAME: G	KIND: VARIABLE	LEVEL: LEV+1	ADDR:DX	
⋮	⋮	⋮	⋮	

图 8.4　PL/0 编译程序符号表

此分析过程处理到程序中某一点时，当前符号表中的标识符对应于这一点的所有开作用域中的标识符，而所有闭作用域中的标识符都不在当前符号表中。实际上，可以将符号表看作一个栈，随着分析过程的进行，符号表栈的内容随之改变。主过程作用域中的标识符总是处于栈的底部，而当前正在扫描的分程序作用域中的标识符处于栈的顶部。

例如，对于图 8.1 中的 PL/0 程序片段，当分析过程进行到/＊here＊/时，符号表的内容如图 8.5 所示。

name	kind	val/level	addr	size
a	constant	25		
x	variable	0	DX	
y	variable	0	DX+1	
p	procerdur	0		4
r	procerdur	0		5
x	variable	1	DX	
s	variable	1	DX+1	
t	procerdur	1		4

图 8.5　实例：PL/0 符号表所体现的作用域与可见性

容易看出，在/＊here＊/这一点，主过程和过程 r 的分程序所对应的作用域是开作用域，所以这些作用域中的标识符出现在符号表栈中；而曾经出现在符号表中的标识符 z 和 v 所在的作用域在成为闭作用域时，这些标识符的记录就被从符号表中删除。

另外，若一个标识符在多个开作用域中被声明，则把离该标识符的某个引用最近的作用域中的声明作为该引用的解释。从图 8.5 可知，在/＊here＊/这一点所看到的标识符 x 是指第 1 层即过程 r 中声明的 x，而不是主过程中所声明的 x。

8.1.5.3　符号表的操作

PL/0 编译程序中对符号表的维护操作主要有 3 类：登录、查询以及删除。

登录操作将在符号表中新增一个符号表的记录，该操作定义为

```
void enter(enum object k,int * ptx,int lev,int * pdx);
```

其中，k 是标识符种类；ptx 是符号表尾指针的指针，填写标识符信息后将加 1；lev 是标识符所在的层次；pdx 是分配给变量标识符的相对地址，填写后将增加 1。

例如，对于分程序中的变量说明部分（参见第 4 章表 4.3 中定义＜分程序＞的规则）：

var <变量定义>{,<变量定义>};

其处理过程将调用 enter 在符号表中登录一个新的变量标识符记录。以下是附录 A 中与之相关的程序代码片段：

```
if (sym==varsym){                        /* 收到变量声明符号,开始处理变量声明 */
    getsymdo;                            /* 调用 getsym ()的宏 */
    do{
        vardeclarationdo(&tx, lev, &dx);  /* 添加符号表信息 */
        while (sym==comma){
            getsymdo;
            vardeclarationdo(&tx, lev, &dx);
        }
        if (sym==semicolon){
            getsymdo;
        }
        else error(5);
    }while (sym==ident);
}

int vardeclaration(int * ptx,int lev,int * pdx)
                    /* ptx 为符号表尾位置, lev 为当前层, pdx 为在当前层的偏移量 */
{
    if (sym==ident){
        enter(variable, ptx, lev, pdx);   /* 填写符号表 */
        getsymdo;
    }
    else   error(4);                     /* var 后应是标识符 */
    return 0;
}
```

查询操作将从符号表栈顶开始查找某标识符是否在符号表中,该操作定义为

```
int   position(char * idt,int tx);
```

其中,idt 是被查标识符名字串,tx 是符号表栈当前栈顶的位置。该操作返回所查标识符在符号表栈中的位置,没查到则返回 0。

在处理语句中变量引用时会调用 position 函数查询符号表,看是否有过正确定义。若已有,则从表中取相应的信息,供代码的生成使用；若无定义则报错。在查表的过程中,从符号表栈的顶部开始,保证每个过程的局部变量在生成代码时先被看到,其次是它的直接外过程中的变量,依次类推。

例如,对于如下定义的赋值语句(参见表 4.3)：

<语句> ::= <id>:=<表达式>

处理过程会调用 position 函数。以下是附录 A 中与之相关的程序代码片段：

```
if (sym==ident){                         /* 准备按照赋值语句处理 */
    i=position(id, * ptx);
```

```
    if (i==0){
        error(11);                              /* 变量未找到 */
    }
    else{
        if (table[i].kind!=variable){
            error(12);                          /* 赋值语句格式错误 */
            i=0;
        }
        else{
            ……
            gendo(sto, …);                      /* 生成目标代码 */
            ……
        }
    }
}
```

最后讨论一下删除操作。当过程代码生成完毕,过程的局部变量在符号表中将被删除。值得注意的是,附录 A 的 PL/0 编译程序中是通过将全局量 lev 和 tx 恢复至递归调用前的值来做到这一点的。

8.2 静态语义分析

程序的语义是指在为程序单元赋予一定含义时程序应该满足的性质。通常,语义是多方面的,并且相比于词法和语法来说更加难以定义。静态语义刻画程序在静态一致性或完整性方面的特征,而动态语义刻画程序执行时的行为。编译器根据语言的静态语义规则完成静态语义分析。静态语义分析过程中若发现程序有不符合静态语义规则之处,则报告语义错误;若没有语义错误,则称该程序通过了静态语义检查。仅当程序已通过静态语义检查,编译器才进一步根据语言的动态语义完成后续的中间代码或目标代码生成。若要求程序在运行时的行为进行一定的检查(称为动态语义检查,如避免除零、数组越界等),则需要生成相应的代码。

本节主要讨论静态语义分析工作。首先简述常见的静态语义分析任务,随后以类型检查作为重点进行介绍。

8.2.1 静态语义分析的主要任务

编译器在静态语义分析阶段收集程序结构(控制结构和数据结构)相关的语义信息,在此过程中同时进行静态语义检查。若程序可以顺利通过静态语义检查,则部分语义信息会进一步用于中间或目标代码生成。

静态语义检查的工作是多方面的,取决于不同的语言和不同的实现。最基本的工作就是检查程序结构(控制结构和数据结构)的一致性或完整性,例如:

- **控制流检查**。控制流语句必须使控制转移到合法的地方。例如,一个跳转语句会使控制转移到一个由标号指明的后续语句,如果标号没有对应到语句,那么就出现一个语义错误;另外,这一后续语句通常必须出现在和跳转语句相同的块中;又如,

break 语句必须有合法的语句包围它；等等。

- **唯一性检查**。某些对象，如标识符、枚举类型的元素等，在源程序的一个指定上下文范围内只允许定义一次，因此，语义分析要确保它们的定义是唯一的。
- **名字的上下文相关性检查**。在源程序中，名字的出现在遵循作用域与可见性前提下应该满足一定的上下文相关性，如果不满足，就需要报告语义错误或警告信息。例如，变量在使用前必须经过声明，在外部不能访问私有变量，类声明和类实现之间需要规定相应的匹配关系，向对象发送消息时所调用的方法必须是该对象的类中合法定义或继承的方法，等等。
- **类型检查**。例如，运算的类型检查需要搞清楚运算数是否与给定运算兼容，如果不兼容，它就要采取适当的动作来处理这种不兼容性，或者是指出错误，或者是进行自动类型转换；又如，源程序中使用的标识符是否已声明过或者是否与已声明的类型相矛盾(同样也可以看作是名字上下文相关性的一种约束条件)；等等。

类型检查或许是语义分析阶段最重要的工作。理论上，以上提到的各种检查都可以划归类型检查，因而在今后的讨论中，类型检查即指静态语义检查。注意，本书所涉及的类型检查工作都是指静态类型检查。

静态语义分析的工作中有许多可以较方便地采用语法制导的方法来实现，但有一些并不容易，需要借助于多遍的方法来处理。然而，无论采取单遍还是多遍的实现方案，采用属性文法/翻译模式进行设计阶段的描述都是很有意义的。在 8.2.2 节里重点讨论借助语法制导的方法来实现一个简单语言的类型检查。

语义分析的另外一项工作是收集语义信息，这些信息服务于语义检查或后续的代码生成。8.2.2 节中，在讨论语义检查时会涉及其中一部分内容，而另外一些内容(如过程、数组声明的处理)将合并到 8.3 节进行讨论。

8.2.2 类型检查

类型检查程序负责类型检查工作，主要包括以下内容：

- 验证程序的结构是否匹配上下文所期望的类型。
- 为代码生成阶段搜集及建立必要的类型信息。
- 实现某个类型系统。

为示范类型检查程序的设计，图 8.6 描述了一个简单语言的上下文无关文法 $G[P]$。其中 num、id、int 以及 real 分别对应数字、标识符、整型数以及实型数的单词符号；op 以及 rop 对应算术运算符以及关系运算符，为简化讨论，未指定具体的运算，后面在需要的时候再行细化(其中 op 还有可能是逻辑运算符，以及增加一元运算的表达式)；array [num] of T 和 $E[E]$ 分别为数组声明和数组元素访问；^T 声明指针类型，而 E^ 表示对指针所指对象的访问。

8.2.2.1 类型表达式和类型系统

在设计类型检查程序时，首先需要为程序单元赋予类型的含义，即使用类型表达式对其进行解释。**类型表达式**是由基本类型、类型名字、类型变量及类型构造子通过归纳定义得到的表达式。

例如，针对上述简单语言，可定义如下类型表达式的集合：

$P \to D; S$
$D \to V; F$
$V \to V; TL \mid \varepsilon$
$T \to$ boolean | integer | real | array [num] of T | ^T
$L \to L$, id | id
$S \to$ id:=E | if E then S | if E then S else S | while E then S | S;S | break | call *id* (A)
$E \to$ true | false | int | real | id | E op E | E rop E | E[E] | E^
$F \to F$; id (V) S | ε
$A \to A, E \mid \varepsilon$

图 8.6 一个简单语言的文法

- 基本数据类型表达式：bool，int，real。
- 有界数组类型表达式：array(I,T)。其中，T 是基本数据类型表达式，I 代表一个整数区间(如 1..10 表示从 1 到 10 的整数集合)。array(I,T) 表示元素类型是 T，下标集合是 I 的数组类型。
- 指针数据类型表达式：pointer(T)。其中，T 是基本数据类型表达式。pointer(T) 表示指向类型为 T 的对象的指针类型。
- 积类型表达式：$<T_1, T_2, \cdots, T_n>$。其中，$T_1, T_2, \cdots, T_n (n \geqslant 0)$取自上述 3 种数据类型表达式；若 $n=0$，则表示为$<>$。
- 过程类型表达式：fun(T)。其中，T 是上述积类型表达式。
- 类型表达式 type_error 专用于有类型错误的程序单元。
- 类型表达式 ok 专用于没有类型错误的程序单元。

读者可以根据需要修改或扩充类型表达式的种类。例如，若语言中定义了函数而不是过程，则很容易将以上过程类型表达式修改为某种函数类型表达式。

显然，本书没有涉及更复杂的类型表达式，如递归类型、高阶类型等，这超出了本书的范围。同时，为简化讨论，本书也没有引入类型名字和类型变量。

将类型表达式赋给程序各个部分的规则集合就构成一个**类型系统**。通常，类型系统是由类型检查程序实现的，参见 8.2.2.2 节中的例子。

还可以采用形式化的类型规则集合严格地描述一个类型系统的设计。但限于篇幅，本书不涵盖这方面的内容。

8.2.2.2 语法制导的类型检查

下面以图 8.6 的简单语言为例，讨论实现类型检查的属性文法/翻译模式设计，主要工作是将类型表达式作为属性值赋给程序各个部分，实现相应语言的一个类型系统。

以下是与声明相关的翻译模式片段，其作用是计算变量声明相关语法单位的类型信息，并保存标识符的类型信息至符号表：

$V \to V_1$; T {L.in := T.type} L	{V.type := make_product_3 (V_1.type, T.type, L.num)}
$V \to \varepsilon$	{V.type := $<>$}
$T \to$ boolean	{T.type := bool}
$T \to$ integer	{T.type := int}
$T \to$ real	{T.type := real}
$T \to$ array[num]of T_1	{T.type := array(1..num.lexval, T_1.type)}

$T \rightarrow$ ^T_1　　{T.type :=pointer(T_1.type)}

$L \rightarrow$ {L_1.in :=L.in} L_1, id　　{addtype(id.entry, L.in); L.num :=L_1.num+1}

$L \rightarrow$ id　　{addtype(id.entry, L.in); L.num :=1}

其中,num.lexval 为词法分析返回的单词属性值(单词自身的值),id.entry 指向当前标识符对应于符号表中的表项,语义函数 addtype(id.entry,L.in) 表示将属性值 L.in 填入当前标识符在符号表的表项中的 type 域(记录标识符的类型),语义函数 make_product_3($<t_1, t_2, \cdots, t_m>$,type_2,n) 生成积类型表达式$<t_1, t_2, \cdots, t_m, \text{type}_2, \cdots, \text{type}_2>$(含 n 个 type_2)。在这个翻译模式片段中 L.in 为继承属性,T.type 和 V.type 为综合属性。

为方便讨论,过程声明部分相关的翻译模式片段随语句部分一起给出。

以下是与表达式相关的翻译模式片段,其作用是计算表达式相关语法单位的类型信息,同时检查表达式中运算数类型与给定运算是否兼容:

$E \rightarrow$ true　　{E.type :=bool}

$E \rightarrow$ false　　{E.type :=bool}

$E \rightarrow$ int　　{E.type :=int}

$E \rightarrow$ real　　{E.type :=real}

$E \rightarrow$ id　　{E.type :=if lookup_type(id.name)=nil then type_error
　　else lookup_type(id.name)}

$E \rightarrow E_1$ op E_2　　{E.type :=if E_1.type=real and E_2.type=real then real
　　else if E_1.type=int and E_2.type=int then int
　　else type_error}

$E \rightarrow E_1$ rop E_2　　{E.type :=if E_1.type=real and E_2.type=real then bool
　　else if E_1.type=int and E_2.type=int then bool
　　else type_error}

$E \rightarrow E_1[E_2]$　　{E.type :=if E_2.type=int and E_1.type=array(s, t) then t
　　else type_error}

$E \rightarrow E_1$^　　{E.type :=if E_1.type=pointer(t) then t
　　else type_error}

其中,id.name 为当前标识符的名字;语义函数 lookup_type(id.name)从符号表中查找名字为 id.name 的标识符所对应的表项中 type 域的内容,若未查到该表项或表项中的 type 域无定义,则返回 nil。

以下是与语句及过程声明相关的类型检查的翻译模式片段:

$S \rightarrow$ id :=E　　{S.type :=if lookup_type (id.entry)=E.type
　　then ok else type_error}

$S \rightarrow$ if E then S_1　　{S.type :=if E.type=bool then S_1.type else type_error}

$S \rightarrow$ if E then S_1 else S_2　　{S.type :=if E.type=bool and S_1.type=ok and S_2.type=ok
　　then ok else type_error}

$S \rightarrow$ while E then S_1　　{S.type :=if E.type=bool then S_1.type else type_error}

$S \rightarrow S_1$; S_2　　{S.type :=if S_1.type=ok and S_2.type=ok then ok else type_error}

S→break　　{S. type :=ok}

S→call id (A)　　{S. type :=if match (lookup_type(id. name), A. type)

then ok else type_error}

F→F_1; id (V) S　　{addtype(id. entry, fun(V. type));

F. type :=if F_1. type=ok and S. type=ok

then ok else type_error}

F→ε　　{F. type :=ok}

A→A_1, E　　{A. type :=make_product_2(A_1. type, E. type)}

A→ε　　{A. type :=<>}

其中,语义函数 make_product_2(<t_1,t_2,…,t_m>,$type_2$) 生成积类型表达式<t_1,t_2,…,t_m,$type_2$>;语义函数 match(fun($type_1$),$type_2$) 返回 true 当且仅当 $type_1$ 和 $type_2$ 是完全相同的积类型表达式(即二者有同样多的分量,且每个分量都相同)。

最后,补充如下翻译模式片段:

P→D; S　　{P. type :=if D. type=ok and S. type=ok

then ok else type_error}

D→V; F　　{D. type :=F. type}

容易理解,如果 P. type 的计算结果为 ok,则对应的输入程序即通过了类型检查。

读者可能已经注意到,上述翻译模式没有对 break 语句进行如下检查:break 语句只能出现在某个循环语句内,即至少有一个包围它的 while 语句。可以通过引入继承属性 S. break来解决这一问题,以下仅列出有变化的产生式:

P→D; {S. break :=0} S

{P. type :=if D. type=ok and S. type=ok then ok else type_error}

S→if E then　　{S_1. break :=S. break} S_1

{S. type :=if E. type=bool then S_1. type else type_error}

S→if E then　　{S_1. break :=S. break} S_1 else {S_2. break :=S. break} S_2

{S. type :=if E. type=bool and S_1. type=ok and S_2. type=ok

then ok else type_error}

S→while E then　　{S_1. break :=1} S_1

{S. type :=if E. type=bool then S_1. type else type_error}

S→{S_1. break :=S. break} S_1; {S_2. break :=S. break} S_2

{S. type :=if S_1. type=ok and S_2. type=ok then ok else type_error}

S→break　　{S. type :=if S. break=1 then ok else type_error}

F→F_1; id (V)　　{S. break :=0} S

{addtype(id. entry, fun (V. type));

F. type :=if F_1. type=ok and S. type=ok then ok else type_error}

下面简要讨论一下上述翻译模式片段的语义计算问题。单独看这一小节出现的几个翻译模式片段，第一个翻译模式片段（用于计算变量声明相关语法单位的类型信息）是 L-翻译模式，其基础文法是 LR 文法，且嵌入在产生式中间的语义动作只有复写规则，因此可以采用自下而上方式进行语义计算。第二个翻译模式片段（与表达式相关的类型检查）和第三个翻译模式片段（与语句及过程声明相关的类型检查）是 S-翻译模式，虽然其基础文法不是 LR 文法，但可以通过规定优先级、结合性和最近嵌套匹配等方法构造出适当的 LR 分析表，因此可以采用自下而上方式进行语义计算。最后一个翻译模式片段（在前面翻译模式基础上增加 break 语句相关的处理）是 L-翻译模式，类似于第三个翻译模式片段，针对其基础文法也可以构造适当的 LR 分析表；虽然嵌入在产生式中间的语义动作含有非复写规则（S. break :=0），但只要对翻译模式片段稍加修改（引入新的文法符号，添加相应的 ε-产生式）就可以变换为适合自下而上语义计算的翻译模式。因此，将这些翻译模式片段整合起来的翻译模式（或稍加变换）能够满足语法制导语义计算的要求。对于本章后续部分的翻译模式片段，设计时都考虑到了其语法制导语义计算的可行性问题，届时将不再重复解释了。

8.3 中间代码生成

中间代码是源程序的不同表示形式，也称为**中间表示**，其作用如下：

- 用于源语言和目标语言之间的桥梁，避开二者之间较大的语义跨度，使编译程序的逻辑结构更加简单明确。
- 利于编译程序的重定向。
- 利于进行与目标机无关的优化。

如果源程序的词法、语法和语义正确，编译程序通常会将这个源程序翻译到机器无关的中间表示形式。在实现一个语言时，可能会用到不同层次的多种中间表示形式，称为**多级中间表示**。由源程序翻译到第一级中间表示，再翻译到后面一级中间表示，最后一级中间表示将被翻译为机器相关的目标代码。

8.3.1 常见的中间表示形式

中间表示形式有不同层次、不同目的之分。下面列举几种中间表示形式：

- AST（Abstract Syntax Tree，**抽象语法树**，简称**语法树**），及其改进形式 DAG（Directed Acyclic Graph，**有向无圈图**）。
- TAC（Three-Address Code，**三地址码**或**四元式**）。
- P-code（用于 Pascal 语言实现）。
- Bytecode（Java 编译器的输出，Java 虚拟机的输入）。
- SSA（Static Single Assignment form，**静态单赋值形式**）

例如，算术表达式 $A+B*(C-D)+E/(C-D)$^N 的一种 AST 和 DAG 表示分别如图 8.7(a)和(b)所示。抽象语法树中每一个子树的根结点都对应一种动作或运算，它的所有子结点对应该动作或运算的参数或运算数。参数或运算数也可以是另一个子树，代表另一动作或运算。有向无圈图在语法树的基础上，对某些执行同样动作或运算的子树进行了合并。

该表达式的一种 TAC 表示如图 8.8 所示。TAC 是一组顺序执行的语句序列，其语句

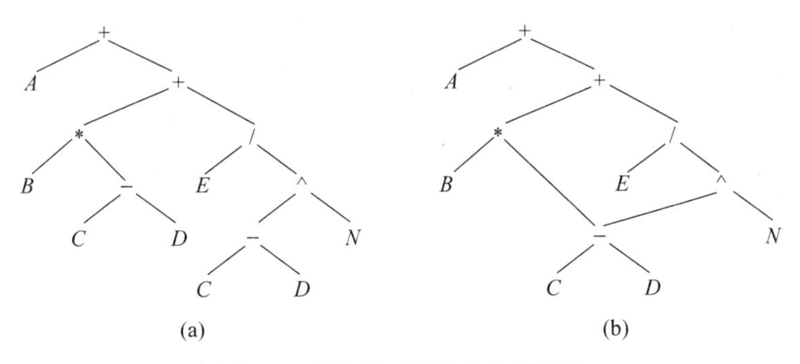

图 8.7　抽象语法树和有向无圈图

可以表示为如下形式：

$$x := y \text{ op } z$$

其中，op 为运算符，y 和 z 为运算数，x 为运算结果。语句或者可采用四元式形式表示为

$$(\text{op} \quad y \quad z \quad x)$$

TAC 中，op 可以表示任意 2 元以下运算或操作，因此，x、y、z 中的每个位置都有可能为空。

P-code 和 Bytecode 是具体程序设计语言专用的中间代码形式，有需要的读者可参考相关的技术手册。

静态单赋值(SSA)形式借鉴了纯函数式语言的定义唯一性特点。“单赋值”的含义是：程序中的名字仅有一次赋值。在 SSA 形式中，在使用一个名字时仅关联于唯一的“定值点”。此一特性使得沿着 DU 链(参见第 10 章)的程序分析信息可以进行代数替换，因此十分有利于程序分析和优化。

(1)	$(- \quad C \quad D \quad T_1)$		$T_1 := C - D$
(2)	$(* \quad B \quad T_1 \quad T_2)$		$T_2 := B * T_1$
(3)	$(+ \quad A \quad T_2 \quad T_3)$		$T_3 := A + T_2$
(4)	$(- \quad C \quad D \quad T_4)$	或	$T_4 := C - D$
(5)	$(\wedge \quad T_4 \quad N \quad T_5)$		$T_5 := T_4 \wedge N$
(6)	$(/ \quad E \quad T_5 \quad T_6)$		$T_6 := E / T_5$
(7)	$(+ \quad T_3 \quad T_6 \quad T_7)$		$T_7 := T_3 + T_6$

图 8.8　三地址码/四元式

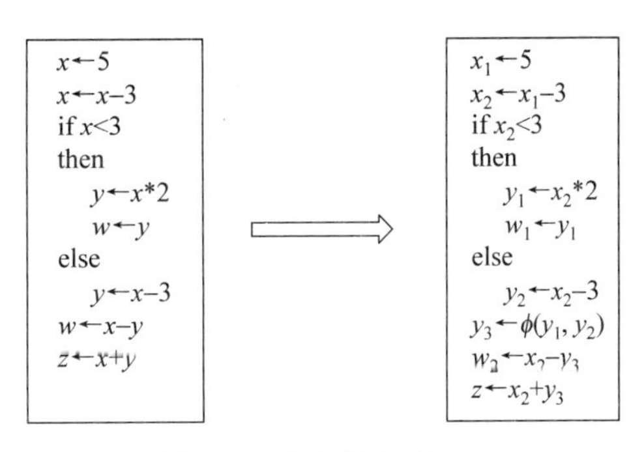

图 8.9　静态单赋值形式

获得 SSA 形式需要两个步骤：

(1) 对程序的“定值点”进行重命名。比如，对于图 8.9 左边的程序，将 x 的两个定值点分别重命名为 x_1 和 x_2，y 的两个定值点分别重命名为 y_1 和 y_2，w 的两个定值点分别重命名为 w_1 和 w_2。对于没有分支的程序，通过重命名足以获得 SSA 形式。

(2) 插入 φ 函数。对于有分支的情形，需要通过插入所谓的“φ 函数”来解决同一名字的多个定值点的合流问题。例如，图 8.9 程序中条件语句之后的 y 的定值点是 y_1 还是 y_2 呢？如图 8.9 右边的代码所示，在条件语句之后插入 φ 函数 $\varphi(y_1, y_2)$，并赋值给 y_3。在条件语句之后使用的 y 是 y_3。$\varphi(y_1, y_2)$的含义是：程序若执行 then 分支时取定值点为 y_1，若执行 else 分支时取定值点为 y_2。φ 函数仅作为特殊标志供编译时使用，当相应的分析和优化工作结束后，在寄存器分配和代码生成过程中将根据代码原有的语义被解除。如何解除，读者可在学完相关内容后再来思考这个问题，不难找出解决方案。

在现行的编译程序中，AST 是较常用的高级中间表示形式，而 TAC 是较常用的低级中间表示形式。许多编译程序都是将源程序首先翻译成等价的 AST 形式，然后再从 AST 表示得到对应的 TAC 形式。这个过程中也伴随着基于 AST 和 TAC 进行的代码优化工作。SSA 是很受重视的专用于分析和优化的中间表示形式，但有关 SSA 更多的内容超出本书范围，有需要的读者可参考相关书籍，如文献[9]。

在 8.3.2 节和 8.3.3 节里，将以语法制导的方法为依托，以常见语言成分的翻译为例介绍中间代码生成的一些常用技术，涉及两类重要的中间表示形式，即 AST 和 TAC。

8.3.2 生成抽象语法树

抽象语法树(AST)是一种非常接近源代码的中间表示，它的特点是：①不含我们不关心的终结符(例如逗号)，而只含像标识符、常量之类的终结符；②不具体体现语法分析的细节步骤。例如，对于 $A \rightarrow AE|\varepsilon$ 这样的规则，按照语法分析的细节步骤来记录的话应该是一棵二叉树，但是在 AST 中可以将其表示成同类结点的一个链表，这样更便于后续处理；③能够完整体现源程序的语法结构，使后续过程可以反复利用。合理定义抽象语法树的结点类型是编译器设计人员的主要责任之一。

先看下列翻译模式片段，它可以将简单语句和表达式翻译至一种 AST：

$S \rightarrow$ id := E	{ S.ptr := mknode('assign', mkleaf(id.entry), E.ptr) }
$S \rightarrow$ if E then S_1	{ S.ptr := mknode('if_then', E.ptr, S_1.ptr) }
$S \rightarrow$ if E then S_1 else S_2	{ S.ptr := mknode('if_then_else', E.ptr, S_1.ptr, S_2.ptr) }
$S \rightarrow$ while E then S_1	{ S.ptr := mknode('while_do', E.ptr, S_1.ptr) }
$S \rightarrow S_1$; S_2	{ S.ptr := mknode('seq', S_1.ptr, S_2.ptr) }
$S \rightarrow$ break	{ S.ptr := mknode('break') }
$E \rightarrow$ id	{ E.ptr := mkleaf (id.entry) }
$E \rightarrow$ int	{ E.ptr := mkleaf (int.val) }
$E \rightarrow$ real	{ E.ptr := mkleaf (real.val) }
$E \rightarrow E_1 + E_2$	{ E.ptr := mknode('add', E_1.ptr, E_2.ptr) }
$E \rightarrow E_1 * E_2$	{ E.ptr := mknode('mul', E_1.ptr, E_2.ptr) }
$E \rightarrow - E_1$	{ E.ptr := mknode('uminus', E_1.ptr) }
$E \rightarrow (E_1)$	{ E.ptr := E_1.ptr }
$E \rightarrow$ true	{ E.ptr := mkleaf ('true') }
$E \rightarrow$ false	{ E.ptr := mkleaf ('false') }
$E \rightarrow E_1 \wedge E_2$	{ E.ptr := mknode('and', E_1.ptr, E_2.ptr) }
$E \rightarrow E_1 \vee E_2$	{ E.ptr := mknode('or', E_1.ptr, E_2.ptr) }

$E \to \neg E_1$ 　　　　　{E. ptr := mknode('not', E_1. ptr)}

$E \to E_1[E_2]$ 　　　　　{E. ptr := mknode('array', E_1. ptr, E_2. ptr)}

$E \to E\hat{}$ 　　　　　{E. ptr := mknode('pointer', E_1. ptr)}

其中,mknode 为构造 AST 内部结点的语义函数,它的第一个参数标识该结点相应的动作或运算,其余参数代表各个子结点对应的运算数或运算数指针(子结点个数对应运算的元数); mkleaf 为构造 AST 叶结点的语义函数,叶结点对应常量或变量运算数; id. entry 为指向当前标识符对应于符号表中表项的指针; int. val 和 real. val 均为词法分析得到的常量值。语义函数 mknode 和 mkleaf 都将返回相应结点的一个指针。文法符号 S、E、A 的综合属性 S. ptr、E. ptr 和 A. ptr 分别对应 AST 中某个结点的指针。从上述翻译模式片段中不难看出各个结点所对应动作或运算的含义。

该翻译模式的基础文法可以对应到图 8.6 中简单语句和表达式的文法定义,不同的是定义了具体的算数和逻辑运算。针对图 8.6 中其余语法成分,可设计如下翻译模式片段:

$P \to D$; S 　　　　　{P. ptr := mknode('toplevel', D. ptr, S. ptr)}

$D \to V$; F 　　　　　{D. ptr := mknode('decl', V. v-list, F. f-list)}

$V \to V_1$; T L 　　　　　{V. v-list := link_list (V_1. v-list, L. v-list)}

$V \to \varepsilon$ 　　　　　{V. v-list := make_empty_list ()}

$L \to L_1$, id 　　　　　{L. v-list := insert_list (L_1. v-list, id. entry)}

$L \to$ id 　　　　　{L. v-list := make_ list (id. entry)}

$F \to F_1$; id (V) S 　　　　　{F. f-list := insert_list (F_1. f-list, id. entry)}

$F \to \varepsilon$ 　　　　　{F. f-list := make_empty_list ()}

$A \to A_1$, E 　　　　　{A. e-list := insert_list (A_1. e-list, E. ptr)}

$A \to \varepsilon$ 　　　　　{A. e-list := make_empty_list ()}

$S \to$ call id (A) 　　　　　{S. ptr := mknode('call', mkleaf(id. entry), A. e-list)}

其中,语义函数 make_empty_list、make_list、insert_list 以及 merge_list 分别为创建空表、创建单元素表、在已知表中插入一个新元素以及两个表的链接。

8.3.3 生成三地址码

三地址码(TAC)是一种比较接近汇编语言的表示方式。

与生成 AST 类似,同样可以给出生成 TAC 的翻译模式。然而,TAC 是较低级的中间表示,因而技术层面上需要考虑更加复杂和细致一些的问题。

在随后的例子中,将用到下列类型的 TAC 语句:

- 赋值语句 x := y op z (op 代表二元算术/逻辑运算)。
- 赋值语句 x := op y (op 代表一元运算)。
- 复写语句 x := y (y 的值赋给 x)。
- 无条件跳转语句 goto L (无条件跳转至标号 L)。
- 条件跳转语句 if x rop y goto L (rop 代表关系运算)。

- 标号语句 L:(定义标号 L)。
- 过程调用语句序列 param x_1…param x_n call p,n,其中包括 $n+1$ 条 TAC 语句。
- 过程返回语句 return。
- 下标赋值语句 $x := y[i]$和 $x[i] := y$(前者表示将自 y 的存储位置起第 i 个存储单元的值赋给 x,后者表示将 y 的值保存到 x 的存储位置起第 i 个存储单元)。
- 指针赋值语句 $x := *y$ 和 $*x := y$(前者表示将把 y 的值作为存储位置所指存储单元的内容赋值给 x,后者表示将 y 的取值保存到 x 的值作为存储位置所指的存储单元中)。

注意:这里,TAC 语句中的变量名字对应一个存储位置。实际上,在 TAC 层次,变量名字所对应的存储位置信息(相对于基地址的偏移量)总是可以从符号表中得到。换句话说,变量的取值即为其名字对应的存储位置上存储单元的内容。

8.3.3.1 赋值语句及算术表达式的翻译

以下是一个 S-翻译模式片段,可以产生相应于赋值语句和算术表达式的 TAC 语句序列:

$S \to \underline{id} := A$ $\{S.code := A.code \| gen(\underline{id}.place\ \ ':='\ \ A.place)\}$

$A \to \underline{id}$ $\{A.place := \underline{id}.place;\ A.code := ""\}$

$A \to \underline{int}$ $\{A.place := newtemp;\ A.code := gen\ (A.place\ \ ':='\ \ \underline{int}.val)\}$

$A \to \underline{real}$ $\{A.place := newtemp;\ A.code := gen\ (A.place\ \ ':='\ \ \underline{real}.val)\}$

$A \to A_1 + A_2$ $\{A.place := newtemp;$
  $A.code := A_1.code \| A_2.code \|$
  $gen\ (A.place\ \ ':='\ \ A_1.place\ \ '+'\ \ A_2.place)\}$

$A \to A_1 * A_2$ $\{A.place := newtemp;$
  $A.code := A_1.code \| A_2.code \|$
  $gen\ (A.place\ \ ':='\ \ A_1.place\ \ '*'\ \ A_2.place)\}$

$A \to -A_1$ $\{A.place := newtemp;$
  $A.code := A_1.code \|$
  $gen\ (A.place\ \ ':='\ \ 'uminus'\ \ A_1.place)\}$

$A \to (A_1)$ $\{A.place := A_1.place;\ A.code := A_1.code\}$

其中,$\underline{id}$.place 表示相应的名字对应的存储位置;综合属性 A.place 表示存放 A 的值的存储位置;综合属性 A.code 表示对 A 进行求值的 TAC 语句序列;综合属性 S.code 表示对应于 S 的 TAC 语句序列。

语义函数 gen 的结果是生成一条 TAC 语句;语义函数 newtemp 的作用是在符号表中新建一个从未使用过的名字,并返回该名字的存储位置;|| 是 TAC 语句序列之间的链接运算。

8.3.3.2 说明语句的翻译

源程序中标识符的许多信息在 TAC 中不复存在,许多重要信息如类型、偏移地址等需要保存在符号表中。在 8.2.2.2 节的示例中,为实现类型检查,设计了处理变量声明的翻译模式片段，可以将变量标识符的类型保存至符号表。下面对这个翻译模式片段进行扩充，以使变量标识符的类型以及偏移地址可以同时保存至符号表：

$V \to V_1; T$ {$L.type := T.type$; $L.offset := V_1.width$; $L.width := T.width$} L
{$V.type :=$ make_product_3 ($V_1.type$, $T.type$, $L.num$);
$V.width := V_1.width + L.num \times T.width$}

$V \to \varepsilon$ {$V.type := <>$; $V.width := 0$}

$T \to$ boolean {$T.type :=$ bool; $T.width := 1$}

$T \to$ integer {$T.type :=$ int; $T.width := 4$}

$T \to$ real {$T.type :=$ real; $T.width := 8$}

$T \to$ array[num]of T_1 {$T.type :=$ array(1..num.lexval, $T_1.type$);
$T.width :=$ num.lexval $\times T_1.width$}

$T \to \hat{} T_1$ {$T.type :=$ pointer($T_1.type$); $T.width := 4$}

$L \to$ {$L_1.type := L.type$; $L_1.offset := L.offset$; $L_1.width := L.width$;} L_1, id
{enter (id.name, $L.type$, $L.offset + L_1.num \times L.width$); $L.num := L_1.num + 1$}

$L \to$ id {enter (id.name, $L.type$, $L.offset$); $L.num := 1$}

其中，文法符号的属性值具有如下含义：num.lexval 为词法分析返回的单词属性值(单词自身的值)，id.name 为id 的词法名字；综合属性 $T.type$ 表示所声明的类型；综合属性 $T.width$ 表示所声明类型所占的字节数；继承属性 $L.type$ 表示变量列表被声明的类型；继承属性 $L.width$ 表示变量列表被声明类型所占的字节数；继承属性 $L.offset$ 表示变量列表中第一个变量相对于过程数据区基址的偏移量；综合属性 $L.num$ 表示变量列表中变量的个数；综合属性 $V.width$ 表示声明列表中全部变量所占的字节数。

语义函数 enter(id.name,t,o)的含义为：将符号表中id.name 所对应表项的 type 域置为 t，offset 域置为 o。

另外，在这个翻译模式中，假设了各数据类型的宽度(字节数)：布尔型和字符型为1，整型为4，实型为8，指针为4。

不难看出，这是一个 L-翻译模式。

8.3.3.3 数组说明和数组元素引用的翻译

在8.3.3.2的翻译模式中，已经包含了有关(一维)数组说明的处理。下面的翻译模式片段进一步考虑了数组元素的引用：

$S \to E_1[E_2] := E_3$ {$S.code := E_2.code \| E_3.code \|$
gen ($E_1.place$ '[' $E_2.place$ ']' ':=' $E_3.place$)}

$E \to E_1[E_2]$ {$E.place :=$ newtemp;
$E.code := E_2.code \|$
gen ($E.place$ ':=' $E_1.place$ '[' $E_2.place$ ']')}

在处理数组时，通常会将数组的有关信息记录在一些单元中，称为**内情向量**。对于静态数组，内情向量可放在符号表中；对于动态可变数组，将在运行时建立相应的内情向量。

例如，对于 n 维静态数组说明 $A[l_1:u_1, l_2:u_2, \cdots, l_n:u_n]$，可以考虑在符号表中建立如下形式的内情向量：

- $l_1, u_1, l_2, u_2, \cdots, l_n, u_n$：$l_i$ 和 $u_i(1 \leqslant i \leqslant n)$ 分别为第 i 维的下界和上界。
- type：数组元素的类型。
- a：数组首元素的地址。
- n：数组维数。
- C：计算元素偏移地址时不变的部分，见随后的解释。

若数组布局采用行优先的连续布局，数组首元素的地址为 a，则数组元素 $A[i_1, i_2, \cdots, i_n]$ 的地址 D 可以如下计算：

$$D = a + (i_1 - l_1)(u_2 - l_2)(u_3 - l_3)\cdots(u_n - l_n) + (i_2 - l_2)(u_3 - l_3)(u_4 - l_4)\cdots(u_n - l_n) + \cdots + (i_{n-1} - l_{n-1})(u_n - l_n) + (i_n - l_n)$$

重新整理后可得

$$D = a - C + V$$

其中

$$C = (\cdots(l_1(u_2 - l_2)(u_3 - l_3) + l_3)(u_4 - l_4) + \cdots + l_{n-1})(u_n - l_n) + l_n$$

$$V = (\cdots((i_1(u_2 - l_2) + i_2)(u_3 - l_3) + i_3)(u_4 - l_4) + \cdots + i_{n-1})(u_n - l_n) + i_n$$

这里，C 为常量，即前面内情向量的一部分，在生成数组元素地址时不用重复计算。

在此基础上，可以设计处理多维数组说明和数组元素引用的翻译模式。

8.3.3.4 布尔表达式的翻译

对于布尔表达式的翻译，一种方法是可以直接对布尔表达式进行求值。比如，可以用数值 1 表示 true，用数值 0 表示 false，设计如下的 S-翻译模式片段：

```
E→E₁ ∨ E₂      {E.place :=newtemp;
                E.code :=E₁.code||E₂.code||
                         gen(E.place  ':='  E₁.place  'or'  E₂.place)}
E→E₁ ∧ E₂      {E.place :=newtemp;
                E.code :=E₁.code||E₂.code||
                         gen(E.place  ':='  E₁.place  'and'  E₂.place)}
E→ ¬E₁         {E.place :=newtemp;
                E.code :=E₁.code||gen(E.place  ':='  'not'  E₁.place)}
E→(E₁)         {E.place :=E₁.place; E.code :=E₁.code}
E→id₁ rop id₂  {E.place :=newtemp;
                E.code :=gen('if' id₁.place rop.op id₂.place  'goto'  nextstat+3)||
                         gen(E.place  ':='  '0')||gen('goto'  nextstat+2)||
                         gen(E.place  ':='  '1')}
E→true         {E.place :=newtemp; E.code :=gen (E.place  ':='  '1')}
E→false        {E.place :=newtemp; E.code :=gen (E.place  ':='  '0')}
```

其中，综合属性 $E.place$ 表示存放 E 的值的存储位置；综合属性 $E.code$ 表示对 E 进行求值的 TAC 语句序列，语义函数 gen、newtemp 以及运算 || 的含义同 8.3.3.1 节。语义函数 nextstat 返回输出代码序列中下一条 TAC 语句的下标。$\underline{id}_1.place$ 和 $\underline{id}_2.place$ 表示相应的名字对应的存储位置；$\underline{rop}.op$ 表示相应关系运算符号。

翻译布尔表达式的另一种方法是通过控制流体现布尔表达式的语义，即通过转移到程序中的某个位置来表示布尔表达式的求值结果。这种方法的一个优点是可以方便实现控制流语句中布尔表达式的翻译，通常还可以得到**短路代码**而避免不必要的求值。例如，在已知 E_1 为真时，不必再对 $E_1 \vee E_2$ 中的 E_2 进行求值；同样，在已知 E_1 为假时，不必再对 $E_1 \wedge E_2$ 中的 E_2 进行求值。考虑下列翻译模式片段：

$E \to \{E_1.true := E.true;\ E_1.false := newlabel\}\ E_1 \vee$

$\quad \{E_2.true := E.true;\ E_2.false := E.false\}\ E_2$

$\quad \{E.code := E_1.code \| gen\ (E_1.false\ ':') \| E_2.code\}$

$E \to \{E_1.false := E.false;\ E_1.true := newlabel\}\ E_1 \wedge$

$\quad \{E_2.false := E.false;\ E_2.true := E.true\}\ E_2$

$\quad \{E.code := E_1.code \| gen\ (E_1.true\ ':') \| E_2.code\}$

$E \to \neg \{E_1.true := E.false;\ E_1.false := E.true\}\ E_1 \{E.code := E_1.code\}$

$E \to (\{E_1.true := E.true;\ E_1.false := E.false\}\ E_1)\ \{E.code := E_1.code\}$

$E \to \underline{id}_1\ \underline{rop}\ \underline{id}_2 \quad \{E.code := gen\ ('if'\ \ \underline{id}_1.place\ \underline{rop}.op\ \underline{id}_2.place\ \ 'goto'\ \ E.true) \|$
$\qquad gen\ ('goto'\ \ E.false)\}$

$E \to true \qquad \{E.code := gen\ ('goto'\ \ E.true)\}$

$E \to false \qquad \{E.code := gen\ ('goto'\ \ E.false)\}$

其中，综合属性 $E.code$、语义函数 gen 以及运算 || 的含义同前。调用语义函数 newlabel 将返回一个新的语句标号。继承属性 $E.true$ 和 $E.false$ 分别代表 E 为真和假时控制要转移到的程序位置，即标号。

这是一个 L-翻译模式。若规定运算 $\wedge$ 优先于 $\vee$，且都为左结合，则可以基于 LR 分析构造一个翻译程序。若以布尔表达式 $E = a < b \vee c < d \wedge e < f$ 为输入，那么可能的翻译结果形如

if $a<b$ goto $E.true$
goto label1
label1:
if $c<d$ goto label2
goto $E.false$
label2:
if $e<f$ goto $E.true$
goto $E.false$

其中，$E.true$ 和 $E.false$ 会在表达式 E 的上下文中确定，参见 8.3.3.5 节。

8.3.3.5 控制语句的翻译

以下是一个 L-翻译模式片段，可以产生控制语句（为简洁，先不考虑 break 语句）的

TAC 语句序列：

$P \to D;$　　{$S.next$:=newlabel} S {gen($S.next$ ':')}

$S \to$ if　　{$E.true$:=newlabel; $E.false$:=$S.next$} E then

{$S_1.next$:=$S.next$} S_1 {$S.code$:=$E.code$ || gen($E.true$ ':') || $S_1.code$}

$S \to$ if　　{$E.true$:=newlabel; $E.false$:=newlabel} E then

{$S_1.next$:=$S.next$} S_1 else {$S_2.next$:=$S.next$} S_2

{$S.code$:=$E.code$ || gen($E.true$ ':') || $S_1.code$ ||

gen('goto'　$S.next$) || gen($E.false$ ':') || $S_2.code$}

$S \to$ while　　{$E.true$:=newlabel; $E.false$:=$S.next$} E do

{$S_1.next$:=newlabel} S_1

{$S.code$:=gen($S_1.next$ ':') || $E.code$ || gen($E.true$ ':') ||

$S_1.code$ || gen('goto' $S_1.next$)}

$S \to$　　{$S_1.next$:=newlabel} S_1 ; {$S_2.next$:=$S.next$} S_2

{$S.code$:=$S_1.code$ || gen($S_1.next$ ':') || $S_2.code$}

其中，综合属性 $E.code$ 和 $S.code$，继承属性 $E.true$ 和 $E.false$，语义函数 gen、newlabel 以及运算 || 的含义同前。继承属性 $S.next$ 代表退出 S 时控制要转移到的语句标号。

这一翻译模式片段的设计思路可以参考图 8.10。

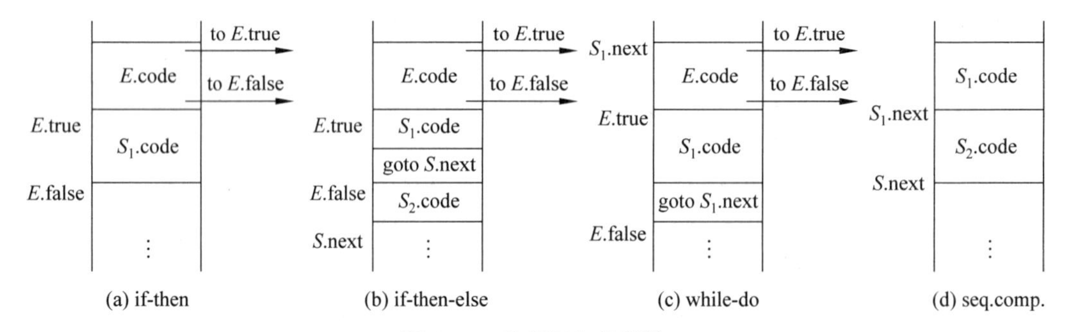

图 8.10　控制语句的翻译

下列翻译模式片段增加了对 break 语句的处理：

$P \to D;$　　{$S.next$:=newlabel; $S.break$:=newlabel} S {gen($S.next$ ':')}

$S \to$ if　　{$E.true$:=newlabel; $E.false$:=$S.next$} E then

{$S_1.next$:=$S.next$; $S_1.break$:=$S.break$} S_1

{$S.code$:=$E.code$ || gen($E.true$ ':') || $S_1.code$}

$S \to$ if　　{$E.true$:=newlabel; $E.false$:=newlabel} E then

{$S_1.next$:=$S.next$; $S_1.break$:=$S.break$} S_1 else

{$S_2.next$:=$S.next$; $S_2.break$:=$S.break$} S_2

{$S.code$:=$E.code$ || gen($E.true$ ':') || $S_1.code$ ||

gen('goto' $S.next$) || gen($E.false$ ':') || $S_2.code$}

$S \to$ while　　{$E.true$:=newlabel; $E.false$:=$S.next$} E do

{$S_1.next$:=newlabel; $S_1.break$:=$S.next$} S_1

{$S.code$:=gen($S_1.next$ ':') || $E.code$ || gen($E.true$ ':') ||

S_1. code || gen('goto' S_1. next)}

$S \to$ {S_1. next := newlabel; S_1. break := S. break} S_1;

{S_2. next := S. next; S_2. break := S. break} S_2

{S. code := S_1. code || gen(S_1. next ':') || S_2. code}

$S \to$ break; {S. code := gen('goto' S. break)}

注意：对于不被 while 包围的语句 S，S. break 可取任意标号（因为已经过静态语义检查，故 S 不可能是 break 语句）。

8.3.3.6 拉链与代码回填

前面两小节里，设计了将布尔表达式和控制语句翻译为 TAC 语句序列的 L-翻译模式片段（通过控制流体现布尔表达式的语义）。本小节介绍一种可处理同样问题的 S-翻译模式。这一翻译模式用到下列属性值和语义函数：

- 综合属性 E. truelist（真链）：表示一系列跳转语句的地址，这些跳转语句的目标语句标号是体现布尔表达式 E 为“真”的标号。
- 综合属性 E. falselist（假链）：表示一系列跳转语句的地址，这些跳转语句的目标语句标号是体现布尔表达式 E 为“假”的标号。
- 综合属性 S. nextlist（next 链）：链表中的元素表示一系列跳转语句的地址，这些跳转语句的目标语句标号是在执行序列中紧跟在 S 之后的下条 TAC 语句的标号。综合属性 N. nextlist 是仅含一个语句地址的链表，对应于处理到 N 时的跳转语句。
- 综合属性 S. breaklist（break 链）：链表中的元素表示一系列跳转语句的地址，这些跳转语句的目标语句标号是跳出直接包围 S 的 while 语句后的下条 TAC 语句的标号。
- 综合属性 M. gotostm 中记录处理到 M 时下一条待生成语句的标号。
- 语义函数 makelist(i)：创建只有一个结点 i 的表，对应于一条跳转语句的地址。
- 语义函数 merge(p_1, p_2)：链接两个链表 p_1 和 p_2，返回结果链表。
- 语义函数 backpatch(p, i)：将链表 p 中每个元素所指向的跳转语句的标号置为 i。
- 语义函数 nextstm：返回下一条 TAC 语句的地址。
- 语义函数 emit(…)：输出一条 TAC 语句，并使 nextstm 加 1。

先来看处理布尔表达式的 S-翻译模式片段：

$E \to E_1 \vee M\ E_2$ {backpatch(E_1. falselist, M. gotostm);
E. truelist := merge(E_1. truelist, E_2. truelist);
E. falselist := E_2. falselist}

$E \to E_1 \wedge M\ E_2$ {backpatch(E_1. truelist, M. gotostm);
E. falselist := merge(E_1. falselist, E_2. falselist);
E. truelist := E_2. truelist}

$E \to \neg E_1$ {E. truelist := E_1. falselist; E. falselist := E_1. truelist}

$E \to (E_1)$ {E. truelist := E_1. truelist; E. falselist := E_1. falselist}

$E \to \underline{\text{id}}_1\ \underline{\text{rop}}\ \underline{\text{id}}_2$ {E. truelist := makelist (nextstm);
E. falselist := makelist (nextstm+1);

emit ('if' $\underline{id}_1$. place $\underline{rop}$. op $\underline{id}_2$. place 'goto _');

emit ('goto _')}

$E \to$ true {E. truelist := makelist (nextstm); emit ('goto _')}

$E \to$ false {E. falselist := makelist (nextstm); emit ('goto _')}

$M \to \varepsilon$ {M. gotostm := nextstm}

这个翻译模式使用了所谓的**代码回填**技术：当处理到某一步，生成的转移语句不能确定目标语句标号时，先将目标语句标号的位置用'_'表示，并将该转移语句的地址加入到某个链表（真链、假链、next 链）中；当这个目标语句标号可以确定之时，再将其回填至'_'处。例如，对于产生式 $E \to E_1 \vee M\ E_2$，在产生 E_1 部分的代码时，E_1 求值为 true 或 false 时转移语句的目标语句标号不能确定，所以将转移语句的地址加入到 E_1. truelist 或 E_1. falselist 之中；在处理到 M 时，当前得到的综合属性值 M. gotostm 正是 E_1 求值为 false 时应该转移到的目标语句标号，因此执行语义动作 backpatch(E_1. falselist, M. gotostm) 将 M. gotostm 回填至 E_1. falselist 中的所有转移语句；另外，需要将 E_1. truelist 中的所有转移语句地址合并到 E. truelist 之中，待将来 E 求值为 true 时应该转移到的目标语句标号确定后，再回填给这些转移语句。

看一个简单的例子。若以布尔表达式 $E = a < b \vee c < d \wedge e < f$ 为输入，那么基于这个翻译模式的翻译过程和翻译结果如图 8.11 所示（规定运算 $\wedge$ 优先于 $\vee$）。

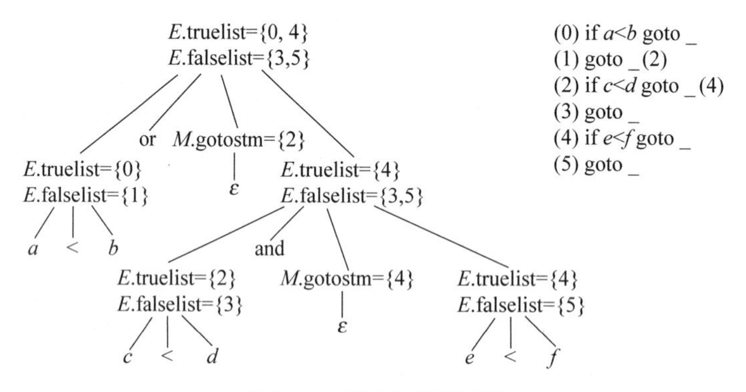

图 8.11　拉链与代码回填

在归约 $a < b$ 时生成语句(0)和(1)，归约 $c < d$ 时生成语句(2)和(3)，归约 $e < f$ 时生成语句(4)和(5)，但都不能确定目标语句标号。在按照产生式 $E \to E_1 \wedge M\ E_2$ 进行归约时，将当前 M. gotostm 中记录的语句标号(4)回填至当前 E_1. truelist 中记录的所有转移语句，结果使得语句(2)中的目标语句标号被替换为(4)。同理，在按照产生式 $E \to E_1 \vee M\ E_2$ 进行归约时，使得语句(1)中的目标语句标号被替换为(2)。

在处理完整个表达式 E 之后，语句(0)、(3)、(4)和(5)的目标语句标号仍未确定，但这些语句已被记录在 E 的真链和假链之中：E. truelist = {0, 4}, E. falselist = {3, 5}。

再来看处理控制语句（为简洁，先不考虑 break 语句）的 S-翻译模式片段：

$P \to D;\ S\ M$ {backpatch(S. nextlist, M. gotostm)}

$S \to$ if E then $M\ S_1$ {backpatch(E. truelist, M. gotostm);

S. nextlist := merge(E. falselist, S_1. nextlist)}

$S \to$ if E then $M_1\ S_1\ N$ else $M_2\ S_2$ {backpatch(E. truelist, M_1. gotostm);

backpatch(E. falselist, M_2. gotostm);

S. nextlist :=merge(S_1. nextlist, merge(N. nextlist, S_2. nextlist))}

$S \rightarrow$ while M_1 E then M_2 S_1 {backpatch(S_1. nextlist, M_1. gotostm);

backpatch(E. truelist, M_2. gotostm);

S. nextlist :=E. falselist;

emit('goto', M_1. gotostm)}

$S \rightarrow S_1$; M S_2 {backpatch(S_1. nextlist, M. gotostm);

S. nextlist :=S_2. nextlist}

$M \rightarrow \varepsilon$ {M. gotostm :=nextstm}

$N \rightarrow \varepsilon$ {N. nextlist :=makelist(nextstm); emit('goto _')}

再增加对 break 语句的处理：

$P \rightarrow D$; S M {backpatch(S. nextlist, M. gotostm);

backpatch(S. breaklist, M. gotostm)}

$S \rightarrow$ if E then M S_1 {backpatch(E. truelist, M. gotostm);

S. nextlist :=merge(E. falselist, S_1. nextlist);

S. breaklist :=S_1. breaklist}

$S \rightarrow$ if E then M_1 S_1 N else M_2 S_2 {backpatch(E. truelist, M_1. gotostm);

backpatch(E. falselist, M_2. gotostm);

S. nextlist :=merge(S_1. nextlist, merge(N. nextlist, S_2. nextlist);

S. breaklist :=merge(S_1. breaklist, S_2. breaklist)}

$S \rightarrow$ while M_1 E then M_2 S_1 {backpatch(S_1. nextlist, M_1. gotostm);

backpatch(E. truelist, M_2. gotostm);

S. nextlist :=merge(E. falselist, S_1. breaklist);

S. breaklist :="";

emit('goto', M_1. gotostm)}

$S \rightarrow S_1$; M S_2 {backpatch(S_1. nextlist, M. gotostm);

S. nextlist :=S_2. nextlist;

S. breaklist :=merge(S_1. breaklist, S_2. breaklist)}

$S \rightarrow$ break; {S. breaklist :=makelist (nextstm);

S. nextlist :="";emit ('goto _')}

$M \rightarrow \varepsilon$ {M. gotostm :=nextstm}

$N \rightarrow \varepsilon$ {N. nextlist :=makelist(nextstm); emit('goto _')}

最后，补充关于赋值语句及算术表达式的翻译(类似于 8.3.3.1 节)：

$S \rightarrow$ id :=A {emit (id. place ':=' A. place); S. nextlist :="";}

$A \rightarrow$ id {A. place :=id. place}

$A \rightarrow$ int {A. place :=newtemp; emit (A. place ':=' int. val)}

$A \rightarrow$ real {A. place :=newtemp; emit (A. place ':=' real. val)}

$A \to A_1 + A_2$ {A. place :=newtemp; emit (A. place ':=' A_1. place '+' A_2. place)}
$A \to A_1 * A_2$ {A. place :=newtemp; emit (A. place ':=' A_1. place '*' A_2. place)}
$A \to -A_1$ {A. place :=newtemp; emit (A. place ':=' 'uminus' A_1. place)}
$A \to (A_1)$ {A. place :=A_1. place}

8.3.3.7 过程调用的翻译

本节讨论一个简单过程调用的翻译。例如,对于过程调用

call $p(a+b, a*b)$

一种可能的翻译结果如下:

```
"计算 a+b 结果置于 t 中"的代码          //t :=a+b
"计算 a*b 结果置于 z 中"的代码          //z :=a*b
param  t                               //第一个实参地址
param  z                               //第二个实参地址
call p, 2                              //过程调用语句
```

以下是完成此工作的一个 S-翻译模式:

```
S→call id (A)
   {S. code :=A. code;
    for A. arglist 中的每一项 d do
        S. code :=S. code || gen('param'  d);
    S. code :=S. code || gen ('call'  id. place , A. n)}
A→A1 , E
   {A. n :=A1. n+1; A. arglist :=append(A1. arglist, makelist(E. place));
    A. code :=A1. code || E. code}
A→ε
   {A. n :=0; A. arglist :=" "; A. code :=" "}
```

其中,属性 A. code、S. code 和id. place,语义函数 gen,以及运算||的含义同前。属性 A. n 记录参数个数;属性 A. arglist 代表实参地址的列表;语义函数 makelist 表示创建一个实参地址的结点;语义函数 append 表示在已有实参地址列表中添加一个结点。

8.4 多遍的方法

本章前面几节以语法制导的方法为主线,对静态语义分析和中间代码生成的常见技术环节进行了介绍。语法制导的方法依赖于语法分析,一般认为适合于构造单遍的过程。然而,在实际的编译器中,静态语义分析和中间代码生成的实现通常是采用多遍的方法。本节首先对多遍的方法进行补充说明,然后概要介绍被广泛采用的实现技术——Visitor 设计模式。

如前所述,AST 是一种非常接近源代码的中间表示,能够完整体现源程序的语法结构,同时也没有损失源程序的任何语义信息。因此,在多遍的编译器中,静态语义分析和中间代码生成的相关处理常常通过多次遍历 AST 来完成。甚至符号表的创建也可以放在生成

AST之后。例如,可以第一次遍历时创建符号表,第二次遍历时进行静态语义分析,而第三次遍历时生成TAC。

为了方便实现,往往需要更多次地遍历AST。实际上,8.2节和8.3节中介绍的每个翻译模式片段所描述的工作,都可以通过单独遍历一次AST来实现。自然,翻译模式片段所定义的语义计算过程,实际上可用作遍历过程的处理算法。因此,本章以语法制导的方法为主线,对于理解静态语义分析和中间代码生成的技术环节具有普遍的意义。

就多遍方法的实现而言,每一遍扫描都要针对AST的所有结点进行同类的处理,处理到不同结点时有不同的行为。如果是采用面向对象技术来设计编译器,则通过Visitor设计模式可以很方便地实现这一需求。

设计模式[7]是人们为解决同类设计问题总结出来的行之有效的软件设计定式。合理使用设计模式,可以使软件更加容易理解和维护,节省大量开发时间和工作量。下面简要介绍Visitor模式的设计思想。

设每个AST结点的种类都对应各自的一个class,且都是抽象类Tree的子类,如图8.12所示。当然,其中一些结点的类也可能是其他抽象类的子类,但本节所讨论的内容与这些中间层次的抽象类关系不大,所以假设类层次结构只有如图8.12所示的两层,各种AST结点的class分别表示为A,B,C,…。

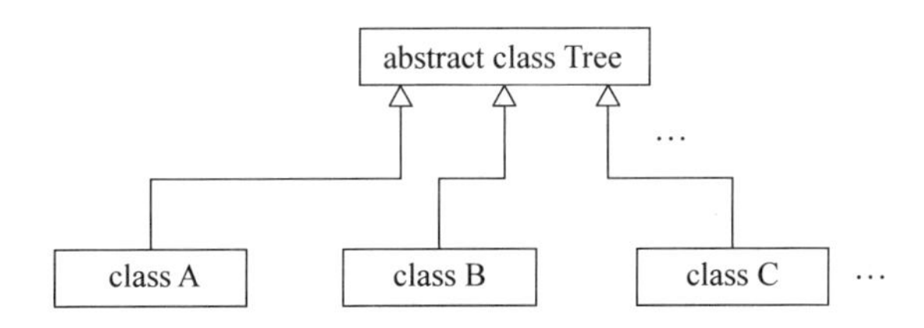

图8.12 AST结点类都是抽象类Tree的子类

假设需要对AST遍历多次,分别完成"建立符号表"、"类型检查"、"TAC生成"以及其他工作。首先,在对AST进行第一次遍历时建立符号表,那么符合面向对象思想的处理方法可以是在类Tree中增加一个叫buildSym的abstract方法,所有的class A,B,C,…都重写这个方法,针对自己结点类别进行建立符号表的操作。在遍历AST结点的时候,对每个结点调用buildSym方法完成建立符号表的操作。这是一个相当费时且容易出错的过程,但是还可以忍受。那么,接下来,比方说又需要对AST进行另一次遍历,进行静态语义检查,按照这种处理方法,Tree中须再增加一个称为typeCheck的方法,每个AST结点重写这个方法,于是又要对class A,B,C,…进行修改。接下来,还需要对AST结点进行遍历,完成如TAC生成(增加称为tacGen的方法)等其他工作……这样,就会不停地修改一个抽象类,这的确不是一种良好的编程习惯。

幸运的是,Visitor模式可以有效地解决上述设计问题。这种方法将每一次对AST遍历的工作收集到一个单独的class,而不是将这些工作分散至不同的结点class。例如,把建立符号表的功能收集到单个类BuildSym,针对每个结点类A,B,C,…,建立符号表的方法分别为visitA,visitB,visitC,…,如图8.13所示。

Visitor模式提供一种所谓双重分派(double dispatch)的技术,可以简洁地支持这种将每一次遍历工作收集到一个单独 class 的解决方案，方法如下：

(1) 针对每个结点类 A,B,C,…,Visitor 类都对应有抽象方法 visitA,visitB,visitC,…,如图 8.14 所示。

```
class BuildSym
-----------------------------------
public void visitA (A it) {
    ⋮
}
public void visitB (B it) {
    ⋮
}
public void visitC (C it) {
    ⋮
}
⋮
```

图 8.13　建立符号表的类 BuildSym

```
abstract class Visitor
-----------------------------------
public void visitA (A it) {
      visit(it):
}
public void visitB (B it) {
      visit(it):
}
public void visitC (C it) {
      visit(it):
}
⋮
public void visitC (Tree it) {
      /*assert false */
}
```

图 8.14　抽象类 Visitor

(2) 每一次遍历工作对应的 class 都继承这一抽象类 Visitor,如图 8.15 所示。这些功能类将对方法 visitA,visitB,visitC,…进行重载。如图 8.13 所示，在类 BuildSym 中的 visitA,visitB,visitC,…将具体定义针对各个结点类(A,B,C,…)实现建立符号表的功能。

(3) 为抽象类 Tree 增加一个接受 Visitor 对象的方法 void accept(Visitor v),如图 8.16 所示。

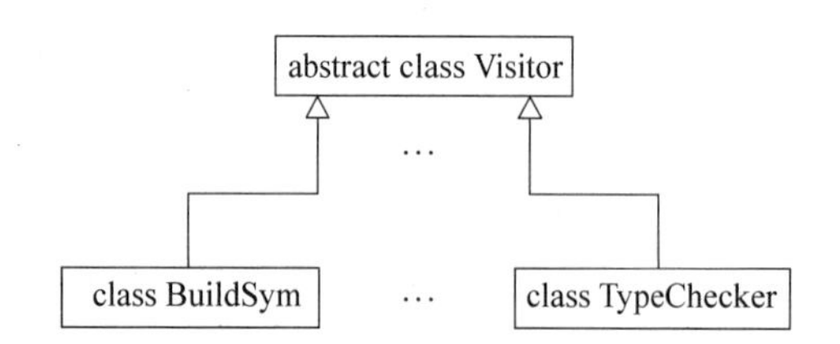

图 8.15　各次遍历工作对应的类都继承 Visitor 类

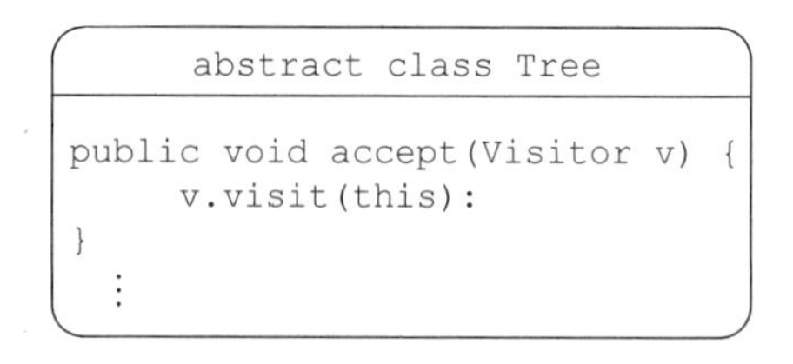

图 8.16　抽象类 Tree 中含一个接受 Visitor 对象的方法

(4) 结点类 A,B,C,…都重载方法 void accept(Visitor v),但方法体十分相像，都只有一条语句，对于类 A 是 v. visitA(this),对于类 B 是 v. visitB(this),而对于类 C 则是 v. visitC(this),如图 8.17 所示。

这种设计的好处是，当需要新增加一遍扫描工作时，仅需增加一个新的类，通过继承 Visitor 类和重载其中的方法将这一遍扫描的工作收集到这个类中，而不影响代码的其他部分。例如，如果需要对 AST 进行另外两次遍历，分别进行静态语义检查和 TAC 生成，则只需要增加新的类 TypeChecker 和 TACGenerator,并分别将语义检查和 TAC 生成的全部功能封装在其中，如图 8.15 和图 8.18 所示。

不难发现，本节所介绍的 Visitor 设计模式适合应用于被访问的结点类别数目基本固定或是变化不太大的情形。

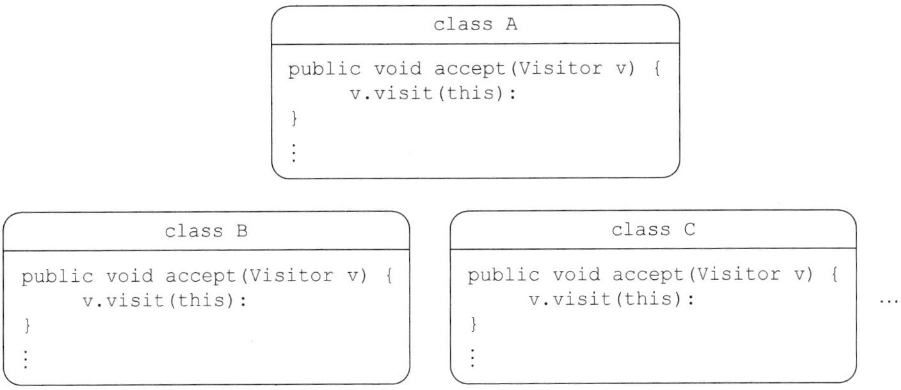

```
class A
public void accept(Visitor v) {
    v.visit(this):
}
⋮
```

```
class B
public void accept(Visitor v) {
    v.visit(this):
}
⋮
```

```
class C
public void accept(Visitor v) {
    v.visit(this):
}
⋮
```

…

图 8.17　每个结点类都重载接受 Visitor 对象的方法

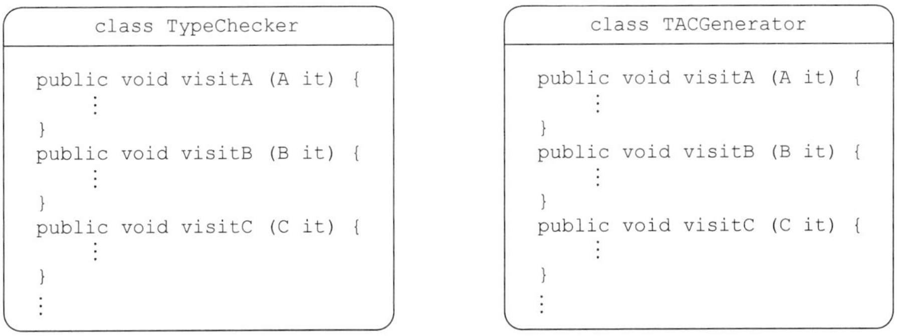

```
class TypeChecker
public void visitA (A it) {
    ⋮
}
public void visitB (B it) {
    ⋮
}
public void visitC (C it) {
    ⋮
}
⋮
```

```
class TACGenerator
public void visitA (A it) {
    ⋮
}
public void visitB (B it) {
    ⋮
}
public void visitC (C it) {
    ⋮
}
⋮
```

图 8.18　完成静态语义检查的类 TypeChecker 和实现 TAC 生成的类 TACGenerator

此外，还可以简化 Visitor 类中抽象方法接口的定义，有兴趣的读者可参考[6]和[4]中介绍的 Visitor 类，其中只包含了一个通用的 visit 方法。

第 11 章中 Decaf 编译器的代码结构采用了 Visitor 设计模式，用以多次遍历 AST 完成不同的处理。

练　习

1. PL/0 编译器的符号表采用一个全局的单符号表栈结构。对于下列的 PL/0 程序片段，当 PL/0 编译器在处理到第一个 call p 语句(第 7 行)以及第二个 call p 语句(第 t 行，即过程 q 的第 4 行)时，试分别列出每个开作用域中的符号。

```
(1) var a,b;
(2) procedure p;
(3)     var s;
(4)     procedure r;
(5)         var v;
(6)             begin
(7)                 call p;
 ⋮                  ……
```

```
            end;
      begin
          If a< b then call r;
          ......
      end;
⋮   procedure q;
      var x,y;
          begin
(t)             call p;
                ......
          end;
      begin
⋮         a :=1;
          b :=2;
          call q;
          ......
      end.
```

2. 阅读 PL/0 编译程序的符号表数据结构(struct tablestruct table [tmax])以及查表(int position(…))、添加符号(void enter(…))等操作，读懂与符号表相关的代码，包括理解作用域是如何体现的(注意函数 void enter(…)的形参 lev)。

3. 在 8.3.3.2 节的翻译模式中，已经包含了有关指针类型说明的处理。参考 8.3.3.3 节中数组元素引用的处理，试给出指针引用的翻译模式片段。设基础文法中指针引用相关的产生式包含：

$S \rightarrow *E_1 := E_2$

$S \rightarrow \text{id} := *E$

$E \rightarrow E_1\,\hat{}$

注：指针访问的 TAC 语句为 $x := *y$ 和 $*x := y$。

4. 参考 8.3.3.4 节采用短路代码进行布尔表达式翻译的 L-翻译模式片段及所用到的语义函数。若在基础文法中增加产生式 $E \rightarrow E \uparrow E$，试给出与该产生式相应的语义动作集合。其中，$\uparrow$ 代表“与非”逻辑算符，其语义可用其他逻辑运算定义为 $P \uparrow Q \equiv \text{not}\ (P\ \text{and}\ Q)$。

5. 参考 8.3.3.5 节进行控制语句(不含 break)翻译的 L-翻译模式片段及所用到的语义函数。若在基础文法中增加产生式 $S \rightarrow \text{repeat}\ S\ \text{until}\ E$，试给出与该产生式相应的语义动作集合。

注：控制语句 repeat<循环体>until<布尔表达式>的语义为：至少执行<循环体>一次，直到<布尔表达式> 成真时结束循环。

6. 参考 8.3.3.6 节采用拉链与代码回填技术进行布尔表达式和控制语句(不含 break)翻译的 S-翻译模式片段及所用到的语义函数，重复题 4 和题 5 的工作。

7. 参考 8.3.3.5 节进行控制语句(不含 break)翻译的 L-翻译模式片段及所用到的语义函数。设在该翻译模式基础上增加下列两条产生式及相应的语义动作集合：

$S \rightarrow \{S'.\text{next} := S.\text{next}\}\quad S' \quad \{S.\text{code} := S'.\text{code}\}$

$S' \rightarrow \underline{\text{id}} := E' \quad \{S.\text{code} := E'.\text{code} \,\|\, \text{gen}(\underline{\text{id}}.\text{place}\ \ ':='\ \ E'.\text{place})\}$

其中，E'是生成算术表达式的非终结符(对应 8.3.3.1 节中的 A)。若在基础文法中增加对应 for 循环语句的产生式 $S \to \text{for}(S'; E; S')S$，试给出与该产生式相应的语义动作集合。

注：for 循环语句的控制语义类似于 C 语言中的 for 循环语句。

8. 参考 8.3.3.6 节采用拉链与代码回填技术进行布尔表达式和控制语句(不含 break)翻译的 S-翻译模式片段及所用到的语义函数。设在该翻译模式基础上增加下列两条产生式及相应的语义动作集合：

$S \to S'$ {S. nextlist := S'. nextlist}

$S' \to \underline{id} := E'$ {S'. nextlist :=" "; emit (id. place ':=' E'. place)}

其中，E'是生成算术表达式的非终结符(对应 8.3.3.1 节中的 A)。若在基础文法中增加对应 for 循环语句的产生式 $S \to \text{for}(S'; E; S')S$，试给出相应该产生式的语义动作集合。

注：for 循环语句的控制语义类似 C 语言中的 for 循环语句。

9. 参考 8.3.3.6 节采用拉链与代码回填技术进行布尔表达式翻译的 S-翻译模式片段及所用到的语义函数。若在基础文法中增加产生式

$E \to \Delta(E, E, E)$

其中 Δ 代表一个三元逻辑运算符。逻辑表达式 $\Delta(E_1, E_2, E_3)$的语义可由下表定义：

E_1	E_2	E_3	$\Delta(E_1, E_2, E_3)$
false	false	false	false
false	false	true	false
false	true	false	true
false	true	true	false
true	false	false	false
true	false	true	false
true	true	false	false
true	true	true	false

试给出相应该产生式的语义处理部分(必要时增加文法符号，类似 8.3.3.6 节示例中的符号 M 和 N)，不改变 S-属性文法(翻译模式)的特征。

10. 重复上题的工作，逻辑表达式 $\Delta(E_1, E_2, E_3)$的语义由下表定义：

E_1	E_2	E_3	$\Delta(E_1, E_2, E_3)$
false	false	false	false
false	false	true	false
false	true	false	true
false	true	true	true
true	false	false	true
true	false	true	false
true	true	false	true
true	true	true	false

11. 设开关语句

```
switch A of
      case d1 : S1 ;
      case d2 : S2 ;
       ⋮
      case dn : Sn ;
default Sn+1
end
```

具有如下执行语义：

(1) 对算术表达式 A 进行求值。

(2) 若 A 的取值为 d_1，则执行 S_1，转(3)；

否则，若 A 的取值为 d_2，则执行 S_2，转(3)；

⋮

否则，若 A 的取值为 d_n，则执行 S_n，转(3)；

否则，执行 S_{n+1}，转(3)。

(3) 结束该开关语句的执行。

若在基础文法中增加关于开关语句的下列产生式

$S \to$ switch A of L end

$L \to$ case V: S; L

$L \to$ default S

$V \to d$

其中，终结符 d 代表常量，其属性值可由词法分析得到，以 d.lexval 表示。A 是生成算术表达式的非终结符(对应 8.3.3.1 节中的 A)。

试参考 8.3.3.5 节进行控制语句(不含 break)翻译的 L-翻译模式片段及所用到的语义函数，给出相应的语义处理部分(不改变 L-翻译模式的特征)。

注：可设计增加新的属性，必要时给出解释。

12. 参考 8.3.3.5 节和 8.3.3.6 节所中关于控制语句(不含 break)翻译的两类翻译模式中的任何一种及所用到的语义函数，给出下列控制语句的一个翻译模式片段：

(1) 在基础文法中增加关于串行条件卫士语句的下列产生式：

$S \to$ if G fi

$G \to E$: $S \;\square\; G$

$G \to E$: S

注：串行条件卫士语句的一般形式为

if E_1 : $S_1 \;\square\; E_2$: $S_2 \;\square \cdots \square\; E_n$: S_n fi

将其语义解释为：

① 依次判断布尔表达式 $E_1, E_2, \cdots, E_n$ 的计算结果。

② 若计算结果为 true 的第一个表达式为 E_k $(1 \leqslant k \leqslant n)$，则执行语句 S_k；执行后转(4)。

③ 若 $E_1, E_2, \cdots, E_n$ 的计算结果均为 false，则直接转(4)。

④ 跳出该语句。

(2) 在基础文法中增加关于串行循环卫士语句的下列产生式：

S→do G od

G→E：S □ G

G→E：S

注：串行循环卫士语句的一般形式为

do E_1：S_1 □ E_2：S_2 □ … □ E_n：S_n od

将其语义解释为：

① 依次判断布尔表达式 $E_1,E_2,\cdots,E_n$ 的计算结果。

② 若计算结果为 true 的第一个表达式为 $E_k(1\leqslant k\leqslant n)$，则执行语句 S_k；转(1)。

③ 若 $E_1,E_2,\cdots,E_n$ 的计算结果均为 false，则跳出循环。

13. (1) 以下是与语句及过程声明相关的类型检查的一个翻译模式片段：

P→D；S {P. type :=if D. type=ok and S. type=ok then ok else type_error}

S→if E then S_1 {S. type :=if E. type=bool then S_1. type else type_error}

S→if E then S_1 else S_2 {S. type :=if E. type=bool and S_1. type=ok and S_2. type=ok then ok else type_error}

S→while E then S_1 {S. type :=if E. type=bool then S_1. type else type_error}

S→S_1；S_2 {S. type :=if S_1. type=ok and S_2. type=ok then ok else type_error}

F→F_1；id (V) S {addtype(id. entry, fun(V. type))；
F. type :=if F_1. type=ok and S. type=ok then ok else type_error}

其中，type 属性以及类型表达式 ok、type_error、bool 等的含义与 8.2.2.2 节中一致。

若在基础文法中增加关于 continue 语句的产生式

S→continue

continue 语句只能出现在某个循环语句内，即至少有一个包围它的 while 语句。

试在该翻译模式片段基础上增加相应的语义处理内容(要求是 L-翻译模式)，以实现针对 continue 语句的这一类型检查任务(提示：可以引入 S 的一个继承属性)。

(2) 以下是一个 L-翻译模式片段，可以产生控制语句的 TAC 语句序列：

P→D； {S. next :=newlabel} S {gen(S. next ':')}

S→if {E. true :=newlabel；E. false :=S. next} E then
{S_1. next :=S. next} S_1 {S. code :=E. code || gen(E. true ':') || S_1. code}

S→while {E. true :=newlabel；E. false :=S. next} E do
{S_1. next :=newlabel} S_1
{S. code :=gen(S_1. next ':') || E. code || gen(E. true ':') ||
S_1. code || gen('goto 'S_1. next)}

S→ {S_1. next :=newlabel} S_1；
{S_2. next :=S. next} S_2
{S. code :=S_1. code || gen(S_1. next ':') || S_2. code}

其中的属性及语义函数与 8.3.3.5 节中一致。

若在基础文法中增加关于 continue 语句的产生式

$S \rightarrow$ continue

这里,continue 语句的执行语义为:跳出直接包含该 continue 语句的 while 循环体,并回到 while 循环的开始处重新执行循环。

试在该 L-翻译模式片段基础上增加针对 continue 语句的语义处理内容(不改变 L-翻译模式的特征)。

注:可设计引入新的属性或删除旧的属性,必要时给出解释。

(3) 以下是一个 S-翻译模式片段,可以产生控制语句的 TAC 语句序列:

$P \rightarrow D;\ S\ M$ {backpatch(S.nextlist, M.gotostm)}

$S \rightarrow$ if E then M_1 S_1 N else M_2 S_2 {backpatch(E.truelist, M_1.gotostm);
backpatch(E.falselist, M_2.gotostm);
S.nextlist := merge(S_1.nextlist, merge(N.nextlist, S_2.nextlist))}

$S \rightarrow$ while M_1 E then M_2 S_1 {backpatch(S_1.nextlist, M_1.gotostm);
backpatch(E.truelist, M_2.gotostm);
S.nextlist := E.falselist;
emit('goto', M_1.gotostm)}

$S \rightarrow S_1;\ M\ S_2$ {backpatch(S_1.nextlist, M_1.gotostm);
S.nextlist := S_2.nextlist}

$M \rightarrow \varepsilon$ {M.gotostm := nextstm}

$N \rightarrow \varepsilon$ {N.nextlist := makelist(nextstm); emit('goto _')}

其中的属性及语义函数与 8.3.3.6 中一致。

若在基础文法中增加关于 continue 语句的产生式

$S \rightarrow$ continue

这里,continue 语句的执行语义如(2)所述。

试在该 S-翻译模式片段基础上增加针对 continue 语句的语义处理内容(不改变 S-翻译模式的特征)。

注:可设计引入新的属性或删除旧的属性,必要时给出解释。

第9章　运行时存储组织

目标程序在目标机环境中运行时，都置身于自己的一个运行时存储空间。通常，在有操作系统的情况下，目标程序将在自己的逻辑地址空间内存储和运行。这样，编译程序在生成目标代码时应该明确程序的各类对象在逻辑地址空间内是如何存储的，以及目标代码运行时是如何使用和支配自己的逻辑存储空间的。本章讨论一些典型的与运行时存储组织相关的问题。首先，简要叙述运行时存储组织的作用与任务，程序运行时存储空间的典型布局，以及常见的运行时存储分配策略。接着，重点讨论实现栈式存储分配时栈帧（即活动记录）的组织。随后，讨论实现过程调用中参数传递的话题。然后，穿插介绍PL/0编译程序的运行时存储组织。最后，就面向对象程序的运行时存储组织的有关问题进行讨论。

9.1　运行时存储组织概述

9.1.1　运行时存储组织的作用与任务

如上所述，编译程序在生成目标程序之前应该合理安排好目标程序在逻辑地址空间中存储资源的使用，这便是运行时存储组织所涉及的问题。

编译程序所产生的目标程序本身的大小通常是确定的，一般存放在指定的专用存储区域，即**代码区**。相应地，目标程序运行过程中需要创建或访问的数据对象将存放在**数据区**。数据对象包括用户定义的各种类型的命名对象（如变量和常量）、作为保留中间结果和传递参数的临时对象及调用过程时所需的连接信息等。

语言特征的差异对于存储组织方面的不同需求往往取决于数据对象的存储分配。因此，本节讨论的主要内容是面向数据对象的运行时存储组织与管理。以下列举了运行时存储组织通常所关注的几个重要问题：

- **数据对象的表示**。需要明确源语言中各类数据对象在目标机中的表示形式。
- **表达式计算**。需要明确如何正确有效地组织表达式的计算过程。
- **存储分配策略**。核心问题是如何正确有效地分配不同作用域或不同生命周期的数据对象的存储。
- **过程实现**。如何实现过程/函数调用以及参数传递。

数据对象在目标机中通常是以字节（byte）为单位分配存储空间。例如，对于基本数据类型，可以设定基本数据对象的大小为：char数据对象，1个字节；integer数据对象，4个字节；float数据对象，8个字节；boolean数据对象，1个字节。对于指针类型的数据对象，通常分配1个单位字长的空间，如在32位机器上1个单位字长为4个字节。

对于数据对象的存放，不同的目标机可能在某些方面有不同的要求。例如，一些机器中的数据是以**大端**（big endian）形式存放，而另一些机器中的数据则是以**小端**（little endian）形式存放。许多机器会要求数据对象的存储访问地址以一定方式**对齐**（alignment），如必须可以被2，4，8等整除，这种情况下某些字节数不足的数据对象在存放时需要考虑**留白**（padding）处理。

复合数据类型的数据对象通常根据它的组成部分依次分配存储空间。对于数组类型的数据对象，通常是分配一块连续的存储空间。对于多维数组，可以按行进行存放，也可以按列进行存放。对于结构体类型，通常以各个域为单位依次分配存储空间，对于复杂的域数据对象可以另辟空间进行存放。对于对象类型(类)的数据对象，实例变量像结构体的域一样存放在一块连续的存储区，而方法(成员函数)则存放在其所属类的代码区。

表达式计算是程序状态变化的根本原因，频繁涉及存储访问的操作。通常，表达式计算多利用栈区完成的，临时量和计算结果(或指向它们的指针)的存储空间一般被分配在当前过程活动记录(参见第 9.4 节)的顶部。

某些目标机设计了专门的运算数栈(或专用寄存器栈)用于表达式计算。对于普通表达式(不含函数调用)而言，一般可以估算出可否在运算数栈上实现完整的计算。在不能实现完整计算时，可以考虑在运算数栈上实现部分计算，而利用栈区辅助完成全部计算。当然，某些情况下表达式的计算只能利用栈区实现，比如对于使用了递归函数的表达式。

关于存储分配策略以及过程实现，将在后续各节中讨论。

9.1.2 程序运行时存储空间的布局

虽然一般来说程序运行时的存储空间从逻辑上可分为“代码区”和“数据区”两个主要部分，但为了方便存储组织与管理，往往需要将存储空间划分为更多的逻辑区域。具体的划分方法会依赖于目标机体系结构，但一般情况下至少含有保留地址区、代码区、静态数据区以及动态数据区等逻辑区域。图 9.1 给出一个程序运行时存储空间布局的典型例子。

对于图 9.1 中各逻辑存储区域，下面分别予以简单解释：

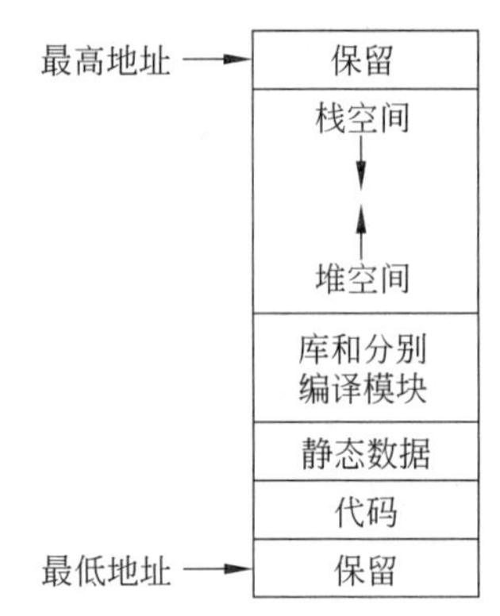

图 9.1 程序运行时存储空间布局的典型例子

- **保留地址区**。专门为目标机体系结构和操作系统保留的内存地址区。通常，该区域不允许普通的用户程序存取，只允许操作系统的某些特权操作进行读写。
- **代码区**。静态存放编译程序产生的目标代码。
- **静态数据区**。静态存放全局数据，是普通程序可读可写的区域。该区域用于存放程序中用到的所有常量数据对象(如字符串常量、数值常量以及各种命名常量等)，以及各类全局变量和静态变量所对应的数据对象。
- **共享库和分别编译模块区**。静态存放共享库模块和分别编译模块的代码和全局数据。运行库模块主要用来实现运行时支持，如 I/O、存储管理、执行期采样(profiling)以及调试等方面的例程。分别编译模块主要包含编译系统或用户预先定制的有用子程序和软件包(如数学子函数库)。这些模块是通过链接/装入程序(linker/loader)的装配而加入到当前程序的存储空间的。
- **动态数据区**。运行时动态变化的**堆区**和**栈区**。图 9.1 中假设堆区从低地址端向高地址变化，栈区从高地址端向低地址变化。程序开始执行时会初始化堆区和栈区。一旦堆区和栈区在某个时刻相遇，则会发生存储访问冲突，因此每个会使堆区和栈区增长的操作都必须检查是否会产生这种冲突。如果冲突发生，则可能的解决方法是调用垃圾回收(garbage collection)或存储空间压缩(compaction)程序将堆区和栈区分离。

值得注意的是，程序运行时的存储空间布局与目标机体系结构和操作系统密切相关。例如，IA-32 上某个 Linux 版本的用户程序虚拟存储空间如图 9.2(a)所示，MIPS-32 上 System Ⅴ的用户程序虚拟存储布局空间如图 9.2(b)所示。

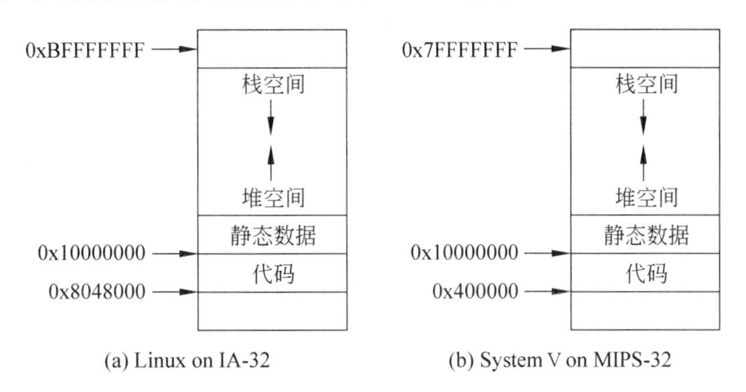

图 9.2 不同体系结构和操作系统的用户程序虚拟存储空间示例

9.1.3 存储分配策略

从 9.1.2 节已知，数据区可以分为静态数据区(全局数据区)和动态数据区，后者又可分为堆区和栈区。之所以这样划分，是因为它们存放的数据和对应的管理方法的不同。静态数据区、栈区和堆区的存储空间分配分别遵循 3 种不同的规则：静态存储分配(static memory allocation)、栈式存储分配(stack-based allocation)和堆式存储分配(heap-based allocation)。后两种分配方式皆称为"动态存储分配"，因为这两种方式中存储空间并不是在编译的时候静态分配好的，而是在运行时才进行的。

某些编程语言，如早期的 FORTRAN 语言及 COBOL 语言版本等，其存储分配是完全静态的，程序的数据对象与其存储的绑定(binding)是在编译期间进行的，称为静态语言(static language)。而对于另一些语言，所有数据对象与其存储的绑定只能发生在运行期间，此类语言称为动态语言(dynamic language)，如 Lisp、ML、Perl 等。多数语言(如 C/C++、Java、Pascal 等)采取的存储分配策略是介于二者之间的。

下面分别讨论静态、栈式和堆式 3 种存储分配策略。

9.1.3.1 静态存储分配

所谓**静态存储分配**，即在编译期间为数据对象分配存储空间。这要求在编译期间就可确定数据对象的大小，同时还可以确定数据对象的数目。

采用这种方式，存储分配极其简单，但也会带来存储空间的浪费。为解决存储空间浪费问题，人们设计了变量的重叠布局(overlaying)机制，如 FORTRAN 语言的 equivalence 语句。重叠布局带来的问题是使得程序难写难读。完全静态分配的语言还有另一个缺陷，就是无法支持递归过程或函数。

多数(现代)语言只实施部分静态存储分配。可静态分配的数据对象包括大小固定且在程序执行期间可全程访问的全局变量、静态变量、程序中的常量(literals)以及 class 的虚函数表等，如 C 语言中的 static 和 extern 变量，以及 C++ 中的 static 变量，这些数据对象的存储将被分配在静态数据区。

从道理上讲，或许可以将静态数据对象与某个绝对存储地址绑定。然而，通常的做法是将静态数据对象的存取地址对应到偶对(DataAreaStart，Offset)。Offset 是在编译时刻确定的固定偏移量，而 DataAreaStart 则可以推迟到链接或运行时刻才确定。有时，DataAreaStart 的地址也可以装入某个基地址寄存器 Register，此时数据对象的存取地址对应到偶对(Register，Offset)，即所谓的寄存器偏址寻址方式。

然而，对于一些动态的数据结构，例如动态数组(C++ 中使用 new 关键字来分配内存)以及递归函数的局部变量等最终空间大小必须在运行时才能确定的场合，静态存储分配就无能为力了。

9.1.3.2 栈式存储分配

栈区是作为“栈”这样一种数据结构来使用的动态存储区，称为**运行栈**(run-time stack)。运行栈数据空间的存储和管理方式称为**栈式存储分配**，它将数据对象的运行时存储按照栈的方式来管理，常用于有效实现可动态嵌套的程序结构，如过程、函数以及嵌套程序块(分程序)等。

与静态存储分配方式不同，栈式存储分配是动态的，也就是说必须是运行的时候才能确定数据对象的存储分配结果。例如，对如下 C 代码片段：

```
int factorial (int n)
{
    int tmp;
     if (n<=1)
        return 1;
    else
    {
        tmp=n-1;
        tmp=n * factorial(tmp);
        return tmp;
    }
}
```

随着 n 的不同，这段代码运行时所需要的总内存空间大小是不同的，而且每次递归的时候 tmp 对应的内存单元都不同。

在过程/函数的实现中，参与栈式存储分配的存储单位是**活动记录**(activation record)。运行时每当进入一个过程/函数，就在栈顶为该过程/函数分配存放活动记录的数据空间。当一个过程/函数工作完毕返回时，它在栈顶的活动记录数据空间也随即释放。

在过程/函数的某一次执行中，其活动记录中会存放生存期在该过程/函数本次执行中的数据对象以及必要的控制信息单元。相关内容将在 9.2 节进行专门讨论；同时，也会讨论关于嵌套程序块的栈式存储分配。一般来说，运行栈中的数据通常都是属于某个过程/函数的活动记录，因此若没有特别指明，本书提到的活动记录均是指过程/函数的活动记录。

在编译期间，过程、函数以及嵌套程序块的活动记录大小(最大值)应该是可以确定的(以便进入的时候动态地分配活动记录的空间)，这是进行栈式存储分配的必要条件，如果不满足则应该使用堆式存储管理。

9.1.3.3　堆式存储分配

当数据对象的生存期与创建它的过程/函数的执行期无关时，例如，某些数据对象可能在该过程/函数结束之后仍然长期存在，就不适合进行栈式存储分配。一种灵活但是较昂贵的存储分配方法是**堆式存储分配**。在堆式存储分配中，可以在任意时刻以任意次序从数据段的堆区分配和释放数据对象的运行时存储空间。通常，分配和释放数据对象的操作是应用程序通过向操作系统提出申请来实现的，因此要占用相当的时间。

堆区存储空间的分配和释放可以是显式的(explicit allocation/deallocation)，也可以是隐式的(implicit allocation/deallocation)。前者是指由程序员来负责应用程序的(堆)存储空间管理，可借助于编译器和运行时系统所提供的默认存储管理机制。后者是指(堆)存储空间的分配或释放不需要程序员负责，而是由编译器和运行时系统自动完成。

某些语言有显式的存储空间分配和释放命令，如 Pascal 中的 new/deposit，C++ 中的 new/delete。在 C 语言中没有显式的存储空间分配和释放语句，但程序员可以使用标准库中的函数 malloc()和 free()来实现显式的分配和释放。

某些语言支持隐式的堆区存储空间释放，这需要借助垃圾回收(garbage collection)机制。例如，Java 程序员不需要考虑对象的析构，堆区存储空间的释放是由垃圾回收程序(garbage collector)自动完成的。

对于堆区存储空间的释放，下面简单讨论一下不释放、显式释放以及隐式释放 3 种方案的利弊。

- 不释放堆区存储空间的方法。这种方法只分配空间，不释放空间，待空间耗尽时停止。如果多数堆数据对象为一旦分配后永久使用，或者在虚存很大而无用数据对象不致带来很大零乱的情形下，那么这种方案有可能是适合的。这种方案的存储管理机制很简单，开销很小，但应用面很窄，不是一种通用的解决方案。
- 显式释放堆区存储空间的方法。这种方法是由用户通过执行释放命令来清空无用的数据空间，存储管理机制比较简单，开销较小，堆管理程序只维护可供分配命令使用的空闲空间。然而，该方案的问题是对程序员要求过高，程序的逻辑错误有可能导致灾难性的后果。如图 9.3 中代码所示的指针悬挂(dangling pointer)问题。
- 隐式释放堆区存储空间的方法。该方案的优点是程序员不必考虑存储空间的释放，不会发生上述指针悬挂之类的问题，但缺点是对存储管理机制要求较高，需要堆区存储空间管理程序具备垃圾回收的能力。

```
var p,q:^real;
:
new(p);
q:=p;
dispose(p);
q^:=1.0;
```

(a) Pascal代码片断

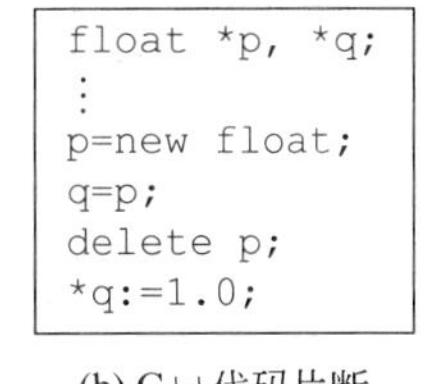

float *p, *q;
:
p=new float;
q=p;
delete p;
*q:=1.0;

(b) C++代码片断

图 9.3　存在指针悬挂问题的代码片段

由于在堆式存储分配中可以在任意时刻以任意次序分配和释放数据对象的存储空间，因此程序运行一段时间之后堆区存储空间可能被划分成许多块，有些被占用，有些空闲。对于堆区存储空间的管理，通常需要好的存储分配算法，使得在面对多个可用的空闲存储块时，根据某些优化原则选择最合适的一个分配给当前数据对象。以下是几类常见的存储分配算法：

- 最佳适应算法，即选择空间浪费最少的存储块。

• 最先适应算法，即选择最先找到的足够大的存储块。
• 循环最先适应算法，即起始点不同的最先适应算法。

另外，由于每次分配后一般不会用尽空闲存储块的全部空间，而这些剩余的空间又不适于分配给其他数据对象，因而在程序运行一段时间之后，堆区存储空间可能出现许多“碎片”。这样，堆区存储空间的管理中通常需要用到碎片整理算法，用于压缩合并小的存储块，使其更可用。

有关垃圾回收、存储分配、碎片整理等算法的内容超出了本书的范围，有兴趣的读者可参考其他相关书籍的讨论，部分内容也可参考数据结构和操作系统课程的相关话题。

9.2 活动记录

本节进一步讨论栈式存储分配的若干重要内容，这些内容都与活动记录密切相关。首先，介绍过程/函数运行时活动记录（简称过程活动记录）的典型结构。其次，讨论针对含嵌套过程说明语言的栈式分配中需要解决一个重要问题，即非局部量的访问。最后，简要讨论关于嵌套程序块中非局部量的访问。

9.2.1 过程活动记录

过程活动记录是指运行栈上的**栈帧**（frame），它在函数/过程调用时被创建，在函数/过程运行过程中被访问和修改，在函数/过程返回时被撤销。栈帧包含局部变量、函数实参、临时值（用于表达式计算的中间单元）等数据信息以及必要的控制信息。

先通过一个简单的例子来说明过程活动记录在运行栈上被创建的过程。首先，图 9.4(a) 中的程序从函数 main 开始执行，在运行栈上创建 main 的活动记录；其次，从函数 main 中调用函数 p，在运行栈上创建 p 的活动记录；最后，p 中调用 q，又从 q 中再次调用 q。结果，函数 q 被第二次激活时运行栈上的活动记录分配情况如图 9.4(b) 所示。若某函数从它的一次执行返回时，相应的活动记录将从运行栈上撤销。例如，图 9.4 中的递归函数 q 执行完正常返回后的时刻，运行栈上将只包含 main 和 p 的活动记录。这里假定栈空间的增长方向是自下而上（不同于图 9.1），如不特别指明，本章后续部分也这样假设。

如图 9.5 所示，活动记录中的数据通常是使用寄存器偏址寻址方式进行访问的，即在一个基地址寄存器中存放着活动记录的首地址，在访问活动记录某一项内容的时候，只需要使用该首地址以及该项内容相对这个首地址的偏移量，即可计算出要访问的内容在虚拟内存中的逻辑地址。

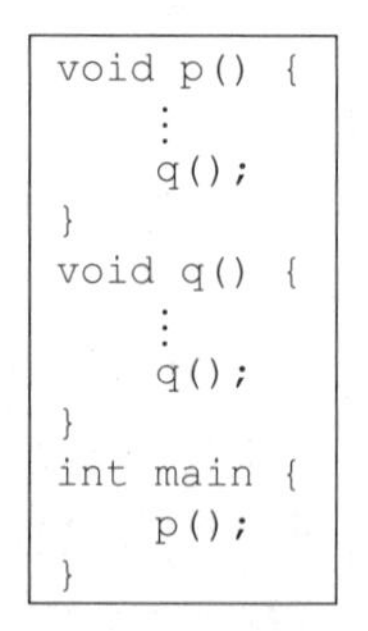
```
void p() {
    ⋮
    q();
}
void q() {
    ⋮
    q();
}
int main {
    p();
}
```

(a) 程序代码

q的活动记录
q的活动记录
p的活动记录
main的活动记录

(b) 运行栈中的过程活动记录

图 9.4　活动记录在运行栈上的分配

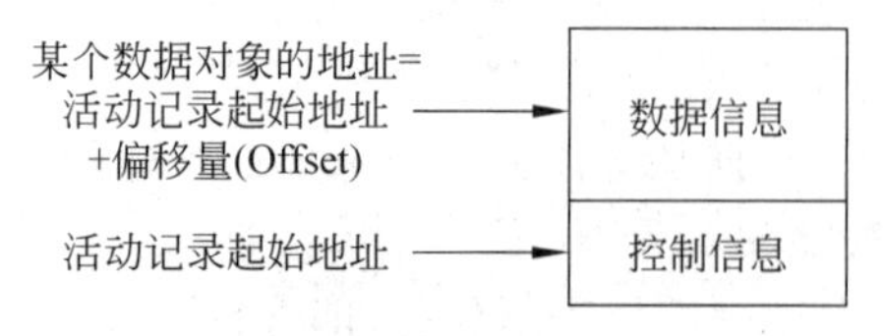

图 9.5　活动记录中数据对象的寻址

图 9.6 描述了一个典型过程活动记录的结构，其中的数据信息包括参数区、局部数据区、动态数据(如动态数组)区、临时数据区以及过程/函数调用所需要的其他数据信息等。FP 为栈帧的基地值寄存器；TOP 为栈顶指针寄存器，通常指向运行栈中下一个可分配的单元。FP 和 TOP 的组合所确定的区域即为当前活动记录的存储区。控制信息通常包含一些联系单元，如返回地址、静态链及动态链等。有关静态链和动态链的内容参见 9.2.2 节。有关参数区、过程/函数调用以及参数传递方式的讨论参见 9.3 节。

下面来看有关过程活动记录的两个小例子。设有如下 C 函数：

```
void p(int a)
{
    float b;
    float c[10];
    b=c[a];
}
```

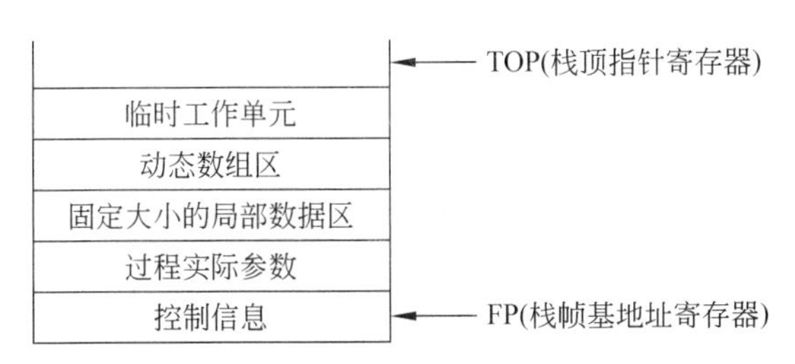

图 9.6 典型的过程活动记录结构

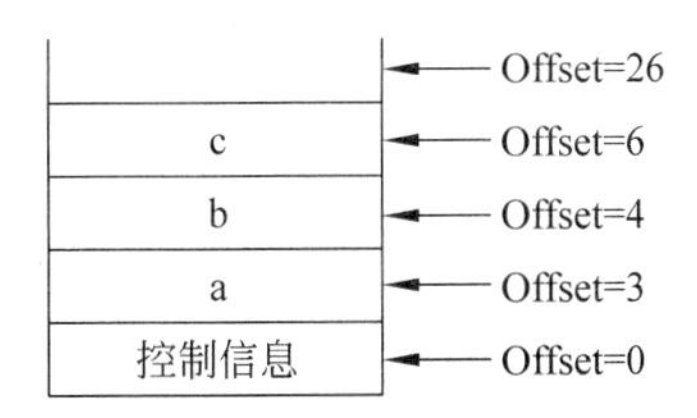

图 9.7 不含动态数据区的过程活动记录

图 9.7 描述该函数的一个可能的初始活动记录，其中的数据信息依次包括实际参数 a(int 类型对象占1 个单元)、局部变量 b(float 类型对象占 2 个单元)以及数组变量 c 的各个分量(每个分量各占 2 个单元)。假设控制信息占 3 个单元，那么数据对象 a 和 b 的偏移量分别为 3，4，6。数组 c 的第 $i(0\leqslant i\leqslant 9)$个元素的偏移量为 6+2i。设当前栈帧指针寄存器内容为 $FP，则栈顶指针寄存器 TOP 的内容为 $TOP= $FP+26。当语句 b=c [a] 开始执行时，所使用的临时数据对象将从 $TOP 开始分配存储空间。

下面看另外一个例子。设有如下 C 代码片段：

```
static int N;
void p(int a)
{
    float b;
    float c[10];
    float d[N];
    float e;
    ……
}
```

图 9.8 含动态数据区的过程活动记录

其中，d 被声明为一个动态数组。图 9.8 描述该函数的一个可能的初始活动记录，其中的数据信息依次包括：实际参数 a，局部变量 b，静态数组变量 c 的各个分量，动态数组 d 的内情向量和起始位置指针，然后是局部变量 e。对于

动态数组 d,编译器并不能确定将需要多少存储空间,因此初始活动记录中占用了 2 个单元,其中内情向量单元用于存放 d 的上界 N,它的值将在运行时获得;另一个单元存放 d 的起始位置指针。如果采用相对 $FP 的偏移量表示 d 的起始位置,那么可以在编译时确定 d 的起始偏移量为 offset=30(思考:当有 2 个或 2 个以上动态数组时,则第 2 个以后的数组将不能静态地确定起始位置)。如图 9.8 所示,数组 d 的第 $i(0 \leqslant i \leqslant N-1)$ 个元素的偏移量为 $30+2i$。设当前栈桢指针寄存器内容为 $FP,则在为数组 d 的所有元素动态分配空间后,栈顶指针寄存器 TOP 的内容为 $TOP= $FP+30+2$N$。

9.2.2 嵌套过程定义中非局部量的访问

Pascal、ML 等程序设计语言允许嵌套的过程/函数定义,这种情况下需要解决的一个重要问题就是非局部量的访问。图 9.9 是一个类 Pascal 程序的过程定义示例,其中过程 P 的定义内部含有过程 Q 的定义,而过程 Q 的定义中又含有过程 R 的定义。在嵌套的过程定义中,内层定义的过程体内可以访问包含它的外层过程中的数据对象。例如,在 R 的过程体内可以访问过程 Q、过程 P 以及主程序 Main 所定义的数据对象。更确切地说,在过程 R 被激活时,R 过程体内部可以访问过程 Q 最新一次被调用的活动记录中所保存的局部数据对象,同样也可以访问过程 P 最新一次被调用的活动记录中所保存的局部数据对象,以及可以访问主程序 main 的活动记录中所保存的全局数据对象(假设全局数据对象也存放在栈区,此时 main 的活动记录总存在且是唯一的)。这种对于不在当前活动记录中的数据对象的访问称为**非局部量的访问**。

在 C 语言等不支持嵌套过程/函数定义的程序设计语言中,非局部量只有全局变量,通常情况下可以分配在静态数据区,所以本书不考虑这些语言中非局部量访问的问题。

对于非局部量的访问,常见的实现方法有两种:

- 采用 Display 表(参见 9.2.2.1 节)。
- 为活动记录增加静态链域(参见 9.2.2.2 节)。

9.2.2.1 Display 表

Display 表记录各嵌套层当前过程的活动记录在运行栈上的起始位置(基地址)。若当前激活过程的层次为 K(主程序的层次设为 0),则对应的 Display 表含有 $K+1$ 个单元,依次存放着现行层、直接外层……,直至最外层的每一过程的最新活动记录的基地址。嵌套作用域规则可以确保每一时刻 Display 表内容的唯一性。Display 表的大小(即最多嵌套的层数)取决于具体实现。

例如,对于图 9.9 中的程序,过程 R 被第一次激活后运行栈和 Display 寄存器 D[i] 的情况如图 9.10 左边所示(假设无其他调用语句)。可以看出,当前 D[1]指向过程 P 活动记录的基地址,而非另一个第 1 层过程 S 的活动记录。当过程 R 被第二次激活后,D[3] 则指向过程 R 最新的活动

```
progran main(I,O);
procedure P;
    procedure Q;
        procedure R;
            begin
                …R;…
            end; /*R*/
        begin
            …R;…
        end; /*Q*/
    begin
        …Q;…
    end; /*P*/
procedure S;
    begin
        …P;…
    end; /*S*/
begin
    …S;…
end. /*main*/
```

图 9.9 嵌套的过程定义

记录，如图 9.10 右边所示。

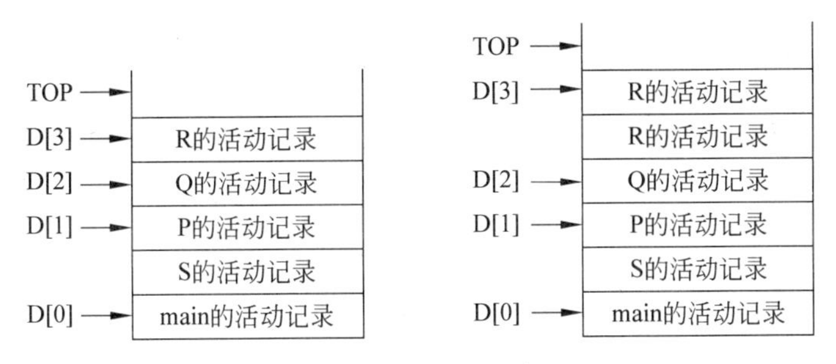

图 9.10　Display 表

在过程被调用和返回时，需要对 Display 表进行维护，这涉及 Display 寄存器 D [i]的保存和恢复。一种极端的方法是把整个 Display 表存入活动记录。若过程为第 n 层，则需要保存 D [0]～D [n]。一个过程(处于第 n 层)被调用时，从调用过程的 Display 表中自下向上抄录 n 个 FP 值，再加上本层的 FP 值。

例如，若采用这种方法，对于图 9.9 中的程序，过程 R 被第一次激活后 R 活动记录和 Q 活动记录中 Display 表的情况如图 9.11 左边所示。当过程 R 被第二次激活后，过程 R 的两个活动记录中 Display 表的情况如图 9.11 右边所示。

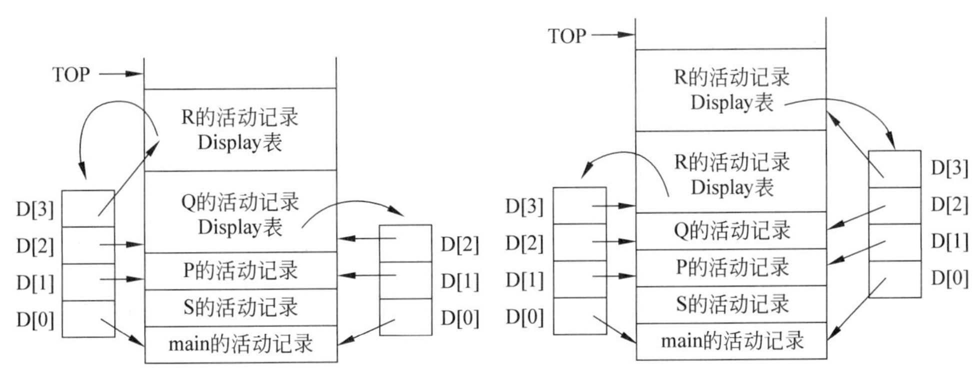

图 9.11　Display 表的维护(一)

显然，上述方案所记录的信息冗余度较大。可以采用的另一种方法是只在活动记录中保存一个 Display 表项，而在静态存储区或专用寄存器中维护一个全局 Display 表。如果一个处于第 n 层的过程被调用，则只需要在该过程的活动记录中保存 D [n]先前的值；如果 D [n]先前没有定义，那么用“_”代替。

例如，若采用第二种方法，对于图 9.9 中的程序，当过程 R 被第一次激活后，全局 Display 表以及各过程的活动记录中所保存的 Display 表项内容如图 9.12 左边所示。当过程 R 被第二次激活后，全局 Display 表以及各过程的活动记录中所保存的 Display 表项内容如图 9.12 右边所示。

为了进一步解释后一种方法，将图 9.9 中的程序略加修改，在 R 的过程体中原来调用 R 之处现改为调用 P，如图 9.13 所示。同样，假设无其他调用语句，则该程序的过程调用序列为 Main,S,P,Q,R,P,Q,R,…。若采用第二种 Display 表维护方法，对于图 9.13 中的程序，在执行头两轮 P,Q,R 调用序列时，全局 Display 表的内容以及各过程的活动记录中所

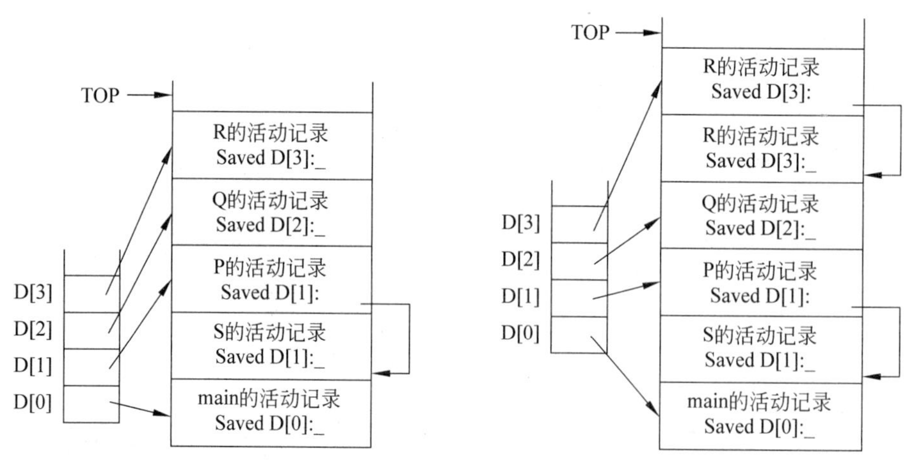

图 9.12　Display 表的维护(二)

保存的 Display 表项内容如图 9.13 右边所示。为了不致混淆,把其中第二轮调用序列表示为 P′,Q′,R′。从该图中可以看出,D[0]总是对应主程序的活动记录;在第一次调用 P 时,D[1]由原来指向 S 的活动记录改为指向 P 的活动记录,而在 P 的活动记录中记录 S 活动记录的基地址以便从 P 返回时恢复原先的 D[1]值;在第一次调用 Q 和 R 时,由于 D[2]和 D[3]无定义,所以它们的活动记录中所保存的 Display 表项也无定义;在第二次调用过程 P 时,D[1]的活动记录改为指向该过程的一个新活动记录(P′),而将原来的 P 活动记录基地址保存于 P′活动记录的 Display 表项中;第二次调用过程 Q 和 R 时,情况也类似。

```
progran main(I,O);
procedure P;
    procedure Q;
        procedure R;
            begin
                …P;…
            end; /*R*/
        begin
            …R;…
        end; /*Q*/
    begin
        …Q;…
    end; /*P*/
procedure S;
    begin
        …P;…
    end; /*S*/
begin
    …S;…
end. /*main*/
```

calls	P	Q	R	P′	Q′	R′
D[3]	–	–	R	R	R	R′
D[2]	–	Q	Q	Q	Q′	Q′
D[1]	P	P	P	P′	P′	P′
D[0]	main	main	main	main	main	main
saved	S	–	–	P	Q	R

图 9.13　Display 表的维护示例

9.2.2.2　静态链

Display 表的方法要用到多个存储单元或多个寄存器,但有时并不情愿这样做。一种可选的方法是采用**静态链**(static link),也称**访问链**(access link),即在所有活动记录都增加一个域,指向定义该过程的直接外过程(或主程序)运行时最新的活动记录(的基址)。

与静态链对应的另一个概念是**动态链**(dynamic link),也称**控制链**(control link)。在过程返回时,当前活动记录要被撤销,为回卷(unwind)到调用过程的活动记录(恢复FP),需要在被调用过程的活动记录中有这样一个域,即动态链,指向该调用过程的活动记录(的基址)。

例如,对于图9.9中的程序,当过程R被第一次激活后,运行栈以及各个活动记录的静态链和动态链域的情况如图9.14左边所示(假设无其他调用语句)。又如,对于图9.13中的程序,当过程P被第二次激活后,运行栈以及各个活动记录的静态链和动态链域的情况如图9.14右边所示。

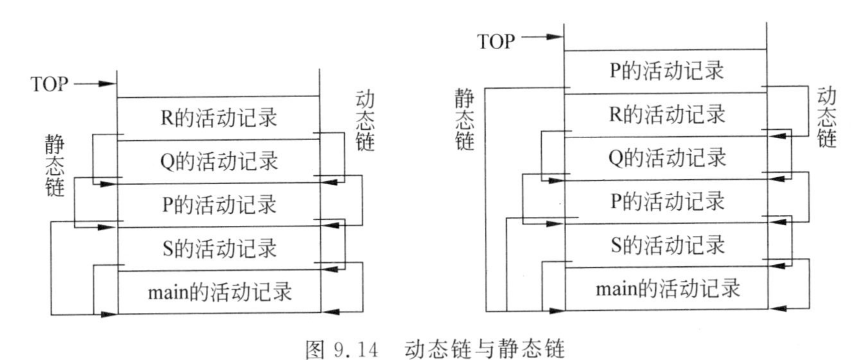

图9.14　动态链与静态链

采用静态链比采用全局Display表的方法容易实现,但在进行非局部量访问时效率要比后者差。

9.2.3　嵌套程序块的非局部量访问

一些语言(如C语言)支持嵌套的块,在这些块的内部也允许声明局部变量,同样要解决依嵌套层次规则进行非局部量使用(访问)的问题。常见的实现方法有两种:

- 将每个块看作内嵌的无参过程,为它创建一个新的活动记录,称为**块级活动记录**。该方法的代价很高。
- 由于每个块中变量的相对位置在编译时就能确定下来,因此可以不创建块级活动记录,仅需要借用其所属的过程级活动记录就可解决问题(参见下面的例子)。

例如,对如下C代码片段:

```
int p()
{
    int A;
    ...
    {
        int B,C;
        ...
    }
    {
        int D,E,F;
        ...
        {
```

```
            int G;
            … /* here */
          }
      }
  }
```

针对上述代码片段中的嵌套程序块的非局部量访问,可以采用过程级活动记录,如图 9.15 所示。从图中可以看出,当程序运行至/* here */处时,存放 D 和 E 的空间重用了曾经存放 B 和 C 的空间。

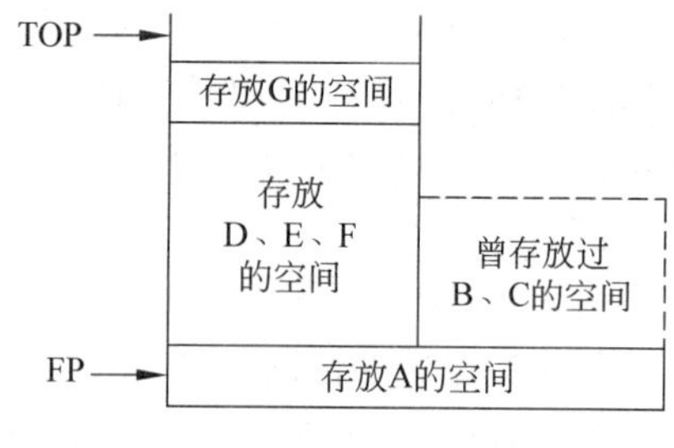

图 9.15 过程级活动记录中嵌套程序块的存储分配

9.2.4 动态作用域规则和静态作用域规则

多数情况下,常见的语言(如 C、Pascal 和 Java 等)均采用所谓的静态作用域(static scope)规则,通过观察程序本身就可以确定一个声明的作用域,即程序某处所使用名字的声明之处是可以静态确定的。即使一些面向对象语言(如 C++)使用了像 public、private 和 protected 之类的关键字,但对于超类中成员名字的访问均提供了显式的控制机制。静态作用域有时也称为词法作用域(lexical scope)。

另一种情况是动态作用域(dynamic scope)规则,即只有在程序执行时才能确定程序某处所使用名字的声明位置。对于常用语言,仅在特殊情况下采用动态作用域,如 C 语言预处理程序中的宏展开(macro expansion)和面向对象程序中确定所要调用的方法。宏定义中使用的同一变量,在不同上下文中进行宏展开后可能对应着不同的变量声明。一个 superclass 声明的变量,在不同场合会代表不同的 subclass 对象,在运行时才能确定,同名方法的调用可能对应不同 class 中声明的方法。

为理解动态作用域规则和静态作用域规则的差异,下面看一个简单的例子。设有如下 Pascal 程序片段:

```
var r: real
procedure  show;
    begin
        write(r: 5: 3)                    //以长度为 5,小数位数为 3 的格式显示实型量 r 的值
    end;
procedure  small;
    var  r: real;
    begin
        r :=0.125; show
    end;
begin
    r :=0.25;
    show; small; writeln;
    show; small; writeln;
end.
```

若采用静态作用域规则,无论在哪个上下文中执行,过程 show 中的变量 r 总是指全局声明的 r,因此执行结果是

0.250　0.250
0.250　0.250

若采用动态作用域规则，则在不同的上下文中执行，过程 show 中的变量 r 会被认为是最近的调用过程所声明的 r，因此执行结果是

0.250　0.125
0.250　0.125

由此例可以看出，针对嵌套过程中非局部量的使用，若遵循静态作用域规则，则要沿着过程活动记录的静态链(或 display 表项)查找最近一个过程中所声明的同名变量；若遵循动态作用域规则，则要沿着过程活动记录的动态链查找最近一个过程中所声明的同名变量。

在不特别指明的场合下，变量的名字在使用时均遵循静态作用域规则。

9.3 过程调用

图 9.16 给出了活动记录中与过程/函数调用相关的常见信息。实现过程/函数调用的控制信息中必须包含"调用程序返回地址"信息，以保证当前过程/函数运行结束时返回到**调用过程**(caller)继续执行。其他的控制信息包含某些必要的联系单元，如 9.2.2 节介绍的动态链、静态链和 display 表等。实现过程/函数调用的数据信息包含"实际参数"、"寄存器保存区"等。在初始化**被调用过程**(callee)的活动记录时将包含这些数据单元，同时也包含可以静态确定大小的局部数据单元。

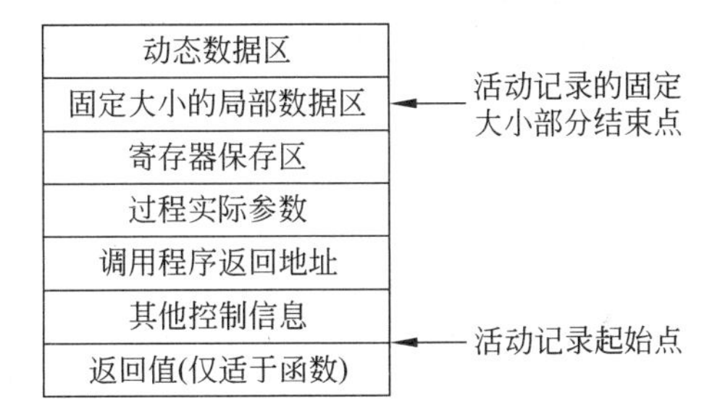

图 9.16　活动记录中与过程/函数调用相关的信息

实现过程调用时需要**调用代码序列**(calling sequence)为活动记录在栈中分配空间，并在相应单元中填写相应的信息。**返回代码序列**(return sequence)则与之呼应，它恢复机器状态(寄存器取值)，使调用过程在调用结束后从返回地址开始继续执行。很自然，返回代码序列通常分配给被调用过程来完成。对于调用代码序列，通常是分配给被调用过程和调用过程分工来完成。这种分工没有严格的界限。然而，一般的原则是期望把调用代码序列中尽可能多的部分由被调用过程来完成，原因是调用点有多个而被调用过程只有一个，若分给后者则相应代码只需生成一次。调用代码序列和返回代码序列如何分工取决于不同系统平台(体系结构和操作系统)的**调用约定**(calling convention)，是相应平台 ABI(Application Binary Interface)的重要组成部分。

"返回值"信息仅适用于函数调用。该信息可以放在调用过程的活动记录，也可以放在被调用过程的活动记录。但若是后者，通常会把它的存放位置尽可能靠近调用过程的活动记录，以便调用过程可以在自身活动记录的顶部对返回值进行操作。

类似地，"过程实际参数区"可以放在被调用过程的活动记录，也可以放在调用过程的活动记录。若是后者，通常会把它的存放位置靠近被调用过程的活动记录，以便被调用过程可以在自身活动记录的底部对参数值进行操作。

在许多平台的调用约定中，参数和返回值中有一部分是存放在特定的寄存器中，寄存器

不够用时才会存放在活动记录中。

“寄存器保存区”用于保存过程/函数执行中可能被修改的寄存器值。依据不同的调用约定，有些寄存器值保存在被调用过程的活动记录，而另一些寄存器值则保存在调用过程的活动记录。

一般情况下，一个典型的过程调用和返回周期中需要执行三段代码。前两段是调用代码序列，分别由调用过程和被调用过程分担执行，称为**调用起始阶段**(prologue)；第三段是返回代码序列，由被调用过程执行，称为**调用收尾阶段**(epilogue)。

以下是调用起始阶段(prologue)需要完成的典型工作：

(1) 参数传递。一些参数会传给寄存器，剩余的将被压入栈中(位于被调用程序活动记录或调用程序活动记录)。

(2) 为被调用过程的活动记录分配栈上的存储空间。

(3) 保存旧栈帧基址(保存旧 FP)，即动态链信息。

(4) 保存调用过程的返回地址(保存调用指令之后下一条指令的地址)。

(5) 保存其他控制信息(如静态链、display 表等)。

(6) 保存寄存器信息。通常可以分为由调用过程保存的寄存器(caller-saved register)和被调用过程保存的寄存器(callee-saved register)。后者最好用来保存生存期长的值，而前者则适合用于保存生存期短的值(不会跨越过程调用)。

(7) 建立新栈帧基址(设置新 FP)。

(8) 建立新栈顶(设置新 TOP)。

(9) 转移控制，启动被调用过程的执行。

以下是被调用过程在调用收尾阶段(epilogue)需要完成的典型步骤：

(1) 如果被调用过程是函数，则需要返回一个值。函数返回值可以存入专门的寄存器，也可以存入栈中(通常位于调用程序活动记录)。

(2) 恢复所有被调用过程保存的寄存器。

(3) 弹出被调用过程的栈帧，恢复旧栈帧(即恢复调用时的 FP 和 TOP)。

(4) 将控制返回给调用过程(恢复调用时保存的返回地址至指令计数器)。

最后，由调用过程保存的寄存器自然是由调用过程负责恢复。

对于不同的调用约定，上述各阶段的工作及其每一阶段工作中各步骤的完成者(调用过程或被调用过程)和先后次序会有一些差异。

在实现过程调用时，参数的传递方式也是很重要的环节。常见的参数传递方式有：

- **传值**(call-by-value)。传递的是实际参数的**右值**(r-value)。一个表达式的右值代表该表达式的取值。
- **传地址**(call-by-reference)。传递的是实际参数的**左值**(l-value)。一个表达式的左值代表存放该表达式值的存储单元地址。

考虑下列 Pascal 程序段：

```
procedure swap(x,y:integer);
    var temp:integer;
    begin
        temp := x;
        x := y;
```

```
        y := temp
    end;
```

若采用传值调用，调用过程 swap(a,b) 将不会影响 a 和 b 的值，其效果等价于执行下列语句序列：

```
x := a;
y := b;
temp := x;
x := y;
y := temp
```

在实现传值调用时，形式参数当作过程的局部数据对象处理，即在被调过程的活动记录中开辟了形参的存储空间，这些存储位置初始时用以存放实际参数值。调用过程计算实参的值，将其放于对应的存储空间。被调用过程执行时，就像使用局部变量一样使用这些参数单元。

若是换作下列 Pascal 程序段：

```
procedure swap(var x,y: integer);
    var temp: integer;
    begin
        temp := x;
        x := y;
        y := temp
    end;
```

保留字 var 表示将采用传地址调用的参数传递方式。此时，调用过程 swap(a,b)将交换 a 和 b 的值。

在实现传地址调用时，将把实际参数的地址传递给相应的形参，即调用过程把一个指向实参的存储地址的指针传递给被调用过程相应的形参：若实参是一个名字，或具有左值的表达式，则传递左值；若实参是无左值的表达式，则计算该表达式的值，放入一个存储单元，然后将此存储单元地址放于对应形参的存储空间。同样，被调用过程执行时，就像使用局部变量一样使用这些参数单元，但使用的是左值。

对于其他的参数传递方式，如传名字(call-by-name)，以及参数传递的其他内容(如过程作为参数)，本书不作进一步讨论，有兴趣的读者可参阅[1～4]等教材。

9.4 PL/0 编译程序的运行时存储组织

PL/0 编译程序生成的目标代码是类 P-code 代码，它在类 P-code 虚拟机上运行。类 P-code虚拟机的基本结构可参见 1.4.5 节以及附录 A 中 interpret()的实现代码。

类 P-code 虚拟机仅有一些专用寄存器，程序(类 P-code 代码)运行期间的数据存储和运算都在运行栈 s 上实现。这样，运行时只有栈式动态存储分配方式。

运行栈中的存储单位是过程活动记录，其结构见 9.4.1 节的介绍。过程活动记录的创建和撤销与过程调用和返回时的操作相对应，将在 9.4.2 节介绍。几种专用寄存器的作用可以从 9.4.1 节和 9.4.2 节相关内容的介绍中体现出来。

9.4.1 PL/0 程序运行栈中的过程活动记录

PL/0 程序运行时，每一次过程调用都将在运行栈增加一个过程活动记录，其结构如图 9.17 所示。当前活动记录的起始单元由基址寄存器 b 指出，结束单元是栈顶寄存器 t 所指单元的前一个单元。

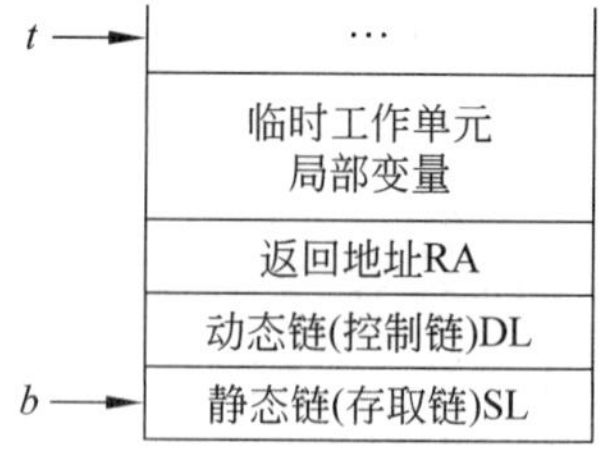

图 9.17　PL/0 的过程活动记录

PL/0 的过程活动记录中的头 3 个单元是固定的联系信息：

- 静态链 SL：指向定义该过程的直接外过程最近一次运行时的活动记录的起始单元。静态链主要用于解决对非局部量的引用（存取）问题，也称为存取链。参见 9.2.2 节。
- 动态链 DL：指向调用该过程前正在运行过程（即调用过程）的活动记录的起始单元。在过程返回时当前活动记录要被撤销，此时需要动态链信息来修改基址寄存器 b 的内容。动态链也称为控制链。参见 9.2.2 节。
- 返回地址 RA：记录该过程返回后应当执行的下一条指令地址，即调用该过程的指令执行时指令地址寄存器 p 的内容加 1。

在 PL/0 过程活动记录中，3 个联系单元之后的部分先是用来分配局部变量的单元，它们是按照声明的次序存放的，然后是用于保存计算结果的临时单元。由于 PL/0 程序中只允许声明静态的整型变量，所以在初始化时，过程活动记录的大小被置为 size＝3＋m（m 为过程中局部变量的数目），这里假定整型数值占一个存储单元。

随着过程的执行，活动记录中的临时单元部分将随之变化。过程执行期间，栈顶寄存器 t 总是指向运行栈中下一个可用的存储单元。当过程执行结束时，当前活动记录将被撤销，栈顶寄存器 t 将被修改为基址寄存器 b 的当前内容，而后者则被修改为当前活动记录中动态链 DL 的内容。

在 PL/0 程序的任何一点可以调用当前开作用域中的任何一个过程（即这些过程的标识符出现在当前的符号表中），并且可以任意嵌套和递归。例如，对于如下 PL/0 程序片段，所有 call 语句的出现位置都是合法的（假设被省略的部分不含 call 语句）：

```
procedure P;
    procedure Q;
        procedure R;
            begin
                ……;   /* here */
                ……; call P;
            end;
        begin
            ……; call R; ……;
        end;
    begin
        ……; call Q; ……;
    end;
procedure S;
```

```
    begin
        ……; call P; ……;
    end;
begin
    ……; call S; ……;
end. /
```

若在过程 S 的过程体内调用过程 Q 和 R 都是不合法的，这时会报告语义错误。

如果对应到运行栈，每一次过程调用将创建一个新的活动记录，同一过程被直接或间接递归调用时将会对应不同的活动记录，会同时出现在运行栈上。每一次过程返回将撤销当前的活动记录，但不会影响到先前创建的该过程的活动记录。

当以上程序段首次执行到/ * here * /时，运行栈存在的过程活动记录情况如图 9.18(a)所示；当第二次执行到/ * here * /时，运行栈存在的过程活动记录情况如图 9.18(b)所示。同时，图 9.18 也示意了各活动记录中动态链和静态链的情况。

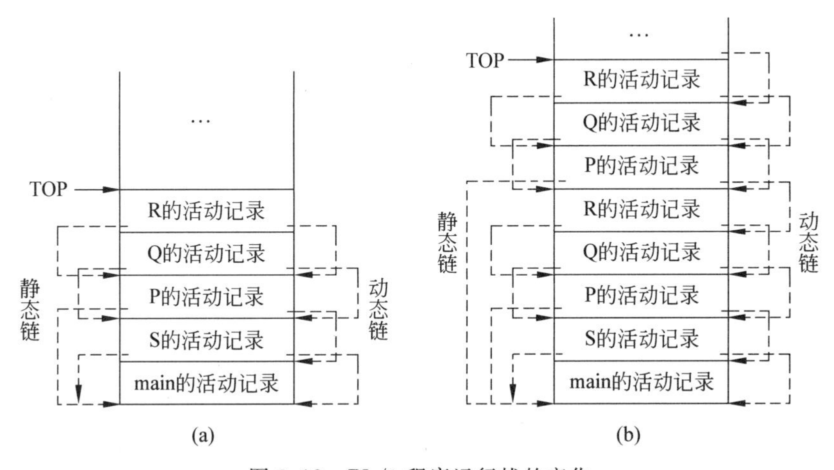

图 9.18　PL/0 程序运行栈的变化

9.4.2　实现过程调用和返回的类 P-code 指令

在类 P-code 指令中，与过程调用和返回相关的有 3 条。下面简要介绍这些指令，这也有助于读者进一步理解活动记录的创建和撤销过程。

(1) 指令 CAL L A。这是调用过程(caller)执行的指令，其含义是调用地址为 A 的过程，而调用过程体所在的层次与被调用过程标识符的层次之差为 L。指令执行前后运行栈的状态，以及相关寄存器的变化情况如图 9.19 所示。执行后，基址寄存器 b 的内容修改为执行前栈顶寄存器的内容 t'；栈顶寄存器 t 的内容不发生变化，仍为 t'；指令地址寄存器 p 的内容修改为 A。运行栈顶部新增 3 个联系单元，RA 的内容置为指令地址寄存器执行前的内容 p'加 1；DL 的内容置为执行前基址寄存器的内容 b'；SL 的内容置为由调用过程活动记录中静态链的内容 SL$'$开始向前 L 个层的过程活动记录基址，这一操作的解释实现可参考附录 A 中的函数 int base(int l,int * s,int b)。

(2) 指令 INT 0 A。每个过程目标程序的入口都有这样一条指令，用以在栈顶开辟 A 个存储单元，服务于被调用的过程。生成这条指令时，A 的值取自符号表中调用过程标识符所对应的记录，它等于该过程的局部变量数加 3(对应于 3 个联系单元)。指令执行前后

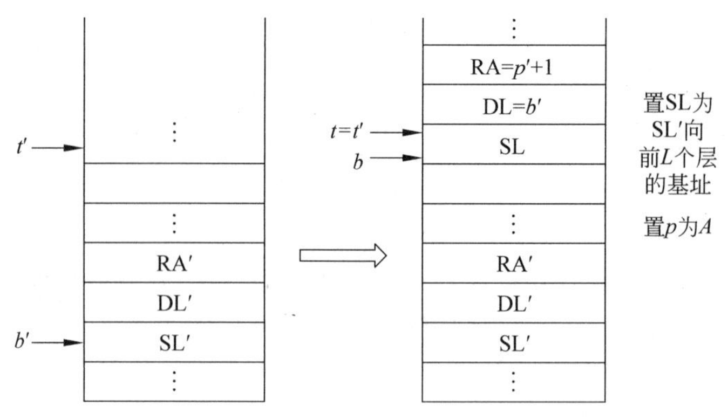

图 9.19　指令 CAL L A 执行前后示意

运行栈的状态以及相关寄存器的变化情况如图 9.20 所示。执行后，栈顶寄存器 t 的内容为执行前栈顶寄存器的内容 t' 加上 A。

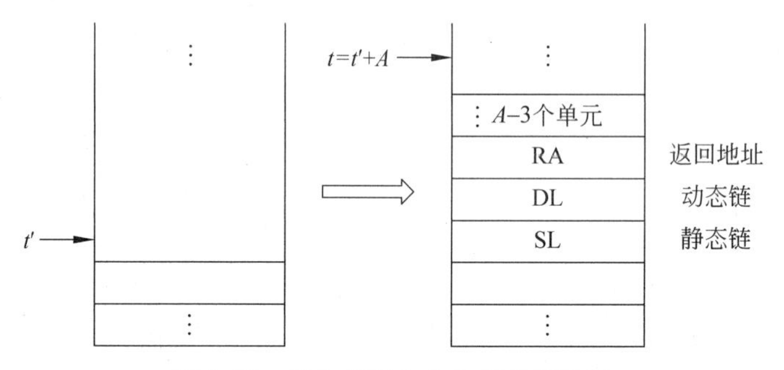

图 9.20　指令 INT 0 A 执行前后示意

(3) 指令 OPR 0 0。每个过程目标代码的出口处都有这样一条指令，用以结束过程的执行，返回调用过程，并从运行栈撤销当前过程的活动记录。指令执行前后运行栈的状态以及相关寄存器的变化情况如图 9.21 所示。执行后，基址寄存器 b 的内容修改为执行前栈顶过程活动记录中的动态链 DL'；栈顶寄存器 t 的内容修改为执行前栈顶过程活动记录的基址 b′；指令地址寄存器 p 的内容修改为执行前栈顶过程活动记录中的返回地址值 RA′。由于指令执行后寄存器 b 和 t 的内容已改变，所以执行前运行栈顶部的过程活动记录自然被撤销。

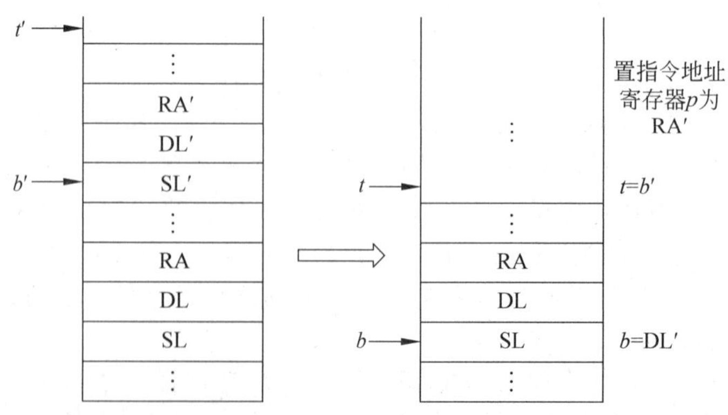

图 9.21　指令 OPR 0 0 执行前后示意

9.5 面向对象语言存储分配策略

面向对象编程语言已经成为当今主要的程序设计语言。在理解面向对象语言的实现机制时，对象的运行时存储组织是比较关键的环节。本节讨论与此相关的几个问题。

9.5.1 类和对象的角色

面向对象语言中，与存储组织关系密切的概念是**类**和**对象**。首先，需要对类和对象在面向对象程序中所扮演的角色有很好的理解：

- 类扮演的角色是程序的静态定义。类是一组运行时对象的共同性质的静态描述。类声明中包含两类**特征**(feature)成员：**属性**(attribute)和**例程**(routine)，或称为实例变量(instance variable)和方法(method)。
- 对象扮演的角色是程序运行时的动态结构。每个对象都必定是某个类的一个**实例**(instance)，而针对一个类可以创建许多个对象。

除此之外，还必须熟知面向对象机制的主要特点，如封装(encapsulation)、继承(inheritance)、多态(polymorphism)、重载(overloading)及动态绑定(dynamic binding)等。关于这些内容，在面向对象编程或面向对象软件开发方法等相关的课程中已经有相当多的介绍。

9.5.2 面向对象程序运行时的特征

进一步，还需要充分理解面向对象程序运行时的基本特征：

- 对象是类的一个实例，是系统动态运行时一个物理结构的模块，是按需要创建而不是预先分配的。对象是在类实例化过程中，由类的属性定义所确定的一组域动态地组成，每个域对应类中的一个属性。
- 执行一个面向对象程序就是创建系统**根类**(root class)的一个实例，并调用该实例的创建过程。创建**根对象**相当于通常程序启动 main 过程/函数，在非纯面向对象方式下，通常也采用启动 main 过程/函数的方式创建根对象。
- 创建对象的过程实现该对象初始化；对于根类而言，创建其对象即执行该系统。图 9.22描绘了创建根对象时的存储结构。运行根对象构造例程时，在堆区为根对象申请空间并创建根对象，同时在栈区保存引用根对象的存储单元。

对象例程的运行一般具有如下特征：

- 每个例程都必定是某个类的成员，且每个例程都只能把计算施加在其所属类所创建的对象上。因而在一个例程执行前，首先要求它所施加计算的对象已经存在，否则要求先创建该对象。
- 一个例程执行时，其参数除实参外，还用到它所施加计算的对象，它们与该例程的局部量及返回值一起组成一个该例程的工作区(在栈区)。参见 9.5.4 节。
- 例程工作区中的局部量若是较为复杂的数据结构，则在工作区中存放对该复杂数据结构的一个引用，并在堆区创建一个该复杂数据结构的对象。

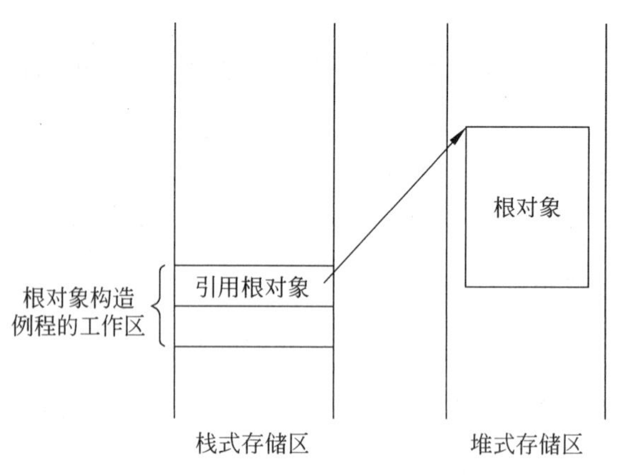

图 9.22 创建根对象时的存储结构

9.5.3 对象的存储组织

关于对象的存储组织，一种最容易想到的设计方法可以是：初始化代码将所有当前的继承特征(属性和例程)直接地复制到对象存储区中(将例程当作代码指针)。但这样做的后果是空间浪费相当大，实际上是一种极端的方法。

另一种方法是：在对象存储区不保存任何继承而来的例程，而是在执行时将类结构的一个完整的描述保存在每个类的存储中，由超类指针维护继承性(形成所谓的继承图)。每个对象保存一个指向其所属类的指针，作为一个附加的域和它的属性变量放在一起，通过这个类就可找到所有(局部和继承的)例程。这种方法只记录一次例程指针(在类结构中)，且对于每个对象并不将其复制到存储器中。然而，其缺点在于：虽然属性变量具有可预测的偏移量(如在标准环境中的局部变量一样)，但例程却没有，它们必须通过带有查询功能的符号表结构中的名字来维护。因为类结构是可以在执行中改变的，所以这是对于诸如 Smalltalk 等强动态性语言的合理的结构。它实际上是另一种极端的方法，虽然节省了对象的存储空间，但增加了类层次(符号表)结构的维护，访存次数增多，故运行效率会受到很大影响。

下面介绍一种折中的方案：计算出每个类的可用例程的代码指针列表(称为**例程索引表**，如 C++ 的 Vtable，简称**虚表**)。这一方法的优点在于：可做出安排以使每个例程都有一个可预测的偏移量，而且也不再需要用一系列表查询遍历类的层次结构。这样，每个对象不仅包括属性变量，还包括一个相应的例程索引表的指针(不是类结构的指针)。

设有如下类和对象声明的片段：

```
class A{int x; void f (){……}}
class B extends A{void g(){……}}
class C entends B{void g(){……}}
class D extends C{bool y; void f (){……}}
class A a;
class B b;
class C c;
class D d1,d2;
```

这里,class A 的声明中含一个属性变量 x 和一个例程 f; class B 的声明中含一个例程 g,同时继承 class A 所声明的属性变量 x 和例程 f; class C 的声明中含一个例程 g(重载了 class B 中声明的例程 g),同时继承其祖先类中所声明的属性变量 x 和例程 f; 类似地,class D 声明了属性变量 y,重载了例程 f,继承了(class A 声明的)属性变量 x 和(class C 声明的)例程 g。该代码片段声明了 5 个由类声明的变量: a,类型为 class A; b,类型为 class B; c,类型为 class C;d1 和 d2,类型为 class D。变量 a 初始化后(如在随后的例子中采用表达式 new(A)来初始化一个类 A 的对象)创建对象 a,它将占据独立的内存空间。类似地,有对象 b、对象 c、对象 d1 和对象 d2。

针对以上所声明的类和对象,图 9.23 给出了采用这种折中方法的对象存储示例。

从图 9.23中可以看出,每一个对象都对应着一个记录这个对象状态的内存块(存放于堆区),其中包括了这个对象所属类的例程索引表指针(位于内存块开始的位置)和所有用于说明这个对象状态的属性变量。属性变量的排列顺序是:"辈分"越高的属性变量越靠前。具体到对象 d1 和 d2,属性变量 y 是这些对象的所属类 C 中声明的,而属性变量 x 是 C 继承父辈类的,所以在 d1 和 d2 的存储区中,属性变量 x 的存储位置排在属性变量 y 的存储位置之前。

根据这一方法,每个类都对应一个例程索引表。例程索引表的结构类似于 C++ 中的虚表。如图 9.23 所示,类 A 的例程索引表包含指向 class A 中声明的例程 f 的指针 A_f; 类 B 的例程索引表包含指向 class A 所声明的例程 f 的指针 A_f,以及指向 class B 中声明的例程 g 的指针 B_g; 类 C 的例程索引表包含指向 class A 所声明的例程 f 的指针 A_f,以及指向 class C 中声明的例程 g 的指针 C_g; 最后,类 D 的例程索引表包含指向 class D 所声明的例程 f 的指针 D_f,以及指向 class C 中声明的例程 g 的指针 C_g。值得注意的是,在例程索引表中,安排继承而来的例程靠前排列,"辈分"越高的例程越靠前(如在类 B 和类 C 的例程索引表中,A_f 排列靠前),但重载例程的位置仍然保持被重载例程的位置(如类 D 的例程索引表中,D_f 排在 C_g 之前)。

值得注意的是,有些面向对象语言允许将例程声明为静态的。由于静态例程可以像普通函数那样直接调用,不需要动态绑定,所以例程索引表中不包含静态例程的指针。

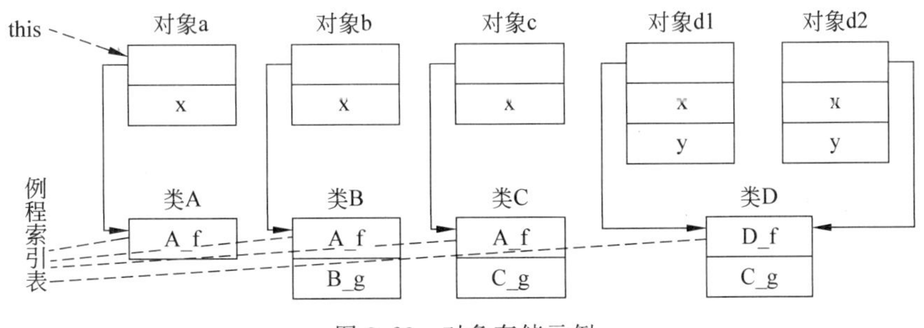

图 9.23 对象存储示例

9.5.4 例程的动态绑定

首先了解一下针对面向对象语言中 this 关键字的通常处理方法,这有助于理解例程的动态绑定。

在通常的面向对象语言中，在例程内部可以使用 this 关键字来获得对当前对象的引用，同时在例程内部对属性变量或者例程的访问实际上都隐含着对 this 的访问。例如，若在名为 writeName 例程内使用了 this 关键字，则调用 who. writeName()的时候 this 所引用的对象即为变量 who 所引用的对象。同样，如果是调用 you. writeName()，则 writeName 里面的 this 将引用 you 所指的对象。实现这一特征的一种方法是把 who 或者 you 作为 writeName 的一个实际参数在调用 writeName 的时候传进去，这样就可以把对 this 的引用全部转化为对这个参数的引用。这样，调用 who. writeName() 实际上相当于调用 writeName(who)。

这种技术可以推广至任何情形下的例程动态绑定的实现，即例程在实际运行时所绑定的对象是作为参数动态告诉它的。

下面是一个例子。设有某个简单的单继承面向对象语言的如下代码片段：

```
string day;
class Fruit
{
    int price;
    string name;
    void init(int p,string s){price=p; name=s;}
    void print(){
        print("On ",day,", the price of ",name, " is ",price,"\n");
    }
}
class Apple extends Fruit
{
    string color;
    void setcolor(string c){color=c;}
    void print(){
        Print("On ",day,", the price of ",color, " ",name," is ", price,"\n");
    }
}
void foo()
{
    class Apple a;
    a=New (Apple);
    a. setcolor("red");
    a. init(100,"apple");
    day="Tuesday";
    a. print();
}
```

当上述程序执行语句 a. init(100,"apple")时，实际上是调用 Fruit 类中声明的 init 例程的代码。换句话说，例程调用 init(100,"apple")动态绑定到变量 a 所指示的对象，即一个 Apple 对象，如图 9. 24 所示。此时，a 作为实际参数传给 this，后者是调用 init(100,"apple")时的隐含的参数。

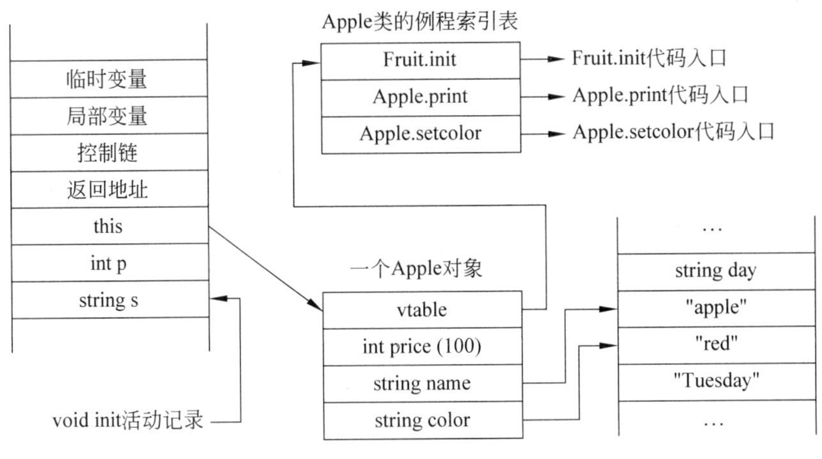

图 9.24 例程的动态绑定

这个面向对象程序的例子类似于第 11 章介绍的 Decaf 程序，主要差别是后者不允许独立定义函数(即函数只能作为某个类中的方法来定义)。

9.5.5 其他话题

关于面向对象语言的实现机制还有许多有趣的话题，限于篇幅，本书不能一一讨论，例如：

- 类成员测试(testing class membership)。类似于 Java 的 instanceof 运算。在第 11 章介绍的课程设计可选框架之一(Decaf 编译器框架)中，会涉及这一语言特征的实现，参见 11.4 节。
- 对象的创建和撤销。如对象的构造和析构、垃圾回收等内容。
- 对象的操作。如对象的赋值、克隆、比较、持久存储等内容。
- 多继承性。
- 例外处理机制。

……

练　　习

1. 若按照某种运行时组织方式，如下函数 p 被激活时的过程活动记录如图 9.25 所示。其中 d 是动态数组。

```
static int N;
void p(int a)  {
      float b;
      float c[10];
      float d[N];
      float e;
      ……
}
```

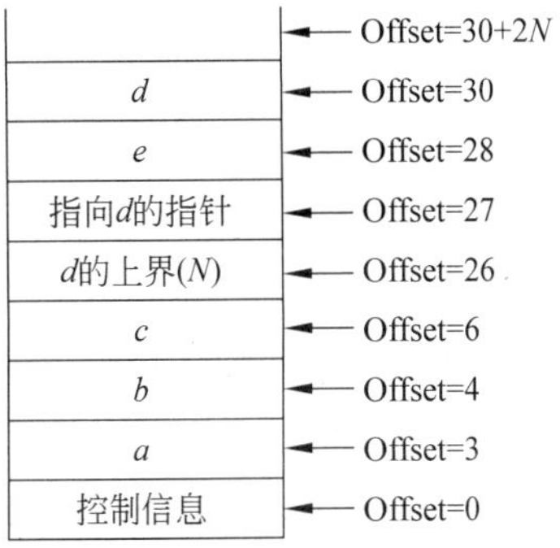

活动记录	偏移
	Offset=30+2N
d	Offset=30
e	Offset=28
指向d的指针	Offset=27
d的上界(N)	Offset=26
c	Offset=6
b	Offset=4
a	Offset=3
控制信息	Offset=0

图 9.25

试指出函数 p 中访问 $d[i]$($0 \leq i < N$)时相对于活动

记录基址的 Offset 值如何计算？若将数组 c 和 d 的声明次序颠倒，则 $d[i](0 \leqslant i < N)$ 又如何计算？（对于后一问题可选多种不同的运行时组织方式，回答可多样，但需要作相应的解释。）

2. 图 9.26(a)是 PL/0 语言的一段代码。过程活动记录中的控制信息包括静态链 SL、动态链 DL 以及返回地址 RA。程序的执行中对于非局部量的使用遵循静态作用域规则。图中的 PL/0 程序执行到过程 p 被第二次激活时，运行栈的当前状态如图 9.26(b)所示(栈顶指向单元 26)，其中变量的名字用于代表相应的内容。试补齐该运行状态下单元 18、19、21、22 及 23 中的内容。

```
(1)  var a,b;
(2)  procedure p;
(3)      var x;
(4)      procedure r;
(5)          var x, a;
(6)          begin
(7)              a:=3;
(8)              if a>b then call q;
 .               …/*仅含符号x*/
 .           end;
 .       begin
 .           call r;
 .           …/*仅含符号x*/
 .       end;
 .   procedure q;
 .       var x;
 .       begin
(L)          if a<b then call p;
 .           …/*仅含符号x*/
 .       end;
 .   begin
 .       a:=1;
 .       b:=2;
 .       call q;
 .       …
 .   end.
```

(a) 代码

单元	内容	
25	x	
24	?	RA
23		DL
22		SL
21		
20	?	RA
19		DL
18		SL
17	a	
16	x	
15	?	RA
14	9	DL
13	9	SL
12	x	
11	?	RA
10	5	DL
9	0	SL
8	x	
7	?	RA
6	0	DL
5	0	SL
4	b	
3	a	
2	?	RA
1	0	DL
0	0	SL

(b) 运行栈

图 9.26

3. 对第 2 题，采用 Display 表来代替静态链。假设采用只在活动记录保存一个 Display 表项的方法，且该表项占据图中 SL 的位置。

(1) 指出当前运行状态下 Display 表的内容。

(2) 指出各活动记录中所保存的 Display 表项的内容(即图中所有 SL 位置的新内容)。

4. 若针对嵌套过程中非局部量的使用采取动态作用域规则，第 2 题程序的执行效果与之前有何不同？

5. 当图 9.27 的 PL/0 程序执行到过程 p 被第二次激活时：

```
(1)  var a,b,c;
(2)  procedure p;
(3)      var s,t;
(4)      procedure r;
(5)          var v;
(6)          begin
(7)              call p;
 .               …
 .           end;
 .       begin
 .           If a<b then call r;
 .           …
 .       end;
 .   begin
 .       a:=1;
 .       b:=2:
 .       callp:
 .       …
 .   end.
```

(a) 代码

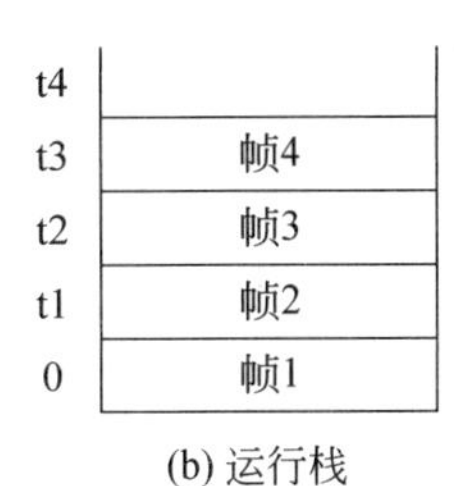

(b) 运行栈

图 9.27

(1) 说明运行栈（图 9.27(b)）的每一帧属于哪个过程的活动记录。

(2) 指出当前执行过程 p 的控制链（动态链）和访问链（静态链）的内容。图中的 t_i 表示第 $i+1$ 个栈帧的起始单元位置，即针对第 i 个栈帧的栈顶寄存器 t 的取值。

6. 阅读 PL/0 编译程序的相关代码，深入理解 PL/0 栈式动态存储分配的基本原理和实现方法。

7. 下面是某个简单的单继承面向对象语言的代码片段：

```
class Computer{
    int cpu;
    void Crash(int num Times){
        int it;
        for(i=0,i<num Times; i=i+1)
            Print("sad\n");
    }
}

class Mac extends Computer{
    int mouse;
    void Crash(int num Times){
        Print("ack!");
    }
}

void foo()
```

```
{
    class Mac powerbook;
    powerbook=new Mac();
    powerbook. Crash(2);
}
```

根据图 9.23 所示采用折中方法的面向对象存储组织方式，回答以下问题：

(1) 当 powerbook 所指向的对象创建后，其对象存储空间中包含哪些内容？

(2) class Mac 的 vtable 中包含哪些内容？

(3) 在执行函数 foo 时，执行完语句 powerbook=new Mac()时，与执行前相比，栈区和堆区的数据信息有什么变化？概要叙述这些信息的具体内容。

(4) 在执行 powerbook. Crash(2)时，如何找到方法 Crash 的代码位置？

第10章　代码优化和目标代码生成

编译过程最后阶段的工作是目标代码生成，其输入是某一种中间代码(如三地址码)以及符号表等信息，输出是特定目标机或虚拟机的目标代码。通常，在各级中间代码以及目标代码层次上，往往要通过各种等价变换对代码进行改进，这种变换称为代码优化，优化的目标可以是程序性能(运行速度更快)，也可以是其他方面，如代码体积(占用空间更少)、程序功耗(使用能量更少)等。

在现代编译器设计中，代码优化和目标代码生成是最复杂和最灵活的部分，内容相当丰富。限于本书的目标和篇幅，在本章仅涉及代码优化和目标代码生成的一些基础内容，涵盖必要的知识点和重要概念。首先介绍程序控制流分析方面的基本知识，包含基本块、流图以及循环等概念。其次是程序数据流分析方面的基本内容，包括几种重要的数据流信息及其求解算法。再次是关于代码优化的简介，包括个别优化算法以及对代码优化的概述。最后是有关目标代码生成的内容，介绍典型的目标代码生成过程。

PL/0 编译器是贯穿全书的实例，本章包含了其目标代码生成程序基本结构的介绍。然而，由于 PL/0 编译器非常简单，并未涉及本章的多数内容。本书另一个编译器实例是 Decaf 编译器，将在下一章作为备选的课程设计进行介绍，其中包含了较多与本章相关的内容。

如果不特别指明，本章的中间代码形式均指三地址码(参见第8章)。

10.1　基本块、流图和循环

10.1.1　基本块

基本块(basic block)是指程序中一个顺序执行的语句序列，其中只有一个入口语句和一个出口语句。执行时只能从其入口语句进入，从其出口语句退出。对于一个给定的程序，可以把它划分为一系列的基本块。因为在作优化时需要尽可能大地扩大优化范围，所以一般会默认在划分基本块时总是考虑尽可能大的基本块，即所谓极大基本块(若再添加一条语句就不满足基本块的条件了)。

从前面的定义可知，基本块的入口语句可以是下面3类语句中的任意一个：①程序的第1条语句；②条件跳转语句或无条件跳转语句的跳转目标语句；③条件跳转语句后面的相邻语句。

划分基本块的方法：

(1) 先求出各个基本块的入口语句。

(2) 对每一入口语句，构造其所属的基本块。它是由该语句到下一入口语句(不包括下一入口语句)，或者到某个跳转语句(包括该跳转语句)，或者到某个停语句(包括该停语句)之间的语句序列组成的。

凡未被纳入某一基本块的语句,都是程序中控制流程无法到达的语句,因而也是不会被执行到的语句,优化时可以把它们删除。

例如,图 10.1(a) 是一段三地址码程序,用于计算一个以 16 的阶乘为半径的圆的周长,然后输出结果。

利用前述划分基本块的方法来分析这段代码中有哪些基本块。首先确定入口语句,有(1)、(5)、(6)和(9)。语句(1)是程序的开始,语句(5)表示语句(8)跳转的目标语句,语句(6)是条件跳转语句之后的相邻语句,语句(9)是语句(5)跳转的目标语句。从入口指令开始,将代码分为 4 个基本块 BB1、BB2、BB3 和 BB4,如图 10.1(b)所示。基本块 BB1 由语句(1)到(4)组成。基本块 BB2 由第(5)条语句组成。基本块 BB3 是由语句(6)到(8)组成。基本块 BB4 即最后 3 条语句(9)～(11)。确定基本块之后,采用＜BBi,j＞形式的局部编号(同时保留全局行号)来表示基本块 BBi 中的第 j 条语句,将图 10.1(b)重写为图 10.1(c)。

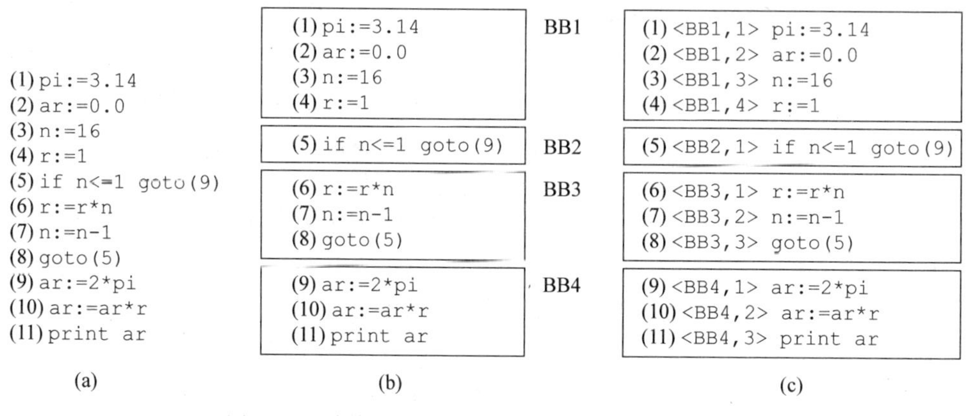

图 10.1　计算圆的周长的三地址中间代码和基本块

10.1.2　流图

把程序划分为基本块后,可以在基本块内实施一些局部优化。为了实施循环和全局优化等更大范围的优化工作,需要把程序(过程)作为一个整体来收集信息,需要分析基本块之间的控制流程关系,分析基本块内部以及基本块之间的变量赋值变化情况。

可以为构成程序的基本块增加控制流程信息,方法是构造一个有向图,称为**流图**或**控制流图**(CFG,Control-Flow Graph)。流图是以基本块集为结点集的有向图;第一个结点为含有程序第一条语句的基本块,称为首结点;从基本块 i 到基本块 j 之间存在有向边,记作($i \rightarrow j$),当且仅当满足以下两个条件之一:

(1) 基本块 j 是程序中基本块 i 之后的相邻基本块,并且基本块 i 的出口语句不是无条件跳转语句 goto 或停语句或返回语句。

(2) 基本块 i 的出口语句是无条件跳转 goto L 或者条件跳转 if…goto L,并且 L 是基本块 j 的入口语句标号,即基本块 i 出口语句的跳转目标地址指向基本块 j 的入口语句。

根据基本块的划分以及流图的构造方法,一个流图的首结点是唯一的,并且从首结点出发可以到达流图中任何一个结点。

对于图 10.1 的程序和所划分的基本块,可以构造流图如图 10.2。其中结点基本块的集合为{BB1，BB2，BB3，BB4}，首结点基本块是 BB1，有向边的集合为{(BB1→BB2)，(BB2→BB3)，(BB3→BB2)，(BB2→BB4)}。

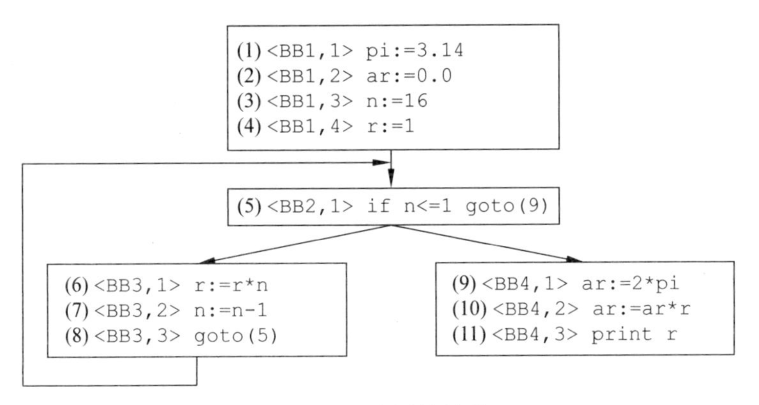

图 10.2　流图的例子

流图可以用来精确刻画一个程序的控制流程，即程序中所有基本块之间的执行顺序。流图中，某一个基本块运行之后可以到达的所有基本块是该基本块的**后继基本块**，可以直接运行并到达某一个基本块的所有基本块是该基本块的**前趋基本块**。图 10.2 中，BB2 的前趋基本块包括 BB1 和 BB3，而 BB2 的后继基本块为 BB3 和 BB4。

划分基本块、构造程序流图之后，就可以利用这些来捕获程序中的基本特征，以此为基础开展各种各样的优化以及服务于目标代码的生成。

10.1.3　循环

统计分析表明，对于大多数应用程序，绝大多数运行时间都花费在循环部分，因此循环优化对于整个程序的性能改进具有决定性意义。这里介绍如何利用流图来识别程序中的循环，这是开展循环优化的必要条件。其基本思路是根据流图计算所有结点的支配结点集，然后得到流图中的回边，根据回边就可以确定该流图中的循环。

在程序流图中，对任意两个结点 m 和 n 而言，如果从流图的首结点出发，到达 n 的任一通路都要经过 m，则称 m 是 n 的**支配结点**(dominator)，记为 m DOM n。流图中结点 n 的所有支配结点的集合称为结点 n 的支配结点集，记为 $D(n)$。设 $n0$ 为流图中的首结点。根据这个定义，对流图中任意结点 a，一定有 a DOM a 以及 $n0$ DOM a，即任意结点是自身的支配结点，首结点是任意结点的支配结点。

图 10.3 中给出某个程序的流图，其结点即程序中的基本块，结点 n 的支配结点集 $D(n)$ 如下：

$D(1)=\{1\}$

$D(2)=\{1,2\}$

$D(3)=\{1,2,3\}$

$D(4)=\{1,2,4\}$

$D(5)=\{1,2,4,5\}$

$D(6)=\{1,2,4,6\}$

$D(7)=\{1,2,4,7\}$

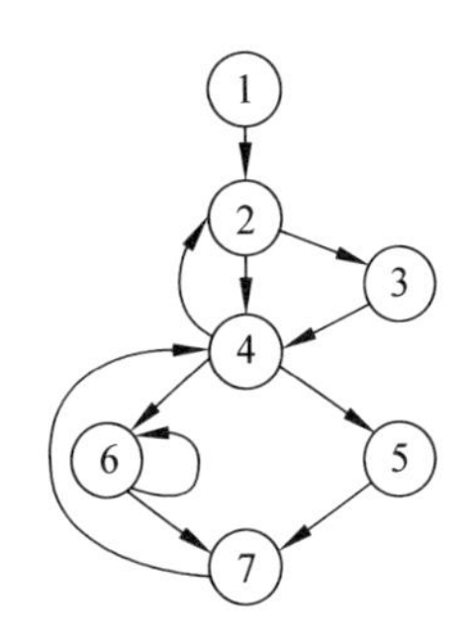

图 10.3　某程序的流图结构

假设 $n \to d$ 是流图中的一条有向边，如果 d DOM n 则称 $n \to d$ 是流图中的一条**回边**(back edge)。作为例子，下面找出图 10.3 中流图的所有回边。

可以看出，该图的有向边集合为{(1→2),(2→3),(2→4),(3→4),(4→2),(4→5),(4→6),(5→7),(6→6),(6→7),(7→4)}。对照支配结点集 $D(n)$ 可知，图中的有向边(6→6)、(7→4)以及(4→2)是回边，因为有 6 DOM 6，4 DOM 7 以及 2 DOM 4。其他有向边都不是回边。

如果已知有向边 $n \to d$ 是回边，那么就可以求出包含该回边的自然循环(natural loop)，简称**循环**。该循环就是由结点 d、结点 n 以及有通路到达 n 而该通路不经过 d 的所有结点组成的，并且 d 是该循环的唯一入口结点。同时，因 d 是 n 的支配结点，所以 d 必可达该循环中任意结点。

对于图 10.3 流图中的例子，很容易看出，包含回边(6→6)的循环是{6}，其入口结点为 6；包含回边 7→4 的循环是{4, 5, 6, 7}，其入口结点为 4；而包含回边 4→2 的循环是{2, 3, 4, 5, 6, 7}，其入口结点为 2。

又如图 10.2 中流图的例子，有向边集合为{(BB1→BB2),(BB2→BB3),(BB3→BB2),(BB2→BB4)}，每个结点的支配结点集合为

D (BB1)={BB1}

D (BB2)={BB1,BB2}

D (BB3)={BB1,BB2,BB3}

D (BB4)={BB1,BB2,BB4}

由此可以判定回边只有(BB3→BB2)，相应的循环为{BB2,BB3}，其入口结点为 BB2。

简单总结一下，循环结构是程序流图中具有下列性质的结点序列：

(1) 它们是强连通的。即，其中任意两个结点之间必有一条通路，而且该通路上各结点都属于该结点序列。如果序列只包含一个结点，则必有一有向边从该结点引到其自身。

(2) 它们中间有且只有一个是入口结点。对于入口结点来说，或者从序列外某结点有一条有向边引到它，或者它本身就是程序流图的首结点。

因此，本节定义的循环就是流图中具有唯一入口结点的一个强连通子图，从循环外要进入循环，必须首先经过循环的入口结点。

找到了程序中的循环，就可以针对循环开展相关优化。

10.2 数据流分析基础

为做好代码生成和代码优化工作，通常需要收集整个程序流图的一些特定信息，并把这些信息分配到流图中的程序单元(如基本块、循环或单条语句等)中。这些信息称为数据流信息，收集数据流信息的过程称为**数据流分析**(data-flow analysis)。

实现数据流分析的一种途径是建立和求解**数据流方程**(data-flow equations)。下面先介绍数据流方程的概念(10.2.1 节)，然后通过以基本块为单位的两种重要的数据流为例来介绍数据流方程求解的基本过程。这两种重要的数据流分别是到达-定值数据流(10.2.2 节)和活跃变量数据流(10.2.3 节)，前者是一种正向数据流信息，后者则是一种反向数据流信息。

除了到达-定值和活跃变量这两种数据流信息，还将介绍其他几种常用的数据流信息及其分析算法（10.2.4节），包括UD链和DU链，以及基本块内变量的待用信息和活跃信息。

10.2.1 数据流方程的概念

数据流方程用于描述流入和流出某程序单元或程序中不同点之间的数据流信息之间的联系。例如，以下是一类典型的数据流方程：

$$out[S]=gen[S]\cup(in[S]-kill[S]) \tag{10-1}$$

其含义为：离开程序单元S时的数据流信息（out[S]），或者是S内部产生的信息（gen[S]），或者是从S开始处进入（in[S]）但在穿过S的控制流时未被杀死（killed），即不在kill[S]中的信息。

这里的S可以是任何程序单元，比如基本块、循环或单条语句等。S内部产生的数据流信息gen[S]，以及S内部能够杀死的数据流信息kill[S]，均依赖于所需要的信息，即根据数据流方程所要解决的问题来决定。

上述数据流方程中，数据流信息是沿着控制流前进，由in[S]来定义out[S]，这种数据流称为**向前流**，相应的数据流方程称为**正向数据流方程**。

对某些问题，数据流信息有可能不是沿着控制流前进，由in[S]来定义out[S]，而是反向前进，由out[S]来定义in[S]。这种数据流称为**向后流**，相应的数据流方程称为**反向数据流方程**。典型的反向数据流方程形如

$$in[S]=gen[S]\cup(out[S]-kill[S]) \tag{10-2}$$

除了式(10-1)和式(10-2)，另一类数据流方程是描述合流算符问题。所谓合流算符，是指当多条边到达程序单元S时，由S前趋单元的out集合计算in[S]时采用的运算是交运算还是并运算，或者当多条边离开S时，由S后继单元的in集合计算out[S]时采用的运算是交运算还是并运算。通过合流运算计算in[S]或out[S]的数据流方程和式(10-1)或式(10-2)的联立和求解，就可以计算出所需求的数据流信息。

10.2.2节和10.2.3节分别介绍以基本块作为程序单元S的两种数据流方程及其求解。一个数据流方程用于到达-定值数据流分析，是一种正向数据流方程。另一个数据流方程用于活跃变量数据流分析，是一种反向数据流方程。到达-定值数据流和活跃变量数据流是两种十分常用的数据流信息。

10.2.2 到达-定值数据流分析

对变量A的**定值**（definition）是指一条（TAC）语句赋值或可能赋值给A。最普通的定值是对A的赋值或读值到A的语句，该语句的位置称作A的**定值点**。

变量A的**定值点*d*到达某点*p***，是指如果有路径从紧跟d的点到达p，并且在这条路径上d未被“杀死”，即该变量未被重新定值。直观地说，是指流图中从d有一条路径到达p且该通路上没有A的其他定值。

为了求出到达点p的各个变量的所有定值点，先对程序中所有基本块B定义下面几个集合：

in[B]：到达基本块B入口处（入口语句之前的位置）的各个变量的所有定值点集合。

out[B]：到达B出口处（紧接着出口语句之后的位置）的各个变量的所有定值点集合。

gen[B]：B 中定值的并能够到达 B 出口处的所有定值点集合，即 B 所“产生”的定值点集合。

kill[B]：基本块 B 外满足下述条件的定值点集：这些定值点能够到达 B 的入口处，但所定值的变量在 B 中已被重新定值，即 B 所“杀死”的定值点集合。

分析这几个集合之间的关系，会发现它们符合

$$\text{out}[B]=\text{gen}[B]\cup(\text{in}[B]-\text{kill}[B]) \tag{10-3}$$

这恰好是一个正向数据流方程，它所描述的数据流信息称为**到达-定值数据流**。

对于 out[B]，其计算方法为所有该基本块入口处的定值点集合 in[B]中去除当前基本块“杀死”的定值点，再加入当前基本新“产生”的定值点，因此有：

(1) 如果某定值点 d 在 gen[B]中，则 d 一定也在 out[B]中。

(2) 如果某定值点 d 在 in[B]中而且 d 定值的变量在 B 中没有重新定值，那么 d 在 out[B]中。

(3) 除(1)、(2)两种情况外，没有其他的 $d\in$ out[B]。

进一步，经过分析到达-定值数据流的合流问题，容易得出每个基本块 B 的 in[B]和 B 的所有前趋基本块的 out 集合之间的关系为

$$\text{in}[B]=\bigcup(\text{out}[b]) \qquad b\in P[B] \tag{10-4}$$

其中，$P[B]$为 B 的所有前驱基本块的集合。

由式(10-4)，in[B]是 B 的所有前趋基本块的出口处 out 集合的并集。对于 in[B]，容易看出：某定值点 d 到达 B 的入口处，当且仅当它到达 B 的某一前趋基本块的出口处。

式(10-3)和式(10-4)两个数据流方程的联立称为**到达-定值数据流方程**。

gen[B]和 kill[B] 是每个基本块 B 的固有属性，均可直接从基本块本身给出。这样，通过到达-定值数据流方程，就可求解出所有的 in[B]和 out[B]。

考察图 10.4 的流图。为简洁，图中省略了各基本块出口处的跳转语句(如果有的话)。各 TAC 语句左边的 d 分别代表该语句的位置。假设只考虑变量 i 和 j，我们先计算出所有基本块 B 的 gen[B]和 kill[B]，如图 10.5 所示。

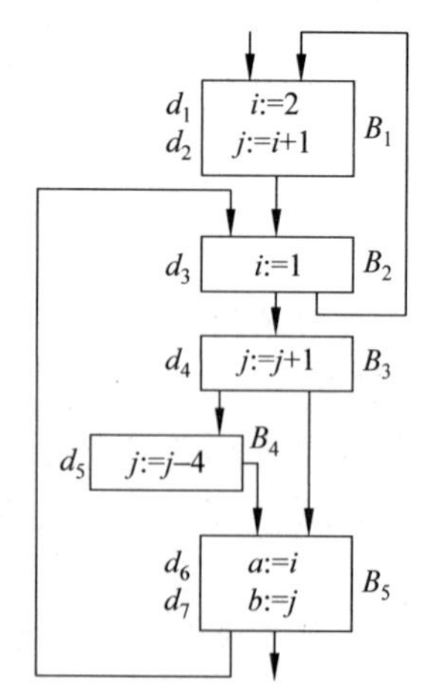

图 10.4 某个流图

基本块 B	gen(B)	kill(B)
B_1	$\{d_1,d_2\}$	$\{d_3,d_4,d_5\}$
B_2	$\{d_3\}$	$\{d_1\}$
B_3	$\{d_4\}$	$\{d_2,d_5\}$
B_4	$\{d_5\}$	$\{d_4\}$
B_5	$\varnothing$	$\varnothing$

图 10.5 计算 gen 和 kill

有了 gen[B]和 kill[B]，就可以通过数据流方程(10-3)和(10-4)来求解 out[B]和 in[B]了。

设流图中有 n 个结点，则数据流方程(10-3)和(10-4)是共有 $2n$ 个变量的 in[B]和 out[B]的线性联立方程组。可以采用如下的迭代算法来给出这个方程组的一个最小不动点解(实际中需要的解)：

```
(1) for i :=1 to n {                              //置初值
(2)      in[Bi] :=∅
(3)      out[Bi] :=gen[Bi];
(4) }
(5) change :=true;
(6) while change {
(7)      change :=false;
(8)      for i :=1 to n {
(9)           newin :=∪out[b] (b∈P[Bi])
(10)            if newin≠in [Bi] {
(11)                 change :=true;
(12)                 in [Bi] :=newin;
(13)                 out [Bi] :=gen[Bi]∪(in[Bi]-kill[Bi])
(14)            }
(15)      }
(16) }
```

上述算法中，首先设置每个 in [B_i]和 out [B_i]的迭代初值分别为∅和 gen [B_i]。然后，在第(8)行中依次计算各基本块的 in 和 out。change 是用来判断结束的布尔变量。newin 是集合变量，对每一基本块 B_i，如果前后两次迭代计算出的 newin 值不相等，则置 change 为 true，这表示尚需进行下一次迭代。

例如，对图 10.4 的流图，假设只考虑变量 i 和 j，应用以上算法，求联立数据流方程(10-3)和(10-4)的解。

图 10.5 已列出各基本块的 gen 和 kill。根据上述算法，求解步骤如下：

开始时，置迭代初值：

in[B_1]=in[B_2]=in[B_3]=in[B_4]=in[B_5]=∅

out[B_1]={d_1,d_2}

out[B_2]={d_3}

out[B_3]={d_4}

out[B_4]={d_5}

out[B_5]=∅

执行算法第(5)行，置 change 为 true。第 1 次迭代开始，首先置 change 为 false。在算法第(8)行依次对 B_1、B_2、B_3、B_4 和 B_5 执行算法第(9)～(13)行。这样，一直迭代下去，直至 newin 值不发生变化为止。我们发现，第 4 次迭代的结果与第 3 次迭代完全相同。因此，第 3 次迭代后的 in 和 out 就是最后求出的结果。前 3 次迭代的结果如图 10.6 所示。

基本块	第 1 次迭代		第 2 次迭代		第 3 次迭代	
	in(B)	out(B)	in(B)	out(B)	in(B)	out(B)
B_1	$\{d_3\}$	$\{d_1,d_2\}$	$\{d_2,d_3\}$	$\{d_1,d_2\}$	$\{d_2,d_3,d_4,d_5\}$	$\{d_1,d_2\}$
B_2	$\{d_1,d_2\}$	$\{d_2,d_3\}$	$\{d_1,d_2,d_3,d_4,d_5\}$	$\{d_2,d_3,d_4,d_5\}$	$\{d_1,d_2,d_3,d_4,d_5\}$	$\{d_2,d_3,d_4,d_5\}$
B_3	$\{d_2,d_3\}$	$\{d_3,d_4\}$	$\{d_2,d_3,d_4,d_5\}$	$\{d_3,d_4\}$	$\{d_2,d_3,d_4,d_5\}$	$\{d_3,d_4\}$
B_4	$\{d_3,d_4\}$	$\{d_3,d_5\}$	$\{d_3,d_4\}$	$\{d_3,d_5\}$	$\{d_3,d_4\}$	$\{d_3,d_5\}$
B_5	$\{d_3,d_4,d_5\}$	$\{d_3,d_4,d_5\}$	$\{d_3,d_4,d_5\}$	$\{d_3,d_4,d_5\}$	$\{d_3,d_4,d_5\}$	$\{d_3,d_4,d_5\}$

图 10.6 计算 in 和 out

有了到达-定值数据流信息，就可以方便地求出到达程序某一点 p 的各个变量的所有定值点。可以按下述规则求出到达基本块 B 中某点 p 的任一变量 A 的所有定值点：

(1) 如果 B 中 p 的前面有 A 的定值，则到达 p 的 A 的定值点是唯一的，它就是与 p 最靠近的那个 A 的定值点。

(2) 如果 B 中 p 的前面没有 A 的定值，则到达 p 的 A 的所有定值点就是 in[B]中 A 的那些定值点。

10.2.3 活跃变量数据流分析

一些数据流信息的获得依赖于从程序流图反方向进行计算，活跃变量信息就是其中的一种。本节讨论以基本块为单位的活跃变量数据流分析。

对程序中的某变量 A 和某点 p 而言，如果存在一条从 p 开始的通路，其中引用了 A 在点 p 的值，则称 A 在点 p 是**活跃的**，否则称 A 在点 p 是死亡的。为了求出各基本块 B 入口和出口处的活跃变量信息，定义以下集合：

LiveIn [B]：B 入口处的活跃变量的集合。

LiveOut [B]：B 出口处的活跃变量的集合。

Def [B]：B 中定值的且定值前未曾在 B 中引用过的变量集合。

LiveUse [B]：B 中被定值之前要引用的变量集合。

这几个集合之间满足下列数据流方程：

$$\text{LiveIn}[B]=\text{LiveUse}[B]\cup(\text{LiveOut}[B]-\text{Def}[B]) \qquad (10\text{-}5)$$

这个方程是通过 B 出口处的信息来计算 B 入口处的信息，是一个反向数据流方程，所描述的数据流信息称为**活跃变量数据流**。可以看出，如果变量在 B 中定值前有引用，或者在 B 出口处活跃并且没有在 B 中被定值，那么它在 B 入口处就是活跃的。

此外，容易看出每个基本块 B 的 LiveOut[B]和 B 的所有后继基本块的 LiveIn 集合之间的关系为

$$\text{LiveOut}[B]=\bigcup(\text{LiveIn}[b]) \qquad b\in S[B] \qquad (10\text{-}6)$$

其中，$S[B]$为 B 的所有后继基本块的集合。

方程(10-6)指出，变量在 B 出口处活跃，当且仅当它在 B 的某个后继基本块入口处活跃。

我们称式(10-5)和式(10-6)两个数据流方程的联立为**活跃变量数据流方程**。

LiveUse[B]和 Def[B]是每个基本块 B 的固有属性，均可直接从基本块本身给出。这样，通过活跃变量数据流方程，就可求解出所有的 LiveIn[B]和 LiveOut[B]。

假设流图中有 n 个结点，则数据流方程(10-5)和(10-6)是共有 $2n$ 个变量的线性联立方程

组。可以采用如下的迭代算法来给出这个方程组的一个最小不动点解(实际中需要的解)：

```
(1) for i :=1 to n {                              //置初值
(2)       LiveOut[Bi] :=∅
(3)       LiveIn[Bi] :=LiveUse[Bi];
(4) }
(5) change :=true;
(6) while change {
(7)       change :=false;
(8)       for i :=1 to n {
(9)             newout := ∪LiveIn[b] (b∈S[Bi])
(10)              if newout≠LiveOut [Bi] {
(11)                    change :=true;
(12)                    LiveOut [Bi] :=newout;
(13)                    LiveIn [Bi] :=LiveUse[Bi]∪(LiveOut[Bi]-Def[Bi])
(14)              }
(15)       }
(16) }
```

考察图 10.4 的流图。先计算出所有基本块 B 的 LiveUse [B]和 Def [B]。然后执行上述迭代算法,可求解出 LiveIn [B]和 LiveOut [B]。计算结果如图 10.7 所示。

基本块 B	LiveUse(B)	Def(B)	LiveOut(B)	LiveIn(B)
B_1	∅	$\{i,j\}$	$\{j\}$	∅
B_2	∅	$\{i\}$	$\{i,j\}$	$\{j\}$
B_3	$\{j\}$	∅	$\{i,j\}$	$\{i,j\}$
B_4	$\{j\}$	∅	$\{i,j\}$	$\{i,j\}$
B_5	$\{i,j\}$	∅	$\{j\}$	$\{i,j\}$

图 10.7　计算活跃变量数据流信息

10.2.4　几种重要的变量使用数据流信息

利用基本块和流图可以方便地跟踪变量的使用信息。代码优化和目标代码生成的基本依据是变量的使用信息,只有确切获得基本块内部以及块间的变量使用情况之后,才能够进行适当的代码变换以及进行寄存器分配等工作。

本节介绍几种重要的变量使用数据流信息的获取。首先是有关刻画流图范围内变量的引用点和定值点相关联信息的 UD 链和 DU 链,然后是关于基本块流图范围内变量的待用信息和活跃信息。

10.2.4.1　UD 链

从 10.2.2 节可知,利用到达-定值数据流信息可以方便地求出到达基本块 B 中某点 p 的任一变量 A 的所有定值点。这个过程可用于计算典型的数据流信息——UD 链。

假设在程序中某点 u 引用了变量 A 的值，则把能到达 u 的 A 的所有定值点的全体称为 A 在引用点 u 的**引用-定值链**(Use-Definition Chaining)，简称 **UD 链**。类似于 10.2.2 节结尾处所述，可以在到达-定值数据流信息基础上计算 UD 链信息，其规则如下：

(1) 如果在基本块 B 中，变量 A 的引用点 u 之前有 A 的定值点 d，并且 A 在点 d 的定值可以到达 u，那么 A 在点 u 的 UD 链就是 $\{d\}$。

(2) 如果在基本块中，变量 A 的引用点 u 之前没有 A 的定值点，那么，in[B]中 A 的所有定值点均到达 u，它们就是 A 在点 u 的 UD 链。

采用上述规则，可以求出图 10.4 中变量 i 和 j 的 UD 链：

i 在引用点 d_2 的 UD 链为 $\{d_1\}$；

j 在引用点 d_4 的 UD 链为 $\{d_2, d_4, d_5\}$；

j 在引用点 d_5 的 UD 链为 $\{d_4\}$；

i 在引用点 d_6 的 UD 链为 $\{d_3\}$；

j 在引用点 d_7 的 UD 链为 $\{d_4, d_5\}$。

10.2.4.2 DU 链

和 UD 链对应的另一个典型的数据流信息是 DU 链。

假设在程序中某点 p 定义了变量 A 的值，从 p 存在一条到达 A 的某个引用点 s 的路径，且该路径上不存在 A 的其他定值点，则把所有此类引用点 s 的全体称为 A 在定值点 p 的**定值-引用链**(Definition-Use Chaining)，简称 **DU 链**。

从直观上理解，DU 链的计算可采用向后流的方法。一种可选的方案是首先对活跃变量信息进行扩展。

活跃变量数据流方程的解 LiveOut [B]所给出的信息是：离开基本块 B 时，哪些变量的值在 B 的后继中还会被引用。如果 LiveOut [B]不仅给出上述信息，而且同时给出它们在 B 的后继中哪些点会被引用，那么就可直接应用这种信息来计算 B 中任一变量 A 在定值点 u 的 DU 链。这时，只要对 B 中 p 后面部分进行扫描：如果 B 中 p 后面没有 A 的其他定值点，则 B 中 p 后面 A 的所有引用点加上 LiveOut [B]中 A 的所有引用点，就是 A 在定值点 p 的 DU 链；如果 B 中 p 后面有 A 的其他定值点，则从 p 到与 p 距离最近的那个 A 的定值点之间的 A 的所有引用点就是 A 在定值点 p 的 DU 链。所以，问题归结为如何计算出带有上述引用点信息的 LiveOut [B]。

为此，需要把活跃变量数据流方程(10-5)和(10-6)中的 LiveUse 和 Def 代表的信息进行如下扩充：

(1) LiveUse [B]为(s,A)的集合，其中 s 是 B 中某点，s 引用变量 A 的值，且 B 中在 s 前面没有 A 的定值点。

(2) Def [B]为(s,A)的集合，其中 s 是不属于 B 的某点，s 引用变量 A 的值，但 A 在 B 中被重新定值。

扩充后的方程称为 DU 链数据流方程。其求解算法类似于活跃变量数据流方程(10-5)和(10-6)的求解算法，只是其中 Def 和 LiveUse 指扩充后的 Def 和 LiveUse。

采用上述求解方法，可以求出图 10.4 中变量 i 和 j 的 DU 链：

i 在定值点 d_1 的 DU 链为 $\{d_2\}$；

j 在定值点 d_2 的 DU 链为 $\{d_4\}$；

i 在定值点 d_3 的 DU 链为{d_6}；

j 在定值点 d_4 的 DU 链为{d_4,d_5,d_7}；

j 在定值点 d_5 的 DU 链为{d_4,d_7}。

10.2.4.3 基本块内变量的待用信息

跟踪变量的值在单个基本块内部变化的目标之一是找到修改或使用该变量值的位置，分别对应为该变量的定值点和引用点。本小节介绍的**待用信息**(next use)用来跟踪变量在基本块内紧接着一次使用该变量的情况。

假定一个基本块 BB 如下：

$$
\begin{array}{ll}
< BB,1 > & t := a - b \\
< BB,2 > & u := u - c \\
< BB,3 > & v := t + u \\
< BB,4 > & c := v + u
\end{array}
$$

下面来分析这个基本块 BB 中各变量的待用信息情况。

对于当前基本块的第 i 条语句的某个变量 v，如果在当前基本块该语句之后的第 j 条语句中被引用，而第 j 条语句之前(第 i 条语句之后)未被引用，则第 i 条语句中变量 v 的待用信息记为 j；如果当前基本块内第 i 条语句之后不再引用该变量，其待用信息记为 0。我们的目标是把这些信息标注于各个变量的右上角，并跟踪基本块内各变量待用信息的变化情况。

用 nextuse(x)来表示处理过程中变量 x 当前的待用信息，初始时，令

$$\text{nextuse}(a)=\text{nextuse}(b)=\text{nextuse}(c)=\text{nextuse}(t)=\text{nextuse}(u)=\text{nextuse}(v)=0$$

随后，从后向前逐条语句地考查基本块中的所有变量，从基本块出口到入口对每个 TAC 语句 i：$A := B$ op C 依次执行下述步骤：

(1) 把变量 A 的 nextuse 信息附加到 TAC 语句 i 上。

(2) 置 nextuse(A)为 0(由于在 i 中对 A 的定值只能在 i 以后的 TAC 语句中引用，因而对 i 以前的 TAC 语句来说 A 不可能是待用的)，

(3) 把变量 B 和 C 的 nextuse 信息附加到 TAC 语句 i 上。

(4) 置 nextuse(B)=nextuse(C)=i。

注意：以上(1)～(4)的次序不能颠倒。

对于上述基本块 BB，首先将当前 c 的 nextuse 信息附加到语句<BB, 4>上：

$$< BB,4 > \quad c^0 := v + u$$

重置 nextuse(c)为 0，并将 v 和 u 的最新 nextuse 信息附加到语句<BB, 4>上：

$$< BB,4 > \quad c^0 := v^0 + u^0$$

重置 nextuse(v)=nextuse(u)=4。当前，各变量的 nextuse 信息变为

$$\text{nextuse}(a)=\text{nextuse}(b)=\text{nextuse}(c)=\text{nextuse}(t)=0,\text{nextuse}(u)=\text{nextuse}(v)=4$$

重复上述过程，将当前 v 的 nextuse 信息附加到语句<BB, 3>上：

$$
\begin{array}{ll}
< BB, 3 > & v^4 := t + u \\
< BB, 4 > & c^0 := v^0 + u^0
\end{array}
$$

重置 nextuse(v)为 0，并将 t 和 u 的最新 nextuse 信息附加到语句<BB, 3>上：

$$< BB, 3 > \quad v^4 := t^0 + u^4$$
$$< BB, 4 > \quad c^0 := v^0 + u^0$$

重置 nextuse(t)=nextuse(u)=3。当前,各变量的 nextuse 信息变为

nextuse(a)=nextuse(b)=nextuse(c)=nextuse(v)=0,nextuse(t)=nextuse(u)=3

再重复上述过程,将当前 u 的 nextuse 信息附加到语句<BB, 2>上:

$$< BB, 2 > \quad u^3 := u - c$$
$$< BB, 3 > \quad v^4 := t^0 + u^4$$
$$< BB, 4 > \quad c^0 := v^0 + u^0$$

重置 nextuse(u)为 0,并将 u 和 c 的最新 nextuse 信息附加到语句<BB, 2>上:

$$< BB, 2 > \quad u^3 := u^0 - c^0$$
$$< BB, 3 > \quad v^4 := t^0 + u^4$$
$$< BB, 4 > \quad c^0 := v^0 + u^0$$

重置 nextuse(u)=nextuse(c)=2。当前,各变量的 nextuse 信息变为

nextuse(a)=nextuse(b)=nextuse(v)=0,nextuse(t)=3,nextuse(c)= nextuse(u)=2

最后一次重复上述过程,将当前 t 的 nextuse 信息附加到语句<BB, 1>上:

$$< BB, 1 > \quad t^3 := a - b$$
$$< BB, 2 > \quad u^3 := u^0 - c^0$$
$$< BB, 3 > \quad v^4 := t^0 + u^4$$
$$< BB, 4 > \quad c^0 := v^0 + u^0$$

重置 nextuse(t)为 0,并将 a 和 b 的最新 nextuse 信息附加到语句<BB, 1>上:

$$< BB, 1 > \quad t^3 := a^0 - b^0$$
$$< BB, 2 > \quad u^3 := u^0 - c^0$$
$$< BB, 3 > \quad v^4 := t^0 + u^4$$
$$< BB, 4 > \quad c^0 := v^0 + u^0$$

重置 nextuse(a)=nextuse(b)=1。当前,各变量的 nextuse 信息变为

nextuse(t)=nextuse(v)=0,nextuse(c)=nextuse(u)=2,nextuse(a)=nextuse(b)=1

算法结束。这样,我们便成功跟踪了基本块内各变量的待用信息情况。

10.2.4.4 基本块内变量的活跃信息

一个基本块中,如果某个变量 A 在语句 i 中被定值,在 i 之后的语句 j 中要引用 A 值,且从 i 到 j 之间没有其他对 A 的定值点,则在语句 i 到 j 之间 A 是活跃的。

为了跟踪在一个基本块内每个变量的活跃信息,同样可以从基本块出口语句开始由后向前扫描,为每个变量名建立相应的活跃信息链。考虑到处理的方便,假定对基本块中可能在其他基本块中使用的变量在出口处都是活跃的,而对基本块内的临时变量不允许在基本块外引用,因此这些临时变量在基本块出口处都认为是不活跃的。

考虑与 10.2.4.3 节相同的基本块 BB:

$$< BB, 1 > \quad t := a - b$$

$$< \mathrm{BB}, 2 > \quad u := u - c$$
$$< \mathrm{BB}, 3 > \quad v := t + u$$
$$< \mathrm{BB}, 4 > \quad c := v + u$$

其中，a、b 和 c 是在出口处活跃的变量，而 t、u 和 v 是临时变量，在出口处不活跃。

下面来分析和标记这个基本块 BB 中出现的所有变量的活跃信息链。活跃变量标记为 L，非活跃变量标记为 F。同样，我们的目标是把这些信息标注于各个变量的右上角，并跟踪基本块内各变量活跃信息的变化情况。

用 live(x)来表示处理过程中变量 x 当前的活跃信息，初始时，令

$$\text{live}(a) = \text{live}(b) = \text{live}(c) = \mathrm{L}, \text{live}(t) = \text{live}(u) = \text{live}(v) = \mathrm{F}$$

随后，从后向前逐条语句地考查基本块中的所有变量，从基本块出口到入口对每个 TAC 语句 i：$A := B \text{ op } C$ 依次执行下述步骤：

(1) 把变量 A 的 live 信息附加到 TAC 语句 i 上。

(2) 置 live(A)为 F(由于在 i 中对 A 的定值只能在 i 以后的 TAC 语句中引用，因而对 i 以前的 TAC 语句来说 A 是不活跃的)。

(3) 把变量 B 和 C 的 live 信息附加到 TAC 语句 i 上。

(4) 置 live(B)＝live(C)＝L。

注意：以上(1)～(4)的次序不能颠倒。

对于上述基本块 BB，首先将当前 c 的 live 信息附加到语句$< \mathrm{BB}, 4 >$上：

$$< \mathrm{BB}, 4 > \quad c^{\mathrm{L}} := v + u$$

重置 live(c)为 F，并将 v 和 u 的最新 live 信息附加到语句$< \mathrm{BB}, 4 >$上：

$$< \mathrm{BB}, 4 > \quad c^{\mathrm{L}} := v^{\mathrm{F}} + u^{\mathrm{F}}$$

重置 live(v)＝live(u)＝L。当前，各变量的 live 信息变为

$$\text{live}(a) = \text{live}(b) = \text{live}(v) = \text{live}(u) = \mathrm{L}, \text{live}(c) = \text{live}(t) = \mathrm{F}$$

重复上述过程，将当前 v 的 live 信息附加到语句$< \mathrm{BB}, 3 >$上：

$$< \mathrm{BB}, 3 > \quad v^{\mathrm{L}} := t + u$$
$$< \mathrm{BB}, 4 > \quad c^{\mathrm{L}} := v^{\mathrm{F}} + u^{\mathrm{F}}$$

重置 live(v)为 F，并将 t 和 u 的最新 live 信息附加到语句$< \mathrm{BB}, 3 >$上：

$$< \mathrm{BB}, 3 > \quad v^{\mathrm{L}} := t^{\mathrm{F}} + u^{\mathrm{L}}$$
$$< \mathrm{BB}, 4 > \quad c^{\mathrm{L}} := v^{\mathrm{F}} + u^{\mathrm{F}}$$

重置 live(t)＝live(u)＝L。当前，各变量的 live 信息变为

$$\text{live}(a) = \text{live}(b) = \text{live}(t) = \text{live}(u) = \mathrm{L}, \text{live}(c) = \text{live}(v) = \mathrm{F}$$

再重复上述过程，将当前 u 的 live 信息附加到语句$< \mathrm{BB}, 2 >$上：

$$< \mathrm{BB}, 2 > \quad u^{\mathrm{L}} := u - c$$
$$< \mathrm{BB}, 3 > \quad v^{\mathrm{L}} := t^{\mathrm{F}} + u^{\mathrm{L}}$$
$$< \mathrm{BB}, 4 > \quad c^{\mathrm{L}} := v^{\mathrm{F}} + u^{\mathrm{F}}$$

重置 live(u)为 F，并将 u 和 c 的最新 live 信息附加到语句$< \mathrm{BB}, 2 >$上：

$$< \mathrm{BB}, 2 > \quad u^{\mathrm{L}} := u^{\mathrm{F}} - c^{\mathrm{F}}$$

$$<\mathrm{BB},3> \quad v^{\mathrm{L}} := t^{\mathrm{F}} + u^{\mathrm{L}}$$
$$<\mathrm{BB},4> \quad c^{\mathrm{L}} := v^{\mathrm{F}} + u^{\mathrm{F}}$$

重置 live(u)=live(c)=L。当前,各变量的 live 信息变为

live(a)=live(b)=live(c)=live(t)=live(u)=L,live(v)=F

最后一次重复上述过程,将当前 t 的 live 信息附加到语句<BB, 1>上:

$$<\mathrm{BB},1> \quad t^{\mathrm{L}} := a - b$$
$$<\mathrm{BB},2> \quad u^{\mathrm{L}} := u^{\mathrm{F}} - c^{\mathrm{F}}$$
$$<\mathrm{BB},3> \quad v^{\mathrm{L}} := t^{\mathrm{F}} + u^{\mathrm{L}}$$
$$<\mathrm{BB},4> \quad c^{\mathrm{L}} := v^{\mathrm{F}} + u^{\mathrm{F}}$$

重置 live(t)为 F,并将 a 和 b 的最新 live 信息附加到语句<BB, 1>上:

$$<\mathrm{BB},1> \quad t^{\mathrm{L}} := a^{\mathrm{L}} - b^{\mathrm{L}}$$
$$<\mathrm{BB},2> \quad u^{\mathrm{L}} := u^{\mathrm{F}} - c^{\mathrm{F}}$$
$$<\mathrm{BB},3> \quad v^{\mathrm{L}} := t^{\mathrm{F}} + u^{\mathrm{L}}$$
$$<\mathrm{BB},4> \quad c^{\mathrm{L}} := v^{\mathrm{F}} + u^{\mathrm{F}}$$

重置 live(a)=live(b)=L。当前,各变量的 live 信息变为:

live(a)=live(b)=live(c)=live(u)=L,live(t)=live(v)=F

算法结束。这样,我们便成功跟踪了基本块内各变量的活跃信息情况。

10.3 代码优化技术

代码优化工作可以在编译的各个阶段进行。本质上讲,保证程序的含义保持一致的情况下对代码的任何修改都是允许的。也就是说,代码优化不应改变程序运行的结果,必须要保证优化后的代码与原来的代码完成相同的工作。

"没有最优,只有更优",这句话极为准确地刻画出编译器优化的特点,可以从理论上证明,不论针对哪一个优化目标,都无法找到一个能够生成最优代码的编译器,因此,人们总是在不断地研究和开发性能更好的编译器。下面给出两张图,分别展示两个重要开源编译器 gcc[46] 和 open64[47] 的程序性能和代码体积比较结果,测试用的 gcc 版本为 4.2.4,open64 版本为 4.2。

硬件环境是联想 X200 笔记本电脑,配置为 Intel Core2 Duo CPU P8400 处理器,主频为 2.26GHz,操作系统为 Ubuntu Linux 8.10。测试软件用于计算快速傅里叶变换(FFT),对比内容为两个方面:一是相同的应用程序源代码,分别采用 gcc 和 open64 在不同的编译优化级别下进行编译,比较可执行程序的代码体积;二是给定一组相同的输入数据,分别运行前面得到的可执行程序,确保计算结果正确的情况下对比运行时间。

对于 gcc 和 open64 这样的通用编译器,其优化选项会划分 O0、O1、O2、O3 等不同的级别,其中数字 0～3 表示优化逐步加强,比如 O0 表示不优化,O3 则进行更多、更激进的优化工作。通常来讲,在相同的硬件和操作系统环境下,不同的编译优化选项的结果是不同的,采用 O3 选项编译的结果运行要更快一些,而代码体积也有可能会更大一些。

图 10.8 给出计算性能比较,纵轴为时间,单位是秒,运行时间越短越好。图中可以看

出，随着优化级别的不断升高，程序的性能在不断提高，运行时间不断减少。

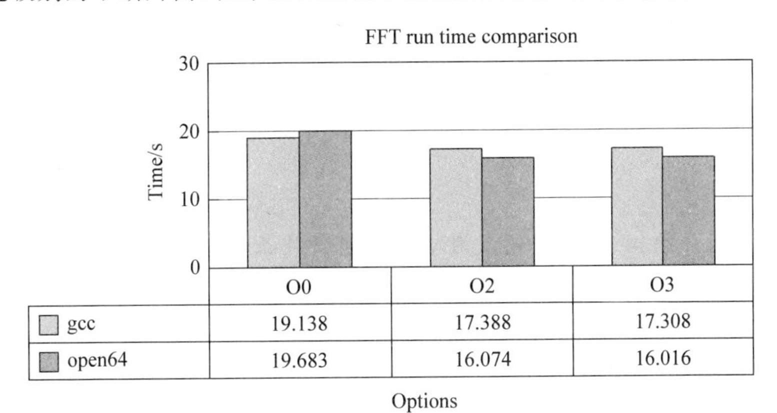

图 10.8　优化实例：快速傅立叶变换性能优化比较

图 10.9 给出可执行代码体积比较，纵轴为可执行程序在硬盘中所占用的存储空间，单位是 KB，体积越小越好。从图中可以看到，不同的优化选项生成的可执行程序体积差别很大。

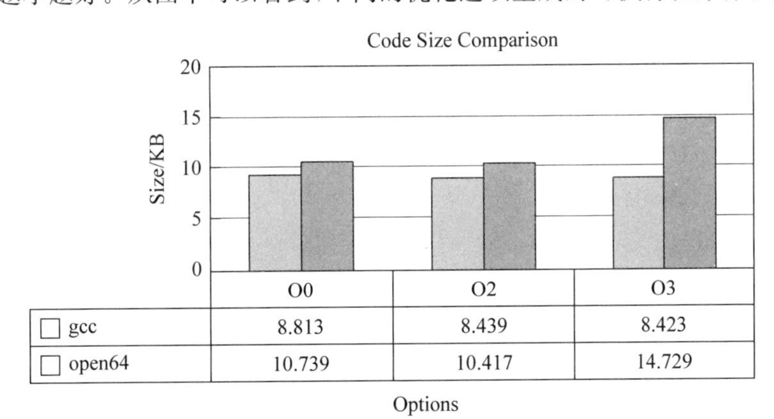

图 10.9　优化实例：快速傅立叶变换代码体积比较

图 10.8 和图 10.9 至少可以给我们这样一些启示：

（1）编译优化将带来性能改进，不同的编译器的改进情况不同，本例中 O3 优化选项的性能改进分别达到 9.5%（gcc）和 18.6%（open64），事实上，同样的编译器和编译选项，对于不同应用程序的性能改进也可能不同。

（2）不同优化选项生成的可执行程序代码体积差别很大。

（3）不同的编译器优化策略和优化方法不同，本例中，gcc 编译器在优化性能改进的同时代码体积在减小；而 open64 编译器性能改进的同时代码体积在不断增加，O3 和 O1 结果相比，代码体积增加接近 50%。

（4）对于编译器使用者来讲，要根据实际应用需要和优化目标来选取合适的编译器和编译选项。

（5）对于编译器开发人员来讲，则要根据编译器的使用场合和优化需求来设计合适的优化功能。

编译器的优化不管在哪个阶段，为了尽可能达到全局最优，都需要对尽可能大的程序单元实施优化。然而,现实情况是很难将一个软件作为整体来实施优化。依据所涉及的程序范围,优化可以分为窥孔优化、局部优化、超局部优化、循环优化、过程内全局优化和过程间优化等不同的级别。本书只介绍其中部分常见的窥孔优化、局部优化、循环优化和全局优化方法的基本原理。

10.3.1 窥孔优化

窥孔优化是指在语句/指令序列上滑动一个包含几条语句/指令的窗口(称为窥孔),发现其中不够优化的语句/指令序列,用一段更有效的序列来替代它,使整个代码得到改进。以下举例说明几种常见的窥孔优化。

1. 删除冗余的“取”和“存”

对于下列 MIPS 指令序列:

(1) lw \$t2, 5(\$t3)　　/* 取地址 \$t3+5 中的字到寄存器 \$t2 */

(2) sw \$t2, 5(\$t3)　　/* 将寄存器 \$t2 的字写入地址为 \$t3+5 内存单元 */

可优化为

(1) lw \$t2, 5(\$t3)　　/* 取地址 \$t3+5 中的字到寄存器 \$t2 */

需要注意的是,安全实施这个变换的前提条件是这两条语句必须在一个基本块内。因为,如果语句(2)前有标号,则不能保证(1)总是在(2)前执行,就不能把(2)优化掉。

2. 常量合并

对于下列 TAC 语句:

(1) r2 :=3*2

可优化为

(1) r2 :=6

3. 常量传播

对于下列 TAC 语句序列:

(1) r2 :=4

(2) r3 :=r1+r2

可将其优化为

(1) r2 :=4

(2) r3 :=r1+4

这里值得注意的是,虽然优化后语句的条数未减少,但若是知道 r2 不再活跃时,可进一步删除(1)。

4. 代数化简

对于下列语句序列:

(1) x :=x+0

(2) ……

……

(*n*)　y :=y*1

可将其中的(1)和(*n*)在窥孔优化时直接删掉。

5. 控制流优化

对于下列跳转语句序列：

```
    goto L1
    ……
L1:
    goto L2
```

可将其替换为

```
    goto L2
    ……
L1:
    goto L2
```

需要注意的是，这个语句序列不属于一个基本块。窥孔优化的窗口有时会超越基本块。

6. 死代码删除

有时可以利用窥孔优化删除逻辑上的死代码。例如，当看到如下代码序列：

```
debug :=false
if (debug) print …
……
```

可将其替换为

```
debug :=false
……
```

7. 强度削弱

有时可以适当改变运算强度来改进代码执行效率。例如，当看到下列 TAC 语句序列：

```
x :=2.0 * f
```

可将其替换为

```
x :=f+f
```

当看到下列 TAC 语句序列：

```
x :=f/ 2.0
```

可将其替换为

```
x :=f * 0.5
```

8. 使用目标机惯用指令

有时，还可以针对目标机的特点用惯用指令来代替代价较高的指令，例如，某个操作数与 1 相加，通常用“加 1”指令，而不是用“加”指令；某个定点数乘以 2，可以采用“左移”指令；而除以 2，则可以采用“右移”指令，等等；再例如，对于多媒体处理，可以使用并行加或者并行比较等指令。

以上列举了窥孔优化的典型类别，每个类别仅给出了少量例子。例子虽然是以特定层次的代码表示形式给出的，但其思路并不限于那个层次的代码。许多窥孔优化策略同时适用于多种代码层次，如 AST 层、TAC 层、目标代码层等。

10.3.2 局部优化

局部优化指的是在一个基本块范围内进行的优化。常见的局部优化有常量传播、常量合并、删除公共子表达式、复写传播、删除无用赋值、代数化简等。

基本块内的许多优化也可以看作是将基本块作为窗口的窥孔优化，但所采用的优化算法可以比传统的窥孔优化(仅限于扫描当前语句的前后)更复杂或适用性更强。本节通过例子介绍一种借助于构造基本块**有向无圈图**(简称 DAG 图，Directed Acyclic Graph)进行局部优化的方法。例子中的基本块由 TAC 语句组成。

为简化描述，仅考虑以下 3 种形式的 TAC 语句：原子表达式赋值语句 $A := B$；一元运算表达式赋值语句 $A :=$ op B；二元运算表达式赋值语句 $A := B$ op C。这里，A 是变量，B 和 C 可以是变量或者常量。基本块的 DAG 图中，每个结点都带有标记(运算符、变量名字或常量)，有向边由基本块内的 TAC 语句确定。图 10.10 表示三类 TAC 语句对应的 DAG 子图，分别有一个结点、两个结点和三个结点，有向边的方向通过图中不同的位置体现，高处结点的计算依赖于低处的结点。在每个这样的子图中，高处的结点称为父结点，低处的结点称为子结点，子结点之间互称兄弟结点，两个兄弟结点的位置处于同一高度。对应于一元运算和二元运算的子图，也将运算符标记在父结点上。基本块的 DAG 图是由这 3 类子图组成的。因为只有从高到低的依赖关系，所以 DAG 图是一种有向无圈图，即图中任一通路都不是环路。

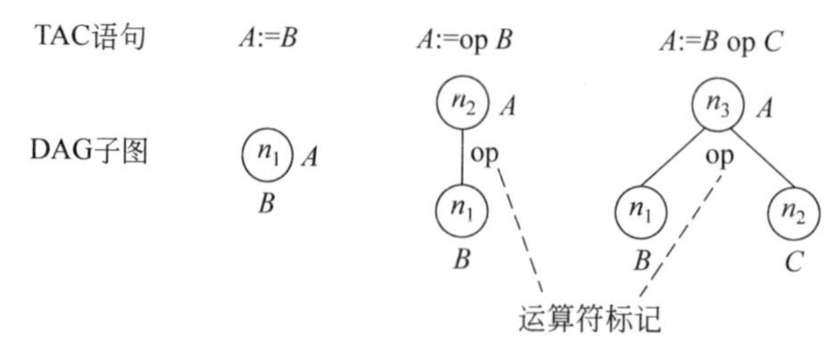

图 10.10　三类 TAC 语句对应的 DAG 子图

DAG 图中，不依赖于任何结点的结点为叶结点，其他结点为内部结点。在上面所定义的 DAG 图中，叶结点代表名字的初值，以唯一的变量名字或常数来标记，为避免混乱，用 x_0 表示变量名字 x 的初值。DAG 图的内部结点都标记有相应的运算符。所有结点都可有一个附加的变量名字表。对于只含上述 3 类 TAC 语句的基本块来说，其 DAG 图的内部结点至少会附加一个变量名字。下面描述此类基本块的 DAG 图构造算法。

设 $x := y$ op z，$x :=$ op y，$x := y$ 分别为第 1、2、3 种 TAC 语句。设函数 node(name)返回最近创建的关联于 name 的结点。首先，置 DAG 图为空。对基本块的每一 TAC 语句，依次进行下列步骤：

(1) 若 node(y)无定义，则创建一个标记为 y 的叶结点，并令 node(y)为这个结点；对第 1 种语句，若 node(z)无定义，再创建标记为 z 的叶结点，并令 node(z)为这个结点。

(2) 对于第 1 种语句，若 node(y)和 node(z)都是标记为常数的叶结点，执行 y op z，令得到的新常数为 p；若 node(p)无定义，则构造一个用 p 做标记的叶结点 n。若 node(y)或 node(z)是处理当前语句时新构造出来的结点，则删除它；置 node(p)$=n$。这一步起到**常量合并**的作用。若 node(y)或 node(z)不是标记为常数的叶结点，则检查是否存在某个标记为 op 的结点，其左孩子是 node(y)，而右孩子是 node(z)？若不存在，则创建这样的结点。无论存在或不存在，都令该结点为 n。这一步有可能起到**删除公共子表达式**的作用。

(3) 对于第 2 种语句，若 node(y)是标记为常数的叶结点，执行 op y，令得到的新常数

为 p。若 node(p)无定义,则构造一个用 p 做标记的叶结点 n。若 node(y)是处理当前语句时新构造出来的结点,则删除它;置 node(p)=n。这一步起到**常量合并**的作用。若 node(y)不是标记为常数的叶结点,则检查是否存在某个标记为 op 的结点,其唯一的孩子是否为 node(y)?若不存在,则创建这样的结点。无论存在或不存在,都令该结点为 n。这一步有可能起到**删除公共子表达式**的作用。

(4) 对于第 3 种语句,令 node(y)为 n。

(5) 最后,从 node(x)的附加标识符表中将 x 删除,将其添加到结点 n 的附加变量名字表中,并置 node(x)为 n。这一步起到**删除无用赋值**的作用。

考虑由下列 TAC 语句序列构成的基本块:

(1) T0 := 3.14

(2) T1 := 2 * T0

(3) T2 := R + r

(4) A := T1 * T2

(5) B := A

(6) T3 := 2 * T0

(7) T4 := R + r

(8) T5 := T3 * T4

(9) T6 := R − r

(10) B := T5 * T6

该基本块 DAG 图的构造过程如图 10.11 所示。顺序处理每条 TAC 语句后形成的子图分别如图 10.11(a)~(j)所示。

如前所述,在一个基本块被构造成相应的 DAG 图的过程中,实际上已经进行了一些基本的优化工作。而后,可由 DAG 图重新生成原基本块的一个优化的语句序列。

例如,将如图 10.11(j)所示的 DAG 图按其结点构造的顺序重新写成 TAC 语句,得到如下 TAC 语句序列:

(1) T0 := 3.14

(2) T1 := 6.28

(3) T3 := 6.28

(4) T2 := R + r

(5) T4 := T2

(6) A := 6.28 * T2

(7) T5 := A

(8) T6 := R − r

(9) B := A * T6

将这个结果和原基本块的语句序列相比,可以看出:

(1) 原来的语句(2)和(6)中的常量已合并。这些常量合并的过程实际上穿插了**常量传播**:语句(1)是 T0 的定值点,其值是一个常数,T0 的值可以到达这个基本块的出口点,而且在本基本块中没有其他 T0 的定值点,因此,本基本块中所有 T0 的值都相等且为常数,这种情况下可以用常数来取代语句(1)之外的所有 T0。

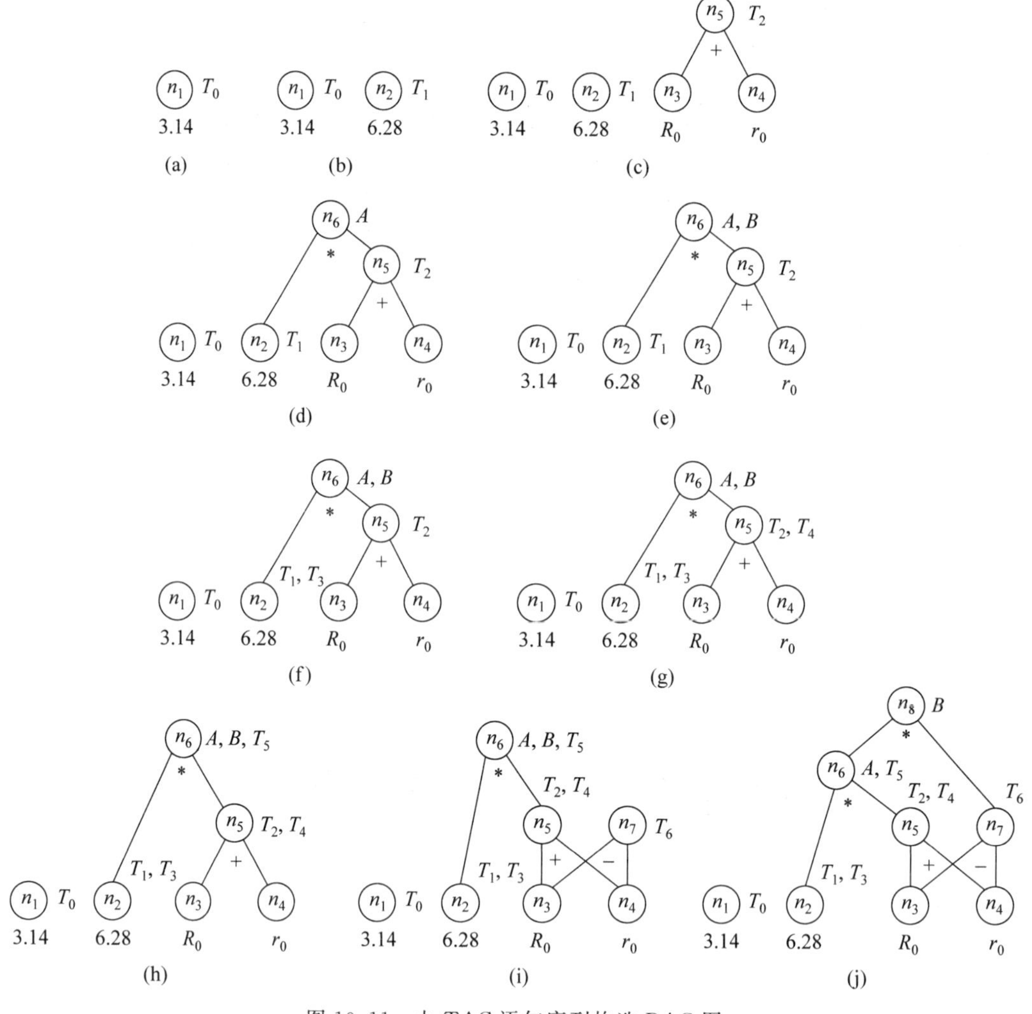

图 10.11　由 TAC 语句序列构造 DAG 图

(2) 原来的语句(5)中的无用赋值已被删除。

(3) 原来的语句(3)和(7)中的公共子表达式 R+r 只被计算一次,即删除了多余的公共子表达式。

(4) 形成结果中复写语句(5)和(7)的过程能提供**复写传播**的机会。例如,在形成结果中的语句(7),即复写语句 T5 :=A 时,基本块内剩余语句中没有其他语句为 T5 定值,因此,在这些语句中均可以用 A 来代替 T5。结果,原来的语句(10),即 B :=T5 * T6 最终被替换为结果中的语句(9)。这种情况下,如果在基本块出口处 T4 和 T5 不再活跃,那么就可以将(5)和(7)两条复写语句删除。

所以,结果 TAC 语句序列构成的基本块是原先基本块的一个优化。

顺便提及一点,除了可应用于基本块内的优化外,DAG 图还能体现出某些有用的数据流信息。例如,在基本块外被定值并在基本块内被引用的所有标识符,就是作为叶子结点上标记的那些标识符;在基本块内被定值且该值能在基本块后被引用的所有标识符,就是 DAG 图各结点上的那些附加标识符。

10.3.3 循环优化

循环优化是对循环中的代码进行的优化。循环内的指令是重复执行的，对于大多数应用程序来讲，循环部分的执行时间在整个程序执行时间中所占的比重非常大，因此针对循环的优化通常是最值得关注的部分。有大量关于循环优化的研究成果和实用算法，限于篇幅，本节仅介绍最基本的两类循环优化：代码外提与归纳变量的删除。

10.3.3.1 代码外提

减少循环中代码数目的一个重要办法是**代码外提**(loop-invariant code motion)。这种变换把所谓的**循环不变量**(即产生的效果独立于循环执行次数的表达式计算)放到循环的前面。这里，所讨论的循环只存在一个入口。

借助于UD链可以查找循环不变量。例如，对于循环内部的语句 $x := y + z$，若 y 和 z 的定值点都在循环外，则 $x := y + z$ 为循环不变量。

实行代码外提时，在循环的入口结点前面建立一个新结点(基本块)，称之为循环的前置结点。循环的前置结点以循环的入口结点为其唯一后继，原来流图中从循环外引到循环入口结点的有向边，改成引到循环前置结点，如图10.12所示。由于入口结点是唯一的，所以，前置结点也是唯一的。循环中外提的代码将全部提至前置结点中。

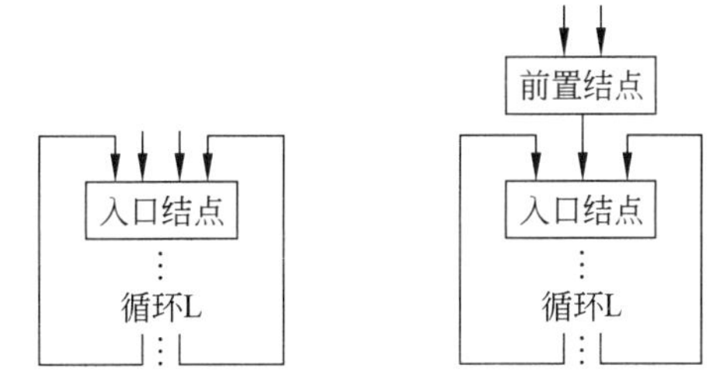

图10.12 为代码外提建立前置结点

考查图10.13(a)基本块 B_2，它自身构成一个循环，可以知道其中b和c的定值点都在循环外，表明不管基本块执行多少次，b和c的值都不会改变。因此，t1 := b * c 是循环不变量。把这个循环不变量外提，得到图10.13(b)所示的流图。不难看出，图10.13的两个流图有相同的计算结果。

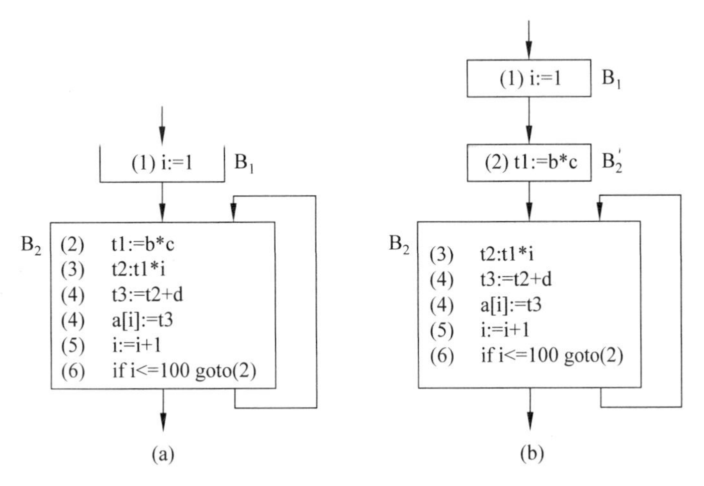

图10.13 循环不变量代码外提

是否在任何情况下都可把循环不变量外提呢？再看一个例子。

考察图 10.14(a) 的流图。容易看出$\{B_2, B_3, B_4\}$是循环，其中 B_2 是循环的入口结点，B_4 是出口结点。所谓出口结点，是指从该结点有一条有向边引到循环外的某个结点。

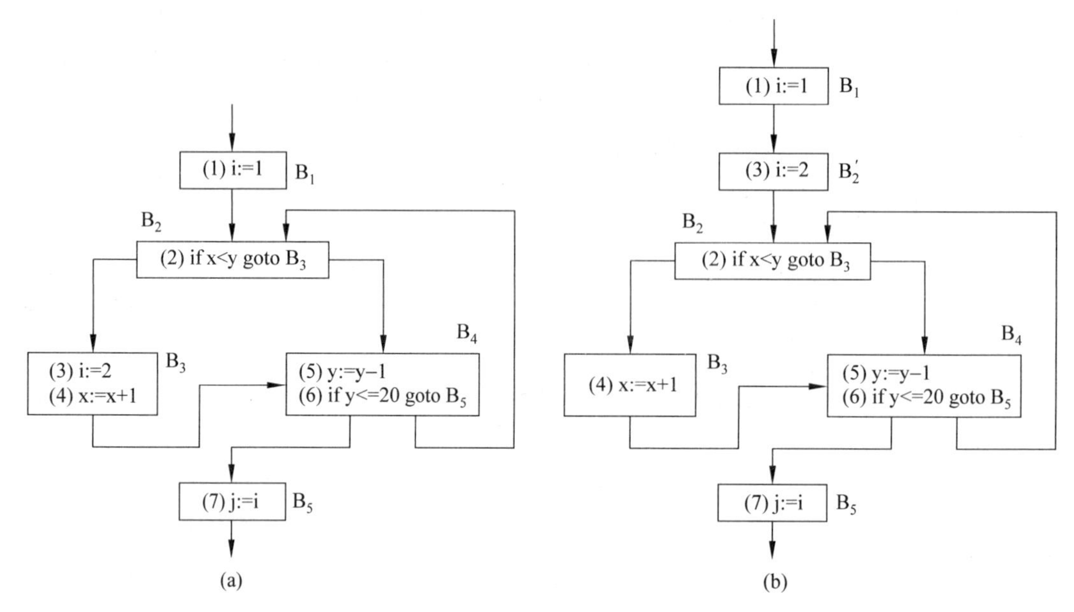

图 10.14　含循环不变量但不符合外提条件的流图

B_3 中 i :=2 是循环不变量。假如把 i :=2 提到循环的前置结点 B_2' 中，如图 10.14(b)所示。若按此程序流图，执行完 B_5 时，i 的值总为 2，则 j 的值也为 2。事实上，按图 10.14(a)的流图，若 x=30，y=25，则 B_3 不被执行，执行完 B_5 时，i 和 j 的值都为 1，所以图 10.14(b)的流图改变了原来程序的运行结果。

问题的原因在于 B_3 不是循环出口结点 B_4 的必经结点。所以，当把一个循环不变量提到循环的前置结点时，要求该循环不变量所在的结点是循环所有出口结点的必经结点。此外，如果循环中 i 的所有引用点只是 B_2 中 i 的定值点所能达到的，i 在循环中不再有其他定值点，并且出循环后不再引用该 i 的值，那么，即使 B_3 不是 B 的必经结点，也还是可以把 i :=2 提到 B'_2 中，因为这不影响原来程序的运行结果。

综上所述，可总结出循环不变量代码外提的一个充分条件。以不变量 x :=y+z 为例，该条件可以叙述为：

(1) 所在结点是循环的所有出口结点的支配结点。

(2) 循环中其他地方不再有 x 的定值点。

(3) 循环中 x 的所有引用点都是且仅是这个定值所能达到的。

(4) 若 y 或 z 是在循环中定值的，则只有当这些定值点的语句(一定也是循环不变量)已经在之前被执行过代码外提。

或者，在满足上述第(2)～(4)条的前提下，将第(1)条替换为：

(5) x 在离开循环之后不再是活跃的。

注意：如果把满足条件(2)～(5)而不满足条件(1)的循环不变量 x :=y+z 外提到前置结点中，那么，执行完循环后得到的 x 值，可能与不进行外提的情形所得 x 值不同。但因为离开循环后不会引用该 x 值，所以不影响程序运行结果。

根据以上讨论，本节给出一个循环不变量代码外提的算法：

(1) 为所要处理的循环建立用于代码外提的前置结点。

(2) 查看当前循环中各基本块的每条 TAC 语句，如果发现某个循环不变量，并且该循环不变量符合上述代码外提的充分条件，那么就将它插入到前置结点的尾部，即作为前置结点的最末一条语句，并将该语句从当前循环中删除。

(3) 重复以上第(2)步的工作，直至当前循环中(不包括前置结点)已不存在任何符合外提充分条件的循环不变量为止。

10.3.3.2 归纳变量的删除

通过强度削弱和变换循环控制条件，经常会带来循环中归纳变量的优化使用甚至可以将其删除。

首先介绍基本归纳变量和归纳变量的含义。如果循环中对变量 I 只有唯一的形如 $I := I \pm C$ 的赋值，且其中 C 为循环不变量，则称 I 为循环中的**基本归纳变量**。如果 I 是循环中的基本归纳变量，J 在循环中的定值总是可以化归为 I 的同一线性函数，即 $J = C_1 * I \pm C_2$，其中 C_1 和 C_2 都是循环不变量，则称 J 为**归纳变量**，并称它与 I **同族**。显然，基本归纳变量也是归纳变量。

一个基本归纳变量除用于自身的递归定值外，往往只在循环中用来计算其他归纳变量以及用来控制循环的进行。这时就可以用与循环控制条件中的基本归纳变量同族的某一归纳变量来替换它。进行这些变换后，常常会伴随着可将基本归纳变量的递归定值作为无用赋值而删除。此类变换往往也会带来运算强度的削弱，如将乘法转换成加法。循环内部的强度削弱通常是非常有价值的优化。

下面考察图 10.15(a)的流图，其中基本块 B_2 和 B_3 构成循环。可以看出，x 是循环中的一个基本归纳变量，而 i 是一个与 x 同族的归纳变量。因为基本归纳变量由 x := x+2 定值，所以可以把同族归纳变量的计算 i := 3 * x 化归为 i := i+6，也算是一种强度削弱。这样，循环控制条件 x<100 可变换为 i<300。变换后的流图如图 10.15(b)所示。

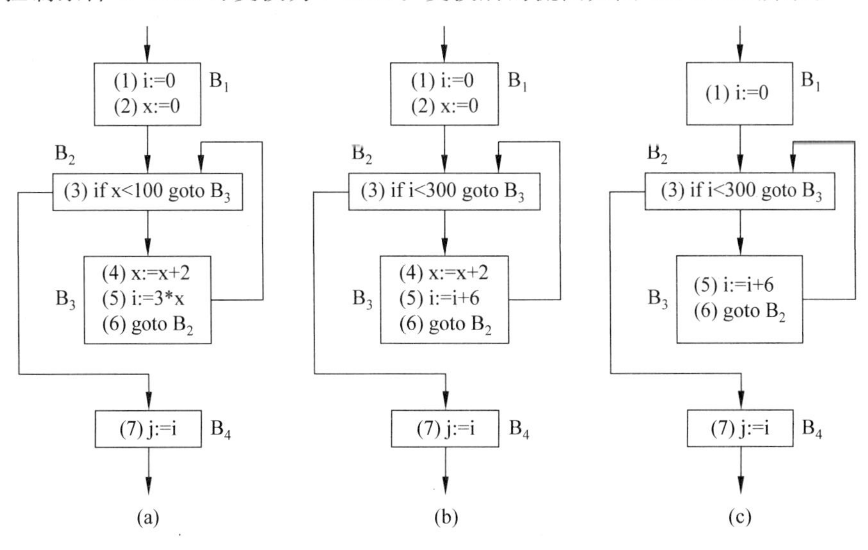

图 10.15 归纳变量的删除

假如基本归纳变量 x 在图 10.15(a)的循环中只用于计算归纳变量 i 和控制循环执行，当离开循环时就不活跃了。那么，在图 10.15(b)的循环中，基本归纳变量 x 的递归定值就变为了无用赋值。删除基本块 B_1 和 B_3 中 x 的无用赋值，就得到如图 10.15(c)所示的流图。结果，实现了对循环中基本归纳变量 x 的彻底删除。

10.3.4 全局优化

过程内全局优化(简称为全局优化)是在一个程序过程(C 语言中称为函数，在不引起误解的情况下统称为过程)范围内进行的优化。

前面介绍过的常量传播、常量合并、删除公共子表达式、复写传播、控制流优化和删除无用赋值等都是可用于不同范围的优化方法，也可以用到跨越多个基本块的全局优化当中，其关键点在于确定相关变量的使用情况。

考虑 10.3.2 节中经过构造 DAG 图进行局部优化的例子，其优化后的结果如图 10.16(a)所示。

(1) T0:=3.14
(2) T1:=6.28
(3) T3:=6.28
(4) T2:=R_0+r_0
(5) T4:=T2
(6) A:=6.28*T2
(7) T5:=A
(8) T6:=R_0−r_0
(9) B:=A*T6

(a) 局部优化结果

(1) T2:=R_0+r_0
(2) A:=6.28*T2
(3) T6:=R_0−r_0
(4) B:=A*T6

(b) 删除无用赋值

图 10.16 利用全局数据流信息进行优化

通过跟踪基本块之间的变量使用信息，如果能够判定在该基本块出口处 T0、T1、T2、T3、T4 和 T5 均不是活跃变量，而 A 和 B 是活跃变量，那么就可以断定图 10.16 中语句(1)、(2)、(3)、(5)和(7)的定值点的 DU 链均为空集合，也就是说这些定值点的赋值都是无用的。删除这些无用赋值，优化之后的结果如图 10.16 (b)，其优化效果相当明显。这便是使用流图范围内的数据流信息(DU 链)进行全局删除无用赋值的结果。

回到本章开头图 10.1(a)的一段三地址码程序，该程序计算一个以 16 的阶乘为半径的圆的周长，然后输出结果。为方便，将其重现于图 10.17(a)。从入口指令开始，将代码分为 4 个基本块：BB1、BB2、BB3 和 BB4，如图 10.1 (b)所示。它们构成的流图如图 10.2 所示。

通过分析基本块内部以及基本块之间的变量使用信息，可以知道，原始代码中变量 pi 的定值点是语句(1)，其 DU 链上唯一的引用点是语句(9)，因此可以开展全局的常量传播优化，结果如图 10.17(b)所示。

常量传播之后，出现了新的优化机会，这时语句(9)是两个常数的运算，因此可以开展常量合并的优化，其结果如图 10.17(c)所示。

这时，进一步的常量传播，可以得到如图 10.17(d)所示的结果。

图 10.17(d)中语句(2)、(9)和(10)都是变量 ar 的定值点，但定值点(2)、(9)的 DU 链都是空集，因而它们是无用赋值。类似地，也可以确定图 10.17(d)中语句(1)中对 pi 定值也是无用赋值。图 10.17(d)中用下划线将这些无用赋值进行了标记。删除无用赋值，优化之后的结果如图 10.17(e)所示。

常量合并是在编译过程中进行的计算，通过编译期间来获得目标程序的结果，从而缩短所生成目标代码的运行时间。更进一步，上面讨论的图 10.17 的实例程序，该程序在执行过程中不需要任何输入数据，所有参与运算的值都是已知的，因此这个程序的最终结果 ar 的值完全可以在编译过程中静态地确定。事实上，很多编译器会进行类似的优化，称为**编译过**

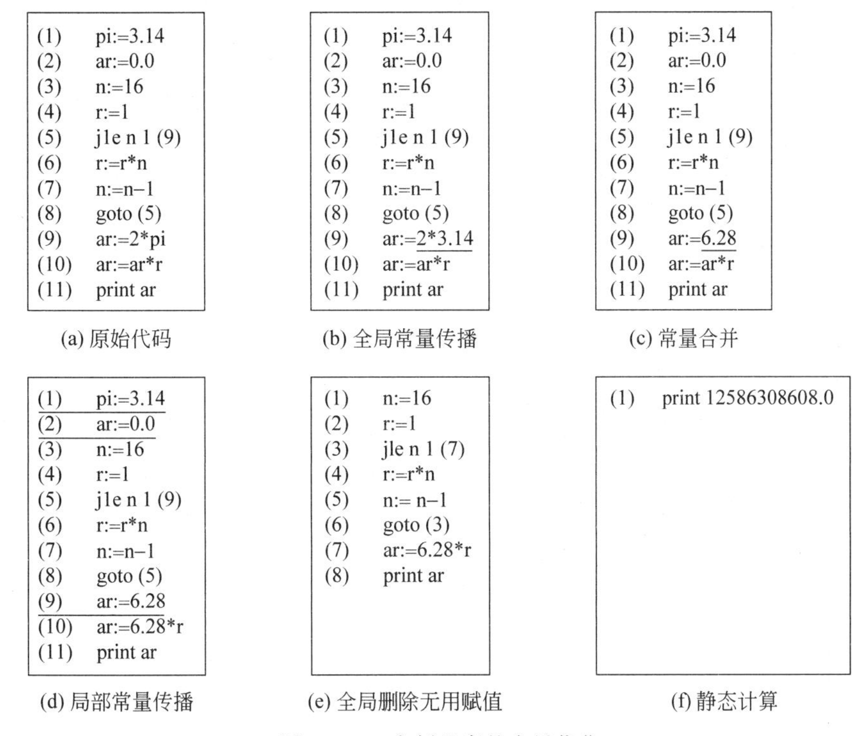

图 10.17 实例程序的全局优化

程中进行计算(computation during compilation)优化。经过这样的优化,整个程序可以改写为图 10.17(f)的样子。所有的计算工作都已经在编译过程中完成了,程序最终运行的工作仅仅是结果输出。

10.4 目标代码生成技术

编译过程最后阶段的工作是生成目标体系结构的汇编语言代码或机器语言代码。通常情况下,我们面对的是真实的处理器体系结构,如 X86、MIPS、ARM 以及 PowerPC 等。然而,有时也指特定的虚拟机结构,如 Java 虚拟机(JVM)以及本书中的类 P-code 虚拟机。

由于和目标机环境密切相关,所以生成目标代码时需要从逻辑上考虑清楚程序中的代码和数据是如何映射到运行时的虚拟存储空间中的:常量或全局量将映射到静态数据区;代码将映射到代码存放区;局部数据和临时数据的组织则是体现在所生成代码的指令中,运行时将被存放在寄存器或动态数据区的内存单元。编译器应将这些目标代码和数据以约定的形式准备好,将来由链接和装入程序加载到目标平台。或者,如果编译器生成的是汇编代码,则在运行链接和装入程序之前还需要由汇编器先生成可重定位的(relocatable)机器语言程序。

目标代码生成技术的核心问题主要包括指令选择(instruction selection)、寄存器分配(register allocation)与指令调度(code scheduling)。这些问题若是考虑最优化目标,那么各自都是非常难解的问题,更不用说将它们统一考虑的多目标优化问题。因此,在实际中,目标代码生成的算法多是启发式的。本书的定位是使读者了解目标代码生成的基本过程,不去深入探究目标代码生成过程中的优化问题。

本节首先介绍目标代码生成的主要环节(指令选择、寄存器分配与指令调度)的基本过程以及它们之间的关联。然后,讨论基本块范围内的一些具体做法,包括一个简单的代码生成过程以及高效使用寄存器等内容。接着,简要介绍图着色全局寄存器分配算法的基本思想。最后是关于 PL/0 编译器目标代码生成程序的基本结构。

10.4.1 目标代码生成的主要环节

10.4.1.1 指令选择

所谓**指令选择**,就是为每条中间语言语句选择恰当的目标机指令或指令序列。这里,中间语言语句泛指中间表示的一个独立的操作,如在三地址码中指一条 TAC 语句,而在树形中间表示中则指其结点所代表的一个独立操作。

指令选择的原则首先是要保证语义的一致性。若目标机指令系统比较完备,则可以很直接地(在不考虑执行效率的情形下)为中间语言语句找到语义一致的指令序列模板。例如,针对某种具有 CISC 特征的计算机体系结构,TAC 语句 a :=b+c 可转换为如下汇编代码序列:

```
MOV   b, R0                        /* b 装入寄存器 R0 */
ADD   R0,c                         /* c 加到 R0 */
MOV   R0, a                        /* 存 R0 的内容到 a */
```

其次要考虑所生成代码的效率(即时间/空间代价)。这并不容易做到,因为执行效率往往与语句的上下文以及目标机体系结构(如流水线)有关。目标机指令集的性质决定指令选择的难易。一个有着丰富的目标指令集的机器中可以为一个给定的操作提供几种实现方法。例如,考虑因不同的寻址方式所附加的指令执行代价。假设每条指令在操作数准备好后执行其操作的代价均为 1,而是否会有附加的代价则要视获取操作数时是否访问内存而定,每访问一次内存则增加代价 1。由此,以上汇编代码序列的执行代价为 6。同样,代码序列

```
MOV   b, a                         /* 取出 b 的值保存到 a 的存储单元 */
ADD   a, c                         /* 取出 c 和 a 的值,相加结果保存到 a 的存储单元 */
```

的执行代价也为 6。然而,如假定 R1 和 R2 中已经分别包含了 b 和 c 的值,那么 a :=b+c 也可转换为下列汇编代码序列:

```
MOV   R1, R0                       /* 寄存器 R1 的内容装入寄存器 R0 */
ADD   R0, R2                       /* R2 的内容加到 R0 */
MOV   R0, a                        /* 存 R0 的内容到 a */
```

这个代码序列的执行代价为 4。进一步,如果已知 R1 和 R2 中已经分别包含了 b 和 c 的值,并且知道 b 的值在 a :=b+c 这个赋值以后不再需要,那么 a :=b+c 可以转换为下列汇编代码序列:

```
ADD   R1, R2                       /* R2 的内容加到 R1 */
MOV   R1, a                        /* 存 R1 的内容到 a */
```

该代码序列的执行代价为 3,执行的效率明显提高,表明生成了更优的目标代码。

对于执行代价的考虑，可以不局限于性能（执行周期数），还可以考虑其他指标，如代码的尺寸（条数）。

可以根据不同上下文为每条中间语言语句设计指令序列的模板，这样可以直接编写**代码生成器**（code generator）实现指令选择。此外，人们还提出了许多实现指令选择的自动化方法，从而构造所谓的**代码生成器的生成器**（code generator's generator）。这些方法中影响较大有 BURG 和 Twig 工具，它们都是基于动态规划（dynamic programming）的方法，所生成的代码生成器都是以树形中间表示为输入，然后自动完成指令选择并生成目标代码。

BURG 是基于自下而上重写系统（Bottum-Up Rewriting Systems，BURS）理论[42]构造的一种有效的代码生成器，它在进行动态规划时使用了预先构造的一种特殊的 BURS 自动机，经历自下而上的标记过程和自上而下的指令选择过程快速地生成目标代码。

Twig 是基于一种树模式匹配（tree pattern matching）方法[43]构造的工具。给定树模式规范和相应的执行代价（cost），Twig 能够生成一个自上而下的树自动机，后者能够为树形中间表示找到一种最小代价的覆盖。与 BURS 方法相比，Twig 可以在编译时动态计算模式的执行代价，而 BURS 是在编译前就已经计算好这些代价，因而灵活性和适应性方面不如 Twig。BURS 方法的优势是速度比较快。

10.4.1.2 寄存器分配

通常情况下，指令在寄存器中访问操作数的开销要比在内存中访问小很多。同时，一些像 RISC 这样的体系结构往往要求除 loads/stores 之外的指令都使用寄存器操作数。因此，在生成的代码中，尽可能多地、有效地利用寄存器非常重要。寄存器分配可以分成分配和指派两个阶段来考虑：

（1）在**分配**（allocation）期间，为程序的某一点选择驻留在寄存器中的一组变量。

（2）在随后的**指派**（assignment）阶段，挑出变量将要驻留的具体寄存器，即寄存器赋值。

寄存器分配的原则是充分、高效地使用寄存器。一方面，应尽量让变量的值或计算结果保留在寄存器中。另一方面，不再被引用的变量所占用的寄存器应尽早释放，以提高寄存器的利用率。选择最优的寄存器分配方案是困难的。从数学上讲，这是 NP 完全问题。当考虑到目标处理器硬件和操作系统可能要求寄存器的使用遵守一些约定时，这个问题将更加复杂。因此，实际编译器中通常采用某种启发式算法，在尽可能短的时间内寻找一种较优的结果。

在基本块范围内的寄存器分配称为**局部寄存器分配**（local register allocation），在过程范围内的寄存器分配称为过程级寄存器分配（procedure-level register allocation）或**全局寄存器分配**（global register allocation）。

寄存器是目标计算机系统的紧缺资源。CISC 特征的体系结构中可用于应用程序的**通用寄存器**（general purpose register）很少，如 X86-32（IA32）有 8 个通用寄存器。RISC 特征的体系结构中通用寄存器数目相对多一些，如 MIPS-32 有 32 个通用寄存器。一般情况下，就是通用寄存器也不能全部用来自由分配。在寄存器分配时，一定要明确目标环境（处理器和操作系统）下有关寄存器使用的约定。通常，可以把通用寄存器分为可分配寄存器、保留寄存器以及工作寄存器等类别。

（1）**可分配寄存器**（allocatable register）是可以用于自由分配和释放的寄存器。一旦分配给特定的变量，这些寄存器就受到了保护，在完成特定任务之前不会再分配给其他变量。

在某个寄存器的特定任务结束后，编译器必定会将它释放，此后便可自由分配给其他变量了。寄存器分配的一个重要方面就是尽可能使某个寄存器最大限度地被多个变量“分享”，达到有效使用寄存器的目标。

(2) **保留寄存器**(reserved register)是在整个程序范围内起固定作用的那些寄存器。这些寄存器包括栈顶指针寄存器、栈帧指针寄存器、Display 寄存器、参数和返回值寄存器以及返回地址寄存器等。最好不要随意将这些寄存器用于完成约定功能之外的任务，否则会造成不兼容甚至难以想象的后果。

(3) **工作寄存器**(work register)是代码生成过程中可随时短暂使用但用完后必须马上释放的寄存器。此类寄存器不需要很多，通常三四个就足够了。至于将哪些通用寄存器用作工作寄存器，可以固定下来，也可以临时设定。有了工作寄存器的存在，就可以不用担心在临时需要时没有寄存器可用，也可以简化寄存器分配算法。比如，MIPS 的 add 指令需要所有操作数在寄存器中，若某个操作数不在寄存器中，那么就可以将它临时装入工作寄存器中，add 指令执行结束后就马上释放这个寄存器以备再次临时使用。另外，工作寄存器的存在还会使我们感觉到有比实际更多的寄存器，比如在寄存器分配算法中可以假定没有寄存器数目的限制，即可以使用**伪寄存器**(pseudo-register)。伪寄存器不是真实的物理寄存器，而是由对应的存储单元模拟的，在需要实行物理寄存器作用时，就可以将它们的值取到工作寄存器中，用后者替代之。今后在不至于混淆的情况下，本书将不是真实的寄存器统称为伪寄存器。

10.4.2 节介绍以基本块为单位的一种简单代码生成算法，其中寄存器分配是一种简单的局部寄存器分配，并且寄存器数目没有设定上限，即可以使用伪寄存器。第 11 章的 Decaf 编译器中，寄存器分配同样是以基本块为单位，然而在寄存器数目不足时会选择将合适的寄存器**泄漏**(spill)到内存。

10.4.3 节是关于高效使用寄存器的内容，从基本块的 DAG 图生成 TAC 语句的次序与寄存器分配的关系，目标是使所产生的 TAC 语句尽可能节省使用寄存器，同时还介绍一种表达式求值过程中使用最少数目寄存器的经典方法。

在 10.4.4 节，将介绍图着色寄存器分配算法的基本思想，可应用于全局寄存器分配。

10.4.1.3 指令调度

指令调度是指对指令的执行顺序进行适当的调整，从而使得整个程序得到优化的执行效果。指令调度对于现代计算机系统结构的高效使用是十分重要的环节，比如对于具有流水线的体系结构，指令调度阶段往往是必需的。例如，RISC 体系结构一种通用的流水线限制为：从内存中取入寄存器中的值在随后的某几个周期中是不能用的。在这几个周期中，调出不依赖于该取入值的指令来执行是很重要的。必须尽可能找出一条或若干条指令(与被取值无关)，在取值指令之后能立即执行，如果找不到相应的指令，这些周期就会被浪费。

指令调度算法可以局限于基本块范围内，也可以是更大范围的全局指令调度(global code scheduling)；可以是仅静态地完成指令执行顺序的调整，也可以实现动态指令调度(dynamic code scheduling)。指令调度的更具体内容超出本书范围，这里不去进一步讨论。

10.4.2 一个简单的代码生成过程

本节举一个非常简单的目标代码生成的例子。这是一个面向单个基本块的代码生成过程，采用了极其简易的寄存器分配算法，代码生成前后的语言都十分简单。

假设基本块中只有形如 $A:=B$ op C 和 $A:=B$ 的 TAC 语句序列。其中，op 为二元运算（如加法和减法运算）。为简化讨论，还假定 A、B 和 C 均为变量（容易扩展至含有常量的情形）。

同时，假设目标语言中仅含下列两类指令：

(1) MOVE x,y。其中，x 和 y 是变量或者是寄存器，但至少有一个是寄存器。该指令的执行是将 x 的值传给 y。

(2) OP x,y。其中，OP 是对应二元运算 op 的操作符，x 是寄存器，y 是变量或者是寄存器。该指令的执行是使 x 和 y 的内容做 OP 对应的运算，结果保存于寄存器 x。

由于指令选择是可以通过直接对应完成的，因此这个代码生成算法的核心是处理好在基本块范围内如何充分利用寄存器的问题。对此，所要遵循的原则如下：

(1) 生成某变量的目标对象值时，尽量让变量的值或计算结果保留在寄存器中。

(2) 尽可能引用变量在寄存器中的值。

(3) 在同一基本块内，后面不再被引用的变量所占用的寄存器应尽早释放。

此外，当到基本块出口时，需要将变量的值存放在内存中。因为一个基本块可能有多个后继结点或多个前趋结点，同名变量在不同前趋结点的基本块内，出口前存放的寄存器可能不同，或没有定值，所以应在出口前把寄存器的内容放在内存中，这样从基本块外进入的变量值都在内存中。

用好寄存器是一个很难解决的问题，下面给出一个启发式算法，仅注重过程的简单，而未特别强调优化。读者可以通过细化各种情况，并借助于基本块范围内变量的待用信息链和活跃信息链，对算法进一步改造，以生成更优化的代码。

该算法中将会用到以下两组信息：

(1) 寄存器描述数组 RVALUE。RVALUE [R]描述寄存器 R 当前存放哪些变量。

(2) 变量描述数组 AVALUE。AVALUE [A]表示变量 A 的值存放在哪个寄存器中（或不在任何寄存器中）。

下面是该算法的描述：

(1) 对每个 TAC 语句 $i:A:=B$ op C 或 $i:A:=B$，依次执行下述步骤：

- 以 i 为参数，调用 getreg(i)；从 getreg 返回时，得到一个寄存器 R（这里先假定 R 为伪寄存器），作为存放 A 现行值的寄存器；函数 getreg 随后给出。
- 利用 AVALUE [B]和 AVALUE [C]，确定出 B 和 C 现行值的存放位置；如果其现行值在寄存器中，则把寄存器取作 B' 和 C'；如果其现行值不在寄存器中，则在相应指令中仍用 B 和 C 表示。
- 分两种情形生成目标代码：

  a) 对于 $i:A:=B$ op C。

  如果 B 现行值不在寄存器或者 $B'\neq R$，则生成

```
MOV  B, R                    /* B和C都不在寄存器中 */
OP  R, C
```

或

```
MOV  B, R                       /* B不在寄存器中，C在寄存器中 */
OP   R, C'
```

或

```
MOV  B', R                      /* B在寄存器中，C不在寄存器中 */
OP   R, C
```

或

```
MOV  B', R                      /* B和C都在寄存器中 */
OP   R, C'
```

否则生成

```
OP   R, C                       /* B在寄存器R中，C不在寄存器中 */
```

或

```
OP   R, C'                      /* B在寄存器R中，C在寄存器中 */
```

如 B'或 C'为 R，则删除 AVALUE[B]或 AVALUE[C] 中的 R。对每个 $D \neq B$，$D \in$ RVALUE[R]，并且在语句 i 之后 D 仍然是活跃变量，则在生成以上代码之前先插入一条指令：

MOV　R, D

令 AVALUE[A]=\{R\}，并令 AVALUE[R]=\{A\}，以表示变量 A 的现行值只在 R 中，并且 R 中的值只代表 A 的现行值。

b) 对于 i :A :=B。

如果 B 现行值不在寄存器中，则生成

MOV　B, R

令 AVALUE[B]=\{R\}，并令 RVALUE[R]=\{A, B\}；如果 B 现行值在寄存器(R)中，则将 A 加入集合 RVALUE[R]；无论何种情况，都令 AVALUE [A]=\{R\}。

- 如 B 或 C 的现行值在基本块中不再被引用，它们也不是基本块出口之后的活跃变量，并且其现行值在某个寄存器 R_k 中，则删除 RVALUE [R_k]中的 B 或 C 以及 AVALUE [B]或 AVALUE [C]中的 R_k，使该寄存器不再为 B 或 C 所占用。

(2) 处理完基本块中所有 TAC 语句之后，对现行值在某寄存器 R 中的每个变量 M，若它在出口之后是活跃的，则生成 MOVE　R,M,将其存入主存。

下面是函数 getreg 的描述。

getreg 功能：以 i：A :=B op C 或 i：A :=B 为参数，返回一个伪寄存器。

步骤：

- 对于 i：A :=B op C。

  若 $B \in$ RVALUE [R]，且在语句 i 之后 B 在基本块中不再被引用，同时也不是基本块出口之后的活跃变量，则返回 R；否则，返回一个新的伪寄存器 R'。

- 对于 i：A :=B。

  若 $B \in$ RVALUE [R]，则返回 R；否则，返回一个新的伪寄存器 R'。

下面看一个简单的例子。设有以下 TAC 语句序列组成的基本块：

$t := a - b$

$a := b$

$u := a - c$

$v := t + u$

$d := v + u$

假定在该基本块出口处，b 和 d 是活跃的，其他变量均不活跃。

以该基本块的语句序列为输入，利用上述算法所生成的代码序列如图 10.18 第 2 列所示。算法执行过程以及相关描述信息的变化情况均反映在图 10.18 中。

语　句	生成的代码	寄存器描述	变量地址描述
$t:=a-b$	MOV a, R_0 SUB R_0, b	空寄存器 R_0包含t	t 在 R_0中
$a:=b$	MOV b, R_1	R_0包含t R_1包含a、b	t 在 R_0中 a、b 在 R_1中
$u:=a-c$	MOV R_1, b SUB R_1, c	R_0包含t R_1包含u	t 在 R_0中 u 在 R_1中
$v:=t+u$	ADD R_0, R_1	R_0包含v R_1包含u	u 在 R_1中 v 在 R_0中
$d:=v+u$	ADD R_0, R_1 MOV R_0, d	R_0包含d	d 在 R_0中 d 在 R_0中和内存中

图 10.18　一个简单的目标代码生成过程举例

通常，由目标代码生成算法得到的代码还要经过目标代码优化的环节才会最后交付执行。可将之前介绍过的各个层次代码的优化技术用于目标代码优化。例如，通过窥孔优化技术，可以发现图 10.18 中的指令 MOV R_1，b 是多余的。此外，各种指令调度技术均为目标代码优化的重要工作内容。

10.4.3　高效使用寄存器

如前所述，可供分配的寄存器数目极其有限，因而如何高效使用寄存器是目标代码生成时重点考虑的问题。一方面要尽可能地让变量的值保留在寄存器中，尽可能引用变量在寄存器中的值；而另一方面则需要尽可能早地释放寄存器，而让其他变量可以获得寄存器。这是很难调和的两个方面。

这个问题实际上更早的编译阶段就应该有所考虑了。比如，从基本块的 DAG 图生成 TAC 语句的次序与目标代码生成算法的效果密切相关。

下面看图 10.19 中的例子，从基本块的 DAG 图可得到等价的但次序不同的 TAC 语句序列。如果假设基本块出口处只有 $T4$ 是活跃的，那么对于图 10.19 中的两段 TAC 代码，执行 10.4.2 节的代码生成算法，分别得到的目标汇编代码如图 10.20 所示。

图 10.20 的两段汇编代码有什么差别呢？从指令条数上看，二者是相同的。然而，若是对比一下二者使用的寄存器个数，会发现第二段代码少用一个。因此，若是从寄存器的使用效率来看，后者就是更优的。

下面从直观角度看一下造成此例寄存器使用差异的原因。对于第一段代码，第 1 条语

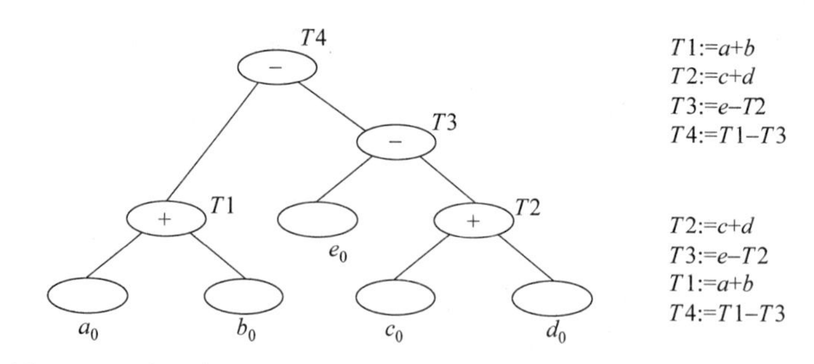

图 10.19　从基本块 DAG 图生成的等价但次序不同的 TAC 语句序列

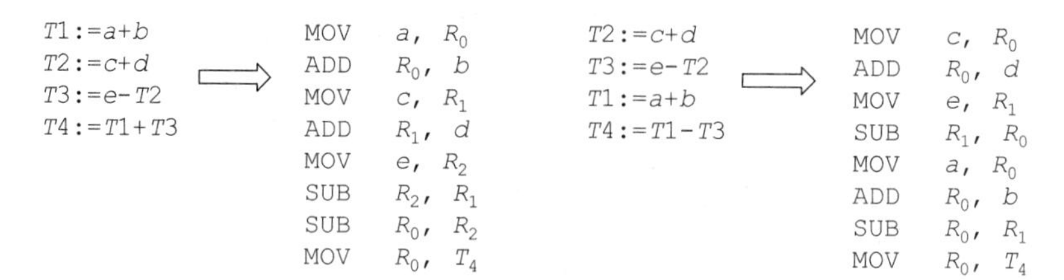

图 10.20　两段 TAC 代码对应的目标代码

句使得 $T1$ 获得寄存器 R_0。但 $T1$ 在后面第 4 条语句还会用到，在此期间 R_0 一直不能被释放，因而不能分配给别的变量。对于第二段代码，第 1 条语句使得 $T2$ 获得寄存器 R_0。然而，在第 2 条语句结束后，$T2$ 不再使用，因此在第 3 条语句，R_0 又被分配给变量 $T1$，提高了寄存器利用率。

根据这一分析，下面给出一个从 DAG 图产生 TAC 语句序列的启发式排序算法，可以使得在对获得的 TAC 代码执行 10.4.2 节的代码生成算法时能够有效提高寄存器的利用率。

这个启发式算法首先按照以下步骤依次对 DAG 图的内部结点进行标记：

(1) 在未标记的内部结点中，选取一个其全部父结点均已标记过的结点 n，对 n 进行标记。

(2) 若 n 的最左孩子 m 不是叶结点且其所有父结点均已标记过，则对 m 进行标记。

(3) 将 m 看作 n，转(2)。

(4) 若还有未标记过的内部结点，则转(1)；否则，退出。

然后，将内部结点被标记的次序反过来，就得到从 DAG 图产生 TAC 语句的次序。

图 10.21 是对 DAG 图内部结点进行标记的两个例子。

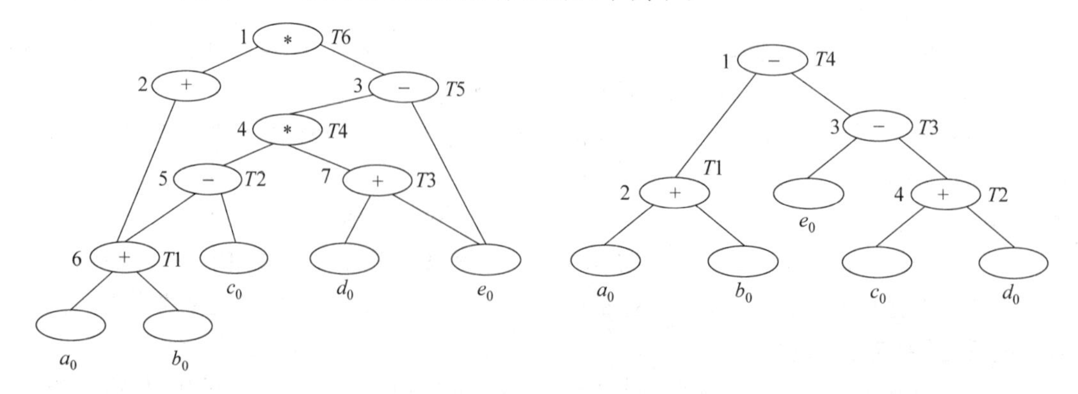

图 10.21　对 DAG 图内部结点进行标记

图 10.21 的右边是对应图 10.19 中 DAG 图的标记结果。内部结点被标记的次序是 $T4$、$T1$、$T3$、$T2$。那么，产生 TAC 语句的次序就应该是 $T2$、$T3$、$T1$、$T4$。对应的 TAC 语句序列就是图 10.19 中的第二段 TAC 代码。

关于如何有效使用寄存器的话题还有许多。下面介绍一个关于使用最少的寄存器进行表达式求值的方法，对于在基本块内高效使用寄存器非常有用。这一方法适用于诸如 MIPS 之类的 RISC 机器。

假设在一个简单的基于寄存器的机器上进行表达式求值，除了 load/store 指令用于寄存器值的装入和保存外，其余操作均由下列格式的指令完成：

```
OP   reg0, reg1, reg2
OP   reg0, reg1
```

其中，reg0、reg1 和 reg2 处可以是任意的寄存器。运行这些指令时，对 reg1 和 reg2 的值做二元运算，或者对 reg1 的值做一元运算，结果存入 reg0。对于 load/store 指令，假设其格式为

```
LD   reg, mem                    /* 取内存或立即数 mem 的值到寄存器 reg */
ST   reg, mem                    /* 存寄存器 reg 的值到内存量 mem */
```

该方法首先对表达式树(表达式的抽象语法树)的每个结点用所谓的 **Ershov 数**(Ershov number)进行标记。如果不考虑寄存器的泄漏，并假设不考虑可能的优化因素(如公共子表达式删除)，那么每个结点的 Ershov 数就是对应这个结点的表达式求值时所需寄存器数目的最小值。用 Ershov 数标记表达式树结点的算法是：

(1) 用 1 标记所有叶子结点。

(2) 对仅有一个孩子的内部结点，其标记沿用孩子结点的标记。

(3) 对于有两个孩子的内部结点，若两个孩子的标记不同，则用较大的一个来标记该结点；若两个孩子的标记相同，则将这个标记数加 1 后对该结点进行标记。

例如，图 10.22 是一个用 Ershov 数标记表达式树结点的例子，对应的表达式为 $(a+b)*((d+e)-c)$。

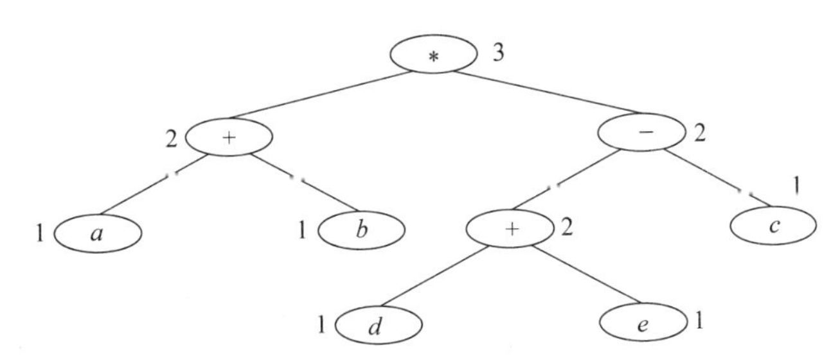

图 10.22　用 Ershov 数标记表达式树结点

在完成标记后，就可以生成使用寄存器最少的目标代码了。下面介绍一种实现这个过程的基本算法。假设表达式树结点 n 的 Ershov 数为 $k(>0)$，表达式求值过程使用 k 个伪寄存器 $R_0, R_1, \cdots, R_{k-1}$，并且求值结果存在 R_0 中。这种代码生成算法的思想如下：

(1) 如果 n 的左子树根结点的标记大于右子树根结点的标记，那么先递归求值左子树，求值过程使用伪寄存器 $R_0, R_1, \cdots, R_{k-1}$，结果存放于 R_0；然后再递归求值右子树，求值过程

使用伪寄存器 $R_b,\cdots,R_{k-1}$（$0<b<k$，右子树求值所需寄存器的数目为 $k-b$，少于 k），结果存放于 R_b；最后生成一条形如 OP R_0,R_0,R_b 的指令。

（2）如果 n 的左子树根结点的标记小于右子树根结点的标记，那么情况和（1）刚好相反，即先递归求值右子树，求值过程使用伪寄存器 $R_0,R_1,\cdots,R_{k-1}$，结果存放于 R_0；然后再递归求值左子树，求值过程使用伪寄存器 $R_b,\cdots,R_{k-1}$（$0<b<k$，左子树求值所需寄存器的数目为 $k-b$，少于 k），结果存放于 R_b；最后生成一条形如 OP R_0,R_b,R_0 的指令。

（3）如果 n 的左子树根结点的标记与右子树根结点的标记相等，子树求值的次序不重要，例如，可以先递归求值左子树，求值过程使用伪寄存器 $R_0,R_1,\cdots,R_{k-2}$，结果存放于 R_0；然后再递归求值右子树，求值过程使用伪寄存器 $R_1,\cdots,R_{k-1}$，结果存放于 R_1；最后生成一条形如 OP R_0,R_0,R_1 的指令。

（4）如果 n 只有一个孩子，那么先递归求值这个以孩子为根结点的子树，求值过程使用伪寄存器 $R_0,R_1,\cdots,R_{k-1}$，结果存放于 R_0；最后生成一条形如 OP R_0,R_0 的指令。

（5）如果 n 是叶子结点，则生成一条形如装入到结果寄存器 reg 的 load 指令 LD reg,mem。

根据这一算法，由图 10.22 的表达式树生成的代码为：

```
LD   R0, a
LD   R1, b
ADD  R0, R0, R1
LD   R1, d
LD   R2, e
ADD  R1, R1, R2
LD   R2, c
SUB  R1, R1, R2
MUL  R0, R0, R1
```

以上算法中，假设了实际物理寄存器的数目不少于 Ershov 数。如果是少于 Ershov 数的情况，则要对这个算法进行调整，在适当的地方插入 store 指令，将相应的伪寄存器泄漏到（spilled into）内存。**Sethi-Ullman 算法**（Sethi-Ullman algorithm）[44] 完整描述了这个过程，限于篇幅，这里不作进一步介绍。

10.4.4 图着色寄存器分配

前面也提到过，寄存器分配可分为两个部分，即分配和指派。因此，可以将其认为是一个两遍的过程：

（1）第一遍先假定可用的通用寄存器是无限数量的，完成指令选择和生成。例如，前面介绍的简单代码生成算法中的 getreg 函数返回一个伪寄存器（不管物理寄存器的实际个数）。

（2）第二遍将物理寄存器指派到伪寄存器。物理寄存器数量不足时，会将一些伪寄存器泄漏到（spilled into）内存。图着色算法的核心任务就是使得泄漏的伪寄存器数目最少。

下面介绍一个基本的图着色全局寄存器分配算法。它基于**寄存器相干图**（register interference graph）。本书中的寄存器相干图是一个无向图，每个伪寄存器是图中的一个结点；如果程序中存在某点，一个结点在该点被定值，而另一个结点在紧靠该定值之后的点是活跃的，则在这两个结点间连一条边。

图 10.23 的流图中给出了每个定值点之后的活跃变量信息。据此，可以给出该流图对

应的寄存器相干图，如图 10.24 所示。

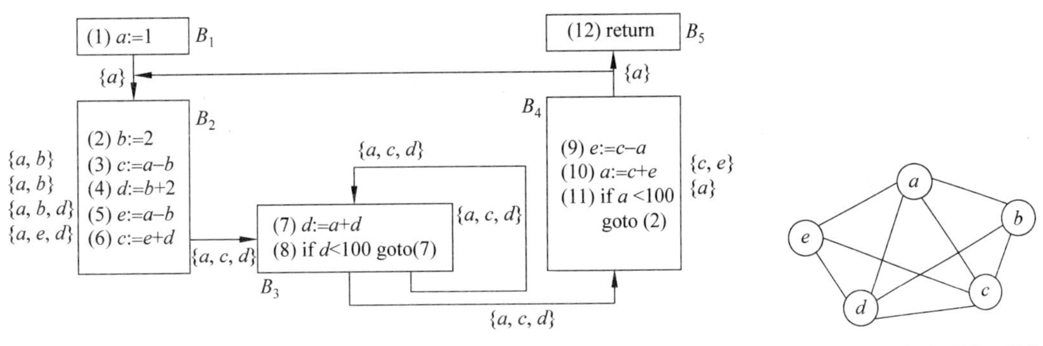

图 10.23　定值点之后的活跃变量信息

图 10.24　寄存器相干图

对相干图进行**着色**(coloring)，是指使用 k(对应物理寄存器的数量)种颜色对相干图进行着色，使得任何相邻的结点均具有不同的颜色(即两个相干的伪寄存器不会分配到同一个物理寄存器)。这样，就把物理寄存器指派的问题转化成了图论问题。

“一个图是否能用 k 种颜色着色”是一个 NP 完全问题。以下是一个简单的启发式 k-着色算法思想：

(1) 假设图 G 中某个结点 n 的度数小于 k，从 G 中删除 n 及其邻边得到图 G'，对 G 的 k-着色问题可转化为先对 G' 进行 k-着色，然后给结点 n 分配一个其相邻结点在 G' 的 k-着色中没有使用过的颜色。

(2) 重复(1)的过程，从图中删除度数小于 k 的结点。如果可以到达一个空图，说明对原图可以成功实现 k-着色；否则，原图不能成功实现 k-着色，可从 G 中选择某个结点(作为泄漏候选)将其删除，算法可继续。

对于图 10.24 的寄存器相干图，取 $k=4$，则可以成功着色。倘若真实的可分配物理寄存器数目不足 4，则必将会选某些结点所代表的伪寄存器泄漏到内存中去。

最后要指出的是，以上寄存器相干图仅适用于特定情况。每个结点对应于流图范围内需要分配寄存器的变量，每个变量都是在定值时将被分配寄存器，寄存器分配算法面向整个流图范围(比如，可以在前述的 getreg 函数基础上进行扩展)。此外，若是先进行某些代码优化(比如，在图 10.23 的流图范围内去掉无用定值点)，然后再生成寄存器相干图，可能会有不同的着色效果。

对于不同的目标指令集，不同的寄存器分配算法，不同的优化目标和范围，可根据需要定义不同的寄存器相干图。

10.4.5　PL/0 编译器的目标代码生成程序

PL/0 编译器是贯穿本书的简单编译器例子，它将 PL/0 源程序直接翻译为类 P-code 虚拟机代码，没有任何形式的中间表示，没有进行任何代码优化。

PL/0 编译器的目标代码生成过程比较简单。类 P-code 虚拟机是一种简单的纯栈式结构的机器，运行期间的数据存储和运算都在运行栈上实现。它没有通用寄存器，因此目标代码的生成过程中也不必考虑寄存器分配。

由 1.4.3 节，类 P-code 虚拟机的指令格式形如

$$F \quad L \quad A$$

它由 3 部分构成，其含义分别为：

F：表示指令的操作码。

L：若起作用，则表示引用层与申明层之间的层次差；若不起作用，则置为 0；

A：不同的指令含义不同。

类 P-code 虚拟机完整的指令集合见第 1 章图 1.20。

通用的目标代码生成函数为

```
#define gendo(a, b, c) if (-1==gen(a, b, c)) return-1
……
int gen(enum fct x, int y, int z)
{
    if (cx >=cxmax)
    {
        printf("Program too long");
        return-1;
    }
    code[cx].f=x;
    code[cx].l=y;
    code[cx].a=z;
    cx++;
    return 0;
}
```

生成目标代码时，大部分情况可以根据源程序的语句含义简单对应到适当的类 P-code 虚拟机指令或指令序列。例如，表达式的代码生成片段中加法和减法指令的生成：

```
int expression(bool * fsys, int * ptx, int lev)                /* 表达式处理 */
{
    ……
    while (sym==plus||sym==minus)
    {
        addop=sym;
        ……
        if (addop==plus)
        {
            gendo(opr, 0, 2);                                  /* 生成加法指令 */
        }
        else
        {
            gendo(opr, 0, 3);                                  /* 生成减法指令 */
        }
    }
    ……
}
```

值得注意的是，在处理标识符相关操作的类 P-code 代码生成时，通常需要访问符号表的信息。在遇到常数标识符时，需要从符号表读出该标识符的常数值，直接填写到相关指令

(取立即数指令 LIT)的 A 部分。在遇到变量标识符时，需要从符号表查出该标识符申明时的层次信息，然后从当前层次中减去申明时的层次得到层次差 L。同时，也要从符号表读出该标识符的偏移地址信息，即相关指令的 A 部分。这样，就可以生成 LOD 或 STO 指令。

例如，在处理因子时，常量标识符生成 LIT 指令，变量标识符生成 LOD 指令：

```
int factor(bool * fsys, int * ptx, int lev)                  /* 因子处理 */
{
    ……
    i=position(id, * ptx);                                   /* 查找名字 */
    ……
    switch (table[i]. kind)
    {
        case constant:                                       /* 名字为常量 */
            gendo(lit, 0, table[i]. val);                    /* 生成 LIT 指令 */
            break;
        case variable:                                       /* 名字为变量 */
            gendo(lod, lev-table[i]. level, table[i]. adr);  /* 生成 LOD 指令 */
            break;
                ……
    }
    ……
}
```

又如，在处理赋值语句时，针对左边的变量标识符，会生成 STO 指令：

```
int statement(bool * fsys, int * ptx, int lev)           /* 语句处理 */
{
    ……
    if (sym==ident)                                      /* 准备按照赋值语句处理 */
    {
        i=position(id, * ptx);
        ……
        gendo(sto, lev-table[i]. level, table[i]. adr);  /* 生成 STO 指令 */
    }
    ……
}
```

类似地，在遇到过程标识符时，需要从符号表查出该标识符申明时的层次，然后从当前层次中减去申明时的层次得到层次差 L，这是在生成指令 CAL 时需要用到的。同时，也要从符号表读出该标识符的 SIZE 信息，以作为指令 INT 的 A 部分。

此外，在生成分支指令(JMP,JPC,CAL)时，所用到的 A 部分需要从编译程序中的某些变量的取值得到。这常会用到返填技术，如生成条件跳转指令的代码片段：

```
if (sym==ifsym)                   /* 准备按照 if c then s 语句处理 */
{
    ……
    conditiondo(…);               /* 调用条件处理(逻辑运算)函数 */
    ……
```

```
    cx1=cx;                                  /* 保存当前指令地址 */
    gendo(jpc, 0, 0);                        /* 生成条件跳转指令,跳转地址未知,暂时写 0 */
    statementdo(fsys, ptx, lev);             /* 处理 then 后的语句 */
    code[cx1].a=cx;                          /* 地址返填 */
}
```

代码生成的其他细节参见附录 A。

练　　习

1. 何谓代码优化?最常用的代码优化技术有哪些?
2. 图 10.26 是图 10.25 的 C 代码的部分三地址代码序列。

```
void quicksort(m,n)
int m,n;
{
    int i,j;
    int v,x;
    if (n<=m) return;
    /* fragment begins here */
    i = m-1; j = n; v = a[n];
    while(1) {
        do i = i+1; while (a[i]<v);
        do j = j-1; while (a[j]>v);
        if (i>=j) break;
        x = a[i]; a[i] = a[j]; a[j] = x;
    }
    x = a[i]; a[i] = a[n]; a[n] = x;
    /* fragment ends here */
    quicksort (m,j); quicksort(i+1,n);
}
```

图　10.25

(1)	i:=m−1	(16)	t_7:=4*i
(2)	j:=n	(17)	t_8:=4*j
(3)	t_1:=4*n	(18)	t_9:=a[t_8]
(4)	v:=a[t_1]	(19)	a[t_7]:=t_9
(5)	i:=i+1	(20)	t_{10}:=4*j
(6)	t_2:=4*i	(21)	a[t_{10}]:=x
(7)	t_3:=a[t_2]	(22)	goto (5)
(8)	if t_3<v goto (5)	(23)	t_{11}:=4*i
(9)	j:=j−1	(24)	x:=a[t_{11}]
(10)	t_4:=4*j	(25)	t_{12}:=4*i
(11)	t_5:=a[t_4]	(26)	t_{13}:=4*n
(12)	if t_5<v goto (9)	(27)	t_{14}:=a[t_{13}]
(13)	if i>=j goto (23)	(28)	a[t_{12}]:=t_{14}
(14)	t_6:=4*i	(29)	t_{15}:=4*n
(15)	x:=a[t_6]	(30)	a[t_{15}]:=x

图　10.26

(1) 请将图 10.26 的三地址代码序列划分为基本块并给出其流图。

(2) 将每个基本块的公共子表达式删除。

(3) 找出流图中的循环,将循环不变量计算移出循环外。

(4) 找出每个循环中的归纳变量,并在可能的地方删除它们。

3. 在图 10.27 的程序流图中，B_3 中的 $i:=2$ 是循环不变量，可以将其提为前置结点吗？你还能举出一些例子说明循环不变量外提的条件吗？

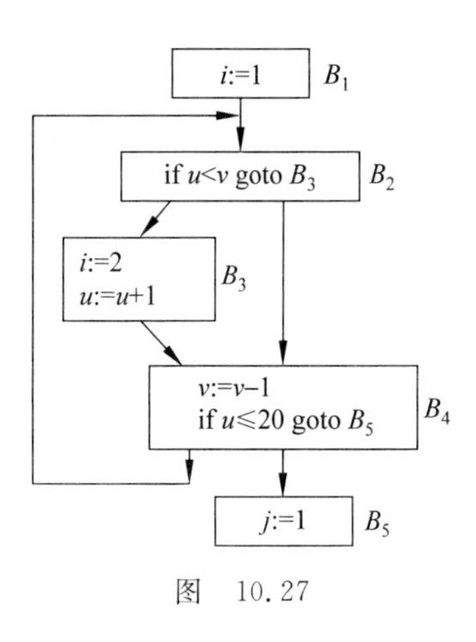

图 10.27

4. 试对以下基本块 B_1 和 B_2：

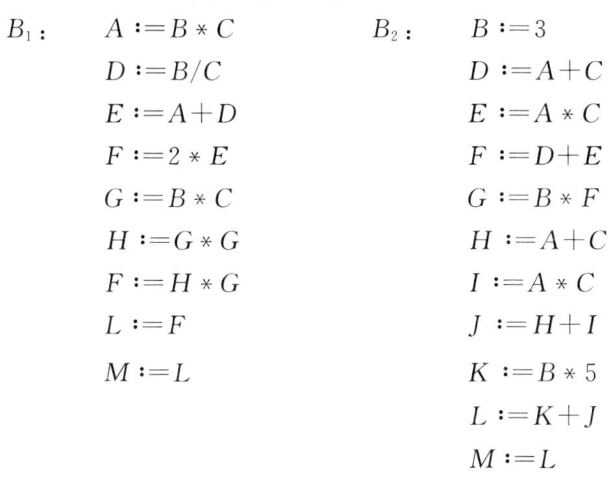

B_1：

$A:=B*C$
$D:=B/C$
$E:=A+D$
$F:=2*E$
$G:=B*C$
$H:=G*G$
$F:=H*G$
$L:=F$
$M:=L$

B_2：

$B:=3$
$D:=A+C$
$E:=A*C$
$F:=D+E$
$G:=B*F$
$H:=A+C$
$I:=A*C$
$J:=H+I$
$K:=B*5$
$L:=K+J$
$M:=L$

分别应用 DAG 对它们进行优化，并就以下两种情况分别写出优化后的 TAC 语句序列：

(1) 假设只有 G、L、M 在基本块后面还要被引用。

(2) 假设只有 L 在基本块后面还要被引用。

5. 分别对图 10.28 和图 10.29 的流图：

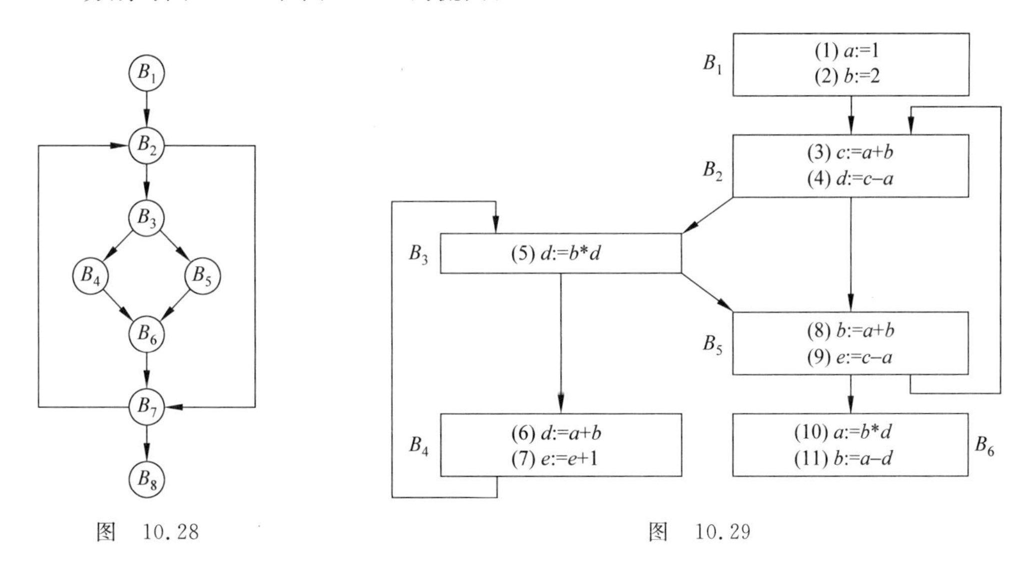

图 10.28　　图 10.29

(1) 求出流图中各结点 n 的必经结点集 $D(n)$。

(2) 求出流图中的回边。

(3) 求出流图中的循环。

6. 图 10.30 是包含 7 个基本块的流图，其中 B_1 为入口基本块，B_7 为出口基本块：

(1) 指出在该流图中基本块 B_4 的支配结点(基本块)集合、始于 B_4 的回边以及基于该回边的自然循环中包含哪些基本块。

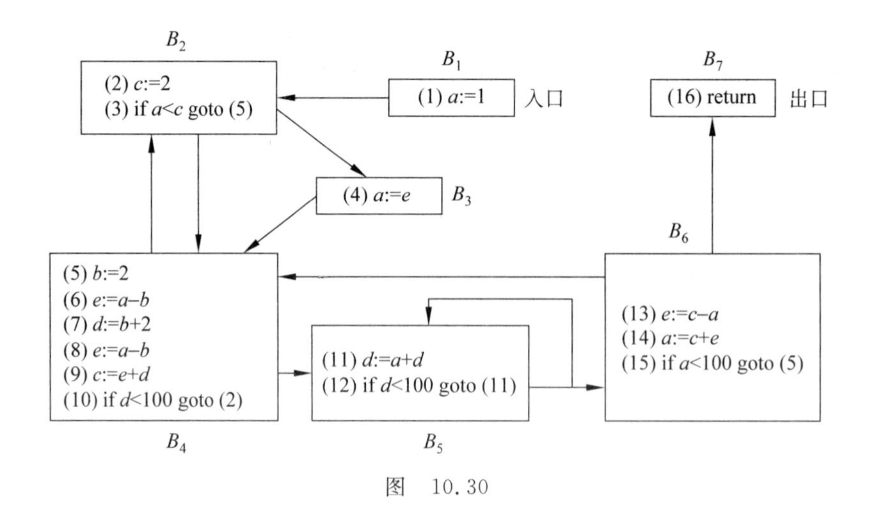

图 10.30

(2) 采用迭代求解数据流方程的方法对活跃变量信息进行分析。假设 B_7 的 LiveOut 信息为∅,迭代结束时的结果在图 10.31 所示的表中给出。试填充该表的内容。

	LiveUse	DEF	LiveIn	LiveOut
B_1				
B_2				
B_3				
B_4				
B_5				
B_6				
B_7				∅

图 10.31

(3) 对于该流图,根据采用迭代求解数据流方程对到达-定值(reaching definitions)数据流信息进行分析的方法。假设 B_1 的 IN 信息为∅,迭代结束时的结果如图 10.32 所示。试填充该表的内容。

	GEN	KILL	IN	OUT
B_1			∅	
B_2				
B_3				
B_4				
B_5				
B_6				
B_7				

图 10.32

(4) 指出该流图范围内,变量 a 在(11)的 UD 链。

(5) 指出该流图范围内,变量 c 在(2)的 DU 链。

7. 一个编译程序的代码生成需考虑哪些问题?

8. 根据 10.4.3 节介绍的从 DAG 图产生 TAC 语句序列的启发式排序算法,试给出图 10.21左边的 DAG 图所产生的 TAC 语句序列。

9. 根据 10.4.2 节所介绍的简单代码生成算法和所假设的目标语言,试给出由题 8 中 TAC 语句序列所生成的目标代码。

10. 图 10.21 右边的 DAG 图也是一棵表达式树。试对该表达式树的每个结点用 Ershov 数进行标记,并根据标记结果以及 10.4.3 节所介绍的算法,针对 10.4.3 节所假设的基于寄存器的简单机器,生成该表达式的目标代码。

11. 对于图 10.29 和图 10.30 所示的流图,分别给出相应的寄存器相干图。若要保证图着色过程中不会出现将寄存器泄漏到内存中的情形,那么可供分配的物理寄存器的最小数目分别是多少?

12. 熟悉类 P-code 虚拟机的指令格式与功能,并阅读 PL/0 编译程序的相关代码,理解 PL/0 编译程序中生成类 P-code 代码的方法。

第 11 章　课 程 设 计

实践是学习编译原理和技术的重要环节。本书提供两个具体编译器的例子，作为可选的课程设计素材。一个例子是贯穿全书的 PL/0 编译器，在书中不同部分已有较详细的介绍。另一个例子是 Decaf 编译器，它实现的是一种强类型单继承的简单面向对象语言。

本章首先给出基于 PL/0 编译器的课程设计方案的一些建议。然后以主要的篇幅介绍 Decaf 编译器的设计思想和框架，其中也包含一些基于该编译器框架的课程设计方案的建议。最后对于本章所涉及的软件包及相关信息进行说明。

11.1　基于 PL/0 编译器的课程设计

对于 Wirth 的 PL/0 编译器进行详细剖析，有助于学生对编译器建立起基本的感性认识。在此基础上，可以派生出各类不同的课程设计任务，使学生体验到自己构造编译器的乐趣。下面是作者在教学实践中尝试过的一些做法，可供教师制定课程设计方案时参考。

一个方面的工作是改变编译器的构造方法，利用构造工具 lex 与 yacc 重新实现 PL/0 编译器。最基本工作是实现一个同 Wirth 的手工编写的 PL/0 编译器功能一样的单遍编译器。词法分析用 lex 或手工方式实现，而语法分析、语义分析以及代码生成都借助 yacc 来实现，后者得到的翻译程序与词法分析程序联用就得到一个完整的 PL/0 编译器。同 Wirth 的 PL/0 编译器一样，该编译器生成的目标代码可以直接在类 P-code 虚拟机上运行。实现类 P-code 虚拟机的解释程序不变。

另一个方面的工作是改变编译器的组织方式，将原来的单遍方式改变为多遍方式。例如，在词法和语法分析结束后生成抽象语法树，再基于抽象语法树构造符号表，然后进行语义分析，最后生成类 P-code 目标代码。抽象语法树的结点类型和具体定义需要自行设计。词法和语法分析程序可以是手工实现，也可以用 lex 和 yacc 工具实现。

还有一个重要的方面就是根据各自的需求对 PL/0 语言进行扩充，实现扩展的 PL/0 语言的编译器。例如，作者在某一次编译原理的课程实验中所要求的 PL/0 语言扩充是在 PL/0 语言的基础上增加对整型一维数组的支持，扩充 IF-THEN-ELSE 条件语句，增加 REPEAT 语句，支持带参数的过程和增加注释，具体如下：

（1）整型一维数组。数组的定义格式为

VAR ＜数组标识名＞'('＜下界＞：＜上界＞')'

其中＜下界＞和＜上界＞是常量名或无符号整数。访问数组元素的时候，数组下标是整型的表达式，包括无符号整数、常量或者变量和它们的组合。例如，假设 a 是常量，b 是整型变量，c 是数组，下面这些访问方式都应该可以使用：

c(1)，c(a)，c(b)，c(b＋c(1))

（2）扩充条件语句。格式为

```
<条件语句>        ::= IF <条件> THEN <语句>[ELSE <语句>]
```

(3) 增加 REPEAT 语句。格式为

```
<重复语句>        ::= REPEAT <语句> UNTIL <条件>
```

(4) 支持带参数(传值参数)的过程。定义和调用形式为

```
<过程首部>        ::= PROCEDURE <id> ['('<形式参数>{,<形式参数>}')'] ;
<过程调用语句>    ::= CALL  <id>['('<传值参数> {,<传值参数> }')']
```

(5) 增加注释。单行注释,以{开始,以}结束,注释内容不包括{和}。

扩充后,原有语法定义(见 1.4.2 节)中相应部分的变化情况汇总如下:

```
<变量说明部分>    ::=VAR <变量声明> {,<变量声明> } ;
<变量声明>        ::= <id>|<id>'('<数组界>,<数组界>')'
<数组界>          ::= <id> | <integer>
<形式参数>        ::= <id>
<过程首部>        ::=  PROCEDURE <id>['('<形式参数>{,<形式参数>}')'];
<语句>            ::=  ... | <重复语句> | ...
<赋值语句>        ::= <变量引用>:=<表达式>
<变量引用>        ::= <id>|<id>'('<表达式>')'
<条件语句>        ::= IF <条件> THEN <语句> [ELSE <语句>]
<因子>            ::=<变量引用> | <integer> | '('<表达式>')'
<重复语句>        ::= REPEAT <语句> UNTIL <条件>
<过程调用语句>    ::= CALL  <id>['('<传值参数> {,<传值参数> }')']
<传值参数>        ::= <表达式>
<读语句>          ::= READ '(' <变量引用> {,<变量引用> }')'
```

提示: 为了支持带参数的过程和一维数组,对类 P-code 虚拟机还应该进行相应的扩充。如果是采用多遍的组织方式,则中间表示层(如抽象语法树)也需要相应的扩充。

另外,作为课程设计的实验可分阶段布置和检查。例如,若是分两个阶段,可将词法分析和语法分析作为第一阶段,将语义分析和代码生成作为第二阶段。

从清华大学出版社网站可以获取不同语言(Pascal,C 和 Java)版本的 PL/0 编译器源码,同时附带部分 PL/0 源程序(可选作测试用例)。根据不同的课程设计需求,应当对测试用例集合进行相应的补充/完善/删除。

11.2 基于 Decaf 编译器的课程设计

2001 年起,作者所在的"编译原理"教学组借鉴 Stanford 大学课程 CS143 的课程实验框架(其原始框架由 Julie Zelenski 设计)开展相关实验教学工作。该实验框架设计实现一种简单面向对象语言 Decaf 的编译器。

Decaf 是一种强类型的、单继承的简单面向对象语言,是用于教学的语言,曾经在 Stanford, MIT, Berkeley, University of Tennessee, Brown, Texas A&M, Southern Adventist, North Carolina 以及 Simon Fraser 等多所大学的相关课程中使用。Decaf 仅代

表一种语言设计的理念，各校的课程实验框架和语言版本不尽相同。

相比 2001 年 Stanford 大学课程 CS143 的 Decaf 编译器，作者所在教学团队对课程实验框架进行了多次调整，基本稳定时主要有两方面改变：一是将原先实验框架的开发语言由 C++ 改为 Java，二是将实验框架由原来的单遍组织改为多遍组织。后者也参考了 Berkeley 大学课程 CS164 的 COOL 课程项目（设计者 Alex Aiken）。经过这些变化，从 2007 年春季学期起，我们也将原先的 Decaf 编译器称为 Mind 编译器或 Decaf/Mind 编译器，同时将 Decaf 语言称为 Mind 语言或 Decaf/Mind 语言（每届学生有所不同）。然而，为方便溯源，本书中仍将这一课程实验中的编译器框架称为 Decaf 编译器，将它所实现的语言统称为 Decaf 语言。

本节主要介绍 Decaf 编译器的设计框架以及实现代码的主体结构。根据作者在相关课程中的具体安排，Decaf 编译器的实验分为 5 个阶段，本节的内容将分这些阶段来介绍。相关课程教师从本书的出版单位可以获取 Decaf 编译器实验框架的最新稳定版软件包。本节的最后将简介作者在教学实践中尝试过的一些做法，供教师在具体制定课程设计方案时参考。

11.2.1 Decaf 编译器实验的总体结构

Decaf 编译器的工作原理如图 11.1 所示。我们将实验框架分成如下 5 个阶段：

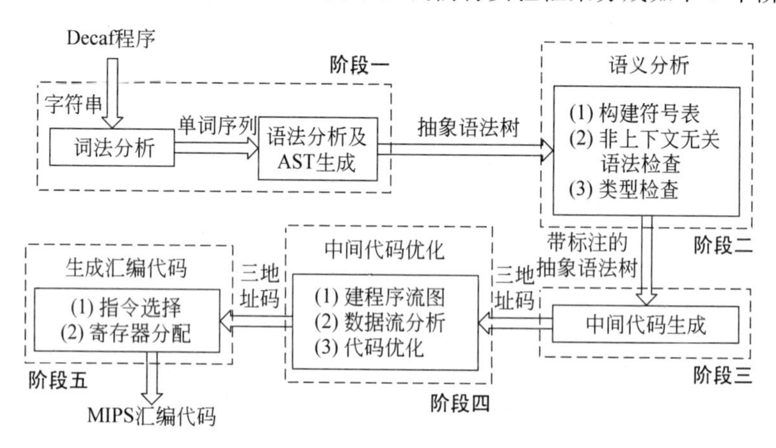

图 11.1 Decaf 编译器实验的总体结构

阶段一：词法分析和语法分析。借助 lex 和 yacc 或者手工编写代码实现词法和语法分析，一遍扫描源程序后直接产生一种高级中间表示，即实验指定的抽象语法树（AST）。

阶段二：语义分析。遍历抽象语法树构造符号表，实现静态语义检查（非上下文无关语法检查以及类型检查等），产生带标注的抽象语法树（decorated AST）。这一阶段对抽象语法树进行两遍扫描：第一遍扫描的时候建立符号表的信息，并且检测符号声明冲突以及跟声明有关的符号引用问题（例如 A 继承于 B，但是 B 没有定义的情况）；第二遍扫描的时候检查所有的语句以及表达式的参数的数据类型。

阶段三：中间代码生成。将带标注的抽象语法树所表示的输入程序翻译成适合后期处理的另一种中间表示方式，即三地址码 TAC，并在合适的地方加入诸如检查数组访问越界、数组大小非法等运行时错误的内容。本阶段完成后，三地址码程序可在实验框架所给的 TAC 模拟器上执行。

阶段四：中间代码优化。目前的实验框架中只包含基本块划分、流图构建以及“活跃变量”数据流分析(包括以基本块为单位的分析，以及以基本块内单个语句为单位的分析)等方面的代码，未包含任何与中间代码优化算法相关的内容。

阶段五：目标代码生成。实验框架包括汇编指令选择、寄存器分配和栈帧管理的内容。

完成这些阶段以后，即可产生出适合实际 MIPS 机器上的汇编代码，可以利用由美国 Wisconsin 大学的 MIPS R2000/R3000 模拟器 SPIM[41] 来运行这些汇编代码。在作者所在系开设的“计算机系统综合实验”课程中，则要求学生在自己设计的 CPU 以及教学操作系统环境下执行这些汇编代码(汇编器以及装入/链接器使用第三方工具)。

在 Decaf 编译器实验框架的软件包中，可找到 Decaf 编译器的驱动程序代码，由 Diver 类(见 src. decaf. Driver)的主函数给出：

```
public final class Driver {
    ......
    public static void main(String[] args) throws IOException {
        driver=new Driver();                          //创建 driver
        driver. option=new Option(args);              //置编译选项指示不同阶段实验
        driver. init();                               //编译初始化
        driver. compile();                            //编译主体
    }
}
```

调用 init()函数进行必要的编译初始化工作：

```
public final class Driver    {
......
private void init() {
    lexer=new Lexer(option. getInput());              //创建 lexer
        parser=new Parser();                          //创建 parser
        lexer. setParser(parser);                     //关联 lexer 的 parser
        parser. setLexer(lexer);                      //关联 parser 的 lexer
        errors= new ArrayList<DecafError>();          //初始化错误信息
        table= new ScopeStack();                      //创建作用域栈
    }
}
```

调用 compile()函数进入编译主体：

```
public final class Driver    {
    ......
    private void compile() {
        Tree. TopLevel tree=parser. parseFile();       //词法语法分析并建 AST
        BuildSym. buildSymbol(tree);              //遍历 AST 建符号表，进行部分静态语义检查
        TypeCheck. checkType(tree);                    //遍历 AST 完成静态类型检查
        PrintWriter pw=new PrintWriter(option. getOutput());
        Translater tr=Translater. translate(tree);     //遍历 AST 翻译至三地址码
        List<FlowGraph> graphs=new ArrayList<FlowGraph>();     //创建流图
```

```
        for (Functy func : tr.getFuncs()) {
            graphs.add(new FlowGraph(func));          //构造并添加每个函数的流图
        }
        MachineDescription md=new Mips();             //创建 MIPS 汇编文件接口
        md.setOutputStream(pw);                       //置 pw 为汇编文件接口的输出流
        md.emitVTable(tr.getVtables());               //生成并输出 Vtable 信息
        md.emitAsm(graphs);                           //生成并输出 MIPS 指令序列
    }
}
```

上述 compile()的代码省略了源码中用于阶段性检查以及输出显示的代码片段。

实验第一阶段的工作对应

```
Tree.TopLevel tree=parser.parseFile();            //词法语法分析并建 AST
```

实验第二阶段的工作对应

```
BuildSym.buildSymbol(tree);                  //遍历 AST 建符号表,进行部分静态语义检查
TypeCheck.checkType(tree);                        //遍历 AST 完成静态类型检查
```

实验第三阶段的工作对应

```
Translater tr=Translater.translate(tree);         //遍历 AST 翻译至三地址码
```

实验第四阶段工作中控制流图的创建对应

```
List<FlowGraph> graphs=new ArrayList<FlowGraph>();//创建流图
for (Functy func : tr.getFuncs()) {
    graphs.add(new FlowGraph(func));              //构造并添加每个函数的流图
}
```

实验第五阶段的工作对应

```
md.emitVTable(tr.getVtables());                   //生成并输出 Vtable 信息
md.emitAsm(graphs);                               //生成并输出 MIPS 指令序列
```

11.2.2 词法和语法分析(阶段一)

词法和语法分析的对象是编译器的源语言 Decaf 语言。关于源语言的定义,细节可参见实验框架软件包中的《Decaf 语言规范》,这里仅列出 EBNF 形式的 Decaf 语言语法:

```
Program       ::= ClassDef+                //"x+,"表示一个或多个 x 的出现,下同
VariableDef   ::= Variable ;
Variable      ::= Type identifier
Type          ::= int|bool|string|void|class identifier| Type '[' ']'
Formals       ::= Variable+,| ε             //"x+,"表示一个或多个以逗号分隔的 x,下同
FunctionDef   ::=[static] Type identifier '(' Formals ')' StmtBlock
                                           //"[x]"表示 0 或 1 个 x 的出现,下同
ClassDef      ::= class identifier extends identifier '{' Field* '}'
                                           //"x*"表示 0、1 或多个 x 的出现,下同
Field         ::= VariableDef | FunctionDef
```

```
StmtBlock      ::= '{' Stmt* '}'
Stmt           ::=VariableDef|SimpleStmt;|IfStmt|WhileStmt|ForStmt|BreakStmt;|
                          ReturnStmt;|PrintStmt;|StmtBlock
SimpleStmt     ::= LValue=Expr|Call|ε
LValue         ::=[Expr.] identifier | Expr '[' Expr ']'
Call           ::=[Expr.] identifier '(' Actuals ')'
Actuals        ::=Expr+ , | ε
ForStmt        ::=for '(' SimpleStmt ; BoolExpr ; SimpleStmt ')' Stmt
WhileStmt      ::=while '(' BoolExpr ')' Stmt
IfStmt         ::=if '(' BoolExpr ')' Stmt [else Stmt]
ReturnStmt     ::=return | return Expr
BreakStmt      ::=break
PrintStmt      ::=Print '(' Expr+ , ')'
BoolExpr       ::=Expr
Expr           ::=Constant | LValue | this | Call | '(' Expr ')' |Expr + Expr | Expr - Expr |
                  Expr * Expr | Expr / Expr | Expr % Expr | - Expr | Expr < Expr |
                  Expr <=Expr | Expr>Expr | Expr>=Expr | Expr==Expr |
                  Expr !=Expr | Expr && Expr | Expr || Expr | ! Expr |
                  ReadInteger '(' ')'| ReadLine '(' ')' | new identifier '(' ')' |
                  new Type '[' Expr ']'|
                  instanceof '(' Expr, identifier ')' | '(' class identifier ')' Expr
Constant       ::=intConstant|boolConstant|stringConstant|null
```

其中,以下终结符对应关键字(保留字):

bool,break,class,else,extends,for,if,int,new,null,return,string,this,void,while,static,Print,ReadInteger,ReadLine,instanceof

布尔常量(boolConstant)是 true 或者 false,如同关键字一样,它们也是保留字。一个整型常量(intConstant)既可以是十进制整数也可以是十六进制整数。一个字符串常量(stringConstant)是被一对双引号包围的可打印 ASCII 字符序列。

Decaf 有一个非常小的标准库,可以用于简单的 I/O 和内存分配。标准库函数包括 Print、ReadInteger、ReadLine 和 new。

单行注释是以//开头直到该行的结尾。Decaf 中没有多行注释。如果单行注释出现在程序末尾,那么单行注释的结尾需要换行。

Decaf 支持反射函数 instanceof,可以通过 instanceof 来判断一个表达式的结果是否是某个类的实例。

在 Decaf 编译器实验框架的软件包中,词法和语法分析程序是借助自动构造工具 lex 和 yacc 实现的,实现词法和语法分析的一遍扫描源程序后直接产生一种高级中间表示(实验指定的抽象语法树)。使用的 lex 和 yacc 版本分别为 Jflex[40] 和 BYACC/J[37]。

阶段一实验的重点是掌握 lex 和 yacc 的用法,体会使用编译器自动构造工具的好处,并且结合实践体会正规表达式、有限自动机、上下文无关文法、LALR(1)分析、语法制导翻译等理论是如何在实践中得到运用的。

使用 lex 和 yacc 的核心是利用正规表达式给出词法规则,而利用上下文无关文法给出语法规则。另外,还要注意 lex 和 yacc 是如何联用的。另外,对于 EBNF 形式的源语言语法定义，需要给出等价的上下文无关文法定义，才可能使用 yacc 工具。

要注意，使用 yacc 工具实际上是生成一个语法制导翻译程序，该程序可以将通过了词法和语法检查的源程序转换为相应的抽象语法树。例如，对于以下 Decaf 程序片段 P1：

```
class Computer {
    int cpu;
    void Crash(int numTimes) {
        int i;
        for (i=0; i < numTimes; i=i+1)
            Print("sad\n");
    }
}
class Mac extends Computer {
    int mouse;
    void Crash(int numTimes) {
        Print("ack!");
    }
}
class Main {
    static void main() {
        class Mac powerbook;
        powerbook=new Mac();
        powerbook.Crash(2);
    }
}
```

其相应的抽象语法树（以缩进格式体现父子关系）形如

```
program
    class Computer <empty>
        vardecl cpu inttype
        func Crash voidtype
            formals
                vardecl numTimes inttype
            stmtblock
                vardecl i inttype
                for
                    assign
                        varref i
                        intconst 0
                    les
                        varref i
                        varref numTimes
                    assign
```

```
                        varref i
                        add
                            varref i
                            intconst 1
                    print
                        stringconst "sad\n"
    class Mac Computer
        vardecl mouse inttype
        func Crash voidtype
            formals
                vardecl numTimes inttype
            stmtblock
                print
                    stringconst "ack!"
    class Main <empty>
        static func main voidtype
            formals
            stmtblock
                vardecl powerbook classtype Mac
                assign
                    varref powerbook
                    newobj Mac
                call Crash
                    varref powerbook
                    intconst 2
```

对照程序片段 P1,不难理解上述抽象语法树中各结点的含义。实验框架中定义好了需要用到的各种抽象语法树结点对应的数据结构,见 src. decaf. tree 包中的类。在第一阶段动手实现之前应熟悉这些数据结构。

11.2.3 语义分析(阶段二)

这一阶段将基于抽象语法树完成两项任务:建立符号表的信息,实现静态语义检查。

静态语义检查主要包括非上下文无关语法检查以及类型检查。实现静态语义检查时,需要一个重要的数据结构,即符号表。符号表同时也是语义信息的重要载体,在后续阶段中还会经常用到。

例如,对于 11.2.2 节中程序片段 P1 所对应的抽象语法树,经第一遍扫描的时候建立符号表的信息(同时检测符号声明冲突以及跟声明有关的符号引用问题)后,附加了相应的符号表以及作用域等信息,形如:

```
GLOBAL SCOPE:                          /* Global 作用域 */
    (1,1) -> class Computer            /* (1,1) 表示符号在源程序中的位置,下同 */
    (10,1) -> class Mac : Computer     /* Mac 的父类指针指向 Computer */
```

```
(17,1) -> class Main
CLASS SCOPE OF 'Computer':                    /* 类 Computer 的 Class 作用域 */
    (2,9) -> variable cpu : int
    (3,10) -> function Crash : class : Computer->int ->void
    FORMAL SCOPE OF 'Crash':                  /* 方法 Crash 的 Formal 作用域 */
        (3,10) -> variable @this : class : Computer
        (3,20) -> variable @numTimes : int
        LOCAL SCOPE:                          /* 方法 Crash 的 Local 作用域 */
            (4,13) -> variable i : int
CLASS SCOPE OF 'Mac':                         /* 类 Mac 的 Class 作用域 */
    (11,9) -> variable mouse : int
    (12,10) -> function Crash : class : Mac ->int ->void
    FORMAL SCOPE OF 'Crash':                  /* 方法 Crash 的 Formal 作用域 */
        (12,10) -> variable @this : class : Mac
        (12,20) -> variable @numTimes : int
        LOCAL SCOPE:                          /* 方法 Crash 的 Local 作用域 */
CLASS SCOPE OF 'Main':                        /* 类 Main 的 Class 作用域 */
    (18,17) -> static function main : void
    FORMAL SCOPE OF ' main':                  /* 方法 main 的 Formal 作用域 */
        LOCAL SCOPE:                          /* 方法 main 的 Local 作用域 */
            (19,19) -> variable powerbook : class : Mac
```

实验中，符号表采用多级结构，为每个作用域单独建立一个符号表，仅记录当前作用域中声明的标识符。有 4 种类型的作用域，即全局(Global)作用域、类(Class)作用域、形参(Formal)作用域以及局部(Local)作用域。图 11.2 是符号表结构的一个示意图(以 11.2.2 节中程序片段 P1 为例，并省略一些信息)。

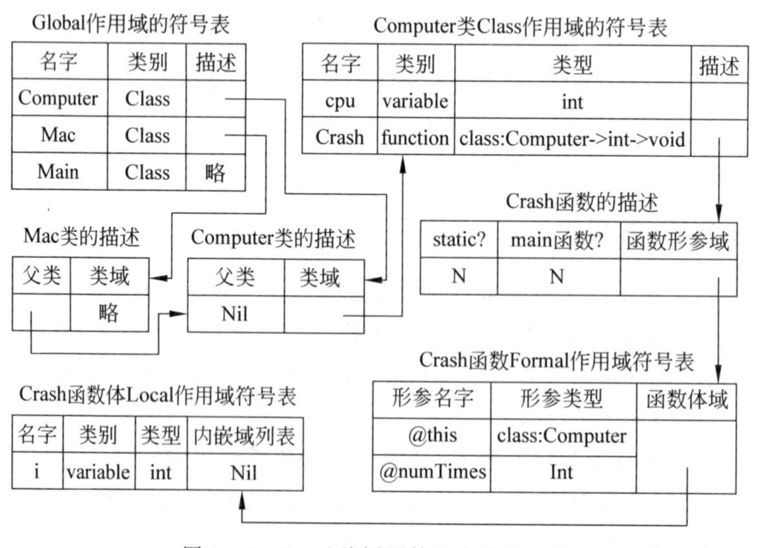

图 11.2　Decaf 编译器符号表结构示意

注意：方法 Crash 的 Formal 作用域中含有名字 this，这是在参数表开头自动加入的一个隐含参数，涉及 this 关键字的默认处理方法。

当处理到程序的某一位置时,可以访问的作用域称为开作用域,否则为闭作用域。需要建立一个栈来管理整个程序的作用域:每打开一个作用域,就把该作用域压入栈中;每关闭一个作用域,就从栈顶弹出该作用域。这样,这个作用域栈中就记录着当前所有打开的作用域的信息,栈顶元素就是当前最内层的作用域。查找一个变量时,按照自栈顶向下的顺序查找栈中各作用域的符号表,最先找到的就是最靠近内层的变量。

如图 11.3 所示,当处理到 for 语句时,当前作用域栈中包含 4 个开作用域。

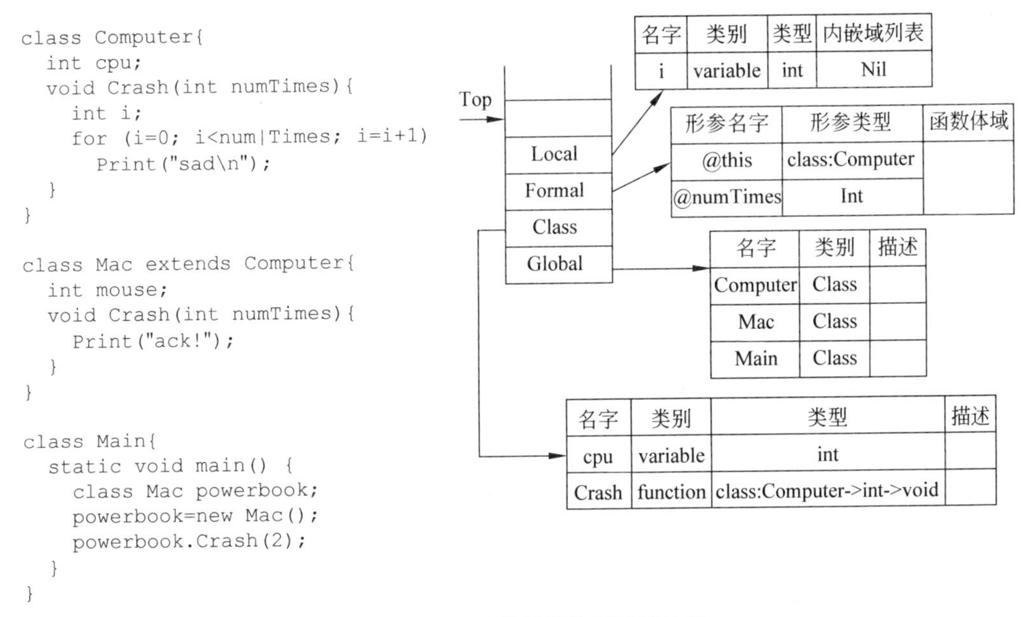

图 11.3 Decaf 编译器作用域栈示意

有一个问题值得注意。对于上述代码(见图 11.3),在类 Mac 的 Crash 方法中可以访问由父类继承下来的属性 cpu。但进入这个 Crash 方法的 Local 作用域后,cpu 并不在某个开作用域中(开作用域 Global 中只有父类标识符)。然而,能否直接引用父类继承下来的属性取决于 extends 的实现。具体到我们的 decaf 实验,是可直接引用的。这说明,虽然作用域与可见性二者是密切关联的,但二者有着不同的含义。从嵌套层次来看,将 cpu 看作开作用域中的符号是不恰当的,然而,继承性决定了 cpu 的可见性。一些实用的语言,如 Java、C++ 等,在语言规范里加入了 public、private 之类的关键字来控制子类对一些成员变量和成员函数的访问。我们的 decaf 实验中默认了类似 public 的继承属性。

实验框架中,建立符号表是对于抽象语法树(AST)的第一遍扫描,与此同时也检测符号声明冲突以及跟声明有关的符号引用问题。由于整个框架中要多次遍历抽象语法树,每一次遍历都要针对 AST 的所有结点进行同类的处理,处理到不同结点时有不同的行为。为了方便地实现这一需求,代码框架中使用了 Visitor 设计模式,并且和 8.4 节所介绍的结构相类似。

代码框架中定义了一个 Tree 抽象类(见软件包中的 src. decaf. tree. Tree),其中为 AST 的每一类结点嵌套定义了静态内部类(这里使用嵌套的类纯属技术考虑,可分开定义)。Tree 中定义了接受 Visitor 对象的抽象方法 accept,每种 AST 结点对应的内部类均重载 accept 方法。Tree 抽象类和各个 AST 结点子类之间的继承关系对应第 8 章的图 8.12、图 8.17。另外,针对抽象语法树的 Visitor 类也封装在 Tree 抽象类的定义中。类 Tree 的代码结构如下：

```
public abstract class Tree {
    ……
    public void accept(Visitor v) {                     //接受 Visitor 对象的方法
        v.visitTree(this);
    }
    public static class TopLevel extends Tree {         //AST 根结点，显示为 program
        ……
        public void accept(Visitor v) {                 //重载接受 Visitor 对象的方法
            v.visitTopLevel(this);
        }
        ……
    }
    public static class ClassDef extends Tree {         //定义 class 的 AST 结点
        ……
        public void accept(Visitor v) {                 //重载接受 Visitor 对象的方法
            v.visitClassDef(this);
        }
        ……
    }
    public static class MethodDef extends Tree {        //定义 method 的 AST 结点
        ……
        public void accept(Visitor v) {                 //重载接受 Visitor 对象的方法
            v.visitMethodDef(this);
        }
        ……
    }
    public static class VarDef extends Tree {           //定义成员变量的 AST 结点
        ……
        public void accept(Visitor v) {                 //重载接受 Visitor 对象的方法
            v.visitVarDef(this);
        }
        ……
    }

    ……                                                  //省略其他 30 个 AST 结点的静态内部类

    public static abstract class Visitor {              //遍历并处理树结点的 Visitor 抽象类 */
        public Visitor() {
            super();
        }
        public void visitTopLevel(TopLevel that) {
            visitTree(that);                            //根结点默认的 visit 方法
        }
        public void visitClassDef(ClassDef that) {
```

```
            visitTree(that);                         //ClassDef 结点默认的 visit 方法
        }
        public void visitMethodDef(MethodDef that) {
            visitTree(that);                         //MethodDef 结点默认的 visit 方法
        }
        public void visitVarDef(VarDef that) {
            visitTree(that);                         //VarDef 结点默认的 visit 方法
        }

        ......                                       //省略其他 30 个 AST 结点类的 visit 方法

        public void visitTree(Tree that) {           //各种结点默认的 visit 方法
            assert false;
        }
    }
}
```

现在,就可以通过继承 Visitor 类,并继承或重载其中的 visit 方法,来实现每一遍扫描抽象语法树时需要完成的具体工作。例如,实验框架软件包的 src. decaf. typecheck. BuildSym 中定义了 Visitor 的一个子类 BuildSym,代码如下:

```
public class BuildSym extends Tree. Visitor {
    private ScopeStack table;                                //table 为作用域栈
    ......
    public static void buildSymbol(Tree. TopLevel tree) {   //这一遍扫描的入口函数
        new BuildSym(Driver. getDriver(). getTable()). visitTopLevel(tree);
    }
    public void visitTopLevel(Tree. TopLevel program) {     //重载根结点的 visit 方法
        program. globalScope=new GlobalScope();              //设置 Global 作用域
        table. open(program. globalScope);                   //当前 Global 作用域入栈
        for (Tree. ClassDef cd : program. classes) {        //对全部类定义进行循环
            Class c=new Class(cd. name,cd. parent,cd. getLocation());
            Class earlier=table. lookupClass(cd. name);
            if (earlier !=null) {
                issueError(new DeclConflictError(cd. getLocation(),cd. name,
                    earlier. getLocation()));                //报错:之前已有同名的 class 定义
            } else {
                table. declare(c);                           //新声明的类加入当前开作用域(Global)
            }
            cd. symbol=c;                               //在类声明结点的符号表中加入这个新声明的类
        }
        for (Tree. ClassDef cd : program. classes) {        //对全部类定义进行循环
            Class c=cd. symbol;
            if (cd. parent !=null && c. getParent()==null) {
                issueError(new ClassNotFoundError(cd. getLocation(),cd. parent));
                    c. dettachParent();                      //报错:父类未声明
```

```
            }
            if (calcOrder(c) <= calcOrder(c. getParent())) {
                issueError(new BadInheritanceError(cd. getLocation()));
                    c. dettachParent();          //报错：子类声明在父类之前
            }
        }
        for (Tree. ClassDef cd : program. classes) {
            cd. symbol. createType();            //为每个类定义创建 class 类型
        }
        for (Tree. ClassDef cd : program. classes) {
            cd. accept(this);                    //遍历每个类定义并执行相应的 visit 方法
        if(Driver. getDriver(). getOption(). getMainClassName(). equals(
            cd. name)) {
            program. main=cd. symbol;            //设定 main 类
        }
    }
    for (Tree. ClassDef cd : program. classes) { //检查重载合法性
        checkOverride(cd. symbol);
    }
    if (!isMainClass(program. main)) {           //检查 main 类的合法性
        issueError(new NoMainClassError(Driver. getDriver(). getOption()
                . getMainClassName()));
        }
        table. close();                          //关闭当前开作用域(Global),即从作用域栈退出
    }
    public void visitClassDef(Tree. ClassDef classDef) {        //重载 ClassDef 结点的 visit 方法
        ......
        table. open(classDef. symbol. getAssociatedScope());   //当前 Class 作用域入栈
        for (Tree f : classDef. fields) {
            f. accept(this);                     //遍历类定义的每个域并执行相应的 visit 方法
        }
        table. close();                          //关闭当前的 Class 作用域,即从作用域栈退出
    }
    ......                                       //省略其他类 AST 结点重载的 visit 方法

    ......                                       //省略所有支撑函数(方法)

}
```

BuildSym 类中继承或重载了 Visitor 类中各类结点的 visit 方法,用以建立符号表的信息,同时检测符号声明冲突以及跟声明有关的符号引用问题。类似地,实验框架软件包中还定义了 Visitor 的子类 TypeCheck(见 src. decaf. typecheck. Typecheck,用以完成 Decaf 编译器语义分析过程中对抽象语法树的第二次扫描,同时检测更多的语义错误以及进一步收集后续阶段用到的语义信息。这两个类(BuildSym 和 TypeCheck)与 Visitor 类之间的关系可以对应于第 8 章的图 8.13、图 8.14 和图 8.15。定义 TypeCheck 类的代码如下:

```
public class TypeCheck extends Tree.Visitor {
    private ScopeStack table;                       //table 为作用域栈
    ……
    public static void checkType(Tree.TopLevel tree){      //这一遍扫描的入口函数
        new TypeCheck(Driver.getDriver().getTable()).visitTopLevel(tree);
    }
    public void visitTopLevel(Tree.TopLevel program){   //重载根结点的 visit 方法
        table.open(program.globalScope);          //当前 Global 作用域入栈
        for (Tree.ClassDef cd : program.classes) {
            cd.accept(this);                      //遍历每个类定义并执行相应的 visit 方法
        }
        table.close();                            //关闭当前开作用域(Global),即从作用域栈退出
    }
    public void visitBinary(Tree.Binary expr){    //重载二元运算结点的 visit 方法
        expr.type=checkBinaryOp(expr.left,expr.right,expr.tag,expr.loc);
    }
    public void visitAssign(Tree.Assign assign){ //重载赋值结点的 visit 方法
        assign.left.accept(this);                 //遍历左边表达式并执行相应的 visit 方法
        assign.expr.accept(this);                 //遍历右边表达式并执行相应的 visit 方法
        if (!assign.left.type.equal(BaseType.ERROR)
            && (assign.left.type.isFuncType()
            || !assign.expr.type.compatible(assign.left.type))) {
                issueError(new IncompatBinOpError(assign.getLocation(),
                    assign.left.type.toString(),"=",assign.expr.type
                        .toString()));            //报错: 赋值运算类型不兼容
        }
    }
    ……                                            //省略其他类 AST 结点重载的 visit 方法

    ……                                            //省略所有支撑函数(方法)

}
```

11.2.4 中间代码生成(阶段三)

经过前两个阶段,Decaf 源程序被翻译为语义正确的 AST 形式的程序,并且附加了许多有用的信息,形成带标注的 AST。AST 是一种高级中间表示形式,它完整保留了源程序的结构,并通过标注信息携带了源程序的语义。实验框架的第三阶段,将由带标注的 AST 生成三地址码(Three Address Code,TAC)。TAC 是一种低级中间表示形式,比较接近汇编语言。

这一阶段的实验目标是训练将程序从高级表示形式变化为与其等价的低级表示形式的基本技能,并且对过程调用约定、面向对象机制的实现方法、存储布局等内容能有较好的理解。

实验代码框架的软件包 src.decaf.tac 中定义好了需要用到的所有的 TAC 语句种类,以及在 TAC 表示中使用的 Temp(临时变量)、Label(标号)、Functy(函数块)和 VTable(类

的虚函数表)等重要的数据对象。在这一阶段,动手实现之前应通过实验说明文档或阅读代码来熟悉这些 TAC 语句及数据对象的定义。

其中,Temp 将与实际机器中的寄存器相对应,表示函数的形式参数以及函数的局部变量(但是不表示类的成员变量)。与实际寄存器不同的是,这里可以使用的临时变量的个数是无限的。

Label 表示标号,即代码序列中的特定位置(也称为“行号”)。在实验框架中有两种标号,一种是函数的入口标号,另一种是一般的跳转目标标号。

Temp 和 Label 都是用于函数体内的数据对象,在实验框架的 TAC 表示中,用 Functy 对象来表示源程序中的一个函数定义。与符号表中的 Function 对象不同,Functy 对象并不包括函数的返回值、参数表等信息,而仅包括函数的入口标号以及函数体的语句序列。

VTable 所表示的是一个类的虚函数表,即一个存放着各虚函数入口标号的线性表。接下来会详细介绍实验框架中的 VTable 结构。

所有的 Functy 对象和 VTable 对象组合成一个完整的程序。

从上面对 TAC 中间表示的描述可以看出,该中间表示是一种比 AST 更低级,但比汇编代码高级的表示方式(具有“函数”、“虚函数表”等概念)。可以通过具体例子先体会一下 TAC 中间表示的样式。

对于如下源程序片段(图 11.3 中代码的一部分):

```
......
for(i=0; i < numTimes; i=i+1)
    Print("sad\n");
......
```

它可能被翻译为如下 TAC 代码片段:

```
......
    _T16=0
    _T15=_T16
    branch _L14
_L15:
    _T17=1
    _T18=(_T15+_T17)
    _T15=_T18
_L14:
    _T19=(_T15 < _T1)
    if (_T19==0) branch _L16
    _T20="sad\n"
    parm _T20
    call _PrintString
    branch _L15
_L16:
......
```

其中,变量_T1 和_T15 分别对应源程序中的变量 numTimes 和 i;_PrintString 是标准库函数入口，该库函数用于打印一个字符串(由临时量_T20 作为参数提供给函数调用)。

面向对象机制的运行时存储组织是理解这一阶段代码框架的关键之一。对于这一点，9.5 节有一些基本的介绍。这一阶段的实验框架中，采用了例程索引表或虚表(Vtable)的方案。但因我们的 Decaf 语言中有对运算 instanceof 的支持，所以对 9.5 节介绍的 Vtable 结构进行了扩展(增加了一个指向父类名称的指针)。下面先通过图 11.3 左边的 Decaf 源程序例子回顾或了解一下相关内容。

首先，每个类都对应一个 Vtable。图 11.4 是该程序中 3 个类的 Vtable 示意图。虚函数表的目的是实现运行时函数地址绑定，即所谓的动态绑定机制。由于静态方法可以直接得到地址而直接调用，因而 Vtable 中没有包含静态方法。如图 11.4 中，Main 类的虚表中不含方法 main。

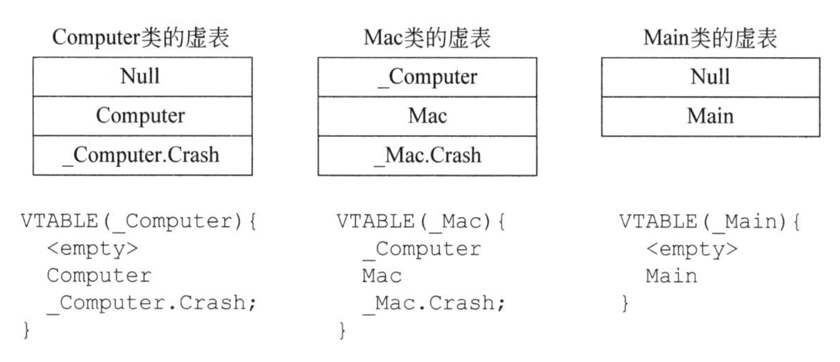

图 11.4　Decaf 编译器中 Vtable 结构的示意

在初始化对象时，会转到对象所属类的 New 函数入口。如图 11.5 所示，执行_Computer_New将初始化一个 Computer 对象。首先需要申请适当大小的堆存储空间(调用库函数_Alloc)，将第一个单元置为指向 Computer 类虚表的指针，后续单元依次存放该对象的成员变量(先放继承的变量，并且辈分越大越靠前)。一个 Computer 对象只含一个成员变量 cpu，因此需要分配两个单元的存储空间，即 8B 大小。据这些讨论，大家不难理解_Computer_New函数体中 TAC 语句的含义。

```
class Computer{
  int cpu;
  void Crash(int numTimes){
    int i;
    for(i=0; i<numTimes; i=i+1)
      Print("sad\n");
  }
}

FUNCTION(_Computer_New){
memo''
_Computer_New:
  _T2=8
  parm_T2
  _T3=call _Alloc
  _T4=0
  *(_T3+4)=_T4
  _T5=VTBL<Computer>
  *(_T3+0)=_T5
  return_T3
}
```

Computer类的虚表

Null
Computer
_Computer.Crash

一个Computer对象

cpu

```
FUNCTION(_Computer_Crash){
memo'_T0:4 _T1:8'
 Computer.Crash:
  _T16=0
  _T15=_T16
  branch _L14
_L15:
  _T17=1
  _T18=(_T15+_T17)
  _T15=_18
_L14:
  _T19=(_T15<_T1)
  if(_T19==0) branch _L16
  _T20="sad\n"
  parm _T20
  call _PrintString
  branch _L15
_L16:
}
```

图 11.5　Decaf 编译器中的 New 函数和成员函数示意

类似地，如图 11.6 所示，执行_Mac_New 将初始化一个 Mac 对象。此时应注意，在对象私有空间中，除了本地申明的变量 mouse，还包括继承父类的变量 cpu，并且 cpu 的存储位置靠前。初始化一个 Mac 对象时需要分配的存储空间是 3 个单元，即 12B 大小。

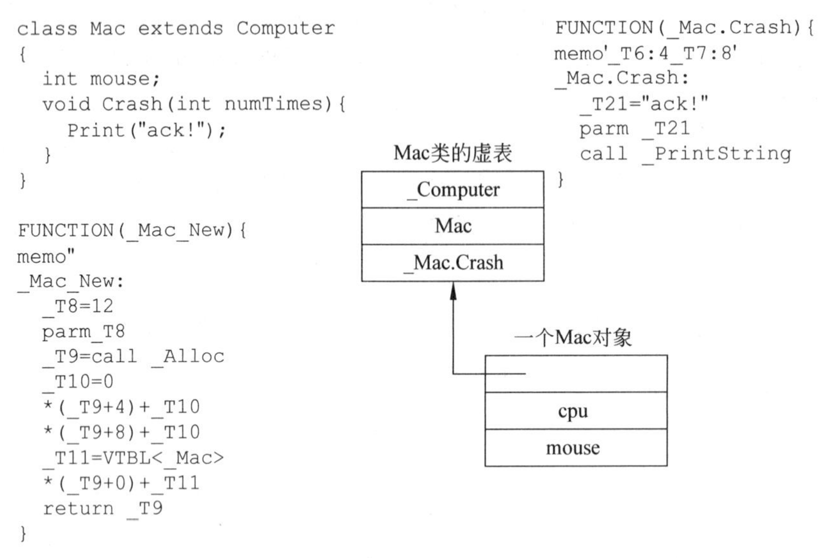

图 11.6　New 函数和成员函数的另一个例子

图 11.5 和图 11.6 都示意了成员函数的 Crash 的 TAC 代码。在 Mac 类中重载了 Crash 方法，因而 Computer 类和 Mac 类的 Crash 方法对应不同的版本，在图中分别表示为_Computer_Crash 和_Mac_Crash。

注意，每个函数体的开始处含有 memo 'XXX'，这仅是一种指导命令，专为 TAC 模拟器使用，不影响其他部分的理解，不必特别关注。如图 11.5 中_Computer. Crash 函数体内，memo '_T0：4_T1：8'的含义是指临时量_T0 的偏移量固定是 4，临时量_T1 的偏移量固定是 8。实际上，这里的_T0 和_T1 分别与形式参数 this 和 numTimes 相对应。

实验框架中，语义上合法的程序都包含唯一的 Main 类，其中包含唯一的静态 main 方法。创建 Main 类实例并且调用 main 函数的过程将自动成为一个 Functy 对象，并将其入口当作整个程序的入口。图 11.7 为类 Main 及 static main 函数的 TAC 代码示例。

通过图 11.7 中的 main 函数体，我们来理解一下方法调用 powerbook. Crash(2)所对应的 TAC 语句序列。首先，_T22(对应源程序中 powerbook)指向所创建的 Mac 对象，作为调用_Mac. Crash 的第 1 个参数(形参为 this)。另一个参数 2(形参为 numtimes)存放于_T24。通过该对象第一个单元的内容(＊(_T22＋0))得到 Vtable 的地址存放至_T25，然后通过＊(_T25＋8)得到_Mac. Crash 的入口_T26(参见图 11.6 中 Mac 类的虚表)，因此通过 call _T26 实现方法调用(有两个参数，_T22 和_T24)。

代码框架中定义了一个 Translater 类(见软件包中的 src. decaf. translate. Translater)，其中封装了创建各种 TAC 语句的方法。类 Translater 的代码如下：

```
public class Translater {
    private List<VTable> vtables;
    private List<Functy> funcs;
```

```
class Main {
  static void main() {
    class Mac powerbook;
    powerbook=new Mac();
    powerbook.Crash(2);
  }
}

FUNCTION(_Main_New){
memo"
_Main_New:
  _T12=4
  parm _T12
  _T13=call _Alloc
  _T14=VTBL
<_Main>
  *(_T13+0)=_T14
  return _T13
}
```

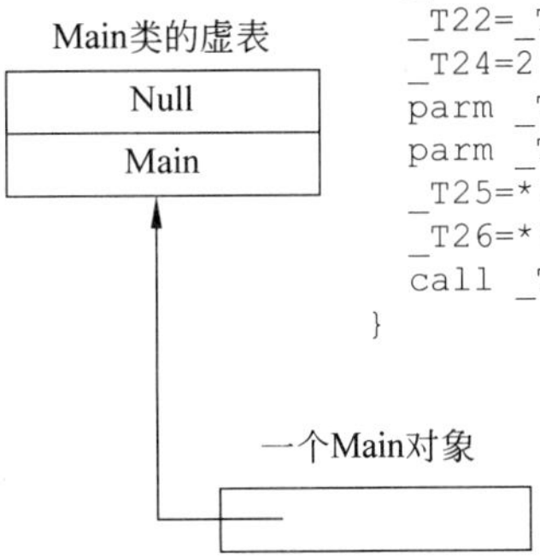

```
FUNCTION(Main){
memo"
main:
  _T23=call_Mac_New
  _T22=_T23
  _T24=2
  parm _T22
  parm _T24
  _T25=*(_T22+0)
  _T26=*(_T25+8)
  call _T26
}
```

图 11.7　类 Main 及 static main 函数

```
private Functy currentFuncty;
public Translater() {
    vtables=new ArrayList<VTable>();                    //创建 vtable 列表
    funcs=new ArrayList<Functy>();                      //创建 function 列表
}
public static Translater translate(Tree.TopLevel tree){  //从 AST 到 TAC 翻译的入口
    Translater tr=new Translater();                    //初始化,创建 vtable 和 function 的列表
    TransPass1 tp1=new TransPass1(tr);
    tp1.visitTopLevel(tree);                           //第一遍扫描
    TransPass2 tp2=new TransPass2(tr);
    tp2.visitTopLevel(tree);                           //第二遍扫描
    return tr;
}
……                                                     //相关支撑函数
public void createFuncty(Function func){               //创建函数体
    Functy functy=new Functy();
    if (func.isMain()) {
        functy.label=Label.createLabel("main",true); //创建主函数入口标号
    } else {
        functy.label=Label.createLabel("_"
            +((ClassScope) func.getScope()).getOwner().getName()+"."
            +func.getName(),true);                     //创建其他函数入口标号
    }
    functy.sym=func;
    func.setFuncty(functy);                            //设置函数体
}
public void beginFunc(Function func){                  //生成函数体首部
    currentFuncty=func.getFuncty();
    currentFuncty.paramMemo=memoOf(func);
```

```
        genMark(func.getFuncty().label);
    }
    public void endFunc(){                          //结束函数的生成，加入已生成函数的列表中
        funcs.add(currentFuncty);
        currentFuncty=null;
    }
    ......                                          //相关支撑函数
    public void createVTable(Class c){              //创建一个 class 的 vtable
        ......
    }
    ......                                          //相关支撑函数
    public void append(Tac tac){                    //将 TAC 语句添加到函数体中
        if (currentFuncty.head==null) {
            currentFuncty.head=currentFuncty.tail=tac;
        } else {
            tac.prev=currentFuncty.tail;
            currentFuncty.tail.next=tac;
            currentFuncty.tail=tac;
        }
    }
    public Temp genAdd(Temp src1,Temp src2){        //生成加法对应的 TAC 语句
        Temp dst=Temp.createTempI4();
        append(Tac.genAdd(dst,src1,src2));
        return dst;
    }
    public Temp genSub(Temp src1,Temp src2){ //生成减法对应的 TAC 语句
        Temp dst=Temp.createTempI4();
        append(Tac.genSub(dst,src1,src2));
        return dst;
    }
    ......                                          //各类翻译函数或相关支撑函数
    public Temp genIntrinsicCall(Intrinsic intrn){ //生成标准库函数调用的 TAC 语句
        Temp dst;
        if (intrn.type.equal(BaseType.VOID)) {
            dst=null;
        } else {
            dst=Temp.createTempI4();
        }
        append(Tac.genDirectCall(dst,intrn.label));
        return dst;
    }
    ......                                          //各类翻译函数或相关支撑函数
    public void genParm(Temp parm){                 //生成参数对应的 TAC 语句
        append(Tac.genParm(parm));
    }
```

```
    ......                                    //各类翻译函数或相关支撑函数
    public void genNewForClass(Class c){      //翻译一个 class 的 New 方法
        ......
    }
    ......                                    //各类翻译函数或相关支撑函数
}
```

在类 Translater 的基础上，可以建立各种数据对象，并且对函数体的各种语句和表达式进行翻译。需要注意的是，在开始翻译函数体之前需要调用 Translater 的 beginFunc()函数来开始函数体的翻译过程，在翻译完函数体以后需要调用 Translater 的 endFunc()函数来结束函数体的翻译过程(否则将不能形成正确的 Functy 对象)。

Translater 的 translate 函数给出了从 AST 到 TAC 的翻译过程，通过对 AST 进行两遍扫描来实现。类似于第二阶段的做法，通过继承针对 AST 的 Visitor 类，并继承或重载其中的 visit 方法，分别给出在进行这两遍翻译过程的具体工作。

对于第一遍翻译过程，实验框架软件包的 src. decaf. translate. TransPass1 中定义了 Visitor 的一个子类 TransPass1，代码如下：

```
public class TransPass1 extends Tree. Visitor {
    ......
    public void visitTopLevel(Tree. TopLevel program){  //重载根结点的 visit 方法
        for (Tree. ClassDef cd :  program. classes) {
            cd. accept(this);                            //遍历每个类定义并执行相应的 visit 方法
        }
        for (Tree. ClassDef cd :  program. classes) {
            tr. createVTable(cd. symbol);                //为每个类生成相应的 VTable
            tr. genNewForClass(cd. symbol);              //为每个类生成相应的 New 函数
        }
        for (Tree. ClassDef cd :  program. classes) {
            if (cd. parent !=null){          //为每个子类的 VTable 设置指向父类 VTable 的指针
                cd. symbol. getVtable(). parent=cd. symbol. getParent(). getVtable();
            }
        }
    }
    public void visitClassDef(Tree. ClassDef classDef){
        ......
    }
    public void visitMethodDef(Tree. MethodDef funcDef) {
        ......
    }
    public void visitVarDef(Tree. VarDef varDef) {
        ......
    }
}
```

第一遍翻译过程主要工作包括：为每个类生成 VTable、New 函数，计算各类偏移量信息，为每个函数创建 Functy 对象，为函数形参关联 Temp 对象，等等。

对于第二遍翻译过程，实验框架软件包的 src. decaf. translate. TransPass2 中定义了 Visitor 的一个子类 TransPass2，代码如下：

```
public class TransPass2 extends Tree. Visitor {
    private Translater tr;
    private Temp currentThis;
    ......
    public void visitTopLevel(Tree. TopLevel program){
        for (Tree. ClassDef cd :  program. classes) {
            cd. accept(this);                    //遍历每个类定义并执行相应的 visit 方法
        }
    }
    public void visitClassDef(Tree. ClassDef classDef){
        for (Tree f :  classDef. fields) {
            f. accept(this);                     //遍历类定义的每个域并执行相应的 visit 方法
        }
    }
    public void visitMethodDef(Tree. MethodDef funcDefn) {
        if (!funcDefn. statik){                  //获取当前非静态函数 this 参数的临时变量
            currentThis=((Variable) funcDefn. symbol. getAssociatedScope()
                . lookup("this")). getTemp();
        }
        tr. beginFunc(funcDefn. symbol);         //开始函数体的 TAC 代码生成
        funcDefn. body. accept(this);            //遍历函数体的语句块并执行相应的 visit 方法
        tr. endFunc();                           //结束函数体的 TAC 代码生成
        currentThis=null;
    }
    public void visitVarDef(Tree. VarDef varDef) {
        if (varDef. symbol. isLocalVar()){       //为局部变量绑定临时变量
            Temp t=Temp. createTempI4();         //创建一个新的含 32 位整数标识的临时变量
            t. sym=varDef. symbol;
            varDef. symbol. setTemp(t);
        }
    }
    public void visitBinary(Tree. Binary expr){  //重载二元运算结点的 visit 方法
        expr. left. accept(this);                //遍历左边表达式并执行相应的 visit 方法
        expr. right. accept(this);               //遍历右边表达式并执行相应的 visit 方法
        switch (expr. tag) {
        case Tree. PLUS:                         //生成加法运算的 TAC 语句
            expr. val=tr. genAdd(expr. left. val,expr. right. val);
            break;
        case Tree. MINUS:                        //生成减法运算的 TAC 语句
            expr. val=tr. genSub(expr. left. val,expr. right. val);
            break;
```

```
        ......                              //生成其他二元运算的 TAC 语句
        }
    }
    ......                                  //各类翻译函数或相关支撑函数
    public void visitBlock(Tree.Block block) {
        for (Tree s :  block.block) {
            s.accept(this);                 //遍历 block 中的所有结点并执行相应的 visit 方法
        }
    }
    public void visitThisExpr(Tree.ThisExpr thisExpr) {
        thisExpr.val=currentThis;           //绑定 this 表达式的临时变量
    }
    public void visitPrint(Tree.Print printStmt) {
        for (Tree.Expr r :  printStmt.exprs){ //循环处理要打印列表中的表达式
            r.accept(this);                 //遍历列表中的一个表达式并执行相应的 visit 方法
            tr.genParm(r.val);              //生成存放该表达式结果的临时变量作为参数的
                                              TAC 语句
            if (r.type.equal(BaseType.BOOL)){           //生成对_PrintBool 的调用
                tr.genIntrinsicCall(Intrinsic.PRINT_BOOL);
            } else if (r.type.equal(BaseType.INT)){     //生成对_PrintInt 的调用
                tr.genIntrinsicCall(Intrinsic.PRINT_INT);
            } else if (r.type.equal(BaseType.STRING)){  //生成对_PrintString 的调用
                tr.genIntrinsicCall(Intrinsic.PRINT_STRING);
            }
        }
    }
    ......                                  //省略其他类 AST 结点重载的 visit 方法
}
```

11.2.5 代码优化(阶段四)

目前阶段四的实验框架中只包含基本块划分、流图构建以及活跃变量分析等方面的代码,尚未包含任何与中间代码优化算法相关的代码。在这一代码框架基础上,可选择布置各种代码优化的作业。基本块划分和流图构建的方法在第 10 章已有介绍,这里仅给出实验框架中基本块和流图的具体数据结构定义。

基本块类 BasicBlock(见 src.decaf.dataflow.BasicBlock)的定义框架如下:

```
public class BasicBlock{
    public int bbNum;                                   //基本块的编号
    public enum EndKind{
        BY_BRANCH,BY_BEQZ,BY_BNEZ,BY_RETURN
    }
    public EndKind endKind;             //出口类别
    public int inDegree;                //从入口基本块开始计数的第 inDegree 个基本块
    public Tac tacList;                 //基本块的 TAC 语句序列
```

```
    public Label label;                     //当前基本块汇编码起始位置的标号
    public Temp var;                        //出口语句 RETURN、BEQZ、BNEZ 的操作数变量
    public Register varReg;                 //出口语句 RETURN、BEQZ、BNEZ 的操作数寄存器
    public int[] next;                      //后继基本块(最多 2 个)的编号
    public boolean cancelled;               //标记为死代码的基本块
    public boolean mark;                    //标记当前基本块的汇编码是否已输出
    public Set<Temp> def;                   //基本块的 Def 集合
    public Set<Temp> liveUse;               //基本块的 LiveUse 集合
    public Set<Temp> liveIn;                //基本块的 LiveIn 集合
    public Set<Temp> liveOut;               //基本块的 LiveOut 集合
    public Set<Temp> saves;                 //离开基本块时需保存的寄存器集合
    private List<Asm> asms;                 //基本块的汇编指令序列
    ......
    public void computeDefAndLiveUse(){ //计算 Def 和 LiveUse 集合
        ......
    }
    ......
    public void analyzeLiveness(){          //基本块内的活跃变量分析
        ......
    }
    ......
}
```

基本块编号 bbNum 会在标记基本块(调用流图类 FlowGraph 的 markBasicBlocks 函数)时设置。

每个基本块的出口类别 endKind,Tac 语句序列 tacList,出口语句 RETURN、BEQZ 和 BNEZ 的操作数变量 var 以及后继基本块(最多 2 个)的编号 next 会在由基本块生成流图的过程(调用类流图类 FlowGraph 的 gatherBasicBlocks 函数)时逐一定义。

Def 集合 def 以及 LiveUse 集合 liveUse 是基本块的固有属性,由这个类(BasicBlock)中的函数 computeDefAndLiveUse 计算并设置。在 computeDefAndLiveUse 得到 liveUse 时,同时将其置为基本块的 LiveIn 集合 liveIn 的初值。

在流图中,每个基本块的 LiveOut 集合 liveOut 和 LiveIn 集合 liveIn,是由流图范围内的活跃变量数据流分析得出的,即调用流图类 FlowGraph 的 analyzeLiveness 函数。

这里值得区别一下流图范围内的活跃变量数据流分析与基本块内的活跃变量数据流分析,其函数名都是 analyzeLiveness,但属于不同的类。前者属于类 FlowGraph,用于计算基本块为单位的 LiveOut 集合和 LiveIn 集合。后者属于类 BasicBlock,用于计算 TAC 语句为单位的 LiveOut 集合和 LiveIn 集合(实际上,每个 TAC 语句只记录了 LiveOut 的值,其 LiveIn 的值可由 TAC 语句的构成及其 LiveOut 的值计算得到)。

inDegree 表示当前基本块是从入口基本块开始计数的第 inDegree 个基本块。若 cancelled 为 true,则表明当前基本块是已被标记为死代码的基本块,即从入口基本块不可达。inDegree 和 cancelled 在流图类 FlowGraph 的 simplify 函数中使用,该函数通过删除不可达的基本块对流图进行化简。

label 将被设置为当前基本块汇编码起始位置的标号,mark 标记当前基本块的汇编码

是否已输出。参见 src. decaf. backend. Mips。

varReg 表示分配给出口语句 RETURN、BEQZ 和 BNEZ 操作数(如果有的话)的寄存器,在寄存器分配(参见 11. 2. 6. 2 节)时设置,在生成函数体代码(参见 11. 2. 6. 7 节)时使用。

saves 表示离开基本块时需保存的寄存器中的变量集合,即基本块出口处已分配寄存器的活跃变量的集合,在寄存器分配(参见 11. 2. 6. 2 节)时设置,在生成代码时使用(参见 11. 2. 6. 6、11. 2. 6. 7 节)。

私有属性 asms 在本类构造函数中被初始化为

```
asms=new ArrayList<Asm>();
```

在后续代码生成阶段,分别通过函数 getAsms 和 appendAsm 来访问和修改(添加一条指令 asm)基本块中的 asms。

流图类 FlowGraph(见 src. decaf. dataflow. FlowGraph)的定义框架如下:

```
public class FlowGraph implements Iterable<BasicBlock> {
    private Functy functy;                    //流图对应的函数
    private List<BasicBlock> bbs;             //流图包含的基本块集合
    public FlowGraph(Functy func) {
        this. functy=func;
        deleteMemo(func);                     //去掉 Memo 记录
        bbs=new ArrayList<BasicBlock>();
        markBasicBlocks(func. head);          //标记基本块
        gatherBasicBlocks(func. head);        //生成流图
        simplify();                           //简化流图(死代码删除)
        analyzeLiveness();                    //基本块为单位的活跃变量分析
        for (BasicBlock bb :  bbs) {
            bb. analyzeLiveness();            //基本块内语句为单位的活跃变量分析
        }
    }
    ......                                    //各种支撑函数
}
```

每个函数对应一个流图。流图类构造函数描述的主要流程是:先从函数入口开始标记出它所包含的所有基本块(调用 markBasicBlocks),然后再从入口基本块(对应函数入口语句的基本块)开始逐步建立对应的流图(调用 gatherBasicBlocks)。

此外,还辅以下列操作:

函数 simplify 删除从入口基本块不可达的那些基本块,以此对流图作初步的化简。

函数 analyzeLiveness 实现以基本块为单位的活跃变量分析,计算出流图中每个基本块的 LiveOut 集合和 LiveIn 集合。

构造函数最后的循环,用于计算每个基本块内部以 TAC 语句为单位的 LiveOut 集合(通过调用类 BasicBlock 的 analyzeLiveness 函数)。

此外,函数的 Memo 记录不参与代码生成(而是为 TAC 模拟器专用),因而标记基本块建立流图之前先调用 deleteMemo 将其剔除。

11.2.6 目标代码生成(阶段五)

这一阶段的实验框架包括汇编指令选择、寄存器分配和栈帧管理。实验内容可以设计为对这些部分代码进行改进。

完成这一阶段以后,即可产生出适合实际 MIPS 机器上的汇编代码,可以利用由美国 Wisconsin 大学所开发的 MIPS R2000/R3000 模拟器 SPIM[41] 来运行这些汇编代码。

下面分几个重要方面对目标代码生成程序的代码框架进行介绍。

11.2.6.1 栈帧管理

栈帧管理在寄存器分配、目标代码生成中起着重要作用。我们定义栈帧管理类 MipsFrameManager(见 src. decaf. backend. MipsFrameManager)的框架为:

```
public class MipsFrameManager {
    private int maxSize;
    private int currentSize;
    private int maxActualSize;
    private int currentActualSize;
    public int getStackFrameSize(){
        return maxSize+maxActualSize;
            //栈帧大小(不含控制单元)=局部临时量字节数+实参字节数
    }
    public void reset(){                        //置初值
        ……
    }
    public void findSlot(Set<Temp> saves){      //为一组临时量分配栈空间
        ……
    }
    public void findSlot(Temp temp){            //为单个临时量分配栈空间
        ……
    }
    public int addActual(Temp temp){            //添加实参并返回偏移量
        ……
    }
    public void finishActual(){                 //设置 maxActualSize
        ……
    }
}
```

11.2.6.2 寄存器分配

寄存器分配是目标代码生成的必要环节,其目标是尽可能充分有效地使用目标机的寄存器。寄存器分配方法有局部和全局之分,全局寄存器分配是在流图范围内考虑,而局部寄存器分配是在基本块范围内考虑。全局寄存器分配能更有效地使用寄存器,然而分配算法比较复杂。本书配套的实验软件包中包含基本块范围内的局部寄存器分配模块,但只采用了最基本的分配算法。寄存器分配类 RegisterAllocator(见 src. decaf. backend. Register-Allocator)的代码框架如下：

```
public class RegisterAllocator {
    private BasicBlock bb;
    private MipsFrameManager frameManager;
    private Register[] regs;
    private Temp fp;
    public RegisterAllocator(Temp fp,MipsFrameManager frameManager,Register[] regs){
        this. fp=fp; this. frameManager=frameManager; this. regs=regs     //构造函数
    }
    public void reset(){                                  //初始化
        frameManager. reset();
    }
    public void alloc(BasicBlock bb){                     //基本块内局部寄存器分配
        ......
    }
    private void clear(){                                 //清空每个寄存器绑定的变量
        for (Register reg : regs) {
            if (reg. var !=null) {
                reg. var=null;
            }
        }
    }
    private void bind(Register reg,Temp temp){            //寄存器与变量绑定
        reg. var=temp;
        temp. reg=reg;
    }
    private void spill(Tac tac,Temp temp){                //泄漏寄存器变量到内存
        Tac spill=Tac. genStore(temp,fp,Temp. createConstTemp(temp. offset));
        bb. insertBefore(spill,tac);                      //插入寄存器变量 spill 语句
    }
    private void findReg(Tac tac,Temp temp,boolean read){ //找空闲寄存器
        if (temp. reg !=null){
            if (temp. equals(temp. reg. var)){return; }    //已在寄存器中
        }
        for (Register reg : regs){                        //找不需要泄漏的寄存器
            if (reg. var==null || !isAlive(tac,reg. var)){
                bind(reg,temp);                           //寄存器与变量绑定
                if (read) {
                    load(tac,temp);                       //插入一条 load 语句
                }
                return;
            }
        }
```

```
        for (Register reg : regs){                                  //找已确定要泄漏的寄存器
            if (reg.var.isOffsetFixed()){
                spill(tac,reg.var);                                 //泄漏寄存器到内存
                bind(reg,temp);                                     //寄存器与变量绑定
                if (read) {
                    load(tac,temp);                                 //插入一条 load 语句
                }
                return;
            }
        }
        Register reg=regs[random.nextInt(regs.length)];             //随机选一个寄存器
        frameManager.findSlot(reg.var);                             //为变量找栈空间
        spill(tac,reg.var);                                         //泄漏寄存器变量到内存
        bind(reg,temp);                                             //寄存器与变量绑定
        if (read) {
            load(tac,temp);                                         //插入一条 load 语句
        }
    }
    private Random random=new Random();
    private void load(Tac tac,Temp temp){
        if (!temp.isOffsetFixed()){                                 //变量存储位置未确定
            Driver.getDriver().getOption().getErr().println( temp
                    +"may be used before define during register allocation");
        }
        Tac load=Tac.genLoad(temp,fp,Temp.createConstTemp(temp.offset));
        bb.insertBefore(load,tac);                                  //插入一条 load 语句
    }
    private void findRegForRead(Tac tac,Temp temp){                 //为操作数找空闲寄存器
        findReg(tac,temp,true);
    }
    private void findRegForWrite(Tac tac,Temp temp){                //为计算结果找空闲寄存器
        findReg(tac,temp,false);
    }
    private boolean isAlive(Tac tac,Temp temp){                     //判定变量是否活跃
        if (tac !=null && tac.prev !=null) {
            tac=tac.prev;
            while (tac !=null && tac.liveOut==null){
                tac=tac.prev;
            }
            if (tac !=null) {
                return tac.liveOut.contains(temp);
            }
        }
        return bb.liveIn.contains(temp);
    }
}
```

本实验框架中最基本的寄存器分配算法可从类 RegisterAllocator 的成员函数 findReg 和 alloc 体现出来。findReg 描述了为语句 tac 中临时量 temp 绑定一个寄存器的过程：①如果 temp某个寄存器 reg 中，则返回；否则，②先尝试找一个不需要泄漏的寄存器，找到的话就将 temp 绑定到这个寄存器并返回；否则，③就尝试找一个已确定要泄漏的寄存器，找到的话生成一条泄漏这个寄存器的指令，再将 temp 绑定到这个寄存器，返回；否则，④随机挑选一个寄存器，生成一条泄漏这个寄存器的指令(强行让其泄露)，然后将 temp 绑定到这个寄存器。在 temp 是需要读入的量(如操作数)并且 findReg 分配给它新的寄存器时，还需插入一条读变量内容到寄存器的语句。RegisterAllocator 的成员函数 alloc 描述了在基本块范围内进行内局部寄存器分配的完整过程：

```
public class RegisterAllocator {
    ......
    public void alloc(BasicBlock bb){                //基本块内局部寄存器分配
        this.bb=bb;
        clear();
        Tac tail=null;
        for (Tac tac=bb.tacList; tac !=null; tail=tac,tac=tac.next) {
            switch (tac.opc){                        //根据不同操作为三个操作数分配寄存器
                case ADD:                            //二元运算的情形
                case SUB:
                ......
                    findRegForRead(tac,tac.op1);
                    findRegForRead(tac,tac.op2);
                    findRegForWrite(tac,tac.op0);
                    break;
                case NEG:                            //一元运算的情形
                case LNOT:
                case ASSIGN:
                    findRegForRead(tac,tac.op1);
                    findRegForWrite(tac,tac.op0);
                    break;
                case LOAD_VTBL:                      //零元运算的情形
                case LOAD_IMM4:
                case LOAD_STR_CONST:
                    findRegForWrite(tac,tac.op0);
                    break;
                case INDIRECT_CALL:                  //间接调用
                    findRegForRead(tac,tac.op1);
                case DIRECT_CALL:                    //直接调用
                    if (tac.op0 !=null){             //有返回值
                        findRegForWrite(tac,tac.op0);
                    }
                    frameManager.finishActual();             //实参空间已确定
                    tac.saves=new HashSet<Temp>();
```

```
                for (Temp t :  tac.liveOut){
                    if (t.reg !=null && t.equals(t.reg.var) && !t.equals(tac.op0)) {
                        tac.saves.add(t);              //不包括返回值变量
                    }
                }
                break;
            case PARM:                                 //过程实参
                findRegForRead(tac,tac.op0);
                int offset=frameManager.addActual(tac.op0);
                tac.op1=Temp.createConstTemp(offset);
                break;
            case LOAD:
                findRegForRead(tac,tac.op1);
                findRegForWrite(tac,tac.op0);
                break;
            case STORE:
                findRegForRead(tac,tac.op1);
                findRegForRead (tac,tac.op0);
                break;
            case BRANCH:
            case BEQZ:
            case BNEZ:
            case RETURN:
                throw new IllegalArgumentException();
        }
    }
    bb.saves=new HashSet<Temp>();
    for (Temp t :  bb.liveOut){                        //对于基本块出口处的活跃变量
        if (t.reg !=null && t.equals(t.reg.var)){      //若是处于寄存器中的变量
            frameManager.findSlot(t);                  //为变量找栈空间
            bb.saves.add(t);                           //加入到需要保存的寄存器的集合
        }
    }
    switch (bb.endKind){                               //处理基本块出口语句的寄存器使用
    case BY_RETURN:
    case BY_BEQZ:
    case BY_BNEZ:
        if (bb.var !=null){                            //出口语句变量已分配栈空间
            if (bb.var.reg !=null && bb.var.equals(bb.var.reg.var)) {
                bb.varReg=bb.var.reg;                  //绑定出口语句变量的当前寄存器
                return;
            } else{                                    //出口语句变量未在寄存器中
                bb.var.reg=regs[0];           //可任选一个寄存器(所有活变量均已被泄露)
                if (!bb.var.isOffsetFixed()){          //变量存储位置未确定
                    Driver.getDriver().getOption().getErr().println(bb.var
```

```
                        +"may used before define during register allocation");
                    frameManager.findSlot(bb.var);  //为变量找栈空间
                }
                Tac load=Tac.genLoad(bb.var,fp,
                    Temp.createConstTemp(bb.var.offset));
                bb.insertAfter(load,tail);          //插入一条 load 语句
                bb.varReg=regs[0];                  //绑定寄存器 $ZERO
            }
        }
    }
}
......
}
```

alloc 函数遍历基本块(bb)内的 TAC 语句序列(bb.tacList),对每一条 TAC 语句的操作数(最多两个)以及操作结果(最多一个)分配寄存器,前者调用函数 findRegForRead,后者调用函数 findRegForWrite。这两个函数都是通过调用函数 findReg 完成临时量与寄存器的绑定。对于基本块出口处的活跃变量,如果已绑定到某个寄存器,则将这个变量加入基本块的 saves 集合。参见 11.2.5 节,saves 表示离开基本块时需保存的寄存器中的变量集合。

11.2.6.3 生成 Vtable 的数据段

在中间代码(TAC)生成时,对于每个类将产生 Vtable 信息,可参见类 Translater 的成员函数 createVTable(在 src.decaf.translate.Translater 中)。类 Mips(在 src.decaf.backend.Mips 中)实现了一个 interface MachineDescription,通过调用接口 MachineDescription 的函数 emitVTable,最终生成汇编代码中的 Vtable 数据段指导命令序列。

```
public class Mips implements MachineDescription {
    ......
    public void emitVTable(List<VTable> vtables) {
        emit(null,".data",null);
        emit(null,".globl main",null);
        for (VTable vt : vtables){
            emit(null,".data",null);
            emit(null,".align 2",null);
            emit(vt.name,null,"virtual table");
            emit(null,".word "+(vt.parent==null ? "0" : vt.parent.name),"parent");
            emit(null,".word "+getStringConstLabel(vt.className),"class name");
            for (Label l : vt.entries) {
                emit(null,".word "+l.name,null);
            }
        }
    ......
}
```

11.2.6.4 生成各流图代码段

类 Mips(在 src.decaf.backend.Mips 中)的成员函数 emitAsm 通过遍历程序中的流图(每个流图对应一个函数),生成整个程序的汇编代码。

```
public class Mips implements MachineDescription {
    ......
    public void emitAsm(List<FlowGraph> gs) {
        emit(null,".text",null);                    //输出代码段指导命令
        for (FlowGraph g :  gs){                    //遍历程序中的每个流图
            regAllocator.reset();                   //初始化(寄存器分配,栈帧管理)
            ......                                  //生成流图 g 中各基本块的汇编代码
            emitProlog(g.getFuncty().label,frameManager.getStackFrameSize());
                                                    //生成 Prologue 代码(初始化函数栈帧)
            emitTrace(g.getBlock(0),g);             //遍历流图 g 生成完整函数体代码
            output.println();
        }
        for (int i=0; i < 3; i++) {
            output.println();
        }
        emitStringConst();                          //生成常量描述的数据段
    }
}
```

对于每个流图,首先初始化寄存器分配和栈帧管理,接着生成流图中各基本块的汇编代码(参见 11.2.6.5 节);输出各流图对应的汇编代码时,首先产生 Prologue 代码用于初始化函数栈帧(参见 11.2.6.8 节,emitProlog),然后从入口基本块开始遍历整个流图,生成完整的函数体代码(参见 11.2.6.9 节,emitTrace)。

最后,通过调用本类中成员函数 emitStringConst,生成常量描述的数据段指导命令序列,结束整个流图的代码生成。

11.2.6.5 流图中各基本块的代码生成

类 Mips(在 src.decaf.backend.Mips 中)的成员函数 emitAsm 遍历每个流图来生成整个程序的汇编代码。对于每个流图,首先创建各基本块的起始标号,接着对于流图中从入口可达的基本块完成局部寄存器分配(参见 11.2.6.2 节中的类 RegisterAllocator 的 alloc 成员函数),然后生成该基本块的汇编代码(参见 11.2.6.6 节中的类 Mips 的 genAsmForBB 成员函数),最后生成该基本块的保存(离开基本块时需要保存的)寄存器的代码。

```
public class Mips implements MachineDescription {
    ......
    public void emitAsm(List<FlowGraph> gs) {
        emit(null,".text",null);
        for (FlowGraph g :  gs){
            regAllocator.reset();           //初始化(寄存器分配,栈帧管理)
```

```
            for (BasicBlock bb :  g){       //创建起始标号
                bb.label=Label.createLabel();
            }
            for (BasicBlock bb :  g){
                if (bb.cancelled){          //略过死代码的基本块
                    continue;
                }
                regAllocator.alloc(bb);  //基本块内局部寄存器分配
                genAsmForBB(bb);         //基本块内汇编代码生成
                for (Temp t :  bb.saves){
                    bb.appendAsm(new MipsAsm (MipsAsm.FORMAT4,"sw",
                                    t.reg,t.offset,"$fp"));
                }                        //生成保存(离开基本块时需要保存的)寄存器的代码
            }
            ......
        }
        ......
    }
    ......
}
```

11.2.6.6 基本块内汇编代码生成

类 Mips(在 src.decaf.backend.Mips 中)的成员函数 genAsmForBB 遍历基本块内的每条 TAC 语句,根据语句类型生成指令/伪指令或指令/伪指令序列。

```
public class Mips implements MachineDescription {
    ......
    private void genAsmForBB(BasicBlock bb) {
        for (Tac tac=bb.tacList; tac !=null; tac=tac.next) {
            switch (tac.opc) {
            case ADD:                   //ADD 操作,生成 add 指令
                bb.appendAsm(new MipsAsm(MipsAsm.FORMAT3,"add",
                                tac.op0.reg,tac.op1.reg,tac.op2.reg));
                break;
            case SUB:                   //SUB 操作,生成 sub 指令
                bb.appendAsm(new MipsAsm(MipsAsm.FORMAT3,"sub",
                                tac.op0.reg,tac.op1.reg,tac.op2.reg));
                break;
            case MUL:                   //MUL 操作,生成 mul 指令
                bb.appendAsm(new MipsAsm(MipsAsm.FORMAT3,"mul",
                                tac.op0.reg,tac.op1.reg,tac.op2.reg));
                break;
            case DIV:                   //DIV 操作,生成 div 指令
                bb.appendAsm(new MipsAsm(MipsAsm.FORMAT3,"div",
                                tac.op0.reg,tac.op1.reg,tac.op2.reg));
```

```
        break;
    case MOD:                    //MOD 操作,生成 rem 伪指令
        bb.appendAsm(new MipsAsm(MipsAsm.FORMAT3,"rem",
                        tac.op0.reg,tac.op1.reg,tac.op2.reg));
        break;
    case LAND:                   //逻辑 AND 操作,生成 and 指令
        bb.appendAsm(new MipsAsm(MipsAsm.FORMAT3,"and",
                        tac.op0.reg,tac.op1.reg,tac.op2.reg));
        break;
    case LOR:                    //逻辑 OR 操作,生成 or 指令
        bb.appendAsm(new MipsAsm(MipsAsm.FORMAT3,"or",
                        tac.op0.reg,tac.op1.reg,tac.op2.reg));
        break;
    case GTR:                    //“大于”操作,生成 sgt 伪指令
        bb.appendAsm(new MipsAsm(MipsAsm.FORMAT3,"sgt",
                        tac.op0.reg,tac.op1.reg,tac.op2.reg));
        break;
    case GEQ:                    //“大于等于”操作,生成 sge 伪指令
        bb.appendAsm(new MipsAsm(MipsAsm.FORMAT3,"sge",
                        tac.op0.reg,tac.op1.reg,tac.op2.reg));
        break;
    case EQU:                    //“等于”操作,生成 seq 伪指令
        bb.appendAsm(new MipsAsm(MipsAsm.FORMAT3,"seq",
                        tac.op0.reg,tac.op1.reg,tac.op2.reg));
        break;
    case NEQ:                    //“不等于”操作,生成 sne 伪指令
        bb.appendAsm(new MipsAsm(MipsAsm.FORMAT3,"sne",
                        tac.op0.reg,tac.op1.reg,tac.op2.reg));
        break;
    case LEQ:                    //“小于等于”操作,生成 sle 伪指令
        bb.appendAsm(new MipsAsm(MipsAsm.FORMAT3,"sle",
                        tac.op0.reg,tac.op1.reg,tac.op2.reg));
        break;
    case LES:                    //“小于”操作,生成 slt 指令
        bb.appendAsm(new MipsAsm(MipsAsm.FORMAT3,"slt",
                        tac.op0.reg,tac.op1.reg,tac.op2.reg));
        break;
    case NEG:                    //“相反数”操作,生成 neg 伪指令
        bb.appendAsm(new MipsAsm(MipsAsm.FORMAT2,"neg",
                        tac.op0.reg,tac.op1.reg));
        break;
    case LNOT:                   //逻辑 NOT 操作,生成 not 伪指令
        bb.appendAsm(new MipsAsm(MipsAsm.FORMAT2,"not",
                        tac.op0.reg,tac.op1.reg));
        break;
```

```
        case ASSIGN:                //赋值操作,必要时生成 move 伪指令
            if (tac.op0.reg !=tac.op1.reg) {
            bb.appendAsm(new MipsAsm(MipsAsm.FORMAT2,"move",
                            tac.op0.reg,tac.op1.reg));
            }
            break;
        case LOAD_VTBL:             //取当前 VTable 基址操作,生成 la 伪指令
            bb.appendAsm(new MipsAsm(MipsAsm.FORMAT2,"la",
                            tac.op0.reg,tac.vt.name));
            break;
        case LOAD_IMM4:             //取立即数操作,分情况生成指令/伪指令序列
            if (!tac.op1.isConst) {
                throw new IllegalArgumentException();
            }
            int high=tac.op1.value >> 16;           //高 16 位值
            int low=tac.op1.value & 0x0000FFFF;     //低 16 位值
            if (high==0){           //若高位为 0,生成 li 伪指令
                bb.appendAsm(new MipsAsm(MipsAsm.FORMAT2,"li",
                            tac.op0.reg,low));
            } else{                 //否则,生成 lui 指令或 lui-addiu 指令序列
                bb.appendAsm(new MipsAsm(MipsAsm.FORMAT2,"lui",
                            tac.op0.reg,high));
            if (low !=0) {
                bb.appendAsm(new MipsAsm(MipsAsm.FORMAT2,
                            "addiu",tac.op0.reg,tac.op0.reg,low));
            }
        }
        break;
    case LOAD_STR_CONST:            //取串常数首地址操作,生成 la 伪指令
        String label=getStringConstLabel(tac.str);
        bb.appendAsm(new MipsAsm(MipsAsm.FORMAT2,"la",
                        tac.op0.reg,label));
        break;
    case INDIRECT_CALL:
    case DIRECT_CALL:
        genAsmForCall(bb,tac);      //CALL 操作的代码生成
        break;
    case PARM:                      //设置参数操作,生成根据偏移位置入栈的 sw 指令
        bb.appendAsm(new MipsAsm(MipsAsm.FORMAT4,"sw",
                        tac.op0.reg,tac.op1.value,"$sp"));
        break;
    case LOAD:                      //读内存单元操作,生成 lw 指令
        bb.appendAsm(new MipsAsm(MipsAsm.FORMAT4,"lw",
                        tac.op0.reg,tac.op2.value,tac.op1.reg));
        break;
```

```
        case STORE:                    //写内存单元操作,生成 sw 指令
            bb.appendAsm(new MipsAsm(MipsAsm.FORMAT4,"sw",
                        tac.op0.reg,tac.op2.value,tac.op1.reg));
            break;
        case BRANCH:
        case BEQZ:
        case BNEZ:
        case RETURN:
        throw new IllegalArgumentException();
        }
        }
    }
    ......
}
```

CALL 操作的代码生成通过调用本类中的成员函数 genAsmForCall(参见 11.2.6.7 节)实现。

另外,"编译原理"课程实验中所生成的 MIPS 指令或 SPIM 伪指令均可在 SPIM 模拟器上直接执行。如果是在其他处理器(如在"计算机系统综合实验"课程中自己设计的 CPU),则需要合适的汇编器,汇编后所生成的全部机器指令一定要属于你所设计 CPU 的指令集合。

11.2.6.7 CALL 代码生成

类 Mips(在 src.decaf.backend.Mips 中)的成员函数 genAsmForCall 生成 call 语句的汇编代码。该汇编代码功能是:首先保存 caller 负责保存的所有寄存器到栈帧相应位置,接着生成负责直接调用或间接调用的 jal(jump and link)或 jalr(jump and link register)指令,调用返回后保存返回值(如果有的话)并还原 caller 负责保存的所有寄存器。

```
public class Mips implements MachineDescription {
    ......
    private void genAsmForCall(BasicBlock bb,Tac call) {
        for (Temp t : call.saves){
            bb.appendAsm(new MipsAsm(MipsAsm.FORMAT4,"sw",
                            t.reg,t.offset,"$fp"));
        }   //生成指令 sw,用于保存 caller 负责保存的寄存器到栈帧相应位置
        if (call.opc==Tac.Kind.DIRECT_CALL){          //直接调用,生成 jal 指令
            bb.appendAsm(new MipsAsm(MipsAsm.FORMAT1,"jal",call.label));
        } else{                                        //间接调用,生成 jalr 指令
            bb.appendAsm(new MipsAsm(MipsAsm.FORMAT1,"jalr",call.op1.reg));
        }
        if (call.op0 !=null){
            bb.appendAsm(new MipsAsm(MipsAsm.FORMAT2,"move",
                                    call.op0.reg,"$v0"));
        }   //如果需要保存返回值(在$v0 中),则生成 move 伪指令
```

```
        for (Temp t :   call.saves){        //还原 caller 负责保存的寄存器
            bb.appendAsm(new MipsAsm(MipsAsm.FORMAT4,"lw",
                                    t.reg,t.offset,"$fp"));
        }
    }
    ……
}
```

11.2.6.8 生成 Prologue 代码

类 Mips(在 src.decaf.backend.Mips 中)的成员函数 emitProlog 在生成完整函数体代码(以入口基本块为参数调用 emitTrace,参见 11.2.6.9 节)之前被调用,其功能是生成函数调用 Prologue 的汇编指令或汇编指导命令的序列。

```
public class Mips implements MachineDescription {
    ……
    private void emitProlog(Label entryLabel,int frameSize) {
        emit(entryLabel.name,null,"function entry");        //生成函数标签(指导命令)
        emit(null,"sw $fp,0($sp)",null);                    //保存 caller 帧寄存器(动态链)
        emit(null,"sw $ra,-4($sp)",null);                   //保存返回地址
        emit(null,"move $fp,$sp",null);                     //置 callee 帧寄存器
        emit(null,"addiu $sp,$sp,"                          //置 callee 栈寄存器
                +(-frameSize -2 * OffsetCounter.POINTER_SIZE),null);
    }
    ……
}
```

函数调用栈帧结构如图 11.8 所示。emitProlog 生成的 Prologue 代码的执行过程是:保存 caller 帧寄存器(动态链),即将旧的 $fp 保存到旧的 $sp(caller 的栈寄存器)所指的位置;保存返回地址到旧 $sp-4 的位置;然后,置 callee 的帧寄存器(新 $fp)内容为 caller 的栈寄存器(旧 $sp)内容;最后,根据 callee 的栈帧大小(frameSize)计算出 callee 的栈寄存器(新 $sp)内容。返回地址(新 $ra)是由 caller 执行 jal(或 jalr)指令所设置的。当 callee 本身不含函数调用时可省略保存返回地址(想想为什么?)。

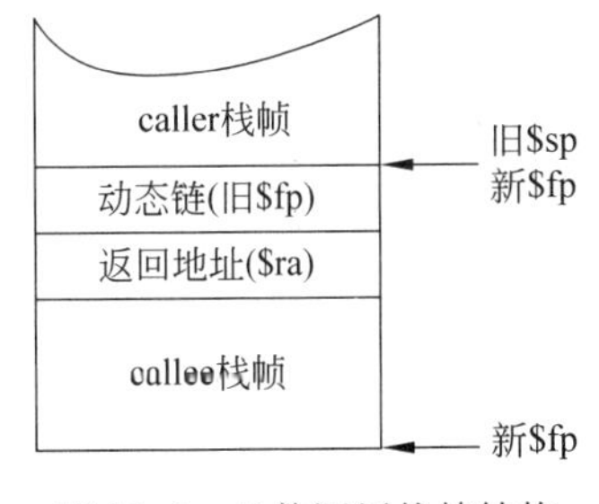

图 11.8 函数调用栈帧结构

函数返回时,栈帧的变化应与调用时的 Prologue 代码相呼应,参见 11.2.6.9 节。

11.2.6.9 生成整个函数的代码

类 Mips(在 src.decaf.backend.Mips 中)的成员函数 emitTrace 递归遍历流图中的每个基本块(入口基本块作为参数传入),对正在遍历的基本块依次逐条输出其汇编代码,在基本块的出口语句分情况(无条件跳转语句、两种条件转移语句以及函数返回语句)进行处理。

递归遍历过程结束后，便生成了整个函数的汇编代码。

```
public class Mips implements MachineDescription {
    ......
    private void emitTrace(BasicBlock bb,FlowGraph graph) {
        if (bb.mark){                               //当前基本块 bb 已经遍历过，返回
            return;
        }
        bb.mark=true;
        emit(bb.label.name,null,null);              //生成基本块入口标号
        for (Asm asm : bb.getAsms()){               //逐条输出基本块的汇编码
            emit(null,asm.toString(),null);
        }
        BasicBlock directNext;
        switch (bb.endKind){                        //分情况处理基本块出口语句
        case BY_BRANCH:                             //无条件跳转语句
            directNext=graph.getBlock(bb.next[0]);
            if (directNext.mark){                   //后继基本块已遍历过，生成无条件跳转指令 b
                emit(null,String.format(MipsAsm.FORMAT1,"b",
                    directNext.label.name),null);
            } else{                                 //后继基本块未曾遍历，此时无须生成跳转指令
                emitTrace(directNext,graph);        //递归遍历这个后继基本块
            }
            break;
        case BY_BEQZ:                               //条件跳转语句
        case BY_BNEZ:
            if (bb.endKind==EndKind.BY_BEQZ){       //生成 BEQZ 条件跳转伪指令
                emit(null,String.format(MipsAsm.FORMAT2,"beqz",bb.varReg,
                    graph.getBlock(bb.next[0]).label.name),null);
            } else{                                 //生成 BNE 条件跳转指令
                emit(null,String.format(MipsAsm.FORMAT3,"bne",bb.varReg,
                    "$zero",graph.getBlock(bb.next[0]).label.name),null);
            }
            directNext=graph.getBlock(bb.next[1]);
            if (directNext.mark){                   //不成立分支已遍历过，生成无条件跳转指令 b
                emit(null,String.format(MipsAsm.FORMAT1,"b",
                    directNext.label.name),null);
            } else{                                 //条件不成立分支未曾遍历
                emitTrace(directNext,graph);        //递归遍历这个后继基本块
            }
            emitTrace(graph.getBlock(bb.next[0]),graph);  //遍历条件成立的分支
            break;
        case BY_RETURN:                             //函数返回语句
            if (bb.var !=null){                     //有返回值，生成 move 伪指令，保存返回值到 $v0
                emit(null,String.format(MipsAsm.FORMAT2,"move","$v0",
                    bb.varReg),null);
```

```
            }
            emit(null,String.format(MipsAsm.FORMAT2,"move","$sp","$fp"),
                null);                          //生成 move 伪指令,还原 caller 栈寄存器
            emit(null,String.format(MipsAsm.FORMAT2,"lw","$ra","-4($fp)"),
                null);                          //生成 lw 指令,读取返回地址到 $ra
            emit(null,String.format(MipsAsm.FORMAT2,"lw","$fp","0($fp)"),
                null);                          //生成 lw 指令,还原 caller 帧寄存器
            emit(null,String.format(MipsAsm.FORMAT1,"jr","$ra"),null);
                                                //生成 jr 指令,跳转到 caller 的下一条指令
            break;
        }
    }
    ......
}
```

函数返回时,栈帧的变化应与函数调用时的 prologue 代码相呼应,参见 11.2.6.8 节以及图 11.8。所生成的函数返回代码功能是:若有返回值,则保存返回值到 $v0;还原 caller 栈寄存器,即将 callee 帧寄存器(新 $fp)的内容传递给 $sp;从新 $fp－4(即旧 $sp－4)的位置读取返回地址到 $ra;还原 caller 的帧寄存器,恢复旧 $fp(即新 $fp 当前所指内容);跳转到 caller 的下一条指令(当前 $ra 所含的指令地址)。

如果在你的体系结构 API(Application Programming Interace)中所规定的调用约定(Calling Convention)与 11.2.6.8 节、11.2.6.8 节和 11.2.6.9 节所描述的有出入,则不能做到应用程序间的二进制兼容,不能正确调用不采用这个 API 的库函数或其他编译器生成的函数。这种情况下,如果有兼容性要求,那么你就要设法改造编译器去解决这个问题。

实际上,Decaf 当前版本的参数传递方式不满足多数 MIPS 编译器(如 GCC 的 MIPS 编译器)的约定。一般情况下,针对 MIPS 机器实现参数传递,首先要将头 4 个参数传至寄存器 $a0～$a3,而其他参数(从第 5 个开始)置于栈上,在 callee 的栈帧起始处(参见图 11.8)。

11.2.7 基于 Decaf 编译器的课程设计

前面分 5 个阶段介绍了 Decaf 编译器的结构和实验框架。实验框架的最新版软件包可从出版单位获取。这一软件包可作为编译器设计实验的基础。下面简要介绍作者在教学实践中的一些具体做法。

总体来看,实验框架的 5 个阶段涵盖了比较多的知识和技术要点,有一定的工作量。因此,应当根据自身课程的目标和要求制定具体的课程设计方案。

在作者所在单位,Decaf 编译器的实验涉及两门课程。在“编译原理”课程中,是将实验框架的前 3 个阶段作为主体实验的基础,包括词法语法分析、语义分析和中间代码生成,是必做的内容。而后 2 个阶段(代码优化和目标代码生成),或者布置一些选做的内容,或者是建议学生开展一些强度较大的拓展性实验。然而,近年作者所在单位开设了“计算机系统综合实验”课程,后 2 个阶段的实验自然成为其中编译器设计的主体部分,相关内容在“编译原理”课程中就理所当然成为“选做”的了。

首先介绍一下之前在“编译原理”课程中的做法。每次实验的内容基本上是在某个稳定

的 Decaf 编译器版本的基础上进行扩展或裁剪，不同程度地增加或减少 Decaf 语言的特征。采取的方式主要有两类。一类是分阶段提供代码框架，每一阶段留出一些空白部分，留给学生补充完成；新一阶段开始后，提供给学生新阶段的代码框架（其中包含一份关于前一阶段的“标准”实现代码）。在本书配套的软件包 lab_decaf. decaf-proj-4PAs 中提供了分 4 个阶段实验的例子，其中包含了 4 个阶段的代码框架、相关类文档（实验总述、各阶段的实验指导书和实验导引等）、测试用例以及其他参考文档。前 3 个阶段是必做，第 4 个阶段是选做。

另一类方式是提供一份完整的 Decaf 编译器代码，每个阶段的工作（增加或减少 Decaf 语言特征）都是学生在自己前一阶段工作的基础上完成。本书配套的软件包 lab_decaf. decaf-dev 中，提供了一份完整的 Decaf 编译器代码。为方便对应，这份代码与 lab_decaf. decaf-proj-4PAs 中的 Decaf 编译器代码是一致的。也就是说，lab_decaf. decaf-proj-4PAs 中第 4 阶段的代码框架加上一份第 4 阶段的“标准”实现，就是 lab_decaf. decaf-dev 中的完整代码框架。源码位置均在各包的 src. decaf 目录下。本节用到的代码片段均取自 lab_decaf. decaf-dev。

为使每次实验的内容有所不同，扩展或裁剪的内容应适时地变换，这在实验开始前必须做好相关准备工作，包括代码框架、测试用例以及相关文档的修改。一般情况下，语言特征的扩展或裁剪不必使整个代码框架发生较大的变化，实践表明，每次实验准备的工作量不会很大。但在认为有必要时，也可能需要修改抽象语法树（AST）的结点种类（见 src. decaf. tree）和三地址码（TAC）的语句种类（见 src. decaf. tac），以及相应地调整后端代码（src. decaf. backend）。少数情况下也可能会有修改 TAC 模拟器的需求（例如，要求去掉 instanceof 的特征），因此在软件包的 lab_decaf. decaf-dev. tacvm-dev 中也提供了与 lab_decaf. decaf-dev 中 Decaf 编译器版本对应的一份 TAC 模拟器源码。

除了在原来代码框架上添加或删除等较小的改动外，实验内容上还可以提出一些较为整体的需求。例如，在第 4 阶段，可以让学生直接添加原框架不支持的数据流分析功能，如到达-定值数据流分析、DU 链及 UD 链等，或者实现某些特定的优化工作，测试用例和输出格式等均由学生自行设计。又如，在 lab_decaf. decaf-proj-4Pas 中，学生在使用 lex 和 yacc 完成第一阶段的词法和语法分析器后，我们还布置了一项选做的实验任务，即用手工构造一个自上而下的语法分析程序（词法分析程序可手工构造或直接使用 lex 所产生的代码）重新完成第一阶段的任务。对应这两种不同做法，第一阶段被划分为 PA1A 和 PA1B 两个部分。

关于代码优化和目标代码生成的实验（第 4 阶段和第 5 阶段），在作者的“编译原理”课程中仅作为选做或拓展的实验，其中性能的测试环境和测试方案是主要挑战之一。而在“计算机系统综合实验”课程中，代码优化和目标代码生成的内容会作为一般性要求，首先，必须要能够生成自己的目标环境（自己设计的可运行小型 OS 内核的处理器）上可执行的代码；其次，可以完成任选的优化方案，利用课程提供的一些基准程序测试整体性能。

本节对实验框架中的后端部分（src. decaf. backend）介绍得较为详细。一方面，是因为目前的框架还难以对这部分内容给出一般性要求（这也是目前在“编译原理”课程主体实验中不包含第 4 阶段和第 5 阶段的原因之一），这样可以使学生对 Decaf 编译器后端有一个整体的了解。另一方面，这些内容还可以作为第 10 章的补充，使学生能够体验面向真实处理器的代码生成过程。

11.3 软件包相关信息说明①

本章涉及两个软件包：lab_pl0 和 lab_decaf。

lab_pl0 中包含分别由 Pascal、C 和 Java 实现的 PL/0 编译器源码，以及部分 PL/0 源程序（可选作测试用例）。Pascal 和 C 版本的源码与附录中一致。lab_pl0 可从出版单位的资源网站获取。

lab_decaf 中包含 decaf-dev 和 decaf-proj-4Pas 两个部分。decaf-dev 中包含了完整的 Decaf 实验框架的一个版本（含各部分源码、基础文档、测试例子以及相关工具）。decaf-proj-4Pas 中是作者在某一次“编译原理”课程教学中采用分阶段方式为学生布置实验作业的例子（参考 11.2.7 节）。

Decaf 实验框架中用到的基本软件工具包括：(1) SPIM 模拟器[41]；(2) Jflex[40] 和 BYACC/J[37]，为 lex 和 yacc 的某种可生成 Java 代码的版本；(3) TAC 模拟器（见 lab_decaf. decaf-dev. tacvm-dev）。Python 以及 Eclipse 是建议使用的工具，可以自行从相关资源网站下载。另外，decaf-proj-4Pas 中包含了课程助教曾用过的评分小工具（见 lab_decaf. decaf-proj-4Pas. mark），谨供参考。

lab_decaf 包不属于本书正式出版的部分，仅是作为教学交流的资源。鉴于此，11.2 节尽可能自成体系。没有 lab_decaf 包，读者也能了解 Decaf 编译器的基本结构和设计思想。对于“编译原理”相关课程的教师，需要时可以与出版社或作者联系，免费索取与本章内容对应的 lab_decaf 包版最新版本，以及作者近期的“编译原理”课程设计实际样例与相关材料。

此外，在作者所在单位开设的“计算机系统综合实验”课程中试用过一个基于 Decaf 实验框架的 C 语言子集②编译器版本。目前不打算将这个版本纳入本书的软件包中。如果有需要交流的相关课程教师，欢迎直接联系作者索取。

---

① 本章涉及的两个编译器实验框架多年来由许多参与助教工作的同学不断维护、修改和完善，在此特别向他们致谢。参与 PL0 实验的助教：梁英毅，蔡锐，王曦，龚珩，高崇南；参与 Decaf 实验的助教：梁英毅，张铎，曹震，李叠，蒋挺宇，许建林，谢宇轩，唐硕，毛雁华，蒋波，张迎辉，刘天森，高崇南等。由于统计遗漏，有一些同学未列出，在此一并致谢。杨俊峰校友在引入 Decaf 实验时提供了帮助。当前 Decaf 实验框架基于 Julie Zelenski 教授教学组的原始工作，并参考了 Alex Aiken 教授的工作，在此向他们深表感谢。

② 北京航空航天大学张莉老师为作者提供了 C0 语言的两个定义版本，作者在此深表感谢。这里的 C 语言子集采用了扩展版的 C0 语言。

第12章 编译器和相关工具实例——GCC/Binutils

前面各章介绍了编译的基本技术以及编译器的一般工作原理，具体讲解了编译器从源语言到目标语言的翻译步骤和方法。本章介绍一个现实中广泛使用的编译器工具GCC[46]，通过这个实例来巩固本课程的知识。

GCC具备很多技术特点。第一是多语言支持，并且能够很方便地扩展新的编程语言的前端；第二是GCC主要采用C/C++语言实现，具有很强的可移植性；第三是处理器支持非常丰富，GCC支持从8位一直到64位绝大多数常见的处理器。

GCC应用范围非常广，在计算机世界的影响巨大。其应用范围覆盖了几乎所有领域，从高性能计算，到商用服务器，到桌面PC和笔记本，再到手机等移动设备，一直到GCC占支配地位的工业控制等嵌入式系统。

作为一个应用广泛的编译器，GCC具备了很多现代编译系统的一般特征，涵盖了本书涉及的绝大多数知识。同时GCC是一个开源软件，可以通过网络来获得GCC的源代码，通过阅读文献、阅读代码和跟踪调试等方法来深入了解、学习这个真实可用的编译器。更进一步，通过学习，理解之后，还可以动手进行GCC编译器的改进工作。

此外，伴随着30余年的不断开发，GCC具有良好的模块化设计方案，清晰地划分为前端、中端和后端，模块之间松散耦合，方便使用者对其进行修改和扩充，同时也保持着良好的优化效率。因此，从软件工程角度来看，GCC完全是一个软件模块化设计的成果典范。

Binutils(GNU Binary Utilities，GNU二进制工具)[49]是一组开源工具，其中包括汇编器、链接器和一系列目标代码工具，用来处理各种格式的目标文件。Binutils和GCC共享一系列文件，可以利用这些软件来完成目标文件的生成、查看、修改和分析等工作。

本章首先介绍开源编译器GCC，接着介绍Binutils的功能，最后通过一系列程序实例来了解这些工具的作用和使用。

12.1 开源编译器GCC

GCC全称是GNU Compiler Collection (GNU编译器集)。GCC发源于自由软件基金会的GNU计划，遵循GNU公共许可授权，是一个自由软件，根据该授权协议，任何人都可以免费获得GCC源代码，同时任何人都可以随意进行修改，关键的一点在于如果你修改了这个软件，那么修改之后的成果也应该公开发布并让其他开发人员可以自由获得。GCC是GNU工具链里最基本的东西，在GNU工具中处于核心地位，它是一个功能强大的编译器，很多UNIX/Linux操作系统都使用GCC作为标准编译器。

GCC最早叫做GNU C Compiler，即GNU的C语言编译器，后来随着各种语言支持的加入，前端扩展越来越多，逐步支持了越来越多种的语言，所以就改名为GNU Compiler Collection。实际上，由于GCC不仅仅是一个具体的编译器，而且提供了一系列开发编译工具的软件模块和工具，是一个完整的编译程序开发环境，因此人们通常也称 GCC 是一个编译基础设施。

12.1.1 GCC 介绍

从一个高级语言(如 C 语言)程序翻译到一个低级语言，最终变成一个可执行文件，GCC 的完整处理过程如图 12.1 所示，要经过如下几步：第一步是预处理，生成一种文本表示(实质上是展开了宏和头文件的 C 语言文件)，在 GCC 里命名为.i 文件；之后会进入正式的编译，它是从高级语言到汇编语言的翻译，在 GCC 中，是从高级语言的.i 文件到汇编语言的.s 文件，主要的优化工作都集中在这个过程中；编译生成了汇编程序，再经过汇编器，生成机器码的目标程序；链接器把若干个相关的.o 目标文件链接在一起生成一个可执行文件。

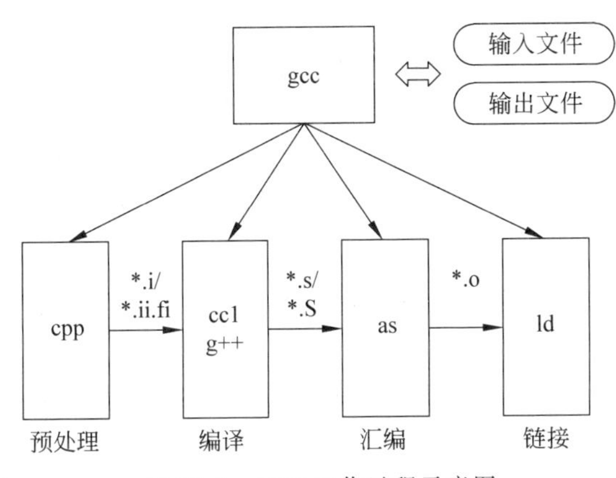

图 12.1　GCC 工作过程示意图

从广义上讲，以上所有环节统称编译；而从狭义上讲只有高级语言到汇编语言的环节称为编译。GCC 需要和汇编器、链接器共同配合才能完成上述全部工作，把高级语言变成可执行的机器码。本节介绍编译器结构只针对其中的 C 语言编译器 cc1，其任务是完成 C 语言到特定汇编语言的翻译工作，12.2 节将介绍其他相关工具。

先简要叙述 GCC 的发展历程。1984 年开始有了 GNU Project，1985 年的时候 GCC 项目正式启动，到了 1987 年，GCC 的 1.0 版发布了，它是一个 C 语言编译器，号称世界上第一个可移植的标准 C 语言优化编译器，并且是开源软件。1992 年 GCC 2.0 发布，从技术角度上讲，其最大的特点是增加了对 C++ 的支持，前端更加丰富了，原来只支持 C 一种语言，现在支持两种语言，支持更多的语言是 2.0 的一个很重要的特点。1997 年，很多人都认为 GCC 发展太慢，于是出现了 EGCS(Experimental/Enhanced GNU Compiler System)分支，很多开发者在这个分支上工作，该分支的开发进度和代码优化质量要比 GCC 的主分支做得好很多，所以到了 2001 年，GCC 3.0 发布的时候，GCC 的主分支就与 EGCS 分支合并了，这时候 GCC 已经变成了一款多语言多目标系统的编译器，就是说前端支持更多种语言，后端支持更多种体系结构的处理器，从最早支持的 C 语言到 X86 体系结构的编译，到后来支持的语言越来越多，到 3.0 的时候 GCC 已经具备了现代编译器的特点，被称为 Compiler Infrastructure，它提供了很多工具以方便编译器构造。2005 年，GCC 4.0 发布了，它的最大技术特点是增加了新的中间表示，具备了更强的优化的能力，后面将会大致介绍其结构。截至 2015 年初，最新的 GCC 版本 5.0 即将发布。

从 GCC 30 余年的发展历程可以看出，从最早单语言单目标系统的编译器，到后来多语言多目标系统的编译器基础设施，伴随着中间表示的不断发展，优化性能也不断提高，这也是整个编译器领域发展的脉络。

12.1.2 GCC 总体结构

现代编译器通常按照编译处理阶段来划分软件的模块，大致分为 3 个模块：语言相关的前端、优化为目标的中端和系统结构相关的后端。其中前端的任务是把源码变成一种和语言无关的中间表示，完成词法和语法分析、检查；中端的目的之一是将前端和后端、语言和体系结构之间的耦合降到最低，另外，还提供一种语言无关、体系结构无关的优化架构，通过优化方法的合理组织达到更高的性能、更小的存储空间、更低的功耗等优化目标；后端的主要任务是生成机器相关的目标码，利用目标机器的特征，开展包括指令选择、寄存器分配、指令调度等一系列体系结构相关的工作，最终生成目标代码。

GCC 的结构一直处于不停的发展变化中，不同版本 GCC 的结构并不完全相同。

12.1.1.1 GCC 3 结构

现在我们开始探索 GCC 的 C 编译器的结构，图 12.2 是 GCC3.X 的体系结构，前端、后端划分比较明确。从 C 源码生成 GCC 内部树，然后通过 expander 展开生成中间表示 RTL，然后所有的优化工作都集中在 RTL Optimizer，之后做代码生成，最终生成目标文件，所有的语言都是这样的流程。通常将 RTL 生成之前的部分称为前端，RTL 优化和最后的代码称为后端。GCC 3.X 这种结构的问题在于 RTL 中间表示，该中间表示与体系结构密切相关，这给体系结构无关优化的开展带来了很大的困难，因此，很多现代优化研究成果很难直接应用到当时的 GCC 中，所以后来的 GCC 4 在中间表示方面做了很大的改动。

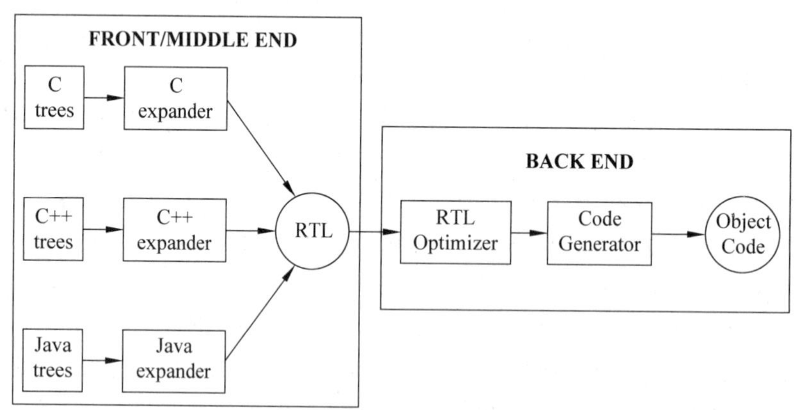

图 12.2 GCC 3.X 结构示意图

引自："*From Source to Binary: The Inner Workings of GCC*" by Diego Novillo

12.1.1.2 GCC 4 结构

GCC 4 于 2005 年发布，其整体结构作了很大的改动，RTL 在体系结构中的位置进行了调整，在它之前加入了两种中间表示，一种叫做 GIMPLE，另一种叫做 GENERIC。编译过程中，源语言首先翻译成 GENERIC，然后通过化简转换成 GIMPLE，两种都是语言无关、体系结构无关的中间表示，之后在 GIMPLE 中间表示层面开展优化，优化之后再转化为 RTL，然后对 RTL 再进行一次优化，最终生成汇代码编代码。这里，我们称 GIMPLE 之前的部分为前端，GIMPLE 优化和 RTL 生成为中端，而 RTL 优化和代码生成部分为后端，如图 12.3 所示。可以看出 GCC 4 在中端加入了体系结构无关的优化。这样的方案不仅增强了 GCC 的优化能力，也使得前端和中端的耦合度大大降低。

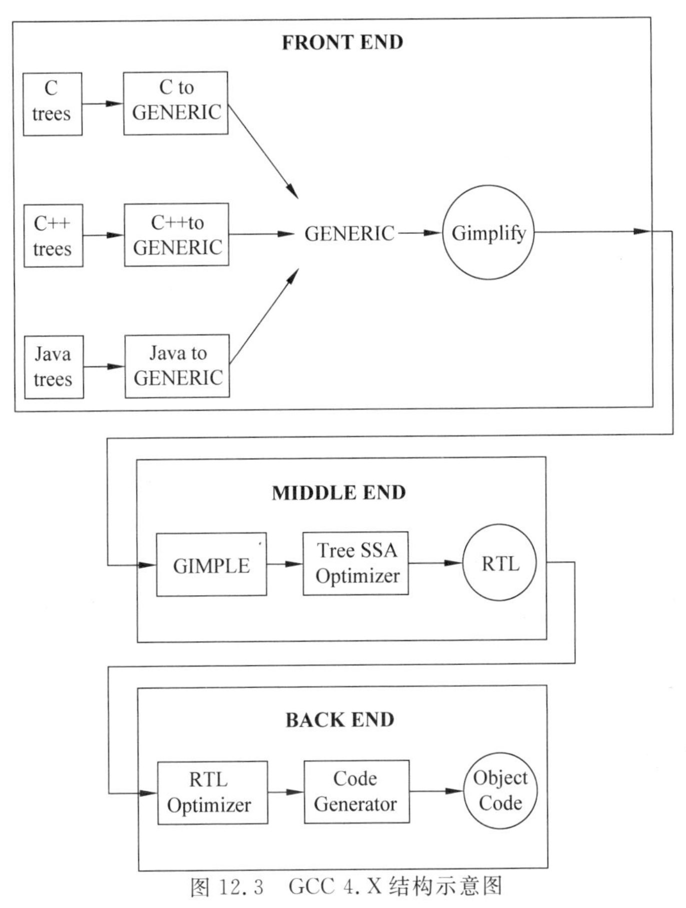

图 12.3 GCC 4.X 结构示意图

引自：“*From Source to Binary: The Inner Workings of GCC*”by Diego Novillo

12.1.3 GCC 编译流程

下面以 GCC 4.X 为例，大致介绍 GCC 编译器从源代码到汇编代码的转换过程，其基本工作流程如图 12.4 所示。其中从上到下是转换的过程，中间方框是被转换对象，箭头是转换操作，右边标明一般转换操作的位置和名称，左边部分是优化的位置和名称。总体来看，GCC 4 包括 2 次优化、3 种中间表示和 4 步转换。

首先来看图的中间部分——Representation。从 C、C++ 等源代码到最终的汇编代码，经过了 3 种中间表示：GENERIC、GIMPLE 和 RTL。

再来考查图中右边部分——Translation Action，共分为 4 步转换，第一步是 Parser，源代码生成了 GENERIC，该中间表示中的信息很完整，只是不方便做优化；第二步是生成

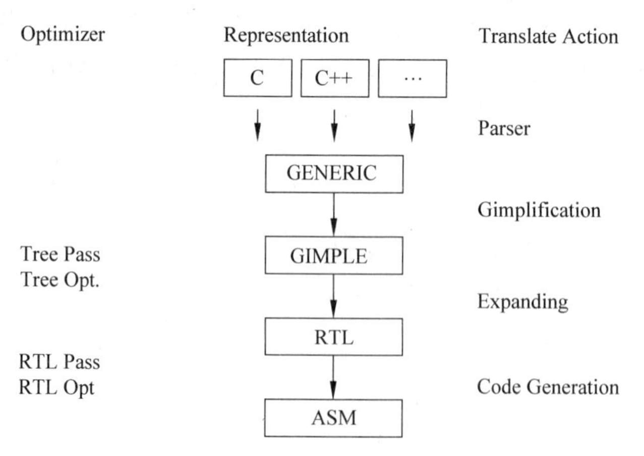

图 12.4　GCC 4.X 从源代码到汇编代码的转换过程示意图

GIMPLE，称为 Gimplification；第三步通过 Expanding 生成 RTL；最后通过 Code Generation 生成汇编代码。

图左边给出了相应的优化，一是对 GIMPLE 进行 Tree 优化，二是围绕 RTL 的优化。

因此，简单归纳一下，GCC4 的特点可以描述为：3 种中间表示，进行 4 步转换，经过 2 次优化。下面看一下每个转换步骤的具体细节。

GCC 4.X 内部转换 Parsing（语法分析），这是该编译器中第一次内部转换，它的任务是把文本格式的源码变成字节方式的中间表示 GENERIC。接下来的内部转换为 Gimplifyer（中间表示化简），将 GENERIC 化简为另外的内部表示 GIMPLE。

GIMPLE 是一种低层的树形中间表示，可以看作 GENERIC 的一个简化子集，主要特点就是更加简单，易于实现优化，GCC 4 所有体系结构无关的优化都在 GIMPLE 的基础上开展。

GCC 4.X 内部转换 Tree Optimization（树优化），这是从 GCC 4.0 开始引入的基于 GIMPLE 的全新的优化，主要是数据流相关的体系结构无关优化。

GCC 4.X 内部转换 Expanding（中间表示展开），这是 GIMPLE 优化之后进行的一步转换，将内部的 GIMPLE 中间表示转换成体系结构相关的中间表示 RTL。这是 GCC 中很关键的一步，Tree 实现了语言无关的表示，所有语言无关、体系结构无关的优化都必须在这一步之前完成。

Expanding 之后就生成了 GCC 的传统中间表示 RTL（Register Transfer Language）。这是一个依赖于特定目标机器的重要中间表示，很接近汇编指令，同时，经过一系列转换，RTL 已经不包含源程序的完整信息。

GCC 在 RTL 层面开展各种体系结构相关的优化，之后进入最后的代码生成阶段，最终生成汇编代码的步骤称作 Code Generation（代码生成），在 GCC 中的名称叫做 Final。在此之前要进行寄存器分配以及指令调度等和体系结构密切相关的工作，代码生成以及之后所有的工作都是以函数为单位进行的，也就是说，在 CG 之后所有 C 程序代码都按照函数为单位转换成汇编代码。

12.1.4 GCC代码组织

前面讲了GCC中编译转化过程。如果希望理解GCC编译器这样的大型复杂软件，不仅需要了解其基本结构，还需要研究其静态代码组织，更进一步还需要通过跟踪和调试来深入学习其代码。

这里介绍GCC的源码结构。在2014年底发布的GCC 4.8.4版本中，完整的软件包中含有约84 000个文件，约4 800 000行源代码，占用空间大约705MB。整个源代码树中包含很多内容，有些是和工具软件Binary Utilities共享的库文件，其他的文件可以分为几个目录：boehm-gc/、contrib/等。其中有3个关键的目录，一个是gcc/，这是GCC核心的代码，所有和中间表示有关的、语言相关的、目标机相关的代码都在此目录中，还包含一组测试程序集（位于目录gcc/testsuit/），汇集了GCC开发过程中重要的测试用例，方便开发者进行回归测试。另外两个关键目录是include/和config/，包含了与各种语言相关的头文件和配置文件。gcc/目录是我们关注的重点。

（1）gcc/目录下前端目录结构。gcc/目录下对于每一种语言都会有一个单独的目录，目录名字与每种语言的名字相同，每个目录中至少包含以下几个文件：config-lang.in、Make-lang.in、lang.opt、lang-specs.h和language-tree.def。

（2）gcc/目录下后端目录结构。后端是关于机器的描述，通过一些描述机器的头文件来自动生成后端。以mcore体系结构为例，该系统由FreeScale公司开发，其后端只包含9个文件。MIPS、IA64架构等很多芯片的描述文件也不过几十个。这从另一方面说明GCC后端非常便于重定向以支持新的体系结构。

12.1.5 小结

本节初步介绍了一个使用广泛的开源优化编译器GCC，包括其总体结构、编译流程和代码组织。12.2节将介绍和GCC关系非常密切的工具Binutils。

12.2 开源工具Binutils

Binutils（GNU Binary Utilities，GNU二进制工具）是一个开源工具软件集，用于处理各种格式的目标文件。通常和GCC编译工具以及相关的调试工具一起配合使用，用于完成目标文件的生成、查看、修改和分析等工作。这些工具自身都比较小巧，它们都共享二进制文件描述库以处理多种文件格式。

12.2.1 目标文件

目标代码（object code）是可以直接运行的、二进制编码格式的计算机指令序列。目标文件（object files）是由目标代码对象组织而成的。

目标文件由各种不同的代码节（code section）和数据节（data section）组成，通常都是利用编译器等工具由源代码程序自动生成。Linux、Solaris等现代UNIX类操作系统中通常使用UNIX ELF（Executable and Linkable Format）作为目标文件的格式。

ELF目标文件有3种形式：可重定位（relocatable）目标文件，由编译器或汇编器生成，可以与其他可重定位目标文件合并创建一个可执行目标文件；可执行（executable）目标文件，由链接器生成，可以直接被加载到内存中执行；共享（shared）目标文件，是一类特殊的可重定位目标文件，可以在加载时或运行时动态加载到内存并执行。图 12.5 给出典型的 ELF 可重定位目标文件的结构图。

ELF头
.text(已编译的机器代码)
.rodata(只读数据)
.data(已初始化的全局变量)
.bss(未初始化的全局变量)
.symtab(符号表)
.rel.text(.text节中需要修改的位置)
.rel.data(全局变量的可重定位信息)
.debug(调试符号表，包括局部变量定义)
.line(源程序中行号和.text节中指令的映射)
.strtab(字符串表，以NULL为结尾的字符串序列)
section header table(节头部表)

图 12.5　典型 ELF 可重定位目标文件的结构

图 12.5 中，ELF 头最初的 16 字节描述了字的大小以及生成该文件的机器字节顺序，剩下的部分都是关于目标文件的信息，包括 ELF 头的大小、目标文件的类型、机器类型、节头部表的偏移量以及节头部表中表目的大小和数量。而节头部表（section header table）描述了各个节的位置和大小。

位于 ELF 头和节头部表之间的都是节。如编译产生的机器代码保存在.text 节中，初始化的全局变量保存在.data 节中，未初始化的全局变量保存在.bss 节中，全局变量的可重定位信息保存在.rel 节中等。后续的链接器就是通过读取可重定位文件中的信息进行目标文件的链接处理，而其他工具的功能主要也是对这些信息的操作。

可执行目标文件通常是多个可重定位目标文件链接之后生成的可以直接装载到内存并执行的目标文件，其结构与可重定位目标文件的格式相似，不同之处在于 ELF 头还包含程序的入口点，也就是程序要执行的第一条指令的地址，不再包含可重定位信息（即.rel 节），同时增加了描述运行前的初始化信息和执行过程中内存分布信息。

共享库目标文件是动态运行时库（动态库）的组成部分。这些文件在运行时才和可执行文件进行链接，在加载之前只作一个预链接，然后在加载的时候再进行重定位，找到变量真正定义的地方。动态库放在内存中某一个特定的地方，系统启动之后就把它们加载进来，所有的引用都将到这个特定地方去获取。

在运行之前，将所有可重定向目标文件完整链接成为一个单独可执行目标文件的过程是静态链接；而在运行之前进行预链接，形成使用共享库目标文件的可执行目标文件的过程是动态链接。

12.2.2　汇编器和链接器

汇编器（assembler）将汇编助记程序翻译为机器指令，同时解析符号名称并为之进行存储分配，汇编器使用符号（如变量名、函数名）来解决地址的引用计算。gas（GNU assembler，GNU 汇编器）是二进制工具的一部分，其输入汇编文件是 cc1 的编译结果，经过汇编器处理之后生成可重定位目标文件。

链接器（linker）把不同可重定向目标文件的代码和数据收集、组合成为一个可加载、可执行的文件。链接过程中进行代码和数据合并、符号解析和重定位，静态链接之后将得到单个可执行目标文件，动态链接得到一个包含共享库目标文件引用的可执行目标文件。ld 是二进制工具的一部分，负责完成可重定位目标文件的链接。

12.2.3 其他工具

开源工具软件集 Binutils 中还包含一些用于处理各种格式目标文件的工具，帮助理解和处理目标文件，以实现目标文件的查看、修改和分析等工作，同时支持库文件的生成和修改等。Binutils 中包括如下主要工具。

AR：创建静态库，插入、删除、列出和提取成员。

STRINGS：列出目标文件中所有可以打印的字符串。

STRIP：从目标文件中删除符号表信息。

NM：列出目标文件符号表中定义的符号。

SIZE：列出目标文件中节的名字和大小。

READELF：显示一个目标文件的完整结构，包括 ELF 头中编码的所有信息。

OBJDUMP：显示目标文件的所有信息，最有用的功能是反汇编.text 节中的二进制指令。

12.2.4 小结

本节介绍和 GCC 编译工具以及相关的调试工具一起配合使用，以处理各种格式的目标文件的开源工具软件集 Binutils。该工具通常用于完成目标文件的生成、查看、修改和分析等工作，一方面，它是高级语言编译过程中必不可少的工具；另一方面，它也可以帮助我们理解和调试程序。熟悉这些工具的基本原理和使用，将有助于我们提高软件开发能力。

12.3 编译器和工具使用实例

本节将以 GCC 4.8.4 为例给出编译过程和使用实例。实验的环境是操作系统 Ubuntu Linux 12.04，硬件平台为 Intel x86 平台。为了编译 GCC，需要安装一个可用的 C 语言编译器和一系列相关工具，包括 gcc 编译器、Binutils 工具、词法分析工具 Flex 和语法分析工具 bison 等。

12.3.1 编译特定版本的编译器

编译特定版本的编译器是一件相当容易的事情，需要遵循下面的一系列步骤。

（1）建立目录结构。为了便于管理，需要将不同阶段的代码和文件分别存放在不同目录中，这里将使用到的目录有源代码目录 src、编译过程目录 build、安装目录 usr 和演示目录 show。

```
mkdir gcc-4.8.4
cd gcc-4.8.4/
mkdir src build usr show
```

(2) 获取源代码包。从 GCC 官方网站(gcc. gnu. org)下载完整的代码包 gcc-4.8.4.tar.bz2,存放在 gcc-4.8.4 目录中,并将其展开到 src 目录下。

```
tar --strip-components=1 --directory=src -jxvf ./gcc-4.8.4.tar.bz2
```

这时,可以使用 tar 和 du 命令来查看该源代码包展开之后的文件个数和所占存储空间。这里 wc 得到的结果中第一个数字为 84 917,是该软件包中文件和目录的个数。du 的输出结果即这些文件所占用的硬盘存储空间,为 705MB。

```
tar -jtvf ./gcc-4.8.4.tar.bz2 | wc
du ./src -h
```

12.3.1.1 环境和配置

GCC 编译器具有多语言、多体系结构支持能力,配置过程中需要关注 build(构建环境)、host(宿主环境)和 target(目标环境)的概念。build 要指定编译器当前编译平台的体系结构,host 设定编译器的运行环境,而 target 即目标体系结构,是编译器生成代码的运行平台。

上述概念可以很直观地利用 T 形图(**Tombstone diagrams**,T-diagrams)描述。T 形图包含 3 种图形,见图 12.6,其中图(a)表示用语言 L 书写的应用程序 P,图(b)表示目标机器 M,而图(c)表示用语言 L 书写的编译器,该编译器将 S 语言编译为 T 语言。利用这 3 种图形的组合,可以描述语言和编译相关的基本概念。

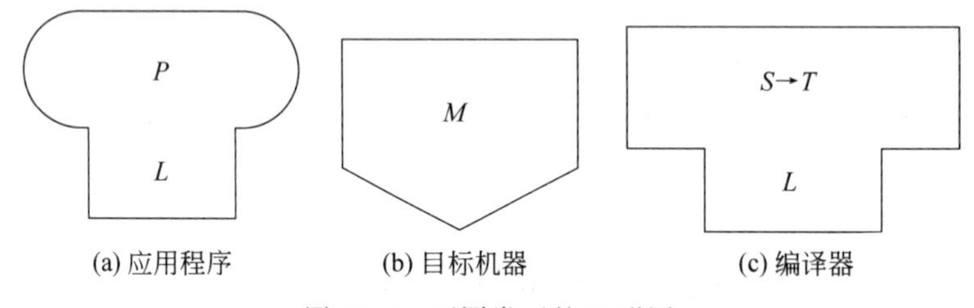

图 12.6 不同类型的 T 形图

图 12.7 描述应用程序 sort 的编译和运行。左边部分表示编译过程,用 C 语言编写的应用程序 sort 经过一个 C 语言到 X86 的编译器之后,生成用 X86 机器目标代码表示的可执行程序 sort,其中编译器是一个 X86 机器的可执行程序。右边部分表示可执行程序 sort 运行于 X86 机器。这个过程描述了大多数使用 PC 应用程序的开发和运行情况。

图 12.8 表示应用程序 sort 的交叉编译和运行。左边部分表示编译过程,用 C 语言编写的应用程序 sort 经过一个 C 语言到 PPC 机器的编译器之后,生成用 PPC 机器目标代码表示的可执行程序 sort,其中编译器是一个 X86 机器的可执行程序。右边部分表示可执行程序 sort 运行于 PPC 机器。这个过程描述了大多数嵌入式应用程序的开发和运行情况。

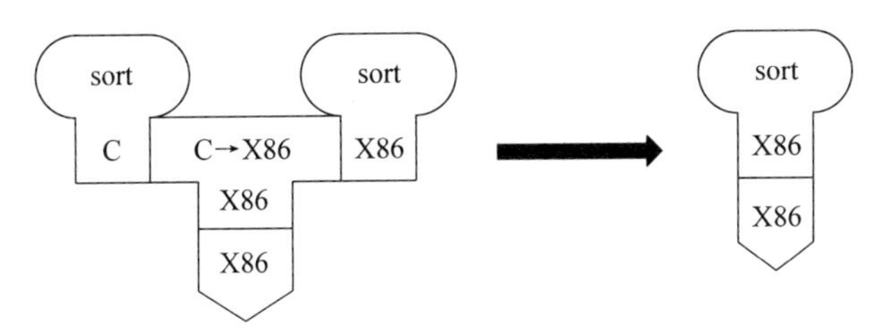

图 12.7　T 形图：在 X86 机器上编译并运行 C 语言编写的程序 sort

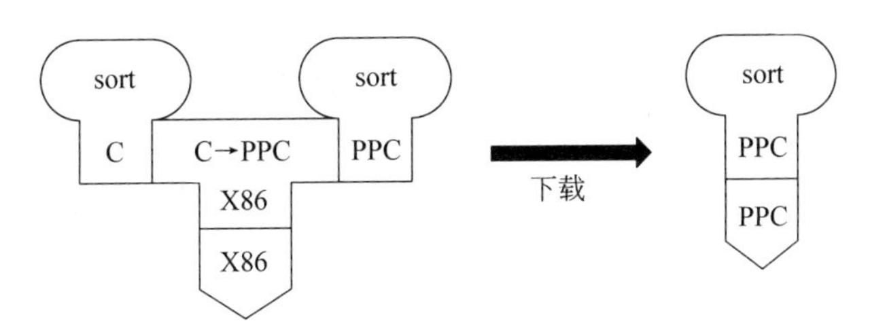

图 12.8　T 形图：在 X86 机器交叉编译 C 语言编写的程序 sort 并在 PPC 机运行

图 12.9 表示的是一个编译器的编译过程。一个用 C 语言实现的编译器，其功能是将 C++ 程序翻译为 x86 机器目标代码，经过一个运行于 x86 机器的 C 语言到 x86 编译器的编译之后，得到一个可以在 x86 机器运行的编译可执行代码，该编译器程序实现 C++ 到 x86 机器目标代码的转换。这里编译器的编译是在 x86 机器上，即 build 为 x86（图 12.9 中间部分），编译之后的 C++ 编译器运行环境也是 x86 机器（图 12.9 右边 T 的下部），则 host 为 x86，而 C++ 编译器生成的代码运行于 x86 机器（图 12.9 右边 T 的右部），表明 target 是 x86。

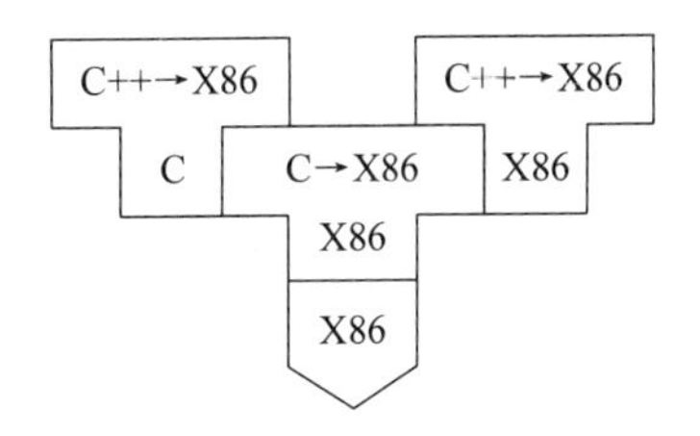

图 12.9　T 形图：X86 机器编译 C 语言编写的 C++ 编译器

对于 GCC 而言，build、host 和 target 可以分别为 3 个不同的体系结构。例如，我们准备在 x86 机器上编译生成一个运行于 PowerPC 平台的编译器，这个编译器的功能是为 MIPS 体系结构生成可执行代码，这种情况下 build 平台是 x86，host 平台是 PowePC，而 target 平台是 MIPS。这种交叉能力一方面方便了增加对新后端的支持，另一方面则是对嵌入式领域的重要支持，很多嵌入式芯片能力很弱，无法提供编译器运行环境，这就需要使用基于 x86 的 PC 作为宿主机为该芯片编译可执行代码。

有了这些概念，下面进入 build 目录开始进行配置，一个简单配置方案如下：

```
cd build/
../src/configure          -v          --enable-languages=c
--prefix=/home/backup/gcc-4.8.4/usr          --build=i686-linux-gnu
--host=i686-linux-gnu --target=i686-linux-gnu
```

这里，指定支持的语言为 C 语言，构建环境、运行环境和目标环境均为 i686，表示将在 i686 环境下编译整个编译器，编译完成之后，将得到一个 C 语言编译器，该编译器可以在 i686 平台运行并为 i686 平台生成可执行代码。

需要注意的一点是这里专门设置了 prefix 参数，这个参数采用绝对路径方式指定未来编译软件的安装位置，之后使用该编译器需要指定其路径。如果使用默认参数，则很可能会和系统中已安装的编译器冲突。

12.3.1.2 编译安装

GCC 采用 make 工具来解决文件之间的依赖关系，管理整个软件的编译和安装，相关的内容记录在 Makefile 文件中。上面的配置正常完成之后将生成相应 Makefile，整个编译和安装过程非常简单，只需要运行下面的几个 make 命令即可。我们需要做的事情就是等待，当然，如果能利用这段等待时间看一下 Makefile 的规则将会非常有用，大多数 UNIX/Linux 系统中的软件都是采用 make 来管理编译过程的，而 Windows 下图形化的集成开发环境也通常采用类似的方案解决文件的依赖关系。编译和安装 gcc 采用的命令如下：

```
make all
make install
```

上面的编译和安装正常结束之后，在前面 prefix 所指定的路径中应该看到可以使用的 GCC 工具，通过下面的命令可以检查所安装的 GCC 的信息：

```
/home/backup/gcc-4.8.4/usr/bin/gcc -v
```

例如，得到的输出如下：

```
使用内建 specs。
目标：i686-linux-gnu
配置为：../src/configure -v --enable-languages=c --prefix=/home/backup/gcc-4.8.4/usr --build=
i686-linux-gnu --host=i686-linux-gnu --target=i686-linux-gnu
线程模型： posix
gcc 版本 4.8.4 (GCC)
```

该信息给出正在运行的 GCC 版本及其编译配置参数，表明该 GCC 已经可以正常运行。

12.3.1.3 实例介绍

完成编译安装之后，下面通过实例简单了解 GCC 的使用和编译流程。采用 factorial.c 实例程序，该程序计算并输出一个以 8 的阶乘为半径的圆的周长：

```
#include <stdio.h>
int main(int argc,char * * argv)
{
  float pi=3.14;
  float ar=0.0;
  int n=8;
  int r=1;
  while(n>1){
    r=r * n;
    n=n-1;
  }
```

```
  ar=2 * pi * r;
  printf("area=%f\n",ar);
}
```

首先进入演示目录 show(该目录位于测试主目录 gcc-4.8.4 下),将 factorial.c 文件保存在当前位置,采用如下命令编译该程序,其中--save-temps 表示保存编译过程中产生的关键临时文件,-o fact1 指定生成的可执行文件为 fact1。

```
../usr/bin/gcc --save-temps -o fact1 factorial.c
```

编译正常结束之后,将得到文件 factorial.i、factorial.s、factorial.o 和 fact1,分别为预处理的结果文件、编译产生的汇编文件、汇编生成的可重定位目标文件和可执行目标文件。这时,就可以运行该可执行文件,得到期望的结果:

```
./fact1
```

12.3.2 查看目标文件

可以使用 ldd 工具列出可执行文件在运行时需要的共享库。采用这个工具来检查刚刚编译生成的可执行文件 fact1,输入的命令为

```
ldd fact1
```

将会得到类似于下面的结果,该结果表明,这个 fact1 文件是动态链接而生成的,该文件在运行过程中将会调用以下 3 个库中的内容,其中=>左边表示该文件中使用到的动态库,右边表示该库在内存中位置。

```
linux-gate.so.1 =>  (0xb7fe9000)
libc.so.6 => /lib/tls/i686/cmov/libc.so.6 (0xb7e59000)
/lib/ld-linux.so.2 (0xb7fcf000)
```

实际上,在前面的编译过程中,没有通过编译选项指定链接类型,gcc 会使用默认的动态链接方式。如果希望进行静态链接,则需要通过增加-static 选项来指定,编译命令为

```
../usr/bin/gcc --save-temps -static -o fact2 factorial.c
```

同样地,下面将会进行预处理、编译、汇编和链接,和前面不同的是,在最后一步链接过程中,将采取静态链接方式,生成一个不再包含任何动态库的单一映像的可执行目标文件 fact2。这时候采用 ldd 来观察这个可执行文件,将得到如下结果,表明该文件为非动态可执行文件。

```
not a dynamic executable
```

一个重要的目标文件工具是 readelf,用于显示一个目标文件的完整结构,包括 ELF 头中编码的所有信息。采用这个工具可以观察各种类型的 ELF 格式目标文件。下面分别给出采用该工具观察可重定位目标文件 factorial.o 和动态链接可执行文件 fact1 的 EFL 文件头的结果。执行的命令为

```
readelf -h factorial.o
```

readelf -h fact1

可以看出,其中最明显的差异是入口点地址,factorial.o 文件的类型为可重定位目标文件,其入口点地址为 0x0;而 fact1 的类型为可执行目标文件,具有固定的入口点地址,这里是 0x80482d0。

可重定位目标文件 factorial.o 的 ELF 头信息如下:

```
ELF Header:
  Magic:    7f 45 4c 46 01 01 01 00 00 00 00 00 00 00 00 00
  Class:                             ELF32
  Data:                              2's complement,little endian
  Version:                           1 (current)
  OS/ABI:                            UNIX - System V
  ABI Version:                       0
  Type:                              REL (Relocatable file)
  Machine:                           Intel 80386
  Version:                           0x1
  Entry point address:               0x0
  Start of program headers:          0 (bytes into file)
  Start of section headers:          284 (bytes into file)
  Flags:                             0x0
  Size of this header:               52 (bytes)
  Size of program headers:           0 (bytes)
  Number of program headers:         0
  Size of section headers:           40 (bytes)
  Number of section headers:         11
```

可执行目标文件 fact1 的 ELF 头信息如下:

```
ELF Header:
  Magic:    7f 45 4c 46 01 01 01 00 00 00 00 00 00 00 00 00
  Class:                             ELF32
  Data:                              2's complement,little endian
  Version:                           1 (current)
  OS/ABI:                            UNIX - System V
  ABI Version:                       0
  Type:                              EXEC (Executable file)
  Machine:                           Intel 80386
  Version:                           0x1
  Entry point address:               0x80482d0
  Start of program headers:          52 (bytes into file)
  Start of section headers:          3208 (bytes into file)
  Flags:                             0x0
  Size of this header:               52 (bytes)
  Size of program headers:           32 (bytes)
  Number of program headers:         7
  Size of section headers:           40 (bytes)
```

```
Number of section headers:           35
Section header string table index:   32
```

12.3.3 程序代码优化

本节通过 factorial. c 实例来简单了解 GCC 的优化情况。一般来说,GCC 的优化包含 O0～O3 共 4 个主要优化级别,其中 O0 表示不优化,数字越大代表实施的优化越多,此外还有 Os 和 Ofast 两个级别,前者在 O2 的基础上针对代码体积进行优化,后者则表示最大限度地开展优化(有些情况下甚至可能影响正确性)。

首先在展示目录 show 之下建立目录,分别采用不同的编译选项编译并存放在以优化级别命名的目录中,下面逐个观察其输出的汇编文件结果。

```
mkdir O0
cd O0
../../usr/bin/gcc --save-temps -O0 -o factO0 ../factorial.c
```

采用上述命令,得到 O0 选项的结果 factorial. s(X86 汇编文件)如下:

```
1         .file     "factorial.c"
2         .section      .rodata
3   .LC2:
4         .string   "area=%f\n"
5         .text
6         .globl    main
7         .type     main, @function
8   main:
9   .LFB0:
10        .cfi_startproc
11        pushl     %ebp
12        .cfi_def_cfa_offset 8
13        .cfi_offset 5, -8
14        movl      %esp, %ebp
15        .cfi_def_cfa_register 5
16        andl      $-16, %esp
17        subl      $32, %esp
18        movl      .LC0, %eax
19        movl      %eax, 20(%esp)
20        movl      .LC1, %eax
21        movl      %eax, 16(%esp)
22        movl      $8, 28(%esp)
23        movl      $1, 24(%esp)
24        jmp.L2
25   .L3:
26        movl      24(%esp), %eax
27        imull     28(%esp), %eax
28        movl      %eax, 24(%esp)
```

```
29        subl      $1, 28(%esp)
30  .L2:
31        cmpl      $1, 28(%esp)
32        jg     .L3
33        flds      20(%esp)
34        fld       %st(0)
35        faddp     %st, %st(1)
36        fildl     24(%esp)
37        fmulp     %st, %st(1)
38        fstps     16(%esp)
39        flds      16(%esp)
40        fstpl     4(%esp)
41        movl      $.LC2, (%esp)
42        call      printf
43        leave
44        .cfi_restore 5
45        .cfi_def_cfa 4, 4
46        ret
47        .cfi_endproc
48  .LFE0:
49        .size     main, .-main
50        .section     .rodata
51        .align 4
52  .LC0:
53        .long     1078523331
54        .align 4
55  .LC1:
56        .long     0
57        .ident     "GCC: (GNU) 4.8.4"
58        .section     .note.GNU-stack,"",@progbits
```

整个文件共 58 行，其中.rodata 用以存放只读数据，.text 包含可执行代码，.note 是一些标识。下面着重来看.text 节，其中第 8 行的 main 函数对应源代码中的入口函数 main，首先进行函数调用栈相关的操作，之后对变量 pi 和 ar 进行赋值，接着在 22 行开始进行计算，22 行和 23 行分别将常数 8 和 1 放入内存单元，之后开始循环进行阶乘计算，循环体代码位于 25～29 行，30 行和 31 行是循环控制判断，之后计算面积并于 42 行处调用 printf 进行输出，最后是函数结束前的一些清理工作。可以看出，不进行优化的情况下，源代码和汇编代码的对应关系非常明确。

建立一个新的目录，采用 O2 优化选项进行编译，执行的命令如下：

```
mkdir O2
cd O2
../../usr/bin/gcc --save-temps -O2 -o factO2 ../factorial.c
```

编译之后的结果(X86 汇编文件)如下：

```
1        .file          "factorial.c"
2        .section       .rodata.str1.1,"aMS",@progbits,1
3   .LC1:
4        .string        "area=%f\n"
5        .section       .text.startup,"ax",@progbits
6        .p2align       4,,15
7        .globl         main
8        .type          main, @function
9   main:
10  .LFB11:
11       .cfi_startproc
12       movl           $1, %edx
13       movl           $8, %eax
14       .p2align 4,,7
15       .p2align 3
16  .L3:
17       imull          %eax, %edx
18       subl           $1, %eax
19       cmpl           $1, %eax
20       jne            .L3
21       pushl          %ebp
22       .cfi_def_cfa_offset 8
23       .cfi_offset 5, -8
24       movl           %esp, %ebp
25       .cfi_def_cfa_register 5
26       andl           $-16, %esp
27       subl           $16, %esp
28       movl           %edx, 12(%esp)
29       fildl          12(%esp)
30       fmuls          .LC0
31       movl           $.LC1, (%esp)
32       fstpl          4(%esp)
33       call           printf
34       leave
35       .cfi_restore 5
36       .cfi_def_cfa 4, 4
37       ret
38       .cfi_endproc
39  .LFE11:
40       .size          main, .-main
41       .section       .rodata.cst4,"aM",@progbits,4
42       .align 4
43  .LC0:
44       .long          1086911939
45       .ident         "GCC: (GNU) 4.8.4"
```

```
46          .section    .note.GNU-stack,"",@progbits
```

整个文件46行，长度比O0的结果略有减少。下面对其做简单分析，文件包含了4个节，用.section作为标记，除了存放只读字符串和常量数据的.rodata、存放可执行代码的.text和存放标识的.note之外，增加了一个存放常数的.rodata，该节位于第44行。仔细看代码的变化，我们可以发现，这个常数用来代替源代码中和pi有关的赋值和运算，也就是说，通过编译阶段的常量传播和合并已知量等优化方法，利用这个常数代替了O0版本中的某些计算。汇编代码中第9行的main函数对应源代码中的入口函数main，首先还是进行函数调用栈相关的操作，之后在16～20行循环进行阶乘计算，之后计算面积并于33行处调用printf进行输出，最后也是函数结束前的一些清理工作。

再次创建新的目录，采用O3优化选项进行编译，执行的命令如下

```
mkdir O3
cd O3
../../usr/bin/gcc --save-temps -O3 -o factO3 ../factorial.c
```

编译之后的X86汇编文件如下：

```
 1          .file       "factorial.c"
 2          .section    .rodata.str1.1,"aMS",@progbits,1
 3  .LC1:
 4          .string     "area=%f\n"
 5          .section    .text.startup,"ax",@progbits
 6          .p2align 4,,15
 7          .globl      main
 8          .type       main, @function
 9  main:
10  .LFB11:
11          .cfi_startproc
12          pushl       %ebp
13          .cfi_def_cfa_offset 8
14          .cfi_offset 5, -8
15          movl        %esp, %ebp
16          .cfi_def_cfa_register 5
17          andl        $-16, %esp
18          subl        $16, %esp
19          flds        .LC0
20          fstpl       4(%esp)
21          movl        $.LC1, (%esp)
22          call        printf
23          leave
24          .cfi_restore 5
25          .cfi_def_cfa 4, 4
26          ret
27          .cfi_endproc
28  .LFE11:
```

```
29        .size       main, .-main
30        .section    .rodata.cst4,"aM",@progbits,4
31        .align 4
32  .LC0:
33        .long       1215776359
34        .ident      "GCC: (GNU) 4.8.4"
35        .section    .note.GNU-stack,"",@progbits
```

这时整个文件只剩下 35 行，长度比 O0 的结果减少近 50%，而计算时间应当缩短更多。下面对其进行分析，文件还是只有 4 个节，为存放只读字符串和常量数据的.rodata、存放可执行代码的.text 和存放标识的.note。再来看代码的变化，可以发现，整个程序中没有循环，没有和源代码对应的赋值、乘法运行，有的只是在第 22 行调用 printf 输出一个常数。也就是说，通过编译阶段的静态计算优化，利用这个常数代替了 O0 版本中的所有相关的赋值和循环计算，而其中的循环计算恰恰可能是整个程序中最耗时的部分。因此，可以相信，O3 优化之后的这段代码运行速度将会大大加快，但是带来的问题是，在优化之后的汇编代码中再也看不到源代码中阶乘计算相关代码的任何蛛丝马迹。

12.3.4 小结

本节通过一些实例介绍 GCC 编译器和 Binutils 工具的使用。二者都是构成 Linux/UNIX 系统标准的开发、调试环境的核心软件。熟悉和深入了解这些工具，对于理解编译器的基本原理和构造技术，以及利用这些工具高效率地开发应用程序，都会有所帮助。

练　　习

1. 自行建立开发环境，根据本章内容，参考网上公开资料，下载源代码并编译安装最新版本的 GCC。

2. 利用题 1 中完成的工具，编译 factorial.c 程序并观察其中间结果和目标文件内容。

3. 利用 nm、size 等其他工具观察 12.3.2 节中的可执行文件 fact1 和 fact2。

4. 自己编写一个函数 void swap(int a,int b)，用于交换 a 和 b 的值，利用 gcc 和 ar 创建一个静态库，并练写插入、删除、列出和提取成员。

5. 采用 Os 和 Ofast 为 factorial.c 生成汇编代码，比较其差别。

6. 寻找或者编写一个规模较大的 C 语言程序，利用 GCC 编译并运行，测试不同优化选项对编译时间、生成代码尺寸以及生成代码运行时间的影响，给出图形表示并分析其原因。

7. 为 ARM 体系结构构造一个交叉编译工具，宿主机为 X86。

附录 A　PL/0 编译程序文本

A.1　Pascal 版本

```
program pl0(fa,fa1,fa2);
(* PL0 compiler with code generation *)
label 99;
const norw=13;          (* of reserved words *)
      txmax=100;        (* length of identifier table *)
      nmax=14;          (* max number of digits in numbers *)
      al=10;            (* length of identifiers *)
      amax=2047;        (* maximum address *)
      levmax=3;         (* max depth of block nesting *)
      cxmax=200;        (* size of code array *)
type  symbol=(nul,ident,number,plus,minus,times,slash,oddsym,
                 eql,neq,lss,leq,gtr,geq,lparen,rparen,comma,
                 semicolon,period,becomes,beginsym,endsym,ifsym,
                 thensym,whilesym,writesym,readsym,dosym,callsym,
                 constsym,varsym,procsym);
      alfa= packed array[1..al] of char;
      object=(constant,variable,procedur);
      (* wirth used the word "procedure" there,which won't work! *)
      symset=set of symbol;
      fct=( lit,opr,lod,sto,cal,int,jmp,jpc);
      instruction=packed record
                        f:fct;           (* function code *)
                        l:0..levmax;     (* level *)
                        a:0..amax;       (* displacement addr *)
                      end;
                (* lit 0,a load constant a
                   opr 0,a execute opr a
                   lod l,a load variable l,a
                   sto l,a store variable l,a
                   cal l,a call procedure a at level l
                   int 0,a increment t-register by a
                   jmp 0,a jump to a
                   jpc 0,a jump conditional to a  *)
var   fa:text;
      fa1,fa2:text;
      listswitch:boolean;  (* true set list object code *)
      ch:char;             (* last char read *)
      sym:symbol;          (* last symbol read *)
      id:alfa;             (* last identifier read *)
      num:integer;         (* last number read *)
      cc:integer;          (* character count *)
      ll:integer;          (* line length *)
```

```
kk:integer;
cx:integer;              ( * code allocation index * )
line:array[1..81] of char;
a:alfa;
code:array[0..cxmax] of instruction;
word:array[1..norw] of alfa;
wsym:array[1..norw] of symbol;
ssym:array[' '..'^'] of symbol;
    ( * wirth uses "arrar[char]" here * )
mnemonic:array[fct] of packed array[1..5] of char;
declbegsys,statbegsys,facbegsys:symset;
table:array[0..txmax] of record
          name:alfa;
          case kind:object of
              constant:(val:integer);
              variable,procedur:(level,adr,size:integer)
  ( * "size" lacking in original. I think it belongs here * )
  end;
fin,fout:text;
fname:alfa;
err:integer;
procedure error(n:integer);
   begin
       writeln('* * * *',' ':cc-1,'!',n:2);
       writeln(fa1,'* * * *',' ':cc-1,'!',n:2);
       err :=err+1
   end  ( * error * );
procedure getsym;
  var i,j,k:integer;
     procedure getch;
        begin
          if cc=ll
           then
             begin
                if eof(fin)
                 then
                   begin
                      write('program incomplete');
                      goto 99
                   end;
                ll :=0;
                cc :=0;
                write(cx:4,' ');
                write(fa1,cx:4,' ');
                while not eoln(fin) do
                   begin
                      ll :=ll+1;
                      read(fin,ch);
                      write(ch);
                      write(fa1,ch);
                      line[ll] :=ch
                   end;
```

```
            writeln;
            ll :=ll+1;
            read(fin,line[ll]);
            writeln(fa1);
          end;
        cc :=cc+1;
        ch :=line[cc]
    end ( * getch * );
    begin ( * getsym * )
      while ch='' do getch;
      if ch in ['a'..'z']
        then
         begin          ( * id or reserved word * )
           k :=0;
           repeat
             if k<al
               then
                begin
                  k :=k+1;
                  a[k] :=ch
                end;
             getch
           until not(ch in ['a'..'z','0'..'9']);
           if k>=kk
             then kk :=k
             else
              repeat
                a[kk] :='';
                kk :=kk-1
              until  kk=k;
           id :=a;
           i :=1;
           j :=norw;
           repeat
             k :=(i+j) div 2;
             if id<=word[k]
               then j :=k-1;
               if id >= word[k]
               then i :=k+1
           until i>j;
           if i-1 > j
             then sym :=wsym[k]
             else sym :=ident
         end
        else
         if ch in ['0'..'9']
           then
            begin   ( * number * )
              k :=0;
              num :=0;
              sym :=number;
              repeat
```

```
        num :=10 * num+(ord(ch)-ord('0'));
        k :=k+1;
        getch
      until not(ch in ['0'..'9']);
      if k>nmax
        then error(30)
    end
  else
    if ch=':'
      then
       begin
          getch;
          if ch='='
            then
             begin
                sym :=becomes;
                getch
             end
            else sym :=nul;
       end
      else
       if ch='<'
        then
         begin
            getch;
            if ch='='
              then
               begin
                  sym :=leq;
                  getch
               end
              else   sym :=lss
         end
    else
    if ch='>'
      then
       begin
          getch;
          if ch='='
            then
             begin
                sym :=geq;
                getch
             end
            else sym :=gtr
       end
      else
       begin
          sym :=ssym[ch];
          getch
       end
end ( * getsym * );
```

```
        procedure gen(x:fct;y,z:integer);
          begin
            if cx>cxmax
             then
               begin
                  write('program too long');
                  goto 99
               end;
            with code[cx] do
             begin
               f :=x;
               l :=y;
               a :=z
             end;
            cx :=cx+1
          end ( * gen * );
procedure test(s1,s2:symset;n:integer);
 begin
   if not(sym in s1)
     then
      begin
         error(n);
         s1 :=s1+s2;
         while not(sym in s1) do getsym
      end
 end( * test * );
procedure block(lev,tx:integer;fsys:symset);
 var dx:integer;        ( * data allocation index * )
      tx0:integer;      ( * initial table index * )
      cx0:integer;      ( * initial code index * )
   procedure enter(k:object);
    begin    ( * enter object into table * )
      tx :=tx+1;
      with table[tx] do
        begin
          name :=id;
          kind :=k;
          case k of
            constant: begin
                            if num>amax
                             then
                               begin
                                  error(31);
                                  num :=0;
                               end;
                            val :=num
                         end;
            variable: begin
                            level :=lev;
                            adr :=dx;
                            dx :=dx+1;
                         end;
```

```
          procedur: level :=lev
        end
      end
end( * enter * );
function position(id:alfa):integer;
  var i:integer;
   begin    ( * find identifier in table * )
      table[0]. name :=id;
      i :=tx;
      while table[i]. name<>id do i :=i-1;
      position :=i
   end( * position * );
procedure constdeclaration;
  begin
     if sym=ident
      then
        begin
           getsym;
           if sym in [eql,becomes]
            then
              begin
                 if sym= becomes
                  then error(1);
                 getsym;
                 if sym=number
                  then
                    begin
                       enter(constant);
                       getsym
                    end
                  else error(2)
              end
            else error(3)
        end
      else error(4)
  end;( *  constdeclaration  * )
procedure vardeclaration;
  begin
     if sym=ident
      then
        begin
           enter(variable);
           getsym
        end
      else error(4)
  end( * vardeclaration * );
procedure listcode;
  var i:integer;
   begin    ( * list code generated for this block * )
      if listswitch
        then
         begin
```

```
          for i :=cx0 to cx-1 do
            with code[i] do
             begin
                writeln(i,mnemonic[f]:5,l:3,a:5);
                writeln(fa,i:4,mnemonic[f]:5,l:3,a:5)
             end;
       end
 end( * listcode * );
procedure statement(fsys:symset);
 var i,cx1,cx2:integer;
   procedure  expression(fsys:symset);
    var addop:symbol;
    procedure term(fsys:symset);
      var mulop:symbol;
       procedure factor(fsys:symset);
        var i:integer;
         begin
            test(facbegsys,fsys,24);
            while sym in facbegsys do
              begin
                 if sym=ident
                  then
                    begin
                      i :=position(id);
                      if i=0
                       then error(11)
                       else
                         with table[i] do
                          case kind of
                             constant:gen(lit,0,val);
                             variable:gen(lod,lev-level,adr);
                             procedur:error(21)
                          end;
                      getsym
                    end
                  else
                    if sym=number
                     then
                       begin
                         if num>amax
                          then
                            begin
                               error(31);
                               num :=0
                            end;
                         gen(lit,0,num);
                         getsym
                       end
                     else
                       if sym=lparen
                        then
                          begin
```

```
                    getsym;
                    expression([rparen]+fsys);
                    if sym=rparen
                     then getsym
                     else error(22)
                   end;
              test(fsys,facbegsys,23)
            end
          end(* factor *);
        begin(* term *)
          factor([times,slash]+fsys);
          while sym in [times,slash] do
           begin
             mulop:=sym;
             getsym;
             factor(fsys+[times,slash]);
             if mulop=times
               then gen(opr,0,4)
               else gen(opr,0,5)
           end
        end(* term *);
      begin(* expression *)
        if sym in [plus,minus]
         then
          begin
            addop:=sym;
            getsym;
            term(fsys+[plus,minus]);
            if addop=minus
             then gen(opr,0,1)
          end
         else term(fsys+[plus,minus]);
        while sym in [plus,minus] do
         begin
           addop:=sym;
           getsym;
           term(fsys+[plus,minus]);
           if addop=plus
             then gen(opr,0,2)
             else gen(opr,0,3)
         end
      end(* expression *);
    procedure condition(fsys:symset);
      var relop:symbol;
       begin
         if sym=oddsym
           then
            begin
              getsym;
              expression(fsys);
              gen(opr,0,6)
            end
```

```
            else
             begin
               expression([eql,neq,lss,leq,gtr,geq]+fsys);
               if not(sym in [eql,neq,lss,leq,gtr,geq])
                 then error(20)
                 else
                  begin
                    relop :=sym;
                    getsym;
                    expression(fsys);
                    case relop of
                      eql:gen(opr,0,8);
                      neq:gen(opr,0,9);
                      lss:gen(opr,0,10);
                      geq:gen(opr,0,11);
                      gtr:gen(opr,0,12);
                      leq:gen(opr,0,13);
                    end
                  end
             end
      end( * condition * );
begin( * statement * )
  if sym=ident
    then
     begin
       i :=position(id);
       if i=0
         then error(11)
         else
          if table[i]. kind<>variable
            then
             begin
               error(12);
               i :=0
             end;
       getsym;
       if sym=becomes
         then getsym
         else error(13);
       expression(fsys);
       if i<>0
         then
          with table[i] do gen(sto,lev-level,adr)
     end
    else
     if sym=readsym
       then
        begin
          getsym;
          if sym<>lparen
            then error(34)
            else
```

```
        repeat
          getsym;
          if sym=ident
           then i:=position(id)
           else i:=0;
          if i=0
           then error(35)
           else
             with table[i] do
              begin
                 gen(opr,0,16);
                 gen(sto,lev-level,adr)
              end;
          getsym
        until sym<>comma;
     if sym<>rparen
       then
        begin
           error(33);
           while not(sym in fsys) do getsym
        end
       else getsym
  end
 else
  if sym=writesym
    then
     begin
        getsym;
        if sym=lparen
          then
           begin
              repeat
                getsym;
                expression([rparen,comma]+fsys);
                gen(opr,0,14)
              until sym<>comma;
              if sym<>rparen
                then error(33)
                else getsym
           end;
        gen(opr,0,15)
     end
    else
     if sym=callsym
       then
        begin
          getsym;
          if sym<>ident
           then error(14)
           else
             begin
                i:=position(id);
```

```
          if i=0
           then error(11)
           else
             with table[i] do
              if kind=procedur
                then gen(cal,lev-level,adr)
                else error(15);
          getsym
       end
  end
 else
  if sym=ifsym
    then
     begin
        getsym;
        condition([thensym,dosym]+fsys);
        if sym=thensym
          then getsym
          else error(16);
        cx1 :=cx;
        gen(jpc,0,0);
        statement(fsys);
        code[cx1]. a :=cx
     end
    else
     if sym=beginsym
       then
        begin
           getsym;
           statement([semicolon,endsym]+fsys);
           while sym in [semicolon]+statbegsys do
             begin
                if sym=semicolon
                 then getsym
                 else error(10);
                statement([semicolon,endsym]+fsys)
             end;
           if sym=endsym
             then getsym
             else error(17)
        end
       else
        if sym=whilesym
          then
           begin
              cx1 :=cx;
              getsym;
              condition([dosym]+fsys);
              cx2 :=cx;
              gen(jpc,0,0);
              if sym=dosym
                then getsym
```

```
                              else error(18);
                             statement(fsys);
                             gen(jmp,0,cx1);
                             code[cx2]. a :=cx
                           end;
      test(fsys,[],19)
    end ( * statement * );
begin ( * block * )
    dx :=3;
    tx0 :=tx;
    table[tx]. adr :=cx;
    gen(jmp,0,0);
    if lev>levmax
      then error(32);
    repeat
      if sym=constsym
       then
          begin
            getsym;
            repeat
              constdeclaration;
              while sym=comma do
               begin
                  getsym;
                  constdeclaration
               end;
              if sym=semicolon
               then getsym
               else error(5)
            until sym<>ident
          end;
      if sym=varsym
       then
         begin
           getsym;
            repeat
              vardeclaration;
              while sym=comma do
               begin
                  getsym;
                  vardeclaration
               end;
              if sym=semicolon
               then getsym
               else error(5)
            until sym<>ident;
          end;
      while sym=procsym do
       begin
         getsym;
         if sym=ident
           then
```

```
                begin
                  enter(procedur);
                  getsym
                end
              else error(4);
            if sym=semicolon
              then getsym
              else error(5);
            block(lev+1,tx,[semicolon]+fsys);
            if sym=semicolon
              then
                begin
                  getsym;
                  test(statbegsys+[ident,procsym],fsys,6);
                end
              else error(5)
          end;
        test(statbegsys+[ident],declbegsys,7)
      until not(sym in declbegsys);
      code[table[tx0].adr].a :=cx;
      with table[tx0] do
        begin
          adr :=cx;
          size :-dx;
        end;
      cx0 :=cx;
      gen(int,0,dx);
      statement([semicolon,endsym]+fsys);
      gen(opr,0,0);
      test(fsys,[],8);
      listcode
    end (* block *);
procedure interpret;
  const stacksize=500;
  var p,b,t:integer; (* program base topstack registers *)
      i:instruction;
      s:array[1..stacksize] of integer; (* datastore *)
  function base(l:integer): integer;
   var bl:integer;
     begin
       bl :=b; (* find base l level down *)
       while l>0 do
        begin
          bl :=s[bl];
          l :=l-1
        end;
       base :=bl
     end (* base *);
   begin
     writeln('start pl0');
     t :=0; b :=1; p :=0;
     s[1] :=0; s[2] :=0; s[3] :=0;
```

```
repeat
  i := code[p];
  p := p+1;
  with i do
   case f of
     lit: begin
              t := t+1;
              s[t] := a
           end;
     opr: case a of  (* operator *)
              0: begin (* return *)
                    t := b-1;
                    p := s[t+3];
                    b := s[t+2]
                 end;
              1: s[t] := -s[t];
              2: begin
                    t := t-1;
                    s[t] := s[t]+s[t+1]
                 end;
              3: begin
                    t := t-1;
                    s[t] := s[t]-s[t+1]
                 end;
              4: begin
                    t := t-1;
                    s[t] := s[t] * s[t+1]
                 end;
              5: begin
                    t := t-1;
                    s[t] := s[t] div s[t+1]
                 end;
              6: s[t] := ord(odd(s[t]));
              8: begin
                    t := t-1;
                    s[t] := ord(s[t]=s[t+1])
                 end;
              9: begin
                    t := t-1;
                    s[t] := ord(s[t]<>s[t+1])
                 end;
             10: begin
                    t := t-1;
                    s[t] := ord(s[t]<s[t+1])
                 end;
             11: begin
                    t := t-1;
                    s[t] := ord(s[t]>=s[t+1])
                 end;
             12: begin
                    t := t-1;
                    s[t] := ord(s[t]>s[t+1])
```

```
                end;
            13: begin
                    t :=t-1;
                    s[t] :=ord(s[t]<=s[t+1])
                end;
            14: begin
                    write(s[t]);
                    write(fa2,s[t]);
                    t :=t-1
                end;
            15: begin
                    writeln;
                    writeln(fa2)
                end;
            16: begin
                    t :=t+1;
                    write(' ? ');
                    write(fa2,'? ');
                    readln(s[t]);
                    writeln(fa2,s[t])
                end;
            end;
        lod: begin
                t :-t+1;
                s[t] :=s[base(l)+a]
            end;
        sto: begin
                s[base(l)+a] :=s[t]; (* writeln(s[t]) *)
                t :=t-1
            end;
        cal: begin (* generat new block mark *)
                s[t+1] :=base(l);
                s[t+2] :=b;
                s[t+3] :=p;
                b :=t+1;
                p :=a
            end;
        int: t :=t+a;
        jmp: p :=a;
        jpc: begin
                if s[t]=0
                  then p :=a;
                t :=t-1
            end;
      end (* with,case *)
    until p=0;
    closef(fa2)
  end (* interpret *);
begin (* main *)
  for ch :='' to '!' do ssym[ch] :=nul;
  (* changed because of different character set
    note the typos below in the original where
```

```
  the alfas were not given the correct space * )
word[1] :='begin       '; word[2] :='call       ';
word[3] :='const       '; word[4] :='do         ';
word[5] :='end         '; word[6] :='if         ';
word[7] :='odd         '; word[8] :='procedure ';
word[9] :='read        '; word[10] :='then      ';
word[11] :='var        ';word[12] :='while      ';
word[13] :='write      ';
wsym[1] :=beginsym;  wsym[2] :=callsym;
wsym[3] :=constsym;  wsym[4] :=dosym;
wsym[5] :=endsym;    wsym[6] :=ifsym;
wsym[7] :=oddsym;    wsym[8] :=procsym;
wsym[9] :=readsym;   wsym[10] :=thensym;
wsym[11] :=varsym;   wsym[12] :=whilesym;
wsym[13] :=writesym;
ssym['+'] :=plus;    ssym['-'] :=minus;
ssym['*'] :=times;   ssym['/'] :=slash;
ssym['('] :=lparen;  ssym[')'] :=rparen;
ssym['='] :=eql;     ssym[','] :=comma;
ssym['.'] :=period;  ssym['#'] :=neq;
ssym[';'] :=semicolon;
mnemonic[lit] :='lit  ';     mnemonic[opr] :='opr  ';
mnemonic[lod] :='lod  ';     mnemonic[sto] :='sto  ';
mnemonic[cal] :='cal  ';     mnemonic[int] :='int  ';
mnemonic[jmp] :='jmp  ';     mnemonic[jpc] :='jpc  ';
declbegsys :=[constsym,varsym,procsym];
statbegsys :=[beginsym,callsym,ifsym,whilesym];
facbegsys :=[ident,number,lparen];
( * page(output) * )
rewrite(fa1);
write('input file?    ');
write(fa1,'input file? ');
readln(fname);
writeln(fa1,fname);
openf(fin,fname,'r');
write('list object code  ? ');
readln(fname);
write(fa1,'list object code  ? ');
listswitch :=(fname[1]='y');
err :=0;
cc :=0; cx :=0; ll :=0;
ch :=' '; kk :=al;
getsym;
rewrite(fa);
rewrite(fa2);
block(0,0,[period]+declbegsys+statbegsys);
closef(fa);
closef(fa1);
if sym<>period
 then error(9);
if err=0
 then interpret
```

```
    else write('errors in pl/0 program');
  99:
    closef(fin);
    writeln
  end.
```

A.2 C 版 本

```
/* 编译和运行环境:
 * 1 Visual C++ 6.0,Visual C++.NET and Visual C++.NET 2003
 *   WinNT,Win2000,WinXP and Win2003
 * 2 gcc version 3.3.2 20031022(Red Hat Linux 3.3.2-1)
 *   Redhat Fedora core 1
 *   Intel 32 platform
 * 使用方法:
 * 运行后输入 PL/0 源程序文件名
 * 回答是否输出虚拟机代码
 * 回答是否输出名字表
 * fa.tmp 输出虚拟机代码
 * fa1.tmp 输出源文件及其各行对应的首地址
 * fa2.tmp 输出结果
 * fas.tmp 输出名字表
 */
#include <stdio.h>
#include "pl0.h"
#include "string.h"
/* 解释执行时使用的栈 */
#define stacksize 500
int main()
{
    bool nxtlev[symnum];
    printf("Input pl/0 file?");
    scanf("%s",fname);                          /* 输入文件名 */
    fin=fopen(fname,"r");
    if (fin)
    {
        printf("List object code? (Y/N)");      /* 是否输出虚拟机代码 */
        scanf("%s",fname);
        listswitch=(fname[0]=='y'||fname[0]=='Y');
        printf("List symbol table? (Y/N)");     /* 是否输出名字表 */
        scanf("%s",fname);
        tableswitch=(fname[0]=='y'||fname[0]=='Y');
        fa1=fopen("fa1.tmp","w");
        fprintf(fa1,"Input pl/0 file?");
        fprintf(fa1,"%s\n",fname);
        init();                                 /* 初始化 */
        err=0;
        cc=cx=ll=0;
        ch=' ';
        if(-1 !=getsym())
        {
            fa=fopen("fa.tmp","w");
            fas=fopen("fas.tmp","w");
```

```
            addset(nxtlev,declbegsys,statbegsys,symnum);
            nxtlev[period]=true;
            if(-1==block(0,0,nxtlev))                /*调用编译程序*/
            {
                fclose(fa);
                fclose(fa1);
                fclose(fas);
                fclose(fin);
                printf("\n");
                return 0;
            }
            fclose(fa);
            fclose(fa1);
            fclose(fas);
            if (sym !=period)
              {
                  error(9);
              }
            if (err==0)
              {
                  fa2=fopen("fa2.tmp","w");
                  interpret();                          /*调用解释执行程序*/
                  fclose(fa2);
              }
            else
            {
                printf("Errors in pl/0 program");
            }
        }
        fclose(fin);
    }
    else
    {
        printf("Can't open file!\n");
    }
    printf("\n");
    return 0;
}
/*
 * 初始化
 */
void init()
{
    int i;
    /*设置单字符符号*/
    for (i=0; i<=255; i++)
    {
        ssym[i]=nul;
    }
    ssym['+']=plus;
    ssym['-']=minus;
    ssym['*']=times;
```

```
ssym['/']=slash;
ssym['(']=lparen;
ssym[')']=rparen;
ssym['=']=eql;
ssym[',']=comma;
ssym['.']=period;
ssym['#']=neq;
ssym[';']=semicolon;
/*设置保留字名字,按照字母顺序,便于折半查找*/
strcpy(&(word[0][0]),"begin");
strcpy(&(word[1][0]),"call");
strcpy(&(word[2][0]),"const");
strcpy(&(word[3][0]),"do");
strcpy(&(word[4][0]),"end");
strcpy(&(word[5][0]),"if");
strcpy(&(word[6][0]),"odd");
strcpy(&(word[7][0]),"procedure");
strcpy(&(word[8][0]),"read");
strcpy(&(word[9][0]),"then");
strcpy(&(word[10][0]),"var");
strcpy(&(word[11][0]),"while");
strcpy(&(word[12][0]),"write");
/*设置保留字符号*/
wsym[0]=beginsym;
wsym[1]=callsym;
wsym[2]=constsym;
wsym[3]=dosym;
wsym[4]=endsym;
wsym[5]=ifsym;
wsym[6]=oddsym;
wsym[7]=procsym;
wsym[8]=readsym;
wsym[9]=thensym;
wsym[10]=varsym;
wsym[11]=whilesym;
wsym[12]=writesym;
/*设置指令名称*/
strcpy(&(mnemonic[lit][0]),"lit");
strcpy(&(mnemonic[opr][0]),"opr");
strcpy(&(mnemonic[lod][0]),"lod");
strcpy(&(mnemonic[sto][0]),"sto");
strcpy(&(mnemonic[cal][0]),"cal");
strcpy(&(mnemonic[inte][0]),"int");
strcpy(&(mnemonic[jmp][0]),"jmp");
strcpy(&(mnemonic[jpc][0]),"jpc");
/*设置符号集*/
for (i=0; i<symnum; i++)
{
    declbegsys[i]=false;
    statbegsys[i]=false;
    facbegsys[i]=false;
}
```

```
    /* 设置声明开始符号集 */
    declbegsys[constsym]=true;
    declbegsys[varsym]=true;
    declbegsys[procsym]=true;
    /* 设置语句开始符号集 */
    statbegsys[beginsym]=true;
    statbegsys[callsym]=true;
    statbegsys[ifsym]=true;
    statbegsys[whilesym]=true;
    /* 设置因子开始符号集 */
    facbegsys[ident]=true;
    facbegsys[number]=true;
    facbegsys[lparen]=true;
}
/*
 * 用数组实现集合的集合运算
 */
int inset(int e,bool* s)
{
    return s[e];
}
int addset(bool* sr,bool* s1,bool* s2,int n)
{
    int i;
    for (i=0; i<n; i++)
    {
        sr[i]=s1[i]||s2[i];
    }
    return 0;
}
int subset(bool* sr,bool* s1,bool* s2,int n)
{
    int i;
    for (i=0; i<n; i++)
    {
        sr[i]=s1[i]&&(!s2[i]);
    }
    return 0;
}
int mulset(bool* sr,bool* s1,bool* s2,int n)
{
    int i;
    for (i=0; i<n; i++)
    {
        sr[i]=s1[i]&&s2[i];
    }
    return 0;
}
/*
 * 出错处理,打印出错位置和错误编码
 */
void error(int n)
```

```
{
    char space[81];
    memset(space,32,81);
    space[cc-1]=0; //出错时当前符号已经读完,所以 cc-1
    printf("****%s!%d\n",space,n);
    fprintf(fa1,"****%s!%d\n",space,n);
    err ++ ;
}
/*
 * 漏掉空格,读取一个字符。
 *
 * 每次读一行,存入 line 缓冲区,line 被 getsym 取空后再读一行
 *
 * 被函数 getsym 调用。
 */
int getch()
{
    if (cc==ll)
    {
        if (feof(fin))
        {
            printf("program incomplete");
            return -1;
        }
        ll=0;
        cc=0;
        printf("%d ",cx);
        fprintf(fa1,"%d ",cx);
        ch=' ';
        while (ch !=10)
        {
            //fscanf(fin,"%c",&ch)
            if (EOF==fscanf(fin,"%c",&ch))
            {
                line[ll]=0;
                break;
            }
            printf("%c",ch);
            fprintf(fa1,"%c",ch);
            line[ll]=ch;
            ll ++ ;
        }
        printf("\n");
        fprintf(fa1,"\n");
    }
    ch=line[cc];
    cc ++ ;
    return 0;
}
/*
```

```
 * 词法分析，获取一个符号
 */
int getsym()
{
    int i,j,k;
    while (ch==' '||ch==10||ch==9)                      /*忽略空格、换行和TAB*/
    {
        getchdo;
    }
    if (ch>='a' && ch<='z')
    {                                                   /*名字或保留字以a~z开头*/
        k=0;
        do {
            if(k<al)
            {
                a[k]=ch;
                k++;
            }
            getchdo;
        } while (ch>='a' && ch<='z'||ch>='0' && ch<='9');
        a[k]=0;
        strcpy(id,a);
        i=0;
        j=norw-1;
        do {                                            /*搜索当前符号是否为保留字*/
                k=(i+j)/2;
                if (strcmp(id,word[k]) <=0)
                {
                    j=k-1;
                }
                if (strcmp(id,word[k]) >=0)
                {
                    i=k+1;
                }
        } while (i <=j);
        if (i-1 > j)
        {
            sym=wsym[k];
        }
        else
        {
            sym=ident;                                  /*搜索失败，则是名字或数字 */
        }
    }
    else
    {
        if (ch>='0' && ch<='9')
        {                                               /*检测是否为数字:以0~9开头*/
            k=0;
            num=0;
            sym=number;
            do {
```

```
            num=10 * num+ch-'0';
            k ++ ;
            getchdo;
        } while (ch>='0' && ch<='9');           /* 获取数字的值 */
        k--;
        if (k > nmax)
        {
            error(30);
        }
    }
    else
    {
        if (ch==':')                            /* 检测赋值符号 */
        {
            getchdo;
            if (ch=='=')
            {
                sym=becomes;
                getchdo;
            }
            else
            {
                sym=nul;                        /* 不能识别的符号 */
            }
        }
        else
        {
            if (ch=='<')                        /* 检测小于或小于等于符号 */
            {
                getchdo;
                if (ch=='=')
                {
                    sym=leq;
                    getchdo;
                }
                else
                {
                    sym=lss;
                }
            }
            else
            {
                if (ch=='>')                    /* 检测大于或大于等于符号 */
                {
                    getchdo;
                    if (ch=='=')
                    {
                        sym=geq;
                        getchdo;
                    }
                    else
                    {
```

```
                    sym=gtr;
                }
            }
            else
            {
                sym =ssym[ch];                /* 当符号不满足上述条件时，全部按照单字
                    符符号处理 */
                    //getchdo;
                    //richard
                    if (sym !=period)
                    {
                        getchdo;
                    }
                    //end richard
            }
        }
      }
    }
  }
  return 0;
}
/*
 * 生成虚拟机代码
 *
 * x: instruction.f;
 * y: instruction.l;
 * z: instruction.a;
 */
int gen(enum fct x,int y,int z )
{
    if (cx >=cxmax)
    {
        printf("Program too long");                /* 程序过长 */
        return -1;
    }
    code[cx].f=x;
    code[cx].l=y;
    code[cx].a=z;
    cx++;
    return 0;
}
/*
 * 测试当前符号是否合法
 *
 * 在某一部分(如一条语句,一个表达式)将要结束时我们希望下一个符号属于某集合
 * (该部分的后跟符号),test 负责这项检测,并且负责当检测不通过时的补救措施
 * 程序在需要检测时指定当前需要的符号集合和补救用的集合(如之前未完成部分的后跟
 * 符号),以及检测不通过时的错误号
 *
 * s1:我们需要的符号
 * s2:如果不是我们需要的,则需要一个补救用的集合
 * n:错误号
```

```
 */
int test(bool* s1,bool* s2,int n)
{
    if (!inset(sym,s1))
    {
        error(n);
        /* 当检测不通过时,不停获取符号,直到它属于需要的集合或补救的集合 */
        while ((!inset(sym,s1)) && (!inset(sym,s2)))
        {
            getsymdo;
        }
    }
    return 0;
}
/*
 * 编译程序主体
 *
 * lev:当前分程序所在层
 * tx:名字表当前尾指针
 * fsys:当前模块后跟符号集合
 */
int block(int lev,int tx,bool* fsys)
{
    int i;
    int dx;                                    /* 名字分配到的相对地址 */
    int tx0;                                   /* 保留初始 tx */
    int cx0;                                   /* 保留初始 cx */
    bool nxtlev[symnum];                       /* 在下级函数的参数中,符号集合均为值参,
                                                  但由于使用数组实现,传递进来的是指针,
                                                  为防止下级函数改变上级函数的集合,开
                                                  辟新的空间传递给下级函数 */
    dx=3;
    tx0=tx;                                    /* 记录本层名字的初始位置 */
    table[tx].adr=cx;
    gendo(jmp,0,0);
    if (lev > levmax)
    {
        error(32);
    }
    do {
        if (sym==constsym)                     /* 收到常量声明符号,开始处理常量声明 */
        {
            getsymdo;
            do {
                constdeclarationdo(&tx,lev,&dx);  /* dx 的值会被 constdeclaration 改变,使用
                                                     指针 */
                while (sym==comma)
                {
                    getsymdo;
                    constdeclarationdo(&tx,lev,&dx);
                }
                if (sym==semicolon)
```

```
            {
                getsymdo;
            }
            else
                {
                    error(5);                   /* 漏掉了逗号或者分号 */
                }
    } while (sym==ident);
}
if (sym==varsym)                                /* 收到变量声明符号,开始处理变量声明 */
{
    getsymdo;
    do {
            vardeclarationdo(&tx,lev,&dx);
            while (sym==comma)
            {
                getsymdo;
                vardeclarationdo(&tx,lev,&dx);
            }
            if (sym==semicolon)
            {
                getsymdo;
            }
            else
                {
                    error(5);
                }
    } while (sym==ident);
}
while (sym==procsym)                            /* 收到过程声明符号,开始处理过程声明 */
{
    getsymdo;
    if (sym==ident)
    {
        enter(procedur,&tx,lev,&dx);            /* 记录过程名字 */
        getsymdo;
    }
        else
        {
            error(4);                           /* procedure 后应为标识符 */
        }
    if (sym==semicolon)
    {
        getsymdo;
    }
    else
       {
           error(5);                            /* 漏掉了分号 */
       }
    memcpy(nxtlev,fsys,sizeof(bool) * symnum);
    nxtlev[semicolon]=true;
    if (-1==block(lev+1,tx,nxtlev))
```

```
            {
                return -1;          /* 递归调用 */
            }
        if(sym==semicolon)
        {
            getsymdo;
            memcpy(nxtlev,statbegsys,sizeof(bool) * symnum);
            nxtlev[ident]=true;
            nxtlev[procsym]=true;
            testdo(nxtlev,fsys,6);
        }
        else
            {
                error(5);           /* 漏掉了分号 */
            }
    }
    memcpy(nxtlev,statbegsys,sizeof(bool) * symnum);
    nxtlev[ident]=true;
    nxtlev[period]=true;
    testdo(nxtlev,declbegsys,7);
} while (inset(sym,declbegsys));    /* 直到没有声明符号 */
code[table[tx0].adr].a=cx;          /* 开始生成当前过程代码 */
table[tx0].adr=cx;                  /* 当前过程代码地址 */
table[tx0].size=dx;                 /* 声明部分中每增加一条声明都会给 dx 增加 1,声明部分
                                       已经结束,dx 就是当前过程数据的 size */
cx0=cx;
gendo(inte,0,dx);                   /* 生成分配内存代码 */
if (tableswitch)                    /* 输出名字表 */
{
    printf("TABLE:\n");
    if (tx0+1 > tx)
        {
            printf("NULL\n");
        }
        for (i=tx0+1; i<=tx; i++ )
        {
            switch (table[i].kind)
            {
                case constant:
                    printf("%d const %s ",i,table[i].name);
                    printf("val=%d\n",table[i].val);
                    fprintf(fas,"%d const %s ",i,table[i].name);
                    fprintf(fas,"val=%d\n",table[i].val);
                    break;
                case variable:
                    printf("%d var%s ",i,table[i].name);
                    printf("lev=%d addr=%d\n",table[i].level,table[i].adr);
                    fprintf(fas,"%d var%s ",i,table[i].name);
                    fprintf(fas,"lev=%d addr=%d\n",table[i].level,table[i].adr);
                    break;
                case procedur:
                    printf("%d proc%s ",i,table[i].name);
```

```
                printf("lev=%d addr=%d size=%d\n",table[i].level,table[i].adr,table[i].
                    size);
                fprintf(fas,"%d proc%s ",i,table[i].name);
                fprintf(fas,"lev=%d addr=%d size=%d\n",table[i].level,table[i].adr,table
                    [i].size);
                break;
            }
        }
        printf("\n");
    }
    /* 语句后跟符号为分号或 end */
    memcpy(nxtlev,fsys,sizeof(bool) * symnum);   /* 每个后跟符号集和都包含上层后跟符号
                                                     集合,以便补救 */
    nxtlev[semicolon]=true;
    nxtlev[endsym]=true;
    statementdo(nxtlev,&tx,lev);
    gendo(opr,0,0);                        /* 每个过程出口都要使用的释放数据段指令 */
    memset(nxtlev,0,sizeof(bool) * symnum);        /* 分程序没有补救集合 */
    testdo(fsys,nxtlev,8);                         /* 检测后跟符号的正确性 */
    listcode(cx0);                                 /* 输出代码 */
    return 0;
}
/*
 * 在名字表中加入一项
 *
 * k:名字种类 const、var 或 procedure
 * ptx:名字表尾指针的指针,为了可以改变名字表尾指针的值
 * lev:名字所在的层次,以后所有的 lev 都是这样
 * pdx:dx 为当前应分配的变量的相对地址,分配后要增加 1
 */
void enter(enum object k,int * ptx,int lev,int * pdx)
{
    (* ptx)++;
    strcpy(table[(* ptx)].name,id);                /* 全局变量 id 中已存有当前名字的名字 */
    table[(* ptx)].kind=k;
    switch (k)
    {
        case constant:                             /* 常量名字 */
            if (num > amax)
            {
                error(31);                         /* 数越界 */
                num=0;
            }
            table[(* ptx)].val=num;
            break;
        case variable:                             /* 变量名字 */
            table[(* ptx)].level=lev;
            table[(* ptx)].adr=(* pdx);
            (* pdx)++;
            break;
        case procedur:                             /* 过程名字 */
            table[(* ptx)].level=lev;
```

```
            break;
        }
    }
    /*
     * 查找名字的位置
     * 找到则返回在名字表中的位置,否则返回0
     *
     * idt:要查找的名字
     * tx:当前名字表尾指针
     */
    int position(char * idt,int tx)
    {
        int i;
        strcpy(table[0].name,idt);
        i=tx;
        while (strcmp(table[i].name,idt) !=0)
        {
            i--;
        }
        return i;
    }
    /*
     * 常量声明处理
     */
    int constdeclaration(int * ptx,int lev,int * pdx)
    {
        if (sym==ident)
        {
            getsymdo;
            if (sym==eql||sym==becomes)
            {
                if (sym==becomes)
                    {
                        error(1);                          /* 把=写成了:= */
                    }
                getsymdo;
                if (sym==number)
                {
                    enter(constant,ptx,lev,pdx);
                    getsymdo;
                }
                else
                    {
                        error(2);                          /* 常量说明=后应是数字 */
                    }
            }
            else
             {
                error(3);                                  /* 常量说明标识后应是= */
             }
        }
        else
```

```
    {
        error(4);                                  /* const 后应是标识 */
    }
    return 0;
}
/*
 * 变量声明处理
 */
int vardeclaration(int * ptx,int lev,int * pdx)
{
    if (sym==ident)
    {
        enter(variable,ptx,lev,pdx);//填写名字表
        getsymdo;
    }
    else
    {
        error(4);                                  /* var 后应是标识 */
    }
    return 0;
}
/*
 * 输出目标代码清单
 */
void listcode(int cx0)
{
    int i;
    if (listswitch)
    {
        for (i=cx0; i<cx; i++)
        {
            printf("%d %s %d %d\n",i,mnemonic[code[i].f],code[i].l,code[i].a);
            fprintf(fa,"%d %s %d %d\n",i,mnemonic[code[i].f],code[i].l,code[i].a);
        }
    }
}
/*
 * 语句处理
 */
int statement(bool * fsys,int * ptx,int lev)
{
    int i,cx1,cx2;
    bool nxtlev[symnum];
    if (sym==ident)                                /* 准备按照赋值语句处理 */
    {
        i=position(id,*ptx);
        if (i==0)
        {
            error(11);                             /* 变量未找到 */
        }
        else
        {
```

```
if(table[i]. kind !=variable)
  {
    error(12);                              /* 赋值语句格式错误 */
    i=0;
  }
  else
  {
    getsymdo;
    if(sym==becomes)
    {
      getsymdo;
    }
    else
    {
      error(13);                            /* 没有检测到赋值符号 */
    }
    memcpy(nxtlev,fsys,sizeof(bool) * symnum);
    expressiondo(nxtlev,ptx,lev);           /* 处理赋值符号右侧表达式 */
    if(i !=0)
    {                                       /* expression 将执行一系列指令,但最终结
                                               果将会保存在栈顶,执行 sto 命令完成赋
                                               值 */
      gendo(sto,lev-table[i]. level,table[i]. adr);
    }
  }
}//if (i==0)
}
else
{
  if (sym==readsym)                         /* 准备按照 read 语句处理 */
  {
    getsymdo;
    if (sym !=lparen)
    {
      error(34);                            /* 格式错误,应是左括号 */
    }
    else
    {
      do {
          getsymdo;
          if (sym==ident)
          {
            i=position(id, * ptx);          /* 查找要读的变量 */
          }
          else
          {
            i=0;
          }
          if (i==0)
          {
            error(35);                      /* read()中应是声明过的变量名 */
          }
```

```
                else
                {
                    gendo(opr,0,16);      /* 生成输入指令,读取值到栈顶 */
                    gendo(sto,lev-table[i].level,table[i].adr);  /* 储存到变量 */
                }
                getsymdo;
            } while (sym==comma);        /* 一条 read 语句可读多个变量 */
        }
        if(sym !=rparen)
        {
            error(33);                   /* 格式错误,应是右括号 */
            while (!inset(sym,fsys))     /* 出错补救,直到收到上层函数的后跟符号 */
            {
                getsymdo;
            }
        }
        else
        {
            getsymdo;
        }
    }
    else
    {
        if (sym==writesym)               /* 准备按照 write 语句处理,与 read 类似 */
        {
            getsymdo;
            if (sym==lparen)
            {
                do {
                        getsymdo;
                        memcpy(nxtlev,fsys,sizeof(bool) * symnum);
                        nxtlev[rparen]=true;
                        nxtlev[comma]=true;  /* write 的后跟符号为) or, */
                        expressiondo(nxtlev,ptx,lev);  /* 调用表达式处理,此处与 read 不同,
                                                        read 为给变量赋值 */
                        gendo(opr,0,14);     /* 生成输出指令,输出栈顶的值 */
                } while (sym==comma);
                if (sym !=rparen)
                {
                    error(33);           /* write()中应为完整表达式 */
                }
                else
                {
                    getsymdo;
                }
            }
            gendo(opr,0,15);             /* 输出换行 */
        }
        else
        {
            if (sym==callsym)            /* 准备按照 call 语句处理 */
            {
```

```
        getsymdo;
        if (sym !=ident)
        {
            error(14);                    /* call 后应为标识符 */
        }
        else
        {
            i=position(id, * ptx);
            if (i==0)
            {
                error(11);                /* 过程未找到 */
            }
            else
            {
                if (table[i]. kind==procedur)
                {
                    gendo(cal,lev-table[i]. level,table[i]. adr);  /* 生成 call 指令 */
                }
                else
                {
                    error(15);            /* call 后标识符应为过程 */
                }
            }
            getsymdo;
        }
    }
    else
    {
        if (sym==ifsym)                   /* 准备按照 if 语句处理 */
        {
            getsymdo;
            memcpy(nxtlev,fsys,sizeof(bool) * symnum);
            nxtlev[thensym]=true;
            nxtlev[dosym]=true;            /* 后跟符号为 then 或 do */
            conditiondo(nxtlev,ptx,lev);   /* 调用条件处理(逻辑运算)函数 */
            if (sym==thensym)
            {
                getsymdo;
            }
            else
            {
                error(16);                /* 缺少 then */
            }
            cx1=cx;                       /* 保存当前指令地址 */
            gendo(jpc,0,0);               /* 生成条件跳转指令,跳转地址暂写 0 */
            statementdo(fsys,ptx,lev);    /* 处理 then 后的语句 */
            code[cx1]. a=cx;              /* 经 statement do 处理后,cx 为 then 后语句执
                                             行完的位置,它正是前面未定的跳转地
                                             址 */
        }
        else
        {
```

```
if (sym==beginsym)            /* 准备按照复合语句处理 */
{
    getsymdo;
    memcpy(nxtlev,fsys,sizeof(bool) * symnum);
    nxtlev[semicolon]=true;
    nxtlev[endsym]=true;      /* 后跟符号为分号或 end */
                              /* 循环调用语句处理函数,直到下一个符
                                 号不是语句开始符号或收到 end */
    statementdo(nxtlev,ptx,lev);
    while (inset(sym,statbegsys)||sym==semicolon)
    {
        if (sym==semicolon)
        {
            getsymdo;
        }
        else
        {
            error(10);        /* 缺少分号 */
        }
        statementdo(nxtlev,ptx,lev);
    }
    if(sym==endsym)
    {
        getsymdo;
    }
    else
    {
        error(17);            /* 缺少 end 或分号 */
    }
}
else
{
    if (sym==whilesym)        /* 准备按照 while 语句处理 */
    {
        cx1=cx;               /* 保存判断条件操作的位置 */
        getsymdo;
        memcpy(nxtlev,fsys,sizeof(bool) * symnum);
        nxtlev[dosym]=true;   /* 后跟符号为 do */
        conditiondo(nxtlev,ptx,lev);     /* 调用条件处理 */
        cx2=cx;               /* 保存循环体的结束的下一个位置 */
        gendo(jpc,0,0);       /* 生成条件跳转,但跳出循环的地址未知 */
        if (sym==dosym)
        {
        getsymdo;
        }
        else
        {
            error(18);        /* 缺少 do */
        }
        statementdo(fsys,ptx,lev);  /* 循环体 */
        gendo(jmp,0,cx1);     /* 回头重新判断条件 */
```

```
                        code[cx2].a=cx;        /* 反填跳出循环的地址,与 if 类似 */
                    }
                    else
                    {
                        memset(nxtlev,0,sizeof(bool) * symnum);  /* 语句结束无补救
                                                                    集合 */
                        testdo(fsys,nxtlev,19);  /* 检测语句结束的正确性 */
                    }
                }
            }
        }
    }
  }
 }
 return 0;
}
/*
 * 表达式处理
 */
int expression(bool * fsys,int * ptx,int lev)
{
    enum symbol addop;                    /* 用于保存正负号 */
    bool nxtlev[symnum];
    if(sym==plus||sym==minus)             /* 开头的正负号,此时当前表达式被看作一个正的
                                             或负的项 */
    {
        addop=sym;                        /* 保存开头的正负号 */
        getsymdo;
        memcpy(nxtlev,fsys,sizeof(bool) * symnum);
        nxtlev[plus]=true;
        nxtlev[minus]=true;
        termdo(nxtlev,ptx,lev);           /* 处理项 */
        if (addop==minus)
        {
            gendo(opr,0,1);               /* 如果开头为负号,生成取负指令 */
        }
    }
    else                                  /* 此时表达式被看作项的加减 */
    {
        memcpy(nxtlev,fsys,sizeof(bool) * symnum);
        nxtlev[plus]=true;
        nxtlev[minus]=true;
        termdo(nxtlev,ptx,lev);           /* 处理项 */
    }
    while (sym==plus||sym==minus)
```

```
    {
        addop=sym;
        getsymdo;
        memcpy(nxtlev,fsys,sizeof(bool) * symnum);
        nxtlev[plus]=true;
        nxtlev[minus]=true;
        termdo(nxtlev,ptx,lev);                /* 处理项 */
        if (addop==plus)
        {
            gendo(opr,0,2);                    /* 生成加法指令 */
        }
        else
        {
            gendo(opr,0,3);                    /* 生成减法指令 */
        }
    }
    return 0;
}
/*
 * 项处理
 */
int term(bool * fsys,int * ptx,int lev)
{
    enum symbol mulop;                         /* 用于保存乘除法符号 */
    bool nxtlev[symnum];
    memcpy(nxtlev,fsys,sizeof(bool) * symnum);
    nxtlev[times]=true;
    nxtlev[slash]=true;
    factordo(nxtlev,ptx,lev);                  /* 处理因子 */
    while(sym==times||sym==slash)
    {
        mulop=sym;
        getsymdo;
        factordo(nxtlev,ptx,lev);
        if(mulop==times)
        {
            gendo(opr,0,4);                    /* 生成乘法指令 */
        }
        else
        {
            gendo(opr,0,5);                    /* 生成除法指令 */
        }
    }
    return 0;
}
```

```
/*
 * 因子处理
 */
int factor(bool* fsys,int* ptx,int lev)
{
    int i;
    bool nxtlev[symnum];
    testdo(facbegsys,fsys,24);              /*检测因子的开始符号*/
    while(inset(sym,facbegsys))             /*循环直到不是因子开始符号*/
    {
        if(sym==ident)                      /*因子为常量或变量*/
        {
            i=position(id,*ptx);            /*查找名字*/
            if (i==0)
            {
                error(11);                  /*标识符未声明 */
            }
            else
            {
                switch (table[i].kind)
                {
                    case constant:          /*名字为常量*/
                        gendo(lit,0,table[i].val); /*直接把常量的值入栈*/
                        break;
                    case variable:          /*名字为变量*/
                        gendo(lod,lev-table[i].level,table[i].adr); /*找到变量地址并将其值入栈*/
                        break;
                    case procedur:          /*名字为过程*/
                        error(21);          /*不能为过程*/
                        break;
                }
            }
            getsymdo;
        }
        else
        {
            if(sym==number)                 /*因子为数*/
            {
                if (num > amax)
                {
                    error(31);
                    num=0;
                }
                gendo(lit,0,num);
                getsymdo;
```

```
            }
            else
            {
                if (sym==lparen)                    /* 因子为表达式 */
                {
                    getsymdo;
                    memcpy(nxtlev,fsys,sizeof(bool) * symnum);
                    nxtlev[rparen]=true;
                    expressiondo(nxtlev,ptx,lev);
                    if (sym==rparen)
                    {
                        getsymdo;
                    }
                    else
                    {
                        error(22);                  /* 缺少右括号 */
                    }
                }
                testdo(fsys,facbegsys,23);          /* 因子后有非法符号 */
            }
        }
    }
    return 0;
}
/*
 * 条件处理
 */
int condition(bool * fsys,int * ptx,int lev)
{
    enum symbol relop;
    bool nxtlev[symnum];
    if(sym==oddsym)                                 /* 准备按照 odd 运算处理 */
    {
     getsymdo;
     expressiondo(fsys,ptx,lev);
     gendo(opr,0,6);                                /* 生成 odd 指令 */
    }
    else
    {
        /* 逻辑表达式处理 */
        memcpy(nxtlev,fsys,sizeof(bool) * symnum);
        nxtlev[eql]=true;
        nxtlev[neq]=true;
        nxtlev[lss]=true;
        nxtlev[leq]=true;
```

```
        nxtlev[gtr]=true;
        nxtlev[geq]=true;
        expressiondo(nxtlev,ptx,lev);
        if (sym!=eql && sym!=neq && sym!=lss && sym!=leq && sym!=gtr && sym!=geq)
        {
            error(20);
        }
        else
        {
            relop=sym;
            getsymdo;
            expressiondo(fsys,ptx,lev);
            switch (relop)
            {
                case eql:
                    gendo(opr,0,8);
                    break;
                case neq:
                    gendo(opr,0,9);
                    break;
                case lss:
                    gendo(opr,0,10);
                    break;
                case geq:
                    gendo(opr,0,11);
                    break;
                case gtr:
                    gendo(opr,0,12);
                    break;
                case leq:
                    gendo(opr,0,13);
                    break;
            }
        }
    }
    return 0;
}
/*
 * 解释程序
 */
void interpret()
{
    int p,b,t;                          /*指令指针,指令基址,栈顶指针*/
    struct instruction i;               /*存放当前指令*/
    int s[stacksize];                   /*栈 */
```

```
printf("start pl0\n");
t=0;
b=0;
p=0;
s[0]=s[1]=s[2]=0;
do {
        i=code[p];                              /* 读当前指令 */
        p++;
        switch (i.f)
        {
            case lit:                           /* 将a的值取到栈顶 */
                s[t]=i.a;
                t++;
                break;
            case opr:                           /* 数学、逻辑运算 */
                switch (i.a)
                {
                    case 0:
                        t=b;
                        p=s[t+2];
                        b=s[t+1];
                        break;
                    case 1:
                        s[t-1]=-s[t-1];
                        break;
                    case 2:
                        t--;
                        s[t-1]=s[t-1]+s[t];
                        break;
                    case 3:
                        t--;
                        s[t-1]=s[t-1]-s[t];
                        break;
                    case 4:
                        t--;
                        s[t-1]=s[t-1]*s[t];
                        break;
                    case 5:
                        t--;
                        s[t-1]=s[t-1]/s[t];
                        break;
                    case 6:
                        s[t-1]=s[t-1]%2;
                        break;
                    case 8:
```

```
            t--;
            s[t-1]=(s[t-1]==s[t]);
            break;
        case 9:
            t--;
            s[t-1]=(s[t-1] !=s[t]);
            break;
        case 10:
            t--;
            s[t-1]=(s[t-1] < s[t]);
            break;
        case 11:
            t--;
            s[t-1]=(s[t-1] >=s[t]);
            break;
        case 12:
            t--;
            s[t-1]=(s[t-1] > s[t]);
            break;
        case 13:
            t--;
            s[t-1]=(s[t-1] <=s[t]);
            break;
        case 14:
            printf("%d",s[t-1]);
            fprintf(fa2,"%d",s[t-1]);
            t--;
            break;
        case 15:
            printf("\n");
            fprintf(fa2,"\n");
            break;
        case 16:
            printf("?");
            fprintf(fa2,"?");
            scanf("%d",&(s[t]));
            fprintf(fa2,"%d\n",s[t]);
            t++;
            break;
    }
    break;
case lod:                   /*取相对当前过程的数据基地址为a的内存的值到栈顶*/
    s[t]=s[base(i.l,s,b)+i.a];
    t++;
    break;
```

```
            case sto:                    /* 栈顶的值存到相对当前过程的数据基地址为 a 的内存 */
                t--;
                s[base(i.l,s,b)+i.a]=s[t];
                break;
            case cal:                    /* 调用子过程 */
                s[t]=base(i.l,s,b);     /* 将父过程基地址入栈 */
                s[t+1]=b;               /* 将本过程基地址入栈,此两项用于 base 函数 */
                s[t+2]=p;               /* 将当前指令指针入栈 */
                b=t;                    /* 改变基地址指针值为新过程的基地址 */
                p=i.a;                  /* 跳转 */
                break;
            case inte:                   /* 分配内存 */
                t+=i.a;
                break;
            case jmp:                    /* 直接跳转 */
                p=i.a;
                break;
            case jpc:                    /* 条件跳转 */
                t--;
                if (s[t]==0)
                {
                    p=i.a;
                }
                break;
        }
    } while (p !=0);
}
/* 通过过程基址求上 l 层过程的基址 */
int base(int l,int * s,int b)
{
    int b1;
    b1=b;
    while (l > 0)
    {
        b1=s[b1];
        l--;
    }
    return b1;
}
```

/* PL/0 编译系统 C 版本头文件 pl0.h */

```
typedef enum {
    false,
    true
} bool;
#define norw 13                  /* 关键字个数 */
#define txmax 100                /* 名字表容量 */
#define nmax 14                  /* number 的最大位数 */
#define al 10                    /* 符号的最大长度 */
#define amax 2047                /* 地址上界 */
#define levmax 3                 /* 最大允许过程嵌套声明层数[0,levmax] */
#define cxmax 200                /* 最多的虚拟机代码数 */
/* 符号 */
```

```
enum symbol {
    nul,        ident,      number,     plus,       minus,
    times,      slash,      oddsym,     eql,        neq,
    lss,        leq,        gtr,        geq,        lparen,
    rparen,     comma,      semicolon,  period,     becomes,
    beginsym,   endsym,     ifsym,      thensym,    whilesym,
    writesym,   readsym,    dosym,      callsym,    constsym,
    varsym,     procsym,
};
#define symnum 32
/* 名字表中的类型 */
enum object {
    constant,
    variable,
    procedur,
};
/* 虚拟机代码 */
enum fct {
    lit,        opr,        lod,
    sto,        cal,        inte,
    jmp,        jpc,
};
#define fctnum 8
/* 虚拟机代码结构 */
struct instruction
{
  enum fct f;                        /* 虚拟机代码指令 */
  int l;                             /*引用层与声明层的层次差 */
  int a;                             /*根据 f 的不同而不同 */
};
FILE* fas;                           /*输出名字表 */
FILE* fa;                            /*输出虚拟机代码 */
FILE* fa1;                           /*输出源文件及其各行对应的首地址 */
FILE* fa2;                           /*输出结果 */
bool listswitch;                     /*显示虚拟机代码与否 */
bool tableswitch;                    /*显示名字表与否 */
char ch;                             /*获取字符的缓冲区,getch 使用 */
enum symbol sym;                     /*当前的符号 */
char id[al+1];                       /*当前 ident,多出的一个字节用于存放 0 */
int num;                             /*当前 number */
int cc,ll;                           /*getch 使用的计数器,cc 表示当前字符(ch)的位置 */
int cx;                              /*虚拟机代码指针,取值范围为[0,cxmax-1] */
char line[81];                       /*读取行缓冲区 */
char a [al+1];                       /*临时符号,多出的一个字节用于存放 0 */
struct instruction code [cxmax];     /*存放虚拟机代码的数组 */
char word [norw][al];                /*保留字 */
enum symbol wsym[norw];              /*保留字对应的符号值 */
enum symbol ssym [256];              /*单字符的符号值 */
char mnemonic[fctnum][5];            /*虚拟机代码指令名称 */
bool declbegsys[symnum];             /*表示声明开始的符号集合 */
bool statbegsys[symnum];             /*表示语句开始的符号集合 */
bool facbegsys[symnum];              /*表示因子开始的符号集合 */
/* 名字表结构 */
struct tablestruct
```

```
{
    char name [al];                     /* 名字 */
    enum object kind;                   /* 类型: const、var、array 或 procedure */
    int val;                            /* 数值,仅 const 使用 */
    int level;                          /* 所处层,仅 const 不使用 */
    int adr;                            /* 地址,仅 const 不使用 */
    int size;                           /* 需要分配的数据区空间,仅 procedure 使用 */
};
struct tablestruct table[txmax];        /* 名字表 */
FILE * fin;
FILE* fout;
char fname[al];
int err;                                /* 错误计数器 */
/* 当函数中会发生 fatal error 时,返回-1 告知调用它的函数,最终退出程序 */
#define getsymdo                        if(-1==getsym())return -1
#define getchdo                         if(-1==getch()) return -1
#define testdo(a,b,c)                   if(-1==test(a,b,c)) return -1
#define gendo(a,b,c)                    if(-1==gen(a,b,c)) return -1
#define expressiondo(a,b,c)             if(-1==expression(a,b,c)) return -1
#define factordo(a,b,c)                 if(-1==factor(a,b,c)) return -1
#define termdo(a,b,c)                   if(-1==term(a,b,c)) return -1
#define conditiondo (a,b,c)             if(-1==condition(a,b,c)) return -1
#define statementdo(a,b,c)              if(-1==statement(a,b,c)) return -1
#define constdeclarationdo(a,b,c)       if(-1==constdeclaration(a,b,c)) return -1
#define vardeclarationdo(a,b,c)         if(-1==vardeclaration(a,b,c)) return -1
void error(int n);
int getsym();
int getch();
void init();
int gen(enum fct x,int y,int z);
int test(bool * s1,bool * s2,int n);
int inset(int e,bool * s);
int addset(bool * sr,bool * s1,bool * s2,int n);
int subset(bool * sr,bool * s1,bool * s2,int n);
int mulset(bool * sr,bool * s1,bool * s2,int n);
int block(int lev,int tx,bool * fsys);
void interpret();
int factor(bool * fsys,int * ptx,int lev);
int term(bool * fsys,int * ptx,int lev);
int condition(bool * fsys,int * ptx,int lev);
int expression(bool * fsys,int * ptx,int lev);
int statement(bool * fsys,int * ptx,int lev);
void listcode(int cx0);
int vardeclaration(int * ptx,int lev,int * pdx);
int constdeclaration(int * ptx,int lev,int * pdx);
int position(char * idt,int tx);
void enter(enum object k,int * ptx,int lev,int * pdx);
int base(int l,int * s,int b);
```

参 考 文 献

[1] Alfred V. Aho,Ravi Sethi,Jeffrey D. Ullman. Compilers：Principles,Techniques,and Tools. Addison Wesley,1986.

[2] Alfred V. Aho,Ravi Sethi,Jeffrey D. Ullman. Compilers：Principles,Techniques,and Tools. 2nd ed. Addison Wesley,2007. 北京：机械工业出版社,2011.

[3] Andrew W. Appel,Jens Palsberg. Modern Compiler Implementation in C. Cambridge University Press, 1998. 人民邮电出版社影印,2005.

[4] Andrew W. Appel, Jens Palsberg. Modern Compiler Implementation in Java. 2nd ed. Cambridge University Press,2002. 人民邮电出版社影印,2005.

[5] Keith Cooper,Linda Torczon. Engineering a Compiler. Morgan Kaufmann Publishers,2003.

[6] Charles N. Fischer,Ronald K. Cytron,Richard J. LeBlanc,Jr. Crafting a Compiler. 2010. 清华大学出版社影印,2010.

[7] Erich Gamma, etc. Design Patterns：Elements of Reusable Object-Oriented Software. Addison-Wesley,Reading,1995.

[8] Alexander Meduna. Elements of Compiler Design. Taylor & Francis Group,2008. 杨萍,等译. 编译器设计基础. 清华大学出版社,2009.

[9] Steven S. Muchnick. Advanced Compiler Design and Implementation. Academic Press,1997. 机械工业出版社影印,2003.

[10] 格里斯 D. 数字计算机的编译程序构造. 曹东启,仲萃豪,姚兆炜,译. 北京：科学出版社,1976.

[11] 程虎,曹东启. 编译程序入门. 北京：科学出版社,1974.

[12] 陈火旺,钱家骅,孙永强. 程序设计语言编译原理. 北京：国防工业出版社,1983.

[13] 陈火旺,刘春林,谭庆平,等. 程序设计语言编译原理. 3 版. 北京：国防工业出版社,2006.

[14] 陈意云. 编译原理和技术. 合肥：中国科学技术大学出版社,1997.

[15] 陈意云,张昱. 编译原理. 2 版. 北京：高等教育出版社,2008.

[16] 陈英. 编译原理. 北京：北京理工大学出版社,2001.

[17] 杜淑敏,王永宁. 编译程序设计原理. 北京：北京大学出版社,1990.

[18] 丁文魁,杜淑敏. 编译原理和技术. 北京：电子工业出版社出版,2008.

[19] Jim Holmes. Object-Oriented Compiler Construction. Prentice Hall,1995.

[20] John E. Hopcroft, Rajeev Motwani, Jeffrey D. Ullman. Introduction to Automata Theory, Languages,and Computation. 2nd/3nd ed. Addison Wesley,2001. 清华大学出版社影印(第 2 版), 2002. 机械工业出版社影印(第 3 版),2008.

[21] 何炎祥,武春香,王汉飞. 编译原理. 北京：机械工业出版社,2010.

[22] 金成植,金英. 编译程序设计原理. 北京：高等教育出版社,2007.

[23] 蒋宗礼,姜守旭. 编译原理. 北京：高等教育出版社,2010.

[24] Peter Linz. An Introduction to Formal Languages and Automata. 3nd ed. Jones & Bartlett,2001. 机械工业出版社影印,2004.

[25] 吕映芝,张素琴,蒋维杜. 编译原理. 北京：清华大学出版社,2005.

[26] 王生原,董渊,杨萍,张素琴. 编译原理. 北京：人民邮电出版社,2010.

[27] Anthony J. Dos Reis. Compiler Construction —Using Java,JavaCC,and Yacc. John Wiley & Sons, Inc. ,2012. 杨萍,译. 北京：清华大学出版社,2014.

[28] Michael L. Scott. Programming Language Pragmatics. Elsevier Inc,2000. 裘宗燕,译. 北京：电子工业出版社,2005.

[29] 郑国梁,徐永森. 计算机的编译方法. 北京：人民邮电出版社,1982.

[30] 张莉,杨海燕,史晓华,等. 编译原理及编译程序构造. 北京：清华大学出版社,2011.

[31] 张素琴,吕映芝,蒋维杜,等. 编译原理. 2 版. 北京：清华大学出版社,2005.

[32] 张幸儿. 计算机编译原理. 3 版. 北京：科学出版社,2008.

[33] JavaCC home. https://javacc. java. net/.

[34] Stephen C. Johnson. Yacc：Yet Another Compiler-Compiler. AT&T Bell Laboratories. The Lex & Yacc Page. http://dinosaur. compilertools. net/yacc/.

[35] Bison - GNU parser generator. http://www. gnu. org/software/bison/.

[36] Berkeley Yacc (byacc) home. http://invisible-island. net/byacc/byacc. html.

[37] BYACC/J. http://byaccj. sourceforge. net/.

[38] M. E. Lesk, E. Schmidt. Lex—A Lexical Analyzer Generator. The Lex & Yacc Page. http://dinosaur. compilertools. net/lex/index. html.

[39] flex：The Fast Lexical Analyzer. http://flex. sourceforge. net/.

[40] JFlex - The Fast Scanner Generator for Java. http://www. jflex. de/.

[41] MIPS SPIM, University of Wisconsin-Madison. http://pages. cs. wisc. edu/～larus/spim. html.

[42] E. Pelegrí-Llopart, S. L. Graham. Optimal code generation for expression trees：an application burs theory. In Proceedings of ACM SIGPALN-SIGACT Sympisiun on Principles of Programming Languages, 1998, 294-308.

[43] Alfred V. Aho, Mahadevan Ganapathi, Steven W. K. Tjiang. Code generation using tree matching and dynamic programming. ACM transactions on Programming Languages and Systems, 1989, 11(4)：491-516.

[44] Sethi, R. , Ullman, J. The generation of optimal code for arithmetic expressions. J. ACM, 1970, 17(4)：715-728.

[45] Bertrand Meyer. Object-Oriented Software Construction. 2nd ed. Prentice Hall, 1997.

[46] GCC. The GNU Compiler Collection. http://gcc. gnu. org. 2015.

[47] Open64 web page. http://open64. net.

[48] D. E. Knuth. On the Translation of Language from Left to Right. Information and Control, 1965, 8：607-639.

[49] GNU Binutils. http://www. gnu. org/software/binutils. 2015.